生态环境评估及治理修复案例讲评

主　编　芦　昱　腊孟珂　张　启

副主编　贾　鹏　王　雄　张瑞峰　瞿庆玲

　　　　郑玉虎　刘　瓛

编　委　张　岩　王晓宇　郑泽鑫　涂　腾

　　　　肖巧玲　卞司婕　何云霞　陈　静

　　　　吴明洲　余期冲

南京师范大学出版社

图书在版编目(CIP)数据

生态环境评估及治理修复案例讲评 / 芦昱，腊孟珂，张启主编. — 南京 ：南京师范大学出版社，2024.3

ISBN 978-7-5651-5988-6

Ⅰ. ①生… Ⅱ. ①芦… ②腊… ③张… Ⅲ. ①环境生态评价—案例—中国②生态环境—环境治理—案例—中国 Ⅳ. ①X826②X321.2

中国国家版本馆 CIP 数据核字(2024)第 002647 号

书　　名	生态环境评估及治理修复案例讲评
主　　编	芦　昱　腊孟珂　张　启
责任编辑	唐　欣
出版发行	南京师范大学出版社
地　　址	江苏省南京市玄武区后宰门西村 9 号(邮编:210016)
电　　话	(025)83598919(总编办)　83598412(营销部)　83598009(邮购部)
网　　址	http://press.njnu.edu.cn
电子信箱	nspzbb@njnu.edu.cn
印　　刷	江苏凤凰数码印务有限公司
开　　本	889 毫米×1194 毫米　1/16
印　　张	19.25
字　　数	610 千
版　　次	2024 年 3 月第 1 版
印　　次	2024 年 3 月第 1 次印刷
书　　号	ISBN 978-7-5651-5988-6
定　　价	88.00 元

出 版 人　张　鹏

前　言

2012年十八大以来，在以习近平同志为核心的党中央掌舵领航下，在习近平生态文明思想的科学指引下，全党全国人民坚持“绿水青山就是金山银山”的理念，全方位、全地域、全过程加强生态环境保护，创造了举世瞩目的生态奇迹和绿色发展奇迹。2012年也是南京大学环境规划设计研究院集团股份公司的改制元年，趁着十八大的东风，我院在规划环评、建设项目环评、生态环境治理及修复、生态规划等领域为生态文明建设和社会经济高质量发展贡献了南大智慧，为深入打好污染防治攻坚战、切实提高生态环境质量提供了方案路径。

2023年7月18日，习近平总书记在全国生态环境保护大会上做出判断，我国的生态环境保护工作，已实现了4个“重大转变”，但生态环境保护结构性、根源性和趋势性压力尚未根本缓解，习近平同志要求正确处理好五个“重大关系”，持续深入打好污染防治攻坚战，加快推动发展方式绿色低碳转型，着力提升生态系统多样性、稳定性和持续性，积极稳妥推进碳达峰碳中和，守牢美丽中国建设安全底线，“加快推进人与自然和谐共生的现代化”。这既是对十年来我国生态环境保护工作的系统总结，又是对下一个十年我国继续深入开展生态环境保护工作提出纲领性和方向性的指导。

为不断总结我院十年多以来在各专项领域从事生态环境保护工作的实践经验，促进保护水平不断提高，我们决定编辑出版本书，选取有代表性的案例，并邀请相关领域的专家、学者进行讲评，解读总结各案例特点、重难点、解决问题的思路、实践经验以及存在的疏漏与不足等，以便生态环境保护管理人员和技术人员能够尽快了解、熟悉和掌握相关专门领域生态环境保护工作的基本特点、工作要求和技术方法等内容。

本书共精选了4个典型案例，这些案例覆盖面广，从内容上包含了生态环境评估和生态治理修复两大类，从生态系统类别上包含了区域生态系统、水生态系统和土壤生态系统等三类，从领域上包含了建设项目生态环境影响评估和减缓补偿措施、生态环境损害评估及修复措施、土壤污染调查评估及治理管控措施等，具有较好的代表性。其中不少案例都具有很强的开创性和示范意义，希望能对生态环境保护管理人员和技术人员有所启发和借鉴。

本书由南京大学环境规划设计研究院芦昱、腊孟珂、张启主持编纂和审定。各篇编写人员分工如下：第一篇，贾鹏、王雄、张岩、王晓宇、郑泽鑫；第二篇，张瑞峰、瞿庆玲、涂腾、肖巧玲、卞司婕；第三篇，郑玉虎、刘瓛、何云霞、陈静、吴明洲、余期冲。

本书的编制得到了南京大学环境规划设计研究院各相关部门的大力支持，案例提供部门、讲评专家和本书的编者同为本书作者。

由于时间仓促，书中难免有不当之处，恳请读者批评指正。

前言

目　录

第一篇　自然生态系统评估及治理修复

第二篇　地表水环境评估及治理修复

第三篇　土壤及地下水环境评估及治理修复

第一篇
自然生态系统评估及治理修复

江苏盐城湿地珍禽国家级自然保护区
鸟类栖息地修复项目

江苏盐城国家级珍禽自然保护区，地处江苏中部沿海，是我国最大的滩涂湿地保护区之一，主要保护丹顶鹤等珍稀野生动物及其赖以生存的滩涂湿地生态系统。

然而随着沿海滩涂的围垦和经济开发，长期的筑埂造塘，大面积自然湿地被分割，基质由自然湿地转变为人工湿地，区域内生境发生较大改变，湿地景观破碎化使丹顶鹤生境最大斑块面积缩小，出现边缘效应、空生境以及缓冲隔离效应，丹顶鹤等水禽越冬的栖息地面积逐渐减小，严重影响了丹顶鹤等水禽的迁徙、觅食和栖息。

鉴于以上现状，江苏盐城国家级珍禽自然保护区管理处委托南京大学环境规划设计研究院集团股份公司开展鸟类栖息地修复项目的生物多样性影响评价和工程的设计、实施，并在江苏省林业局的指导下，积极组织行业专家和相关部门进行论证、验收和跟踪监测。

通过鸟类栖息地修复项目的实施，建设以丹顶鹤栖息地为主的淡水生境和鸻鹬类栖息地为主的海水生境，对项目区进行生态修复，提升区域鸟类栖息生境的多样性，使得以丹顶鹤为代表的珍禽能够得到较好的保护，提高保护区的生态承载力以及综合生态效益。

第一章　概　述

1.1　项目概况

项目名称：江苏盐城湿地珍禽国家级自然保护区鸟类栖息地修复项目

1.1.1　建设单位

项目建设单位：江苏盐城国家级珍禽自然保护区管理处

1.1.2　建设地点

项目建设地点：江苏盐城湿地珍禽国家级自然保护区核心区内

1.1.3　项目由来

江苏盐城湿地珍禽国家级自然保护区鸟类栖息地修复项目位于珍禽保护区核心区内，斗龙港入海口与三里河口之间，西临海堤，是核心区鸟类栖息地的重要组成部分。该区域经历了滩涂围垦、农作物种植、水产养殖等栖息地变化过程，水产养殖面积的增加使丹顶鹤的原生栖息地缩小，虽然后期已停止了水产养殖，但是丹顶鹤仍不适应该区域的环境，逐渐迁往核心区其他区域，导致该区域丹顶鹤数量减少。此外目前项目区域缺水情况严重，鸟类栖息地生境单一、芦苇密集难以被水鸟利用，鸟类食物沉水植物、底栖生物较少，鸻鹬类所需的光滩和浅水区缺失。鉴于此种情况，建设单位于 2021 年 5 月启动《江苏盐城湿地珍禽国家级自然保护区鸟类栖息地修复与监测能力提升项目实施方案》的编制工作，2022 年 2 月 17 日通过了江苏省林业局组织召开的专家评审会，2022 年 9 月 2 日江苏省林业局组织召开并通过了《鸟类栖息地修复项目对江苏盐城湿地珍禽国家级自然保护区生物多样性影响评价报告》专家评审会，为落实《江苏盐城湿地珍禽国家级自然保护区鸟类栖息地修复与监测能力提升项目实施方案》中的具体目标和措施，江苏盐城国家级珍禽自然保护区管理处委托南京大学环境规划设计研究院集团股份公司开展《江苏盐城湿地珍禽国家级自然保护区鸟类栖息地修复项目》设计和施工工作。

1.1.4 建设目标

通过本项目的实施，对项目区进行生态恢复，建设成适宜丹顶鹤、鸻鹬类等鸟类的栖息地生境，提升区域鸟类栖息生境的多样性，使得以丹顶鹤为代表的珍禽能够得到较好的保护，提高保护区的生态承载力以及综合生态效益。

1.1.5 主要建设内容

本项目分别建设为以丹顶鹤栖息地为主的淡水生境(334.02 公顷)和鸻鹬类栖息地为主的海水生境(126.57 公顷)，实施的主要内容包括淡水栖息地建设、海水栖息地建设、水系连通改造等。

1.2 编制依据

1.2.1 规范性文件

1.《中华人民共和国环境保护法》(2015，全国人大常委会)；
2.《中华人民共和国水土保持法》(2011，全国人大常委会)；
3.《中华人民共和国湿地保护法》(2021，全国人大常委会)；
4.《中华人民共和国水污染防治法》(2017，全国人大常委会)；
5.《中华人民共和国防洪法》(2016，全国人大常委会)；
6.《中华人民共和国水法》(2016，全国人大常委会)；
7.《中华人民共和国野生动物保护法》(2016，全国人大常委会)；
8.《中华人民共和国森林法》(2019，全国人大常委会)；
9.《中华人民共和国自然保护区条例》(2017，国务院)；
10.《江苏省湿地保护条例》(2016，江苏省人大常委会)；
11.《江苏省野生动物保护条例》(2020，江苏省人大常委会)；
12.《中国湿地保护行动计划》(2000，国家林业局)；
13.《中国生物多样性保护战略与行动计划(2011—2030 年)》(2010，国务院)；
14.《国务院办公厅关于加强湿地保护管理的通知》(国务院)；
15.《国家级自然保护区调整管理规定》(2013，国务院)；
16.《湿地保护管理规定》(国家林业局令第 32 号，2013，国家林业局)；
17.《财政部、国家林业局关于印发〈中央财政林业补助资金管理办法〉的通知》(财农〔2014〕9 号)；
18.《江苏省生态文明建设规划(2013—2022 年)》(苏政发〔2013〕86 号)；
19.《关于进一步加强生物多样性保护的实施意见》；
20.《国务院办公厅关于印发湿地保护修复制度方案的通知》(国办发〔2016〕89 号)；
21. 关于印发《贯彻落实〈湿地保护修复制度方案〉的实施意见》的函(林函湿字〔2017〕63 号)；
22.《湿地保护工程项目建设标准》；
23.《地表水环境质量标准》(GB3838—2002)；
24.《江苏省湿地保护规划(2015—2030 年)》；
25.《江苏沿海地区发展规划(2021—2025 年)》；
26.《自然保护区工程项目建设标准》(2018)；
27.《国家级自然保护区规范化建设和管理导则(试行)》；

28.《水闸设计规范》(SL265—2001);

29.《泵站技术改造规程》(SL254—2000);

30.《建筑桩基技术规范》(JGJ94—2008)。

1.2.2 项目相关资料

1.《关于进一步加强生物多样性保护的意见》(2021,中共中央办公厅、国务院办公厅);

2.《林业改革发展资金管理办法》(财资环〔2020〕36 号);

3.《2021 年中央财政林业补助资金湿地生态效益补偿江苏盐城湿地珍禽国家级自然保护区鸟类栖息地修复与监测能力提升项目实施方案》;

4.《2021 年中央财政林业补助资金湿地生态效益补偿江苏盐城湿地珍禽国家级自然保护区鸟类栖息地修复与监测能力提升项目实施方案》专家评审意见;

5.《国家公园等自然保护地建设及野生动植物保护重大工程建设规划(2021—2035 年)》(林规发〔2022〕20 号);

6.《全国重要生态系统保护和修复重大工程总体规划(2021—2035 年)》。

1.3 设计范围

本次项目设计范围为:保护区核心区测绘及地勘工作、保护区核心区地形改造设计、水系沟通设计、配套引排水设施设计及方案审查工作。

1.4 资金来源

江苏盐城湿地珍禽国家级自然保护区鸟类栖息地修复项目投资 400 万元,项目建设资金为 2021 中央财政林业改革发展资金湿地生态效益补偿资金。

第二章 项目建设条件及实施必要性

2.1 项目建设条件

2.1.1 地理位置

江苏盐城国家级珍禽自然保护区地处江苏省盐城市沿海地带,地跨射阳、大丰、东台、滨海、响水、亭湖县(市、区)。地理坐标为东经 119°53′45″～121°18′12″,北纬 32°48′47″～34°29′28″。

2.1.2 气候条件

江苏盐城国家级珍禽自然保护区属于亚热带向暖温带过渡地带,是我国南北方的连接区,海洋性暖湿季风气候明显。年平均气温为 13.8 ℃,极端最高温度为 39.0 ℃,极端最低温度为−17.3 ℃,与内陆相比,冬季气温偏暖、夏季偏凉。年平均降水量为 1 023.8 mm,降水量季节分配不均,夏季降水集中,5～9 月的平均降水量达 700 mm,占全年降水量的 70%左右,冬季降水很少。夏季有梅雨和台风暴雨两个降水较多的时期。该地具有雨热同季的特点,夏季雨量集中,有利于土壤脱盐。光照充足,无霜期长,全区太阳年辐射总量为 116.2～121.0 kcal/cm^2,年平均日照时间为 2 199～2 362 h,无霜期 210～224 d。主要灾害性天气有台风、暴雨、冰雹、龙卷风、寒潮与雾。

2.1.3 水文潮汐

陆地水系主要有灌河、淮河入海水道、苏北灌溉总渠、射阳河、新洋港、斗龙港、四卯酉河、王港、竹港、川东港、东台河、梁垛河和三仓河。除灌河外,其他河口全部有闸门,可人工控制入海流量。珍禽保护区内近岸潮流属正规半日潮流,总趋势为落潮历时大于涨潮历时,时差约 0.5～1.0 h,海水平均潮差 2～3 m,

历史最高潮位为 7.37 m，曾出现在珍禽保护区南端的新港闸。余流变化较复杂，夏季表层余流为东北向西南，流速为 10～20 cm/s，最大可达 30～40 cm/s；底层余流为沿沙脊群外缘成气旋式环状分布，在射阳河口附近表现为近岸流，平均流速一般小于 10 cm/s。冬季表层余流为南东向北西，流速为 10～15 cm/s；底层余流为南东向北西，流速为 5 cm/s 左右。年平均海水盐度在 29.52～32.24‰之间，汛期及近岸受排水影响仍不低于 22‰。近岸海水 pH 值为 8.0 左右，全年时空变幅不大，适宜于海洋及滩涂生物的生长和繁殖。因为沿岸水系发达，营养盐类含量也较为丰富。

2.1.4 土壤特征

江苏盐城国家级珍禽自然保护区属海积冲积平原海岸，是由长江口和废黄河三角洲两股泥沙流与外海波浪长期相互作用形成的。海岸带地势开阔，土壤类型单调，海堤以外主要分布滨海盐土类，堤内老垦区分布潮土类。潮间带的土壤为滨海盐土，分布潮滩盐土、草甸滨海盐土和沼泽滨海盐土三个亚类。

2.1.5 湿地类型与面积

江苏盐城国家级珍禽自然保护区总面积为 247 260 hm^2，其中核心区面积为 22 596 hm^2，约占总面积的 9.14%；缓冲区面积为 54 769.75 hm^2，约占总面积的 22.96%；实验区面积为 167 894.25 hm^2，约占总面积的 67.90%。滨海湿地随着潮位降低，主要植被类型依次为茅草群落、芦苇群落、盐蒿群落、米草群落和泥滩地。自然演替、生物入侵、湿地围垦等因素都是导致土地利用变化的主要原因。保护区的核心区在 2002 年以前基本为自然湿地，2002 年后部分自然湿地遭受围垦，但是仍保存了 86%的自然湿地，自然保护程度相对较高。盐城珍禽保护区在 2010 年范围调整后各功能区的土地利用类型面积情况如表 1.1 所示。根据全国第二次湿地资源调查以及江苏省湿地资源调查结果，珍禽保护区的湿地总面积为 214 442.87 hm^2，其湿地类型包括浅海水域，淤泥质海滩，潮间盐水沼泽，河口水域，运河、输水河，水产养殖场，盐田等，各湿地类型具体面积及分布如表 1.2 所示。

表 1.1　盐城珍禽保护区土地利用情况

序号	土地利用类型	面积/hm^2	占比/%	核心区面积/hm^2	核心区占总面积比/%	缓冲区面积/hm^2	缓冲区占总面积比/%	实验区面积/hm^2	实验区占总面积比/%
1	沿海滩涂	95 853	38.77	16 711.14	6.76	8 505.44	3.44	70 636.48	28.57
2	海域	56 416	22.82	3 821.54	1.55	11 594.12	4.69	43 386.94	17.55
3	坑塘水面	22 913	9.27	42.62	0.02	13 094.31	5.30	9 775.80	3.95
4	盐田	14 940	6.04	0.00	0.00	3 681.06	1.49	11 258.81	4.55
5	水田	11 307	4.57	0.00	0.00	5 331.43	2.16	5 975.42	2.42
6	可调整养殖坑塘	9 102	3.68	0.00	0.00	3 599.94	1.46	5 501.93	2.23
7	水浇地	7 064	2.86	0.01	0.00	2 861.51	1.16	4 202.47	1.70
8	沟渠	6 598	2.67	8.20	0.00	2 756.78	1.11	3 832.54	1.55
9	河流水面	6 370	2.58	139.42	0.06	2 165.12	0.88	4 065.20	1.64
10	盐碱地	3 869	1.56	1 055.18	0.43	61.46	0.02	2 752.25	1.11
11	养殖坑塘	3 416	1.38	0.00	0.00	1 002.49	0.41	0.00	0.00
12	其他草地	2 701	1.09	809.34	0.33	268.28	0.11	1 623.13	0.66
13	水工建筑用地	2 158	0.87	1.90	0.00	568.37	0.23	1 587.59	0.64
14	农村道路	1 260	0.51	6.58	0.00	608.94	0.25	644.39	0.26

(续表)

序号	土地利用类型	面积/hm²	占比/%	核心区面积/hm²	核心区占总面积比/%	缓冲区面积/hm²	缓冲区占总面积比/%	实验区面积/hm²	实验区占总面积比/%
15	其他林地	865	0.35	0.00	0.00	80.23	0.03	784.38	0.32
16	内陆滩涂	675	0.27	0.00	0.00	57.19	0.02	618.08	0.25
17	特殊用地	349	0.14	0.00	0.00	9.69	0.00	339.60	0.14
18	设施农用地	277	0.11	0.00	0.00	30.80	0.01	246.22	0.10
19	农村宅基地	262	0.11	0.00	0.00	192.96	0.08	69.50	0.03
20	乔木林地	225	0.09	0.00	0.00	116.71	0.05	108.30	0.04
21	公路用地	173	0.07	0.00	0.00	40.92	0.02	131.90	0.05
22	工业用地	110	0.04	0.00	0.00	22.63	0.01	87.61	0.04
23	其他用地	358	0.14	0.07	0.00	119.36	0.05	265.71	0.11
合计		247 260	100	22 596.00	9.14	56 769.75	22.96	167 894.25	67.90

表 1.2　盐城珍禽保护区湿地类型及面积

湿地类型	面积/hm²	所占比例/%
浅海水域	20 166.52	9.40
淤泥质海滩	107 006.22	49.90
潮间盐水沼泽	23 215.56	10.83
河口水域	3 882.83	1.81
永久性河流	716.12	0.33
运河、输水河	172.69	0.08
水产养殖场	34 869.65	16.26
盐田	24 413.28	11.38

2.1.6　湿地植物资源

根据《中国植被》(吴征镒)[1]以及刘昉勋等提出的关于江苏省植被的分类方案[2],盐城珍禽保护区湿地植物群落可划分为7个植被型、10个群系组、35个群系。保护区的植被类型主要以盐生植被为主,分为3个主要类型和14个主要群落。主要植被分类如表1.3所示。

表 1.3　盐城珍禽保护区湿地主要植被分类

植被型	群系组	群系
针叶林	暖温带针叶林	侧柏林
	亚热带针叶林	水杉林
		杉木林
		日本柳杉林
阔叶林	落叶阔叶林	刺槐林
		杨树林

（续表）

植被型	群系组	群系
竹林	散生竹林	淡竹林
草丛	—	狗尾草群落
		白茅群落
		牛筋草群落
		钻叶紫菀群落
		小飞蓬群落
		野塘蒿群落
		马唐群落
盐生草甸	一年生草本盐土植被	盐地碱蓬群落
		碱蓬群落
		盐角草群落
		大穗结缕草群落
	多年生草本盐土植被	白茅群落
		獐毛群落
		田箐群落
		中华补血草群落
		茵陈蒿群落
沼泽植被	滨海沼泽植被	互花米草群落
		大米草群落
		芦苇群落
		芦竹群落
		扁秆藨草群落
		藨草、糙叶薹草群落
		柽柳群落
水生植被	沉水水生植被	川蔓藻群落
		狐尾藻群落
	浮水水生植被	眼子菜群落
		水花生群落
	挺水水生植被	水烛群落

湿地典型植物群落特征。

(1) 互花米草群落

互花米草属于禾本科多年生植物，秆直立，分蘖多而密聚成丛，高度随生长环境条件而异，约 10～120 cm，径 3～5 mm，无毛。叶鞘大多长于节间，无毛，基部叶鞘常撕裂成纤维状而宿存；叶舌长约 1 mm，具长约 1.5 mm 的白色纤毛；叶片线形，先端渐尖，基部圆形，两面无毛，长约 20 cm，宽 8～10 mm，中脉在上面不显著。穗状花序长 7～11 cm，劲直而靠近主轴，先端常延伸成芒刺状，穗轴具 3 棱，无毛，2～6 枚总状着生于主轴上；小穗单生，长卵状披针形，疏生短柔毛，长 14～18 mm，无柄，成熟时整个脱落；第一颖草质，先

图 1.1　互花米草群落

端长渐尖，长 6～7 mm，具 1 脉；第二颖先端略钝，长 14～16 mm，具 1～3 脉；外稃草质，长约 10 mm，具 1 脉，脊上微粗糙；内稃膜质，长约 11 mm，具 2 脉；花药黄色，长约 5 mm，柱头白色羽毛状；子房无毛。颖果圆柱形，长约 10 mm，光滑无毛，胚长达颖果的 1/3。花果期 8～10 月。互花米草原产欧洲，由于其具有耐盐、耐淹、无性繁殖能力强等特点，能够在沿海滩涂无植被分布的低潮滩快速定居繁殖，是保滩护堤的最佳植物，对保滩护堤、促淤造陆具有重要作用，1979 年从美国引入我国，目前已成为中国沿海湿地生态系统中典型的入侵植物。目前，在盐城沿海湿地米草已成片分布，逐渐占据盐城近海的大部分滩涂，鸟类适合停歇栖息的环境越来越少，对区内生物多样性的维持产生了重要的影响。

（2）盐地碱蓬群落

图 1.2　盐地碱蓬群落

盐地碱蓬是藜科碱蓬属植物。一年生草本，高 20～80 cm，绿色或紫红色。茎直立，圆柱状，黄褐色，有微条棱，无毛；分枝多集中于茎的上部，细瘦，开散或斜升。叶条形，半圆柱状。团伞花序通常含 3～5 花，腋生，在分枝上排列成有间断的穗状花序。胞果包于花被内。种子横生，双凸镜形或歪卵形。花果期为 7～10 月。盐地碱蓬耐盐程度较高，但不耐水淹，主要分布在中、高潮滩带。盐地碱蓬具有典型的盐生植物的形态特征，线性、肉质、角质层厚，表皮长柔毛，叶的栅栏组织和贮水组织发达。

盐地碱蓬为盐渍裸地上的先锋群落，在盐城沿海湿地滩涂分布广泛，尤其在保护区核心区分布较广。盐地碱蓬群落在海堤外通常被互花米草群落所演替，在海堤内地势较高的地方被大穗结缕草、獐毛、白茅等群落所演替。盐地碱蓬的伴生种有互花米草、大穗结缕草、芦苇、茵陈蒿等。

(3) 芦苇群落

图 1.3　芦苇群落

芦苇,禾本科芦苇属,多年生草本植物,根状茎十分发达。秆直立,高 1～3 m,直径 1～4 cm,具 20 多节,基部和上部的节间较短,最长节间位于下部第 4～6 节,长 20～25 cm,节下被腊粉。叶鞘下部者短于上部者,长于其节间;叶舌边缘密生一圈长约 1 mm 的短纤毛,两侧缘毛长 3～5 mm,易脱落;叶片披针状线形,长约 30 cm,宽约 2 cm,无毛,顶端长渐尖成丝形。圆锥花序大型,长 20～40 cm,宽约 10 cm,分枝多数,长 5～20 cm,着生稠密下垂的小穗;小穗柄长 2～4 mm,无毛;小穗长约 12 mm,含 4 花;颖具 3 脉,第一颖长约 4 mm;第二颖长约 7 mm;第一不孕外稃雄性,长约 12 mm,第二外稃长 11 mm,具 3 脉,顶端长渐尖,基盘延长,两侧密生等长于外稃的丝状柔毛,与无毛的小穗轴相连接处具明显关节,成熟后易自关节上脱落;内稃长约 3 mm,两脊粗糙;雄蕊 3,花药长 1.5～2 mm,黄色;颖果长约 1.5 mm。

芦苇最初分布在海水能及的地方,杂于盐角草和盐蒿中,数量少且植株矮小。而在滩涂上,则形成大片的以芦苇为建群种的群落。在盐城沿海湿地内,芦苇主要分布在低洼湿地。在河流两侧、各河口及海堤两侧、内陆河沟等水湿环境中,芦苇均有大面积分布。河口芦苇群落盖度达 80%～100%,堤外芦苇群落盖度达 60%～70%。保护区核心区广袤广阔的芦苇群落是鸟类理想的繁衍栖息地,也是盐城沿海湿地生物量最大的植被类型。

2.1.7　湿地动物资源

(1) 鸟类

盐城珍禽保护区所在的沿海滩涂是目前亚洲最大的湿地之一,也是水禽繁殖、栖息、越冬的重要场所。这里地势平坦,盐土沼泽密布,水系充沛,鱼、虾、蟹及贝类等生物资源丰富,为鸟类提供了丰富的食饵和良好的栖息环境。

对盐城珍禽保护区进行调查得知,共采录鸟类 421 种,分别隶属于 20 目 67 科。其中物种数量较多的分别是:雀形目 150 种,鸻形目 80 种,雁形目 35 种,隼形目 32 种,鹳形目 18 种,鹤形目 16 种。按照生态类型划分,留鸟 39 种,夏候鸟 63 种,冬候鸟 109 种,迁徙经过的旅鸟 200 种,迷鸟 29 种,偶见鸟 37 种,在该区繁殖的鸟有 92 种。

盐城珍禽保护区湿地有国家一级保护鸟类 11 种:丹顶鹤、白头鹤、白鹤、白尾海雕、东方白鹳等;国家二级保护鸟类 62 种:黑脸琵鹭、大天鹅、鸳鸯、白枕鹤、灰鹤、大鵟鸟、红隼等。在列入《中国濒危动物红皮书》的鸟类中,保护区有稀有种 15 种,濒危种 7 种,易危种 11 种,不确定种 3 种。在 IUCN(世界自然保护联盟)受威胁物种红色名录中,保护区共有极危种 3 种、濒危种 7 种、易危种 17 种、近危种 16 种、无危种

图 1.4 丹顶鹤

334 种，还有 13 种目前未评估。保护区湿地具有列入《中日候鸟保护协定》的鸟类有 196 种，列入《中澳候鸟保护协定》的鸟类有 57 种。

(2) 哺乳类

盐城珍禽保护区以滩涂湿地为主，哺乳动物又以小型哺乳类为多，根据调查和文献报道，保护区内的哺乳类有 7 目 18 科 47 种。盐城珍禽保护区的哺乳类以翼手目占优势，共有 2 科 13 种，约占该保护区哺乳类物种总数的 27.66%；鲸目次之，有 5 科 10 种，约占哺乳类物种总数的 21.28%；食肉目 5 科 9 种，约占哺乳类物种总数的 19.15%；啮齿目 2 科 7 种，约占哺乳类物种总数的 14.89%；食虫目 2 科 5 种，约占哺乳类物种总数的 10.64%；偶蹄目 1 科 2 种，约占哺乳类物种总数的 4.26%；兔形目种类最少，仅有 1 科 1 种，约占哺乳类物种总数的 2.13%。盐城珍禽保护区哺乳动物中有国家一级重点保护野生动物 1 种，国家二级重点保护野生动物 15 种，省级重点保护动物 6 种。

保护区湿地内最常见到的哺乳动物是东北刺猬、黄鼬、草兔、赤腹松鼠、赤狐、狗獾、猪獾等。

图 1.5 东北刺猬

2.1.8 机构设置

江苏盐城湿地珍禽国家级自然保护区已成立独立管理机构——江苏盐城国家级珍禽自然保护区管理处。管理处下设有办公室、资源管理与保护科、资源调查与监测科、宣传教育科、社会事业管理科、项目与财审科。现有职工 23 人，其中正高技术职称的有 2 人，副高技术职称的有 3 人，中级技术职称的有 9 人，初级技术职称的有 3 人。这是一支专业的管理和科研人才队伍，人员素质高、专业技能强，可有力保障保护区信息化建设的顺利开展和实施。

2.2 项目实施背景

2.2.1 滩涂围垦，适宜性生境面积缩小

20 世纪 90 年代末，盐城沿海湿地是丹顶鹤最大的越冬地，每年有 60%以上的世界野生种群到此越

冬,1999年冬丹顶鹤越冬种群数量曾达1 128只,但是在2000年,突然降至615只。丹顶鹤越冬数量的急剧减少主要是因为沿海滩涂的围垦和经济开发,区域内生境发生改变,丹顶鹤等越冬的栖息地面积逐渐减小。1987～2007年,保护区内的适宜性生境面积持续减少,丹顶鹤适宜性生境发生显著变化。到2007年,丹顶鹤生境主要分布在射阳河口以南的保护区和海岸带。由于北部海岸滩涂面积狭窄,实物资源缺乏,且认为开发强度大,导致栖息地逐渐减少,而栖息于北部保护区滩涂的鹤群也较少。另外,保护区内湿地景观变化使丹顶鹤部分适宜生境丧失,也导致保护区对丹顶鹤的承载数量逐渐下降。

2.2.2 环境污染,生境质量下降

滨海湿地作为海陆相互作用的过度区域,具有一定的污染净化功能,能够截留部分陆源入海的污染物,同时也是重金属等有毒、难降解污染物的最终归宿之一。近年来,随着区域经济的迅速发展,保护区及周边土地利用变化,生活污水、工业废弃物等的不合理排放引起的环境污染,已经成为影响丹顶鹤等鸟类生存的重大威胁。根据近年来的《江苏省海洋环境质量公报》显示,与20世纪90年代末相比,保护区内河流水质环境显著下降,而芦苇滩、盐蒿滩、互花米草滩等植被表层沉积物的重金属含量也较高。伴随着保护区生境质量不断恶化的趋势,丹顶鹤水源地的生境质量也不断下降,从而使保护区的功能减弱。

2.2.3 生境连通度下降

景观基质的改变、原始湿地景观面积及人类干扰强度变化都将影响保护区景观结构的连通性。历史上该区域曾作为开发区域筑埂造塘,大面积自然湿地被分割,基质由自然湿地转变为人工湿地,彻底改变了湿地的基本特性。而且,现有的自然湿地被人工湿地隔离,各功能区之间的连通性降低,盐城珍禽保护区内丹顶鹤栖息地生态环境的剧烈变化,严重影响了丹顶鹤等水禽的迁徙、觅食和栖息。

2.2.4 湿地景观破碎化

湿地景观破碎化使丹顶鹤生境最大斑块面积缩小,出现边缘效应、空生境以及缓冲隔离效应。① 边缘效应显著。随着保护区人工湿地面积的增加,自然湿地与人工湿地交错镶嵌分布,使自然湿地内出现规则的人工湿地斑块(沟渠和鱼塘等),偏离圆形(或正方形)的程度增大,从而使斑块边缘面积增大,内部面积减小,斑块边缘效应加剧。由于丹顶鹤属于对外界干扰警觉和敏感的物种,这种变化使得湿地景观斑块被丹顶鹤利用程度减小。② 空生境产生。湿地景观破碎化使斑块平均面积急剧减小,当丹顶鹤湿地景观生境面积小到最小需求生境面积(3.2 hm^2)时,该斑块便不再被利用,出现空生境。通常空生境斑块比例增加会导致种群减少,种群灭绝风险增加。③ 隔离效应加剧。由于人类活动强度的加大,原来成片的原始湿地被分割,形成了不连片的岛屿与湿地斑块。相关的非湿地景观斑块增多,一方面造成丹顶鹤栖息地的丧失;另一方面,非湿地景观周围的缓冲区内的湿地景观也成为丹顶鹤等鸟类不能利用的生地境,增加了丹顶鹤等鸟类的迁徙难度。

2.3 项目实施必要性

2.3.1 有效保护丹顶鹤种群的需要

随着滩涂湿地的围垦开发,保护区内的自然植被被农作物、水域等取代,未被开垦的区域也受到一定程度的干扰,导致区域内丹顶鹤等水禽赖以生存的生境发生改变,栖息地面积逐渐缩小。根据适宜性生境对承载的丹顶鹤数量分析,保护区目前虽然还有大面积湿地,但是丹顶鹤生境破碎化程度严重,再加上自然面积的不断缩小,丹顶鹤适宜生境面积与承载数量的面积日趋接近。如果不采取有效的控制措施,预计10～20年后,盐城湿地景观将不能承载现有的丹顶鹤数量,必然导致丹顶鹤数量下降,威胁丹顶鹤种群的生存。野生动物栖息地保护是野生动物保护的前提和基础,也是保护野生动物最有效的方法和关键性措施。因此,开展保护区丹顶鹤栖息地生态恢复,加强生物多样性智慧监测建设,对丹顶鹤种群的健康发展与保护具有重要意义。

2.3.2 有效保护鸻鹬类涉禽的需要

鸻鹬类主要栖息于江湖河海的沿岸带和沼泽地区，以动物性食物为主，主食为水中小鱼、软体动物和水中昆虫等。盐城沿海滩涂湿地生境丰富，为鸻鹬类提供了良好的栖息地。但是近年来，由于滩涂围垦和栖息地环境的改变，在保护区区域内越冬的鸻鹬类等鸟类种类也在减少。影响鸻鹬类分布的主要因素是食物和栖息地生境。生境内食物的种类、丰富度和质量等都会影响鸻鹬类对栖息地的选择。鸻鹬类主要以螺类、贝壳类和蟹类为食，此外也会采食昆虫和草籽等。栖息地生境是影响鸻鹬类分布的另一因素。滩涂的宽度，尤其是潮起潮落后裸露的面积大小直接影响了鸻鹬类的觅食空间。在保护区核心区由于滩涂的侵蚀，光滩面积逐渐减少，已经很难满足大量鸻鹬类的栖息觅食；而在保护区的其他地区，由于受到围垦开发的影响，鸻鹬类的栖息地正逐渐丧失或破碎。盐城珍禽保护区位于我国东部沿海迁徙通道的最重要的地段，每年春秋两季约有 300 万只鸻鹬类涉禽经停在此。因此，开展湿地生态恢复，建设适宜的鸻鹬类高潮栖息地，对保护鸻鹬类涉禽具有重要作用。

2.3.3 改善湿地生态环境，保护生物多样性的需要

湿地保护是一项长期而艰巨的任务，必须牢固树立科学的发展观，通过湿地生态恢复以及鸟类栖息地建设，明确加强湿地保护是统筹人与自然和谐发展的重要举措。盐城珍禽保护区拥有较大的滩涂面积和开阔的水面，蕴藏着丰富的生物资源，为沿海湿地生态保护、珍稀濒危物种拯救、生物多样性维持和生态安全做出了巨大贡献。盐城珍禽保护区是连接不同生物界区鸟类的重要区域，是东亚与澳大利亚水禽迁徙的重要停歇地，也是鸟类重要的越冬地。盐城珍禽保护区位于我国东部沿海迁徙通道的最重要的地段，每年约有 300 万只鸻鹬类涉禽经停在此，以及 50 多万只水禽在此越冬。加强鸟类栖息地建设，一方面可促使人工湿地逐渐向自然湿地恢复，大大加强对湿地的保育保护作用；另一方面，通过栖息地恢复等措施，可提高湿地生态系统功能，为候鸟的迁徙及越冬提供更加良好的栖息环境，对维持和提高区域生物多样性具有十分重要的意义。

2.3.4 建设生态文明的需要

党的十七大报告将“建设生态文明”作为实现全面建设小康社会奋斗目标的新要求，明确提出要使主要污染排放物得到有效控制，生态环境质量得到明显改善，生态文明观念在全社会牢固树立。建设生态文明，是深入贯彻落实科学发展观、全面建设小康社会的必然要求和重大任务，为保护生态环境、实现可持续发展指明了方向。2012 年，党的十八大从新的历史起点出发，做出“大力推进生态文明建设”的战略决策。十八大报告指出：“必须树立尊重自然、顺应自然、保护自然的生态文明理念”，“坚持节约优先、保护优先、自然恢复为主的方针”。2017 年，党的十九大报告将“坚持人与自然和谐共生”作为新时代坚持和发展中国特色社会主义的 14 条基本方略之一。绿色发展是保障，环境问题是重点，保护生态是关键，监管体制是保障，这四个方面的工作做好了，生态文明建设就能切实向前发展。国家林业局在 2013 年下发《推进生态文明建设规划纲要(2013—2020 年)》和《湿地保护管理规定》，推进生态文明建设，加强湿地保护管理，履行湿地公约。因此，盐城珍禽保护区湿地生态恢复以及鸟类栖息地的建设是盐城生态文明建设的需要，通过一系列保护与恢复措施，维护盐城滩涂湿地的生态景观，满足当地居民和区域野生动植物的生态需求。

2.3.5 保护区滩涂湿地植物多样性的需要

根据调查统计，盐城滩涂湿地共有维管植物 688 种，隶属 114 科 391 属。近年来，盐城珍禽保护区湿地表现出典型的芦苇、香蒲等湿生植物群落向旱生植物群落逆向演替，互花米草、加拿大一枝黄花等外来入侵物种大量繁衍蔓延，严重挤压盐地碱蓬、白茅等原生湿地植被的生存空间。另外，随着滩涂高程不断增加，向陆部分滩涂不断脱盐、旱化，芦苇植被持续向海延伸，与互花米草形成“双重挤压”效应，保护区内植物多样性已受到严重威胁。

2.4 项目建设可行性

2.4.1 选址区位的适宜性

拟建鸟类栖息地修复项目中的丹顶鹤栖息地位于盐城珍禽保护区核心区内，是核心区鸟类栖息地的重要组成部分。项目区位于斗龙港入海口与三里河口之间，西临海堤，区内设有下坝工作站。该区域经历了滩涂围垦、农作物种植、水产养殖等栖息地变化过程。水产养殖面积的增加使丹顶鹤的原生栖息地缩小。虽然后期已停止了水产养殖，但是丹顶鹤仍不适应该区域的环境，逐渐迁往核心区其他区域，导致该区域丹顶鹤数量减少。丹顶鹤对栖息地的选择主要受基底、食物、饮水和隐蔽物四个要素的影响。项目区位于核心区，紧挨斗龙港入海口，水源充足，大面积的浅水泥滩蕴藏着丰富的鱼虾、螺类、蟹类，为丹顶鹤等鸟类提供了休息觅食的有效场所；该区域主要为芦苇植被，一方面有利于鸟类隐蔽，另一方面也能为鸟类提供草籽等食物。因此，该项目区作为丹顶鹤等鸟类栖息地的选址区位较为合适。

2.4.2 湿地资源的典型性

鸟类栖息地修复项目区位于保护区核心区内，近年来人为干扰较小，原有养殖塘经过多年的封闭管理和自然恢复，已发展成为典型的沿海湿地生态系统，湿地类型包括养殖塘、潮上带泥滩、潮下带泥滩等。湿地动植物资源丰富，湿地植被主要包括芦苇群落、碱蓬群落等。本项目区虽现为以养殖塘为主的人工湿地，但经改造建设后，本区域可逐渐恢复为自然湿地，将为丹顶鹤等鸟类提供适宜的栖息地生境，有效增加区域内的湿地生物多样性。

2.4.3 管理主体的明确性

项目区管理主体明确，目前已具有一套成熟的与丹顶鹤栖息地相关的保护管理方案，建立了本项目的组织架构体系，分别为领导小组、专家小组、监理机构、实施机构和维护机构。其中，实施机构要求建设单位严格按照国家法律法规组织，由经济、技术等方面的人员组成，成立项目建设管理部，负责本项目的实施；维护机构是一个项目正常运转的基础，在于保障规划业务系统的高效、稳定和安全运转。明确的项目实施架构体系，保障项目从决策、实施到运营阶段，形成完备的组织协调机制和人力资源配备，能够确保保护管理落实到位。

综上所述，本项目建设已经具备建立的资源基础与管理条件，项目建设具有较高的可行性。

第三章 工程设计方案

3.1 项目设计总则

3.1.1 指导思想

深入贯彻习近平新时代中国特色社会主义思想，深入贯彻党的十九大和十九届六中全会精神，牢固树立“绿水青山就是金山银山”的理念，严格落实党中央、国务院关于生态文明和生物多样性保护的决策部署，落实省委省政府生态文明湿地保护目标任务，以国家有关湿地、自然保护地、遗产地的生态保护法律、法规和政策为依据，以优化生态环境、保护湿地自然资源为核心指导思想，坚持生态效益为主，维护生态平衡，突出湿地恢复和生态重建，采取适当的生态工程措施及湿地管理措施，侧重湿地基底恢复、湿地水文状况恢复、鸟类栖息生境营造，增强湿地生态系统稳定性和生物多样性保护的能力，提高湿地珍禽多样性及保护区的环境承载力。

3.1.2 设计原则

依据生物多样性保护和生态工程相关原则，针对江苏盐城国家级珍禽自然保护区核心区的现状及存在问题，制定区域生态环境保护目标，以及实现目标所要采取的措施。

1. 秉承尊重自然、珍禽和湿地生态系统保护优先的基本理念原则

保护区的保护目标是维持珍稀鸟类种群的稳定，保护湿地生态系统。核心区生态修复要以国家级自然保护区、国际重要湿地、人与生物圈网络保护区和世界自然遗产的标准为修复原则，突出具有全球普遍价值的生态学过程、"十四五"期间抢救性保护的珍稀濒危鸟类及其栖息地，坚持生态优先，重点保护生物多样性、保护鸟类栖息地等自然资源。同时，遵循自然规律，采取适当的生物和工程措施，尽快恢复和重建退化沼泽的生态功能。

2. 坚持全面规划与合理布局的原则

充分考虑丹顶鹤、鸻鹬类以及其他野生动植物的资源状况、栖息状况及生物学特性，对工程建设合理布局，有利于各功能区协调发展，有利于工程规划与建设现状之间的衔接。坚持全面考虑湿地保护、恢复、建设、管理以及科研等各方面的需要，并根据现有的湿地资源现状，坚持突出重点，抓住生态修复区以生物多样性保护为主的主导生态功能，重点解决制约主导生态功能发挥的各类限制性因素，合理布局保护与恢复的各项工程，以期实现湿地恢复的建设目标。

3. 坚持博采众长和因地制宜的原则

盐城珍禽保护区目前已成功建设了多个适宜的鸟类栖息地生境，在科学研究、生物多样性保护等方面均取得了显著的业绩，本项目将在充分借鉴与参考以往的鸟类栖息地建设基础上，结合实际条件开展实施。本项目将充分尊重项目区独特的自然环境条件和特殊的湿地生物资源，充分保护该区生态系统的自然性和完整性，项目区内一切设施建设均以恢复湿地自然景观和生态系统为前提，根据不同的湿地特征、地貌特征以及湿地的退化程度等具体情况，采取相应的保护、恢复与重建措施。

4. 遵循按现有地形进行工程设计，尽量减少工程干扰的原则

此项目将综合考虑保护整体现状，制定操作可行、便捷有效、化繁为简的方案。湿地恢复与保护过程中，应该充分利用项目区建设范围内现有的地形、地貌和立地条件，因地制宜地进行工程设计。同时按照生物学和景观学的原理合理设计，尽量减少工程施工对核心区自然生态系统景观的干扰。

◆专家讲评◆

本项目是基于自然的解决方案，是对鸟类珍禽自然生态系统加以保护和修复，并对其进行可持续管理，从而使生态系统造福人类的行动。本设计紧扣尊重自然、生态优先、全局统筹、因地制宜的原则，是确保工程设计质量的关键。在进行工程设计时，必须遵循这些设计原则，并根据具体情况制定相应的具体规则，只有这样才能确保所设计的工程在使用过程中达到预期效果。

3.2 项目区地形及水动力情况

3.2.1 项目区地形地貌分析

项目区总面积约 460.59 公顷，从表观上看由大大小小近几十个养殖塘组成，为典型的"退渔还湿"区域，近年来人为干扰较小，原有养殖塘经过多年的封闭管理和自然恢复，已发展成为典型的沿海滩涂芦苇塘。由于没有人工干预，项目区整体地形仍然为养殖塘样式，即为塘埂—环状深水沟—中部芦苇滩地势，总体地形规整、塘埂生硬，现塘埂及中部区域被生长茂密的芦苇群覆盖，经现场测绘地形图显示，项目塘埂高程一般为 3.2～4.0 m，环沟底高程为 0.2～1.0 m，中部芦苇滩平均高程为 1.22～1.80 m。

图 1.6　修复区总平面图

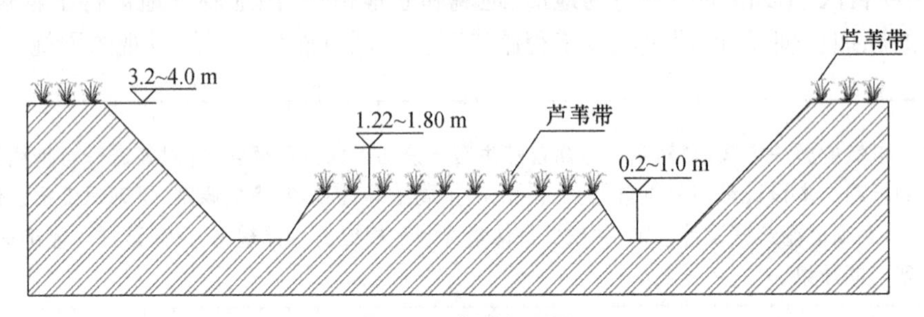

图 1.7　典型断面图

图 1.8　修复区现场实景图

3.2.2　项目区水动力情况分析

项目区引水源分为淡水和海水。

1. 淡水循环

项目区现有 1 座引水泵站，位于项目区左上角处，泵站配套 2 台水泵，单台水泵流量为 0.8 m^3/s，功率为 55 kW，总流量为 1.6 m^3/s。水泵启动后，下明引河河水经由引水渠道(长 150 m，宽 20 m)、过水涵洞 1(长 1 m，宽 1 m)进入修复区内蓄水河道(界河)，而后分别通过过水涵洞 2、过水涵洞 3 进入项目区，从而实现项目区补水。

2. 海水循环

斗龙港海水通过项目区右下角处潮汐通道，在潮汐作用下，实现修复区引退水循环。

图 1.9 修复区现状水动力情况图

3.2.3 项目区潮汐水位分析

项目海水区域通过斗龙港实现引退水循环，根据相关潮汐水文资料，斗龙港渔港潮汐图如图 1.10 所示。

从图 1.10 可知，保护区内近岸潮流属正规半日潮流，总趋势为落潮历时大于涨潮历时，时差约 0.5～1.0 h，海水平均潮差为 2～3 m，根据现场调研及测绘结果，在正午高潮时间点，斗龙港水位约为 1.60 m。

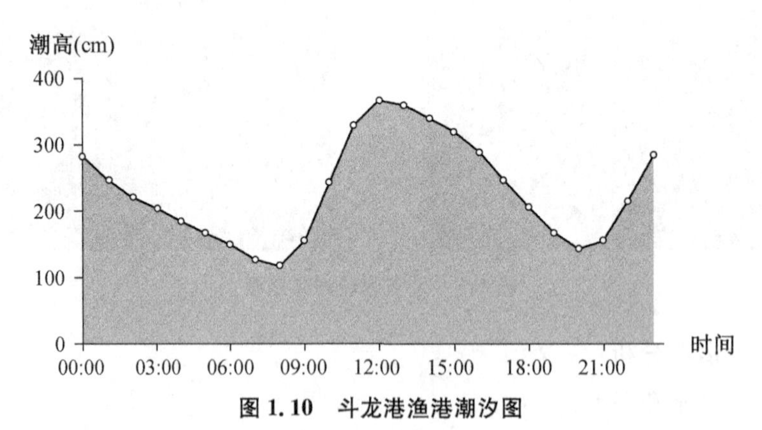

图 1.10 斗龙港渔港潮汐图

3.2.4 存在问题

1. 过水涵洞 1 设计尺寸(长 1.0 m，宽 1.0 m)偏小，无法满足引水泵站满功率运行下的过水量，此情况水泵出水漫过引水渠道顶部后外溢至周边水体，造成资源的浪费。

2. 现有过水涵洞 2 及过水涵洞 3 底部存在淤积情况，间接抬升进水水位标高，减少了修复区总体进水量。

3. 大部分项目区仍保留原有养殖塘分布形式，众多塘埂将项目区阻隔，且斗龙港高潮水位明显低于塘埂，致使淡水及海水受到塘埂的阻挡，无法遍及整个项目区，造成水流在部分区域滞留，海水及淡水大循环无法实现。

4. 淡水及海水区无明显阻隔，在少许区域出现淡水和海水交汇，为后期修复区生境管控造成了麻烦。

综上所述，通过修复区地形地貌、泵站现状、管涵分布及使用情况分析，修复区水流不合理、分区不明、水动力循环无法实现。

3.3 工程总体布局

工程建设总体布局依据《江苏盐城湿地珍禽国家级自然保护区鸟类栖息地修复与监测能力提升项目实施方案》的总体要求：

依据结合修复生态现状，拟营造多样化生境类型，构建淡水、海水两类鸟类栖息觅食地。其中淡水生境 334.02 公顷，主要为丹顶鹤等涉禽提供栖息觅食空间；海水生境 126.57 公顷，主要为鸻鹬类提供高潮位栖息觅食地。

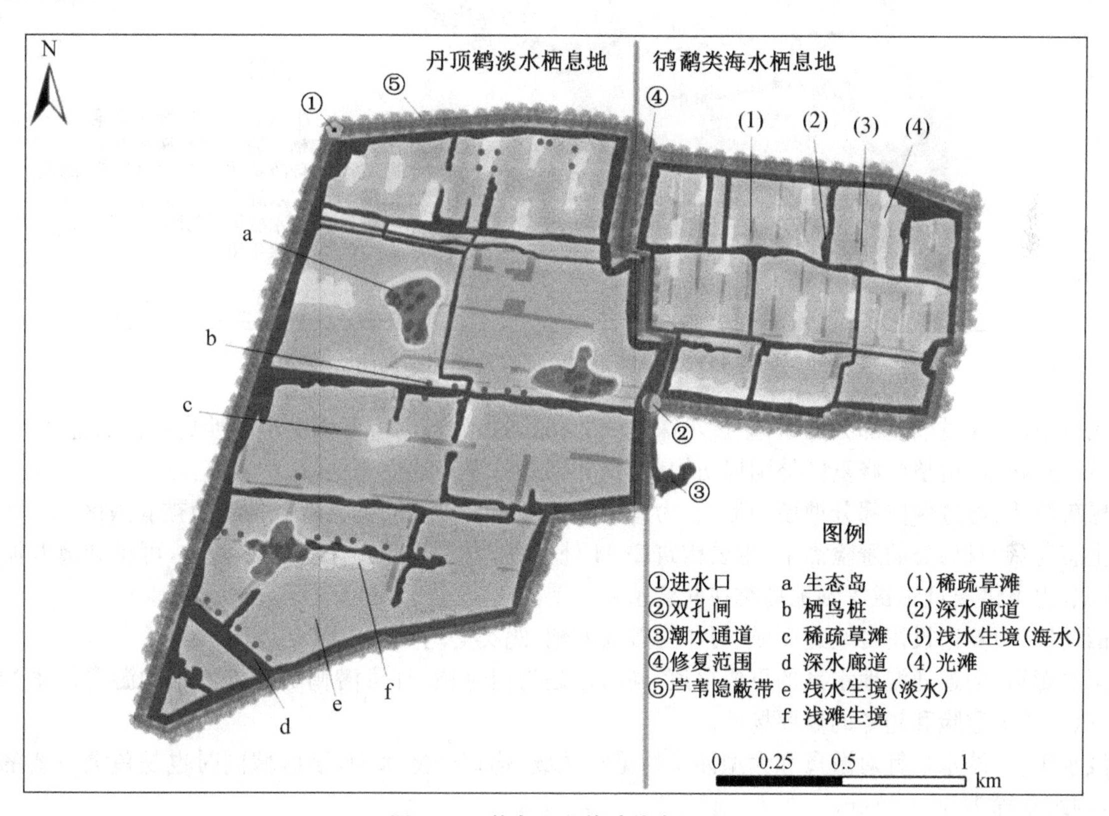

图 1.11 修复区总体功能布局图

◆专家讲评◆

本项目工程布局分为两大部分，分别为丹顶鹤淡水栖息地和鸻鹬类海水栖息地，根据鸟类栖息习性不同，丹顶鹤淡水栖息地构建的功能区主要分为生态岛、浅滩生境、浅水生境(淡水)、稀疏草滩和深水廊道。鸻鹬类海水栖息地构建的功能区主要分为光滩、稀疏草滩、浅水生境(海水)和深水廊道，具有很强的针对性，体现了尊重自然、因地制宜的设计原则。

3.3.1 丹顶鹤淡水栖息地建设布局

拟通过丹顶鹤友好生境构建工程和淡水水网构建工程，营造适宜丹顶鹤等湿地水鸟生存的淡水栖息地，功能区主要分为生态岛、浅滩生境、浅水生境(淡水)、稀疏草滩和深水廊道。

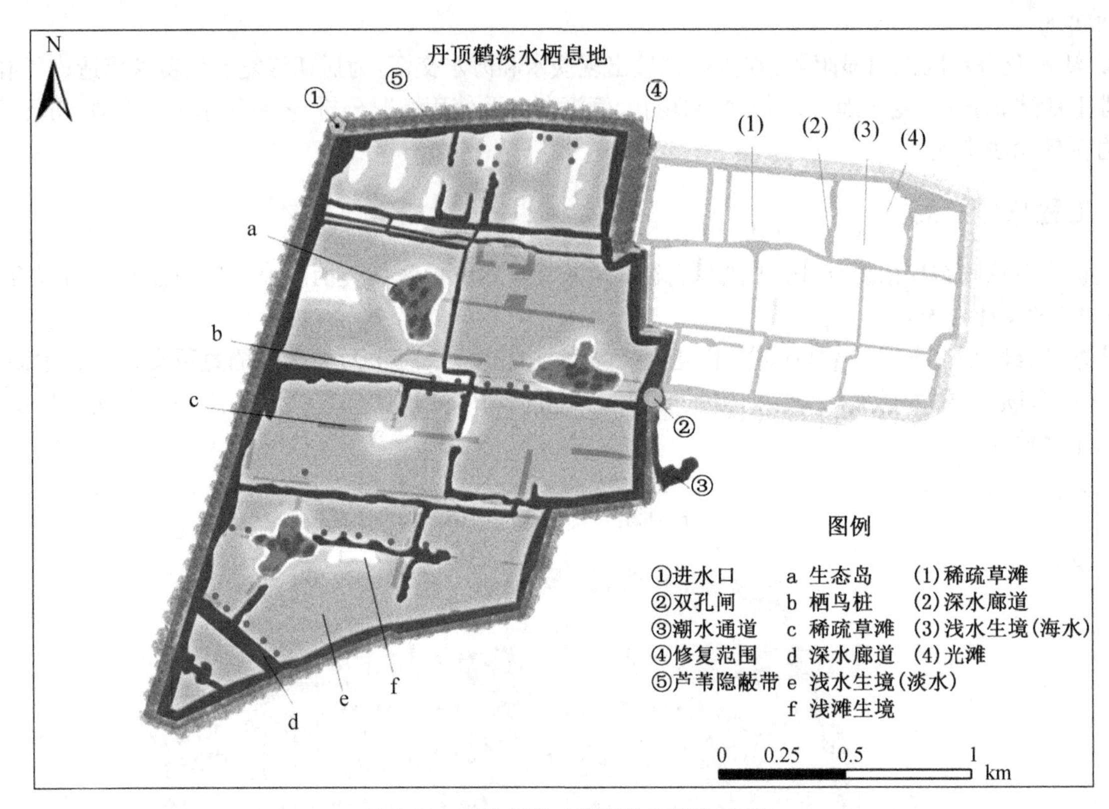

图 1.12 丹顶鹤淡水栖息地功能布局图

浅滩生境:通过改造部分塘埂,塑造水深 10～20 cm 的区域,创造可供中小型涉禽觅食的空间。

芦苇隐蔽带:由整个修复区外围堤防构成,是外围巡护道路的生态地带。

稀疏草滩:通过保留部分塘埂的形式,为鸟类创造躲避天敌及不良自然条件的植被隐蔽区。

生态岛:针对鸟类的避险需求,主要构筑 2～4 处小岛,自然生长芦苇等草本植物,可供涉禽及游禽避险、休憩,也可供震旦鸦雀等湿地鸟类在此繁殖。

栖鸟桩:由养殖投饵台改造而成,可作为普通鸬鹚、鸥类等鸟类的停歇点。

深水廊道:为连通湿地水系的重要渠道,同时也是为白骨顶、红头潜鸭等喜好潜水的游禽设置的觅食区域,以及鱼类避险和越冬的重要场所。

浅水生境(淡水):针对游禽和大型涉禽的觅食区域,构筑开敞水面,该区域同时也是鱼类重要的繁育场所,构筑水深为 30～50 cm。

3.3.2 鸻鹬类海水栖息地建设布局

鸻鹬类海水栖息地,南侧紧邻斗龙港,现由 15 个不完全连通的养殖塘组成,目前呈现出水源供给缺少、芦苇群落生境单一、底栖动物食源缺少等特征,基本不能被鸻鹬类利用。现拟通过高潮滩地营造工程、潮水水网营造工程和堤岸生态修整工程,营造出一片适合鸻鹬类栖息的高潮位滩地,其功能区主要分为光滩、稀疏草滩、浅水生境(海水)和深水廊道。

光滩:通过平推改造部分塘埂,塑造永久或仅在大潮时被斗龙港高水位潮水覆盖的光滩区域,创造可供中小型鸻鹬类觅食的高潮位栖息地。

稀疏草滩:通过保留部分塘埂的形式,为部分鸻鹬类创造躲避天敌及不良自然条件的植被隐蔽区。

深水廊道:为连通湿地水系的重要渠道,同时也是鱼类避险和越冬的重要场所。

浅水生境(海水):针对大型鸻鹬类的觅食区域,构筑水深 0～15 cm 的开敞水面,该区域同时也是鱼类和一些底栖生物的生长场所。

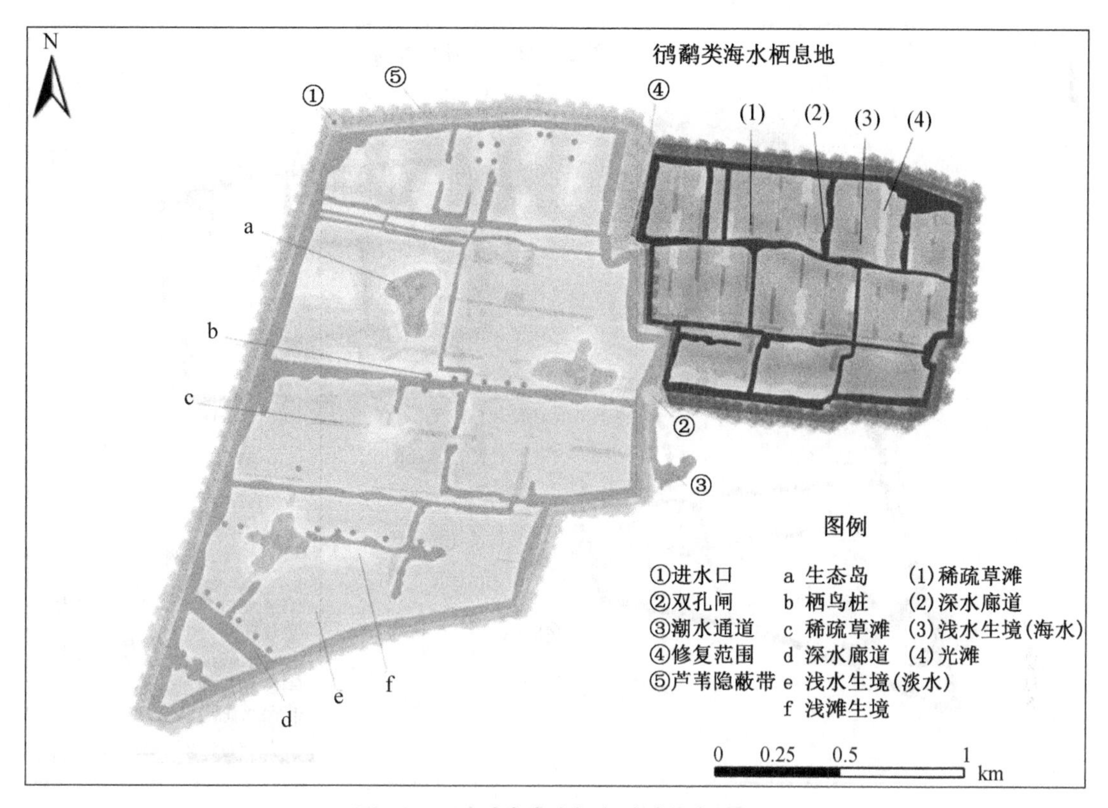

图 1.13　鸻鹬类海水栖息地功能布局图

堤岸生态修整:对鸻鹬类栖息地外围堤岸进行加固加宽,堤岸宽度经加宽修整后约为 4 m。道路两侧可自然生长芦苇等植被,从而提高外围堤岸的隐蔽性。

3.3.3　水域廊道构建原则

水是保证水生生物生长以及不同鸟类觅食需求的重要条件,为使整个修复区有畅通的进排水水系通道,本工程将依托现有的养殖塘深渠,构建修复区水域连通廊道,从而发挥湿地应有的生态功能。

通过深挖、疏通、连通的方式,原本的深水沟渠被连接成网,形成整个修复区的水域廊道,以保证修复区水域生境的水源供给。同时淡水生境内西北角原有进水口需进行维修加固,作为淡水生境水系进水口。在海水生境西南角与淡水生境东面的交汇处,建设一个淡水生境的排水口和海水生境涨、落潮的潮水通道,以双孔闸门的方式,对淡水生境和海水生境的水系进行管理。修复区水域廊道构连通建设,具体如图 1.14 所示。

3.4　总体设计思路

以《江苏盐城湿地珍禽国家级自然保护区鸟类栖息地修复与监测能力提升项目实施方案》的总体布局为基础,结合项目区现存的问题,本项目总体设计思路如下。

- 淡水海水分区构建工程:填方筑埂,将淡水及海水区域分隔,区域统一生境,便于后期维护管理。
- 地形塑造及水系连通工程:破除、削平海水生境、淡水生境内各个独立地块的塘埂,结合淡水水位及潮汐水位,构建区域水系的整体交换和连通,充分利用现有地形,通过土方平衡,塑造生态岛、浅滩、浅水、深水等生境。
- 水文调控工程:淡水区域,修复现有过水涵洞,适宜位置新增过水涵洞及涵闸;海水区域,增设过水涵闸。

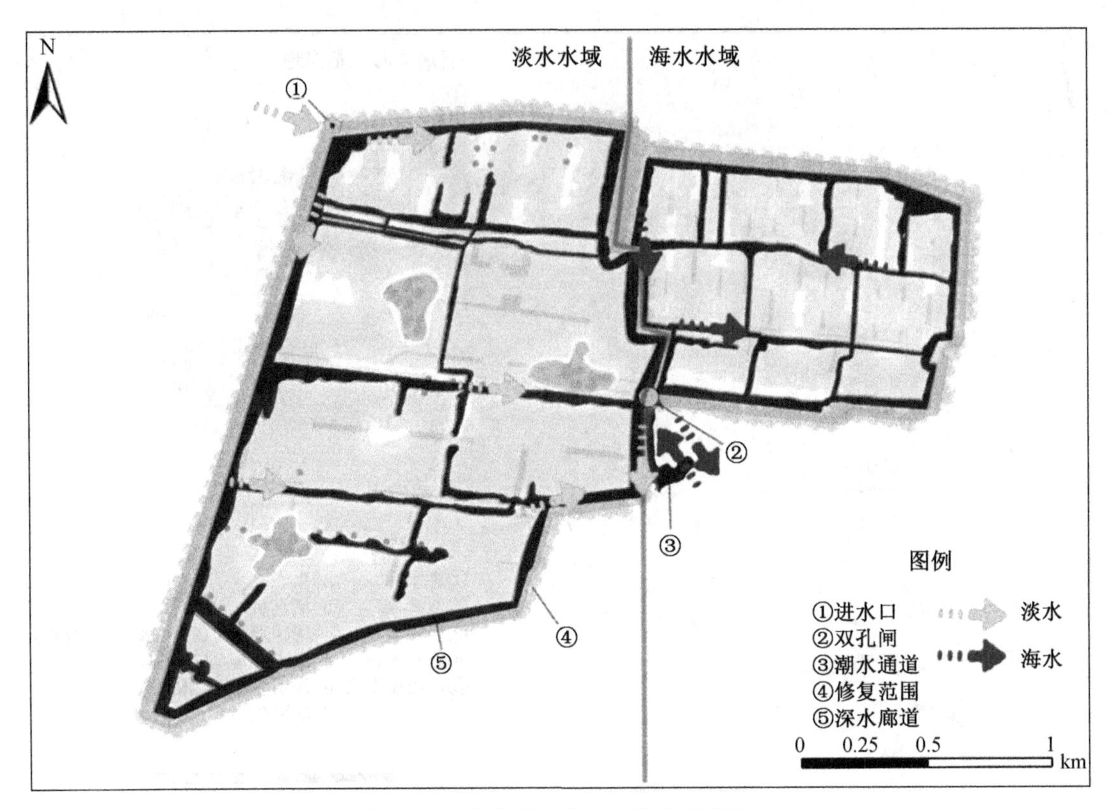

图 1.14 修复区水系连通路线示意图

3.5 淡水海水分区构建工程

根据现场调研及建设单位管理人员反馈，结合地形测绘图，目前修复区海水及淡水存在 4 处交汇点，具体位置分布如图 1.15 所示。

图 1.15 造埂封堵点分布图

本工程通过对四处点位进行封堵造埂，经压实后高度与周边原有塘埂形成自然搭接，埂顶设计标高为3.5～4.0 m，设计埂宽为6～8 m，造埂设计坡度约1∶3～1∶5，造埂总长度约为180 m。

同时造埂封堵后，利用现有分隔塘埂，形成丹顶鹤淡水栖息地及鸻鹬类海水栖息地两类独立的地块，并对分隔塘埂进行加固修整。

图1.16　淡水及海水区分割图

3.6　地形塑造及水系连通工程

◆专家讲评◆

本项目设计的重点之一就是地形控制，破除、削平海水生境、淡水生境内各个独立地块的塘埂，结合淡水水位及潮汐水位，构建区域水系的整体交换和连通，充分利用现有地形，通过土方平衡，塑造生态岛、浅滩、浅水、深水等生境。本项目设计基于前期详细和准确的测绘工作，可以较好地控制设计精度，确保工程量和总投资控制在较小的偏差范围内。

3.6.1　丹顶鹤淡水栖息地设计

1. 高程控制

本项目淡水区域地形设计中高程采用绝对高程，结合淡水区域现有地形情况，标高控制如下：

设计常水位为2.0 m，稀疏草滩高程为3.5～4.0 m，生态岛顶部高程为2.5 m，浅滩底高程为1.7～2.2 m，浅水底高程为1.25～1.50 m，深水廊道底高程为0.2～0.8 m。

2. 浅滩及稀疏草滩

浅滩是涉禽以及部分水禽觅食、休息的场所。浅滩生物主要以藻类、贝类和甲壳类为主，底栖动物比较丰富。除丹顶鹤等大型涉禽外，还可为鹭类、大型鸻鹬类等中小型涉禽提供觅食、栖息场所。

稀疏草滩可作为震旦鸦雀等雀形目珍禽的觅食、繁殖场所，为鸟类创造躲避天敌及不良自然条件的植被隐蔽区。

本工程拟将 60%的现有塘埂改造为高度为 2.2 m、坡比约 1∶5～1∶10 的浅滩，增加水陆交错带面积，以形成浅滩生境的基础地形，由于水深改变，浅滩湿地面积可在空间上呈现周期性变化。同时对 40%养殖塘埂予以保留，经芦苇刈割后形成稀疏草滩生境，并减缓塘埂坡度，其坡比约 1∶5。具体如图 1.17 所示。

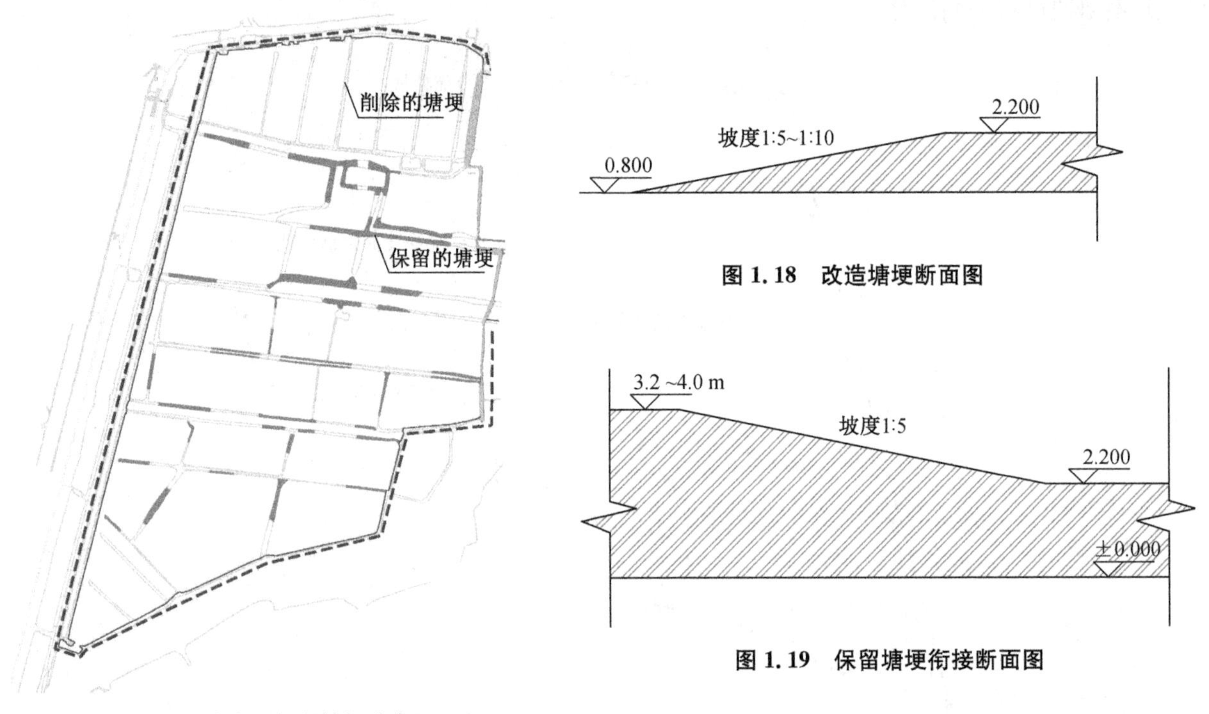

图 1.18　改造塘埂断面图

图 1.19　保留塘埂衔接断面图

图 1.17　淡水区保留塘埂分布图

3. 栖鸟桩改造

整个项目区大约有投饵台 100 处，用于喂养鱼、虾。投饵台为预制板类型，长约 3 m，宽约 0.5 m，离水面约 0.5 m。本工程拟将项目区内的投饵台面板进行拆除，保留原有面板支撑桩，形成栖鸟桩，为鹭类、鸥类、鸻鹬等鸟类提供栖息停歇点。

图 1.20　投饵台现状(左)与栖鸟桩功能实现图(右)

4. 生态岛

淡水生境中生态岛的设置不仅可以提高生境异质性，而且能够为不同鸟类提供相适应的栖息地，同时也能增加湿地生态系统的稳定性，营造出丰富的栖息地类型。

本工程将依据现有地形基准，将临近塘埂降高产生的土方堆塑 4 处生态岛，单个生态岛面积(含周边过渡带)约为 2 公顷，总面积约为 8.4 公顷，生态岛高点为 2.5 m，岛屿高点露出水面约 50 cm，岸坡比为 1∶10 左右，在岛屿的四周形成水体、浅滩、缓坡到土丘逐步过渡的地形地貌，岛屿的形状为线条自然流畅的弧线，从而提高鸟类栖息生境多样性。

图 1.21　生态岛构建示意图

图 1.22　生态岛构建分布图

5. 浅水生境

浅水生境水体相对静止或流速较缓，是众多游禽、涉禽的重要觅食场所，也是鸟类食源性物种的繁殖栖息场所。

本项目拟将淡水生境内各个独立地块的塘埂分点破除，破除点选址于改造浅滩塘埂处，破埂点共计52 处，破除后塘埂高度由 2.2 m 降至 1.0 m，坡比控制在 1∶3。在养殖塘地形的基础上，构建地势平缓的浅水水域。浅水生境可以增强水系的整体交换和连通，扩大鱼类活动空间和鸟类栖息觅食空间，还有利于恢复湿地生境初始的连通性和完整性。

图 1.23　浅水生境示意图

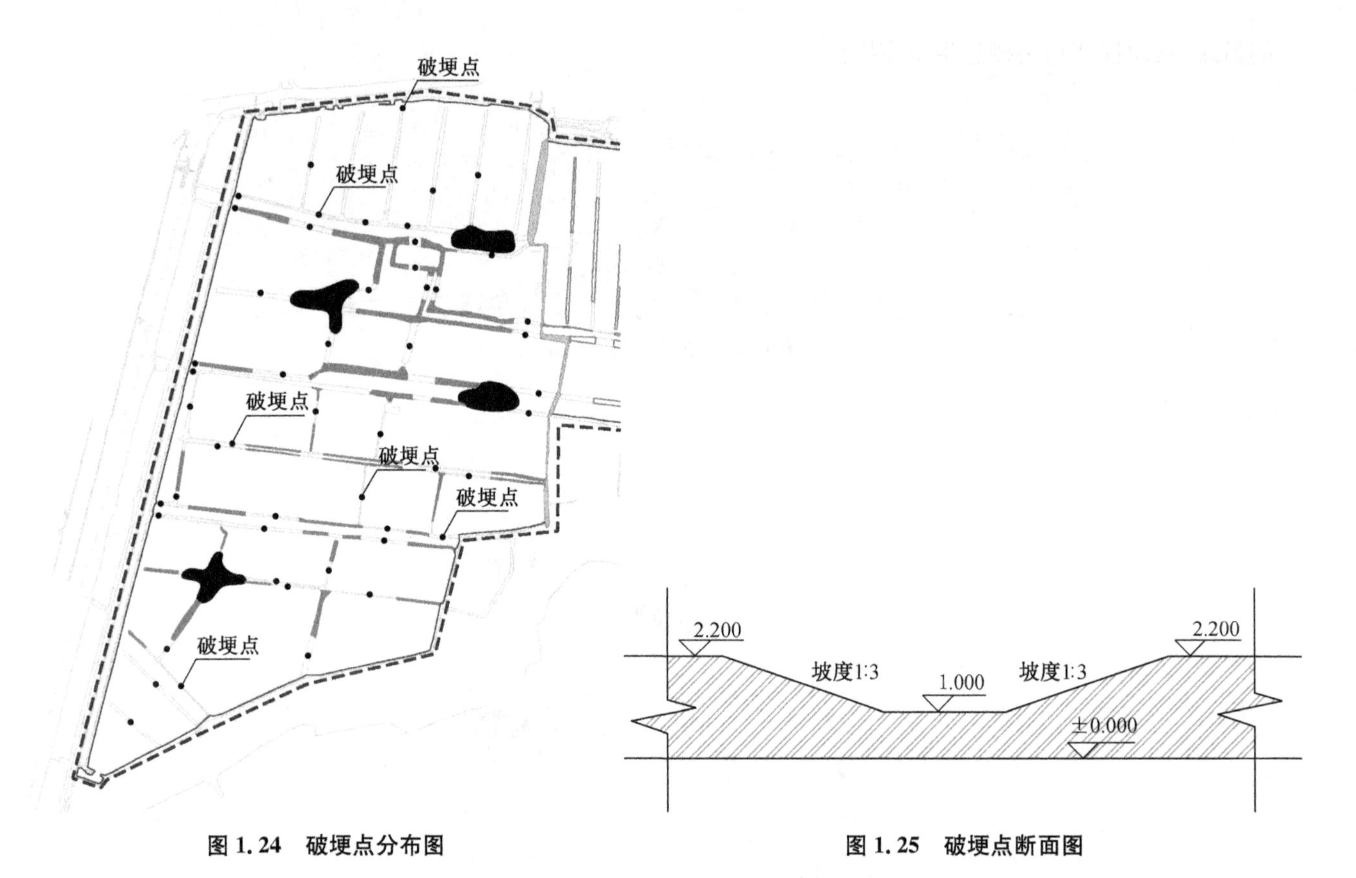

图 1.24　破埂点分布图

图 1.25　破埂点断面图

6. 深水生境

深水水域可形成鱼类的避险区域，以及鱼类的重要越冬场；并且可为红头潜鸭等潜水鸭类提供觅食空间。本项目拟利用养殖塘埂周边现有深水环状沟渠作为深水廊道。

3.6.2　鸻鹬类海水栖息地设计

1. 高程控制

本项目海水区域地形设计中高程采用绝对高程，结合海水区域现有地形情况，标高控制如下：

高潮水位 1.60 m 条件下，稀疏草滩高程为 3.5～4.0 m，光滩顶部高程为 1.5～1.6 m，浅水底高程为 1.25～1.30 m，深水廊道底高程为 0.7～0.9 m。

2. 稀疏草滩、光滩、周期性浅滩

稀疏草滩可作为震旦鸦雀等雀形目珍禽的觅食、繁殖场所，为鸟类创造躲避天敌及不良自然条件的植被隐蔽区。

光滩是鸻鹬类的主要休憩场所，大潮时也可以作为鸟类的觅食地，永久或仅在大潮时被斗龙港高水位潮水覆盖。

周期性浅滩是鸻鹬类的主要觅食地，栖息地水位随斗龙港潮水周期性涨落的同时，也为鸻鹬类带来大量的食物，周期性浅滩位于稀疏草滩和光滩的水陆交接处。

本工程拟将 40％的现有塘埂削平、部分芦苇滩进行地形微调整后，形成高度 1.5 m、坡比接近 1∶5～1∶10 的光滩，光滩区域面积约占海水区域总面积的 15％；剩余 60％养殖塘埂予以保留，经芦苇刈割后形成稀疏草滩生境，并减缓塘埂坡度，其坡比约为 1∶5。具体如图 1.26 所示。

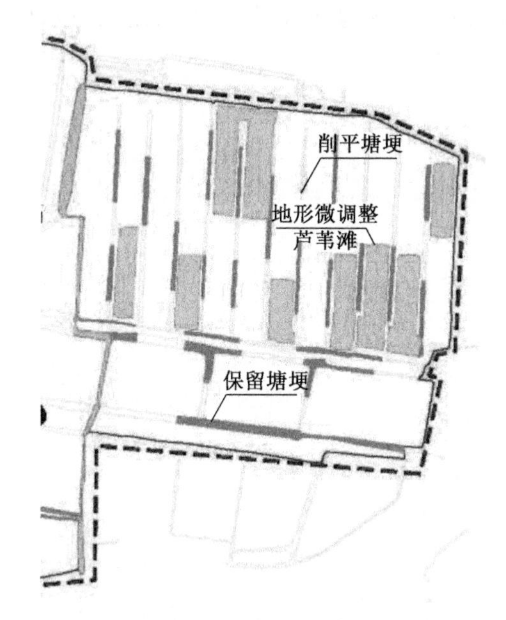

图 1.26　海水区保留塘埂分布图

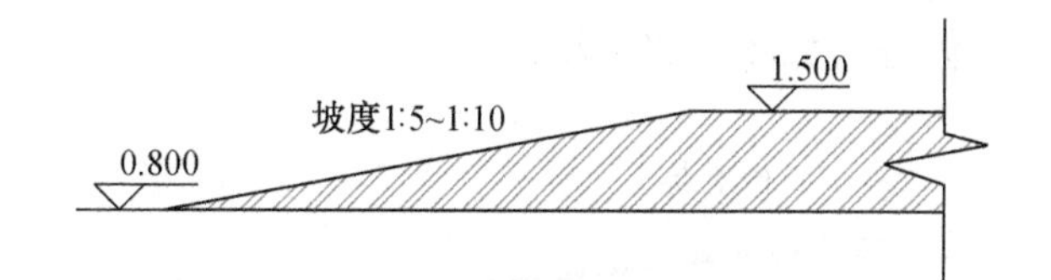

图 1.27　改造塘埂断面图

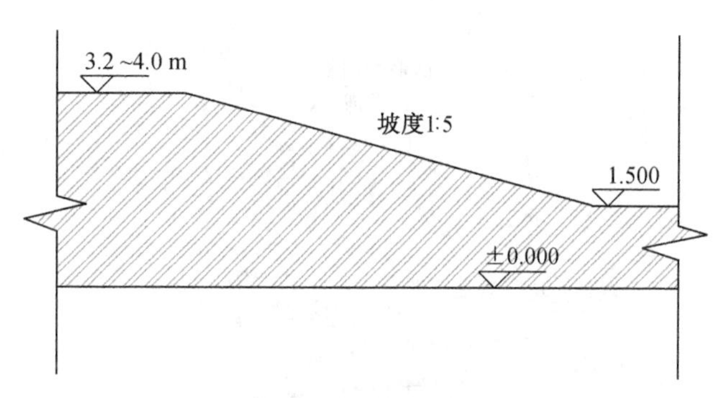

图 1.28　保留塘埂衔接断面图

图 1.29　稀疏草滩、光滩、周期性浅滩示意图

3. 浅水生境

浅水生境是次要的水源补给通道，鱼类和底栖生物的栖息繁殖场所，也是大型鸻鹬类及中小型涉禽的觅食区，水深约为 0～15 cm。

在高潮水位 1.60 m 条件下，养殖塘中部芦苇滩高程为 1.25～1.30 m 的区域，可作为海水浅水生境区域。

4. 深水廊道

深水廊道是鱼类的避险区域，也是主要的水循环通道，可避免潮水在湿地内长期滞留，同时加强鸻鹬类栖息地与斗龙港潮水的自然连通。

深水廊道沿现有养殖塘周边的深水沟进行建设，为保证各养殖塘地块水系连通，本项目拟将海水生境内部分独立塘埂分点破除，破除点选址于改造光滩塘埂处，破埂点共计 13 处，破除后塘埂高度由 1.5 m 降至 0.5 m，坡比控制在 1∶3。同时对养殖塘埂周边现有的部分深水环状沟进行深挖至 0 m 处，营造潮汐滞留渠道，使得退水时部分海水滞留，利用海水渗透作用不断巩固、拓宽环状沟，确保后期的稳定的海水循环。具体分布如图 1.30 所示。

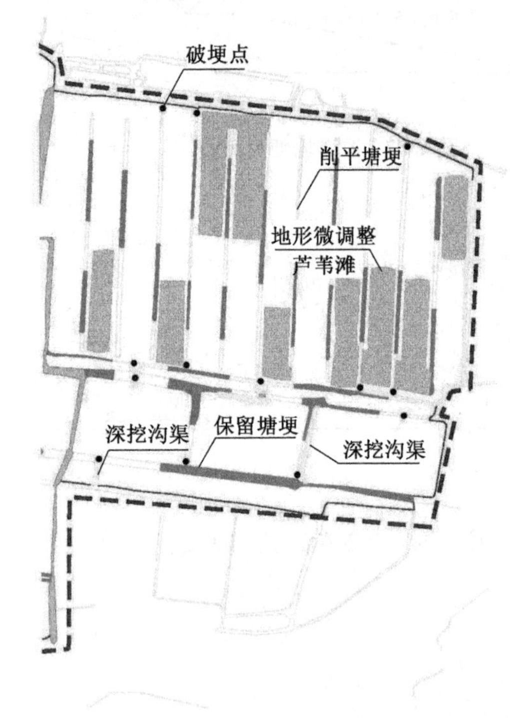

图 1.30　破埂点及深挖沟渠段分布图

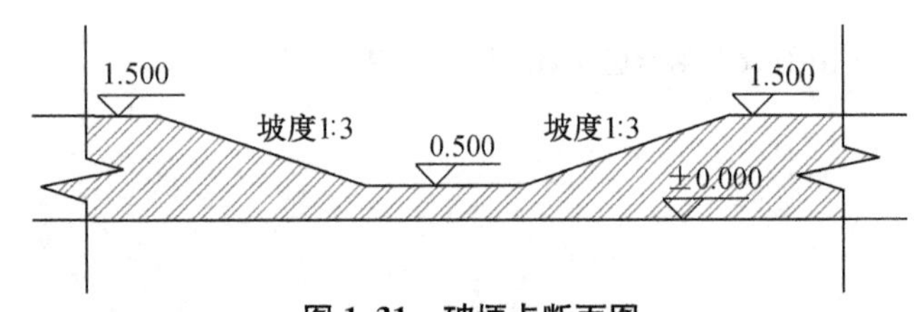

图 1.31　破埂点断面图

3.6.3　工程实施效果对比

本工程实施后总体工程布局与《江苏盐城湿地珍禽国家级自然保护区鸟类栖息地修复与监测能力提升项目实施方案》的总体布局基本保持一致。

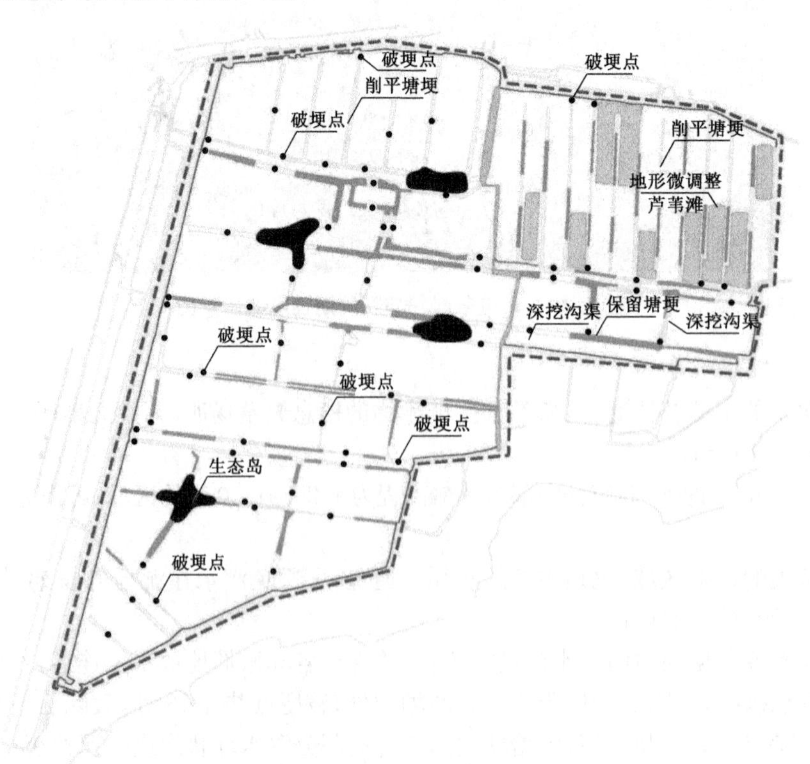

图 1.32　工程总平面图

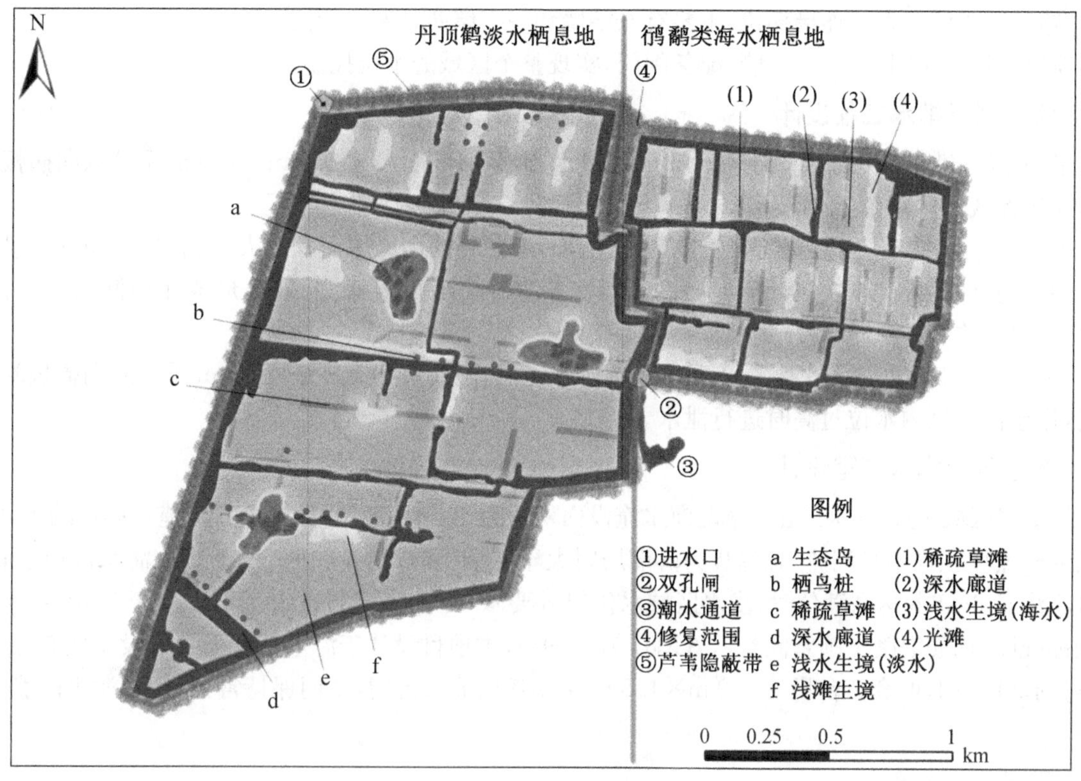

图 1.33　实施方案布局图

3.7　水文调控工程

圆管涵作为最常用的涵洞结构类型,不仅力学性能好,而且具有构造简单、施工方便、工期短、造价低等优点。圆管涵由洞身及洞口两部分组成,洞身是过水孔道的主体,主要由管身、基础、接缝组成,洞口

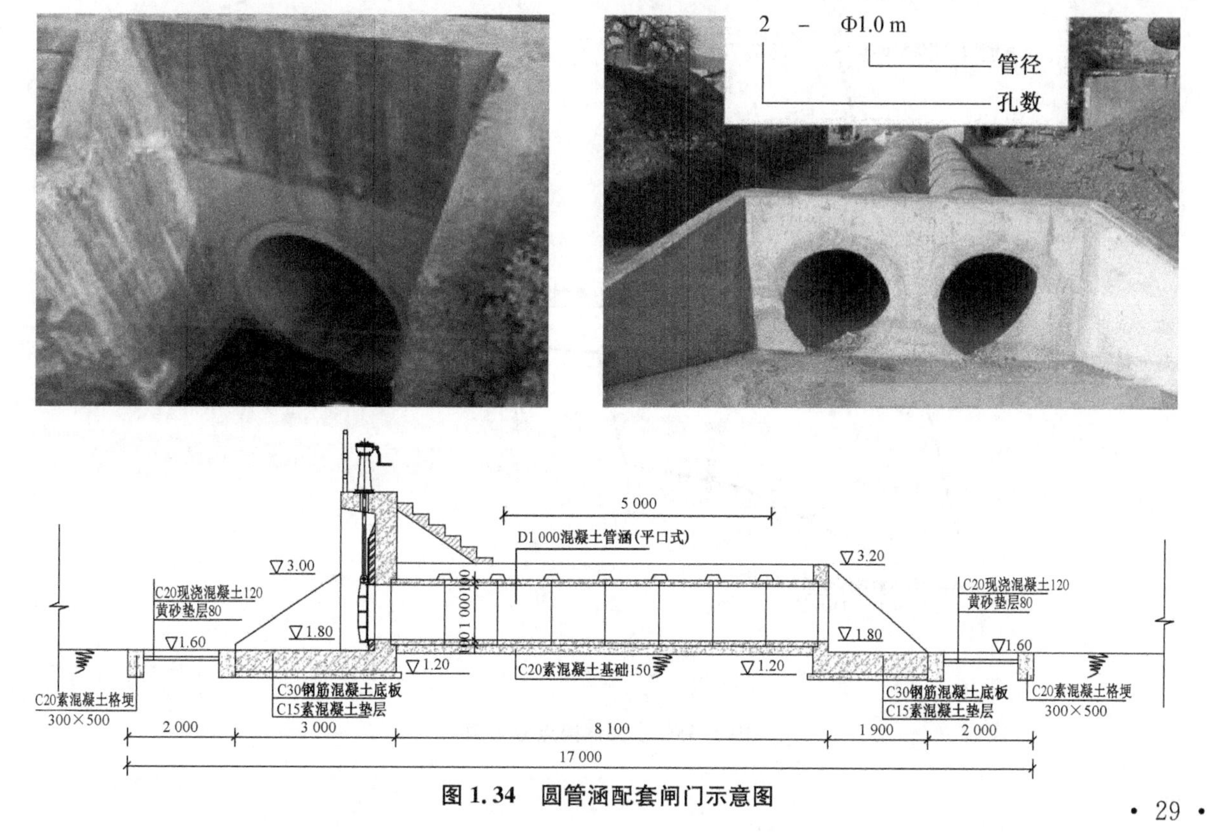

图 1.34　圆管涵配套闸门示意图

是洞身、路基和水流三者的连接部位，主要有八字墙和一字墙两种洞口形式。

本项目设计采用圆管涵、八字墙，配备闸门，实现整个区域的水位控制。

3.7.1 淡水区引排水工程设计

1. 淡水区总进水口处增设 1 座直径 1 m 的过水圆涵洞，配套尺寸 1.5 m×1.0 m 手动双向插板闸门，用于总体调控淡水区水位。

2. 淡水区界河现有 2 座过水涵洞淤堵进行清理，考虑到淡水区域面积过大，现有过水涵洞数量不足，无法实现均匀补水，因此本次设计于界河内新增 2 座直径 1 m 的过水圆涵洞，形成 4 座涵洞多点补水模式，满足淡水区均匀补水。

3. 淡水区右下角处增设 1 座直径 1.5 m 的排水涵洞，配套尺寸 2.0 m×1.5 m 手动双向插板闸门，闸门常闭，用于淡水区内水位过高时进行泄水。

3.7.2 海水区引排水工程设计

根据上述区域布置，海水区在高潮时海水淹没面积约为 40 公顷（浅水区域面积），淹没高度约为 0.4 m，且斗龙港潮流属正规半日潮流，总趋势为落潮历时大于涨潮历时，时差约 0.5～1.0 h，海水区所设置涵洞过水量应满足 6～8 h 达高潮位时，浅水区域水位提升要求，经计算涵洞过水量不宜小于 7 m^3/s，参照《公路桥涵标准图-钢筋混凝土圆管涵》(JT/GQB 015—98)，本项目设计于海水区左下角建设 1 座直径 1.5 m 的联排二孔圆涵洞，配套 2 台尺寸 2.0 m×1.5 m 手动双向插板闸门，闸门保持常开，用于海水区涨落潮水系循环。

3.7.3 引排水点分布

本工程设计水文调控工程分布点如图 1.35 所示。

图 1.35 水文调控点分布图

3.8 工程量清单一览表

表 1.4 工程量统计表

序号	工程	项目	类型	数量	单位
1	淡水海水分区构建工程	造埂封堵	开挖转运	4 320	m^3
2	丹顶鹤淡水栖息地构建工程	土方工程	开挖转运	280 000	m^3
		栖鸟桩改造	改造	100	个
3	鸻鹬类海水栖息地构建工程	土方工程	开挖转运	165 200	m^3
4	水文调控工程	涵洞清淤	构筑物	2	座
		Φ1.0 过水圆涵洞	构筑物	3	座
		Φ1.5 过水圆涵洞	构筑物	1	座
		2×Φ1.5 过水圆涵洞	构筑物	1	座
		1.5 m×1.0 m 手动插板闸门	设备	1	台
		2.0 m×1.5 m 手动插板闸门	设备	3	台

第四章 生物多样性影响评价

4.1 评价原则、依据和方法

4.1.1 评价原则

1. 科学性原则

以保护生物学、生态学和相关学科的基本理论为依据，结合国内外相关领域的行业规范，选取影响生物多样性的关键指标；根据采集到的基础数据和相关专家的专业知识，预测项目建设期和运行期对各项评价指标可能产生的影响。

2. 客观性原则

采用现有的相关学科理论和技术，系统、准确地评价生物多样性受影响的真实情况，尽量克服各种主观因素带来的影响，但同时也要考虑到学科发展的局限性。

3. 全局性原则

综合考虑保护与发展的双重需求及其内在联系，合理地预测生物多样性、生态环境、社会经济状况的潜在变化，服务于各级政府的战略管理和决策需求。

4. 可操作性原则

采用易于获取或预测的关键指标和参数，并提供相应的参数测定技术，避免技术复杂、过程冗长、短期内难以准确测定的指标。

4.1.2 评价依据

1. 国家有关法律法规及政策文件

(1)《中华人民共和国湿地保护法》(中华人民共和国主席令第 102 号)；

(2)《中华人民共和国野生动物保护法》(2018 年 10 月第三次修正)；

(3)《中华人民共和国自然保护区条例》(2017 年修订)；

(4)《中华人民共和国野生植物保护条例》(2017 年修订)；

(5)《中华人民共和国陆生野生动物保护实施条例》(2016 年修订);

(6)《自然资源部关于积极做好用地用海要素保障的通知》(自然资发〔2022〕129 号);

(7)《自然资源部等七部门关于加强用地审批前期工作积极推进基础设施项目建设的通知》(自然资发〔2022〕130 号);

(8)《湿地保护修复制度方案》(国办发〔2016〕89 号);

(9)《湿地保护管理规定》(国家林业局令第 48 号);

(10)《中共中央办公厅　国务院办公厅印发〈关于建立以国家公园为主体的自然保护地体系的指导意见〉》(2019 年 6 月 26 日印发);

(11)《关于进一步加强生物多样性保护的意见》(2021 年,中共中央办公厅、国务院办公厅);

(12)《国家公园等自然保护地建设及野生动植物保护重大工程建设规划(2021—2035 年)》(林规发〔2022〕20 号);

(13)《全国重要生态系统保护和修复重大工程总体规划(2021—2035 年)》(发改农经〔2020〕837 号);

(14)《生态保护和修复支撑体系重大工程建设规划(2021—2035 年)》(发改农经〔2021〕1812 号);

(15)《国家林业和草原局关于加强春季候鸟等野生动物保护工作的通知》(林护发〔2021〕19 号);

(16)《全国候鸟迁徙路线保护总体规划(草案)》(国家林业局,2014 年);

(17)《自然保护区土地管理办法》(国土(法)〔1995〕117 号);

(18)《世界自然遗产、自然与文化双遗产申报和保护管理办法(试行)》(建城〔2015〕190 号);

(19)《全国生态环境保护纲要》(国发〔2000〕38 号);

(20)《国家重点生态功能保护区规划纲要》(环发〔2007〕165 号)。

2. 江苏省有关法律法规及政策文件

(1)《江苏省野生动物保护条例》(2020 年);

(2)《江苏省湿地保护条例》(2016 年);

(3)《省委办公厅 省政府办公厅印发〈关于建立健全自然保护地体系的实施意见〉的通知》(2020 年 7 月 23 日);

(4) 省政府办公厅关于印发江苏省自然生态保护修复行为负面清单(试行)(第一批)的通知(苏政办发〔2021〕90 号);

(5)《省政府办公厅关于进一步加强自然保护区管理工作的通知》(苏政办发〔2013〕25 号);

(6)《省政府关于印发江苏省国家级生态保护红线规划的通知》(苏政发〔2018〕74 号);

(7)《江苏省林业局关于进一步加强野生动物保护管理工作的通知》(苏林护〔2018〕1 号);

(8)《省政府关于印发江苏省生态空间管控区域规划的通知》(苏政发〔2020〕1 号);

(9)《盐城市黄海湿地保护条例》(2019 年 6 月);

(10)《江苏盐城湿地珍禽国家级自然保护区管理办法》(盐政发〔2002〕221 号文);

(11)《江苏省湿地保护规划(2015—2030 年)》;

(12)《江苏盐城湿地珍禽国家级自然保护区总体规划(2008—2020 年)》;

(13)《关于印发〈盐城市"十四五"世界自然遗产可持续发展战略规划〉的通知》(盐政办发〔2022〕29 号)。

3. 技术标准及行业文件

(1)《自然保护区建设项目生物多样性影响评价技术规范》(LY/T 2242—2014);

(2)《生物多样性观测技术导则》(HJ 710.4—2014);

(3)《关于特别是作为水禽栖息地的国际重要湿地公约》(即湿地公约,1982 年 3 月 12 日议定书修正);

(4)《中华人民共和国政府和日本国政府保护候鸟及其栖息环境协定》(1981 年);

(5)《中华人民共和国政府和澳大利亚政府保护候鸟及其栖息环境的协定》(1988 年);

(6)《濒危野生动植物种国际贸易公约》(2016 年);

(7)《国家重点保护野生动物名录》(2020 年);

(8)《国家重点保护野生植物名录》(2021 年);

(9)《国家保护的有重要生态、科学、社会价值的陆生野生动物名录》(2000 年);

(10)《中国生物多样性红色名录　脊椎动物卷》(2015 年);

(11)《江苏省重点保护陆生野生动物名录　第一批》(1997 年);

(12)《江苏省重点保护陆生野生动物名录　第二批》(2005 年);

(13)《旅游资源分类、调查与评价》(GB/T18972—2017)。

4. 项目有关文件、资料

(1)《2021 年中央财政林业补助资金湿地生态效益补偿江苏盐城湿地珍禽国家级自然保护区鸟类栖息地修复与监测能力提升项目实施方案》;

(2)《江苏盐城湿地珍禽国家级自然保护区总体规划》(2008—2020 年);

(3)《江苏盐城湿地珍禽国家级自然保护区综合科学考察报告》(2011 年);

(4)《盐城沿海湿地江苏盐城湿地珍禽国家级自然保护区综合科学考察报告》(2017 年);

(5)《林业改革发展资金管理办法》(财资环〔2020〕36 号);

(6)《2021 年中央财政林业补助资金湿地生态效益补偿江苏盐城湿地珍禽国家级自然保护区鸟类栖息地修复与监测能力提升项目实施方案》专家评审意见。

4.1.3　调查与评价方法

1. 调查方法

(1) 景观调查方法

根据《旅游资源分类、调查与评价》(GB/T18972—2017),以 2021 年 2 月江苏天地图卫星影像图为工作用图(来源于 http://jiangsu. tianditu. gov. cn/map/mapjs/mulitdate/index),结合线路调查,记录影响评价区不同自然景观类型(景观类型划分依据 GB/T18972—2017)的范围、特征。

(2) 植物群落及野生植物调查方法

植物调查以样线法和样方法相结合的方式开展,设置 4 条样线和 4 个样方,每条样线长 1.5 km 左右,全面调查路线两侧 5 m 范围内的维管植物;因调查区域内主要为草本植物,故样方大小设置为 1 m×1 m,调查样方内维管植物的种类、盖度、高度、地理坐标等信息。

(3) 野生动物调查

根据影响评价区生境情况,鸟类及其他陆生脊椎动物实地调查时以样线法为主,共设置 4 条调查样线。调查时间为早晨 5:30～8:00,以 3 km/h 的速度步行为主,调查人员共计 4 人,其中 2 人负责观察计数、拍照,2 人负责记录数据。

其他陆生脊椎动物调查时间和样线与鸟类调查时间相同,考虑到 8 月份单次调查,两栖动物、爬行动物和陆生哺乳动物的野外遇见率极低,因此通过生境考察、访谈调查和查阅文献来进行数据的补充和完善,参考的文献资料包括《江苏盐城湿地珍禽自然保护区综合科学考察报告》、《江苏省两栖动物区系及地理区划》等。

(4) 昆虫和水生生物调查

本项目对昆虫和水生生物影响较小,故不进行实地调查,现状参考《江苏盐城湿地珍禽国家级自然保护区综合科学考察报告》。

(5) 生物安全调查

与植物调查和野生动物调查同步进行。

(6) 社会因素调查

2022 年 8 月,选取保护区管理人员、斗龙港养殖作业人员和斗龙港居民 3 个利益相关群体,进行访谈调查。

2. 评价方法

(1) 资料收集法

收集以下相关资料：

(a) 自然保护区相关法律法规、规章、规范性文件和技术标准；

(b) 建设项目相关资料；

(c) 自然保护区综合考察报告、总体规划、管理计划、相关监测数据以及已建或在建的建设项目资料；

(d) 自然保护区及项目建设区周边社会经济状况。

(2) 野外调查法

(a) 景观调查

在应用已有的相关调查研究成果基础上，以近期卫星影像图为底图，采用线路调查和主要景观地段重点观测相结合，记录影响评价区不同自然景观类型(景观类型划分依据 GB/T18972—2017)的范围、特征。

(b) 植物群落调查

调查内容包括地表植被和主要植物群落的基本特征，包括以群系为描述单位的植被类型、群落结构、外貌、优势种(建群种)、郁闭度、群落小环境特点等。调查方法采用实地调查，实地调查应采用样方法，相关专家根据实际情况确定样方大小为 1 m×1 m 的草本植物样方，样方数量为 3 个。

(c) 野生植物调查

野生植物调查内容包括植物的种类、多度、生境特点，国家和省级重点保护野生植物、IUCN(世界自然保护联盟)红皮书附录植物以及省级特有或主要集中在某地理分布区的植物种类、数量、分布特点和生境信息等。调查方法采用实地调查，实地调查采用样线法和样方法。野外不能鉴定到种的生物采集标本并拍照记录。

(d) 野生动物调查

野生动物调查内容包括动物的种类和分布特点，国家和省级重点保护野生动物以及特有或主要分布于自然保护区以及自然保护区周边的野生动物种类、数量、分布和生境特点。野生动物调查采用实地调查为主，辅以资料检索的方法进行。本项目陆生野生动物实地调查采用样线法。

(e) 生物安全调查

结合动植物样线、样方调查，记录病虫害种类、程度及外来物种种类、种群数量状况。

(f) 社会因素调查

通过访问、访谈、查阅相关文献资料等方式，调查记录利益相关群体对建设项目的态度。

(3) 专家打分法

评价专家组在完成野外调查、数据整理和相关资料分析后，结合专业知识和经验判断，根据《自然保护区建设项目生物多样性影响评价技术规范》(LY/T 2242—2014)表 B. 1 规定的评分标准评定各项指标的影响程度，按照表 C. 1 格式评分。

4.2 自然保护区概况

4.2.1 建设与管理概况

1983 年 2 月，经江苏省人民政府批准，江苏省盐城地区省级沿海滩涂珍禽自然保护区成立；1992 年 10 月，珍禽保护区经国务院批准晋升为国家级自然保护区。该保护区保护对象为湿地珍禽以及海涂湿地生态系统，包括丹顶鹤、白头鹤、白枕鹤、灰鹤、白鹳、黑鹳、黑脸琵鹭和獐等，同时保护候鸟的迁徙通道，以及北亚热带边缘的典型淤泥质平原海岸湿地。1992 年 11 月，保护区被列为联合国教科文组织“人与生物圈保护区”，1997 年被纳入“东北亚鹤类保护区”网络，1999 年被纳入“东亚-澳大利亚涉禽迁徙自然保护区”网络，2002 年被列入“国际重要湿地名录”。2018 年正式向联合国教科文组织申报世界自然遗产。

珍禽保护区于 1984 年 10 月成立保护区管理处，2002 年 9 月市编委发文批准保护区增挂“盐城市珍禽自然保护区管理局”牌子，保护区管理处内设办公室、资源管理与保护科、资源调查与监测科、社会事业管理科、宣传教育科、项目与财审科、工会。

综合考虑保护需求、科研和宣传教育、社区发展，保护区主要管理措施有：(1) 开展资源调查和鸟类监测，编写资源调查和监测报告；(2) 明确核心区土地权属；(3) 遵照法律法规，按功能区划实行分区管理；(4) 积极开展保护区的科学研究工作，促进国内外的合作交流活动；(5) 加强对工业项目选址的预审，保护生态环境；(6) 加强基础设施建设，积极开展生态旅游；(7) 多方筹集资金，增强科研及保护能力。

4.2.2 生物多样性概况

保护区沿海滩涂独特的滩涂湿地、淡水、半咸水及海洋水域生态系统，以及保护区内丰富多样的入海河道及河口、陆域环境，为区域生物多样性提供了基础。

据《江苏盐城湿地珍禽国家级自然保护区综合科学考察报告》(2022 年)显示，珍禽保护区共有蕨类、裸子、被子 3 门陆生植物 155 科，469 属，712 种。其中，蕨类植物 16 科，16 属，21 种；裸子植物 6 科，15 属，24 种；被子植物 133 科，438 属，667 种。被子植物中单子叶植物 22 科，119 属，226 种；双子叶植物 111 科，319 属，441 种。

盐城国家级珍禽自然保护区的动物资源十分丰富，2022 年综合科学考察整理了保护区动物资源，记载物种数达 1 855 种，其中鸟类 421 种，含丹顶鹤、白头鹤、白鹤等大量重点保护鸟类，每年大约有近 300 万只候鸟迁徙暂歇于此，季节性居留和常年居留的鸟类达 50 多万只。

4.2.3 已建项目概况

根据现场调查情况及卫片核查情况，影响评价区外延直线距离 2 km 内(项目区外延直线距离 3 km)的已建项目有大丰海堤路、下坝村、斗龙港村、斗龙港两万亩养殖区的部分养殖用房。以上涉及珍禽保护区的建设项目均为合法合规项目，无未批先建、批建不符等不符合保护区相关要求的违法项目。

4.3 建设项目概况

4.3.1 建设项目背景

1. 项目投资规模及资金来源

江苏盐城湿地珍禽国家级自然保护区鸟类栖息地修复项目投资 400 万元，项目建设资金为 2021 中央财政林业改革发展资金湿地生态效益补偿资金。

2. 项目建设基础

(1) 生态基础良好、区域生态融入性强

项目区位于珍禽保护区核心区靠近南边界处，在斗龙港入海口与三里河口之间，西临海堤，区内设有下坝工作站。该区域经历了滩涂围垦、农作物种植、水产养殖等栖息地的变化过程。由于项目区紧挨斗龙港入海口，水源充足，大面积的浅水泥滩蕴藏着丰富的鱼虾、螺类、蟹类，为丹顶鹤等鸟类提供了觅食栖息的潜在可能性。

拟建鸟类栖息地修复项目中的丹顶鹤栖息地位于盐城珍禽保护区核心区内，是核心区鸟类栖息地的重要组成部分。本项目区虽现为废弃的养殖塘湿地，但经改造建设后，本区域可逐渐生态恢复为自然湿地，将为丹顶鹤等鸟类提供适宜的栖息地生境，有效增加区域内的湿地生物多样性，区域生态融入性强。

(2) 管理主体清晰明确

项目区管理主体明确，土地权属为珍禽保护区管理处。区域目前具有一套成熟的与丹顶鹤栖息地相关的保护管理方案和组织架构体系，分别为领导小组、专家小组、监理机构、实施机构和维护机构。其中，实施机构要求建设单位严格按照国家法律法规组织，由经济、技术等方面的人员组成，成立项目建设管理部，负责本项目的实施；维护机构是一个项目正常运转的基础，在于保障规划业务系统的高效、稳定和安全运转。明确的项目实施架构体系，保障项目从决策、实施到运营阶段，形成完备的组织协调机制和人力资源配备，能够确保保护管理落实到位。

3. 预期成效

本项目建设后，可为珍禽保护区核心区西南侧重新恢复一处浅滩生境，供丹顶鹤等越冬鹤类、东方白鹳等栖息觅食，也为沿海迁徙、越冬鸻鹬类提供了高潮位栖息地、迁徙停歇地和越冬地，可极大缓解珍禽保护区核心区西侧由于生态演替造成的芦苇过密、水鸟栖息湿地不足这一情况，有效提升了珍禽保护区核心区的水鸟生态承载力，减缓核心区周边缓冲区、实验区的生态压力。

4. 与相关规划的关系

（1）与《江苏盐城湿地珍禽国家级自然保护区总体规划》的关系

表 1.5　本项目与《江苏盐城湿地珍禽国家级自然保护区总体规划》的关系

规划要求	本项目内容	与规划关系
10.2.5 湿地恢复与重建工程 在自然保护区范围内全面保护现有的滩涂原貌，促进浅滩植被恢复；依据现有的地形条件，进行地表塑形、丰富湿地的生境类型，改善日益退化的生态环境，加强湿地水禽及其栖息地生境的保护管理，为鸟类提供合适栖息地；同时，通过水位调控措施，营建深水区、浅水区、泥滩沼泽、草甸、陆地等不同生境，以利于招引不同类型鸟类，以恢复水鸟的种类及数量，促进生物多样性的提高。	通过对原有退化湿地的生态修复，通过植被清除及地形微改造将项目区原芦苇生境打造成浅水湿地，为丹顶鹤、鸻鹬类为代表的湿地珍禽增加觅食栖息地和越冬地，提高了珍禽保护区核心区的生态承载力，促进了区域内水鸟多样性的提高。	符合规划相关要求。

（2）与《国家公园等自然保护地建设及野生动植物保护重大工程建设规划（2021—2035 年）》的关系

表 1.6　本项目与《国家公园等自然保护地建设及野生动植物保护重大工程建设规划（2021—2035 年）》的关系

规划要求	本项目内容	与规划关系
专栏 1　国家公园建设重点任务 2. 典型生态系统及旗舰物种保护。加强生态系统保护与修复，开展退化野生动植物栖息地修复和野生动物救护，恢复旗舰物种野生种群。完善巡护路网……	通过开展江苏盐城国家级珍禽自然保护区核心区内生态修复工程，为珍禽保护区旗舰物种——丹顶鹤新增觅食停歇地及越冬地，能够有效扩大以丹顶鹤为代表的湿地珍禽的有效栖息地面积，缓解保护区生态承载压力。	符合规划相关要求。

（3）与《全国重要生态系统保护和修复重大工程总体规划（2021—2035 年）》的关系

表 1.7　本项目与《全国重要生态系统保护和修复重大工程总体规划（2021—2035 年）》的关系

规划要求	本项目内容	与规划关系
专栏 4-7　海岸带生态保护和修复重点工程 3. 黄渤海生态保护和修复 推进河海联动统筹治理，加快推进渤海综合治理，加强河口和海湾整治修复，实施受损岸线修复和生态化建设，强化盐沼和砂质岸线保护；加强鸭绿江口、辽河口、黄河口、苏北沿海滩涂等重要湿地保护修复。保护和改善迁徙候鸟重要栖息地，加强海洋生物资源保护和恢复。推进浒苔绿潮灾害源地整治。	珍禽保护区核心区是东亚—澳大利西亚候鸟迁徙路线上关键的候鸟迁徙停歇地、越冬地。本项目通过清除区域内植被及开展地形、水文改造，将湿地水鸟难以落脚的芦苇丛建设为适宜水鸟栖息的浅水湿地，改善了迁徙候鸟的栖息地生态质量。	符合规划相关要求。

（4）与《江苏省湿地保护规划（2015—2030年）》的关系

表1.8　本项目与《江苏省湿地保护规划（2015—2030年）》的关系

规划要求	本项目内容	与规划关系
第四章　重点工程 4.2　湿地生态修复工程 2. 滨海湿地修复。加强对滨海生态保留地滩涂湿地保护，开展河口及重要野生动物栖息地退化湿地修复治理，恢复滨海湿地的自然生态功能，为滨海湿地生物特别是迁徙鸟类等提供栖息地。2015—2020年，重点开展勺嘴鹬、丹顶鹤、黑嘴鸥、野生麋鹿滨海栖息地修复……	本项目通过芦苇清除、微地形改造及水文工程，对珍禽保护区失水旱化的滨海湿地开展修复，将项目区打造为460公顷淡水、海水湿地，为滨海湿地生物特别是丹顶鹤等迁徙、越冬鸟类和麋鹿提供了优质的栖息生境。	符合规划相关要求。

（5）与《中华人民共和国自然保护区条例》（2017年）、《中华人民共和国湿地保护法》（2022年）、《江苏省湿地保护条例》（2016年）的关系

表1.9　本项目与《中华人民共和国自然保护区条例》（2017年）、《中华人民共和国湿地保护法》（2022年）、《江苏省湿地保护条例》（2016年）的关系

规划要求	本项目内容	与规划关系
《中华人民共和国自然保护区条例》（2017年） 第二十七条　禁止任何人进入自然保护区的核心区。…… 第三十二条　在自然保护区的核心区和缓冲区内，不得建设任何生产设施。…… 《中华人民共和国湿地保护法》（2022年） 第二十五条　地方各级人民政府及其有关部门应当采取措施，预防和控制人为活动对湿地及其生物多样性的不利影响，加强湿地污染防治，减缓人为因素和自然因素导致的湿地退化，维护湿地生态功能稳定。 第三十七条　县级以上人民政府应当坚持自然恢复为主、自然恢复和人工修复相结合的原则，加强湿地修复工作，恢复湿地面积，提高湿地生态系统质量。 县级以上人民政府对破碎化严重或者功能退化的自然湿地进行综合整治和修复，优先修复生态功能严重退化的重要湿地。 《江苏省湿地保护条例》（2016年） 第二十一条　在本省行政区域实行湿地生态红线制度。县级人民政府应当划定湿地生态红线，确保湿地生态功能不降低、面积不减少、性质不改变。 第三十六条　县级以上地方人民政府林业、农业、水利、国土资源、环境保护、海洋与渔业、住房城乡建设等有关部门应当根据各自职责，对湿地进行动态监测，发现湿地面积减少、生态功能退化、湿地污染等情况的，应当及时采取措施予以恢复、修复。	珍禽保护区核心区目前面临着失水旱化、湿地生态功能下降等生态问题，丹顶鹤等珍禽承载力不足。本项目选址在珍禽保护区核心区的废弃养殖塘区域，该区域弃养后芦苇十分茂密，湿地大面积旱化，丹顶鹤、东方白鹳、雁鸭类、鸻鹬类等珍禽难以进入项目区觅食、栖息，区域湿地功能严重退化。本项目将该区域芦苇清除后进行地形微改造及开展水文工程，将项目区打造为淡水、海水浅水湿地，适应于鹤类、鹭鹳类、鸻鹬类、雁鸭类等全类群水鸟的觅食、栖息，生态修复后湿地功能将有明显的提升。	珍禽保护区核心区为国家重要湿地、国际重要湿地，但面临着湿地生态不断退化、可能影响主要保护物种生存的不利情况。依据《中华人民共和国湿地保护法》、《江苏省湿地保护条例》，地方人民政府具备维护湿地生态功能稳定的义务，县级人民政府需确保湿地功能不降低、性质不改变，并有责任对功能退化的自然湿地进行综合整治和修复，并需优先修复生态功能严重退化的重要湿地。 综上，根据《中华人民共和国湿地保护法》等相关法律法规要求，项目区所处地方政府亟需开展生态修复工作，虽然本项目生态修复区域位于珍禽保护区核心区，与《中华人民共和国自然保护区条例》关于核心区管控的要求相违，但根据新法效力大于旧法、法律效力大于条例的原则，本项目的开展具备法律法规及生态上的合理性。

（6）与《世界自然遗产、自然与文化双遗产申报和保护管理办法》的关系

表 1.10　本项目与《世界自然遗产、自然与文化双遗产申报和保护管理办法》的关系

规划要求	本项目内容	与规划关系
第三章　保护和管理 第十八条　世界遗产的真实性和完整性，应当严格保护，不得随意改变或破坏。 世界遗产地管理机构应当按照国家有关法律法规、《世界遗产公约》等要求，建立健全各项保护管理制度，完善保护措施和监测设施，严格保护世界遗产地的资源、生态和环境，合理展示世界遗产地的突出价值。	本项目通过芦苇清除、微地形改造及水文工程，对珍禽保护区核心区失水旱化的滨海湿地开展修复，将项目区打造为 460 公顷淡水、海水湿地，为滨海湿地生物特别是保护区以旗舰物种——丹顶鹤为代表的迁徙、越冬鸟类和麋鹿提供了优质的栖息生境。	珍禽保护区是世界东亚—澳大利西亚候鸟迁徙路线上至关重要的节点，于 2019 年被列入世界自然遗产地，本项目针对珍禽保护区退化湿地开展生态修复工作，符合遗产地保护相关管理要求。

（7）与《盐城市“十四五”世界自然遗产可持续发展战略规划》的关系

表 1.11　本项目与《盐城市“十四五”世界自然遗产可持续发展战略规划》的关系

规划要求	本项目内容	与规划关系
第二章　构筑世界遗产保护管理新高地 第一节　全面加强生态系统保护 强化重点物种保护。重点修复丹顶鹤、勺嘴鹬、小青脚鹬、黑嘴鸥、东方白鹳和震旦鸦雀等珍稀濒危物种栖息地。构建淡水湿地、盐沼、草地等典型栖息地完整生态系统，稳步提升遗产地和缓冲区生物多样性。 加强遗产地生态修复。盐城黄海湿地世界自然遗产突出普遍价值得到全球高度认可，是全球范围内具有自然资源独特性和生物多样性的珍禽栖息关键地区，对维护全球生态安全具有重要作用。但是，在气候变暖、地质灾害、生物入侵等自然因素与管理体制、经济建设、旅游开发等人文因素的共同影响下，盐城黄海湿地世界自然遗产的保护和可持续发展面临着诸多挑战。遵循突出普遍价值、基于自然解决方案的原则，在射阳河口、斗龙港、川水港等地，设立黄海湿地生态修复试验区和互花米草治理区，在珍禽保护区实验区和缓冲区退化栖息地，开展有利于丹顶鹤等珍稀濒危物种的栖息地提升和可持续管理试点。至 2025 年，修复候鸟栖息地面积不小于 1 500 公顷，互花米草治理面积不小于 500 公顷，探索形成具有可推广、可复制的滨海湿地生态修复技术标准和典型案例。	本项目通过芦苇清除、微地形改造及水文工程，对珍禽保护区核心区失水旱化的滨海湿地开展修复，将项目区打造为 460 公顷淡水、海水湿地，为滨海湿地生物特别是保护区以旗舰物种——丹顶鹤为代表的迁徙、越冬鸟类和麋鹿提供了优质的栖息生境。	符合文件中关于“重点修复珍稀濒危物种栖息地、构建淡水湿地等典型栖息地完整生态系统”等关于栖息地生态修复的要求。

5. 与自然保护区管理部门协调工作

本项目为 2021 年中央财政林业补助资金项目。2022 年 2 月，珍禽保护区管理处已完成《2021 年中央财政林业补助资金湿地生态效益补偿江苏盐城国家级珍禽自然保护区鸟类栖息地修复与监测能力提升项目实施方案》的评审工作，本项目已获得江苏省林业局的认可。

4.3.2　项目位置

拟建鸟类栖息地修复项目位于盐城珍禽保护区核心区内，斗龙港入海口与三里河口之间，西临海堤，是核心区鸟类栖息地的重要组成部分。该区域经历了滩涂围垦、农作物种植、水产养殖等栖息地变化过程，水产养殖面积的增加使丹顶鹤的原生栖息地缩小，虽然后期已停止了水产养殖，但是丹顶鹤仍不再适应该区的环境，逐渐迁往核心区其他区域，导致该区域丹顶鹤数量减少。此外，目前项目区域缺水情况严重，鸟类栖息地生境单一、芦苇密集难以被水鸟利用，鸟类食物沉水植物、底栖生物较少，鸻鹬类所需的光滩和浅水区缺失。

4.4 影响评价区生物多样性现状

4.4.1 影响评价区划定

影响评价区范围包括建设区及其外延部分所构成的区域。生态修复类工程不在《自然保护区建设项目生物多样性影响评价技术规范》(LY/T 2242—2014)中“4.5 影响评价区范围的确定”章节“表 1”列出的建设项目类型，由专家组根据具体情况确定。在考虑到工程性质、施工方式、现场及周边区域生境、鸟类警戒距离等因素后，专家组确定本次影响评价区范围为工程区外扩 1 km。影响评价区面积约 1 780 公顷，绝大部分位于珍禽保护区核心区及南缓冲区内。

4.4.2 自然地理

影响评价区属海积冲积平原海岸，是由长江口和废黄河三角洲两股泥沙流与外海波浪长期相互作用形成的。海岸带地势开阔，土壤类型单调，海堤以外主要分布滨海盐土类，堤内老垦区分布潮土类。潮间带的土壤为滨海盐土，分布潮滩盐土、草甸滨海盐土和沼泽滨海盐土三个亚类。

4.4.3 景观/生态系统

根据《旅游资源分类、调查与评价》(GB/T18972—2017)，影响评价区属地文景观和生物景观，具体分类如下：

表 1.12 影响评价区景观类型

景观类型			说明
A 地文景观	AA 自然景观综合体	AAD 滩地型景观	缓平滩地内可供观光游览的整体景观或个别景观
C 生物景观	CA 植被景观	CAC 草地	以多年生草本植物组成的植物群落构成的地区
	CB 野生动物栖息地		水生动物、陆生动物、鸟类和蝶类的栖息地

4.4.4 生物群落

影响评价区生境类型以植被为主，附有部分水域。区内主要的生物群落为植物群落及以湿地水鸟、湿地植被内雀形目为主的林鸟构成的鸟类群落。

1. *植物群落*

影响评价区植被主要由芦苇、互花米草构成的野生植物群落及普通小麦、稻构成的人工植物群落组成。野生植物群落优势种为芦苇、互花米草，人工植物群落优势种为普通小麦、水稻。影响评价区植物盖度较高，达 85%以上，其中芦苇单一优势群落面积占比约 70%。

在影响评价区中，项目区内原为养殖塘，因荒废多年，现塘内已密布芦苇；项目区外东侧部分为互花米草入侵区域，为互花米草单一优势群落；项目区西侧大丰海堤以内区域为农田，植物群落为稻-普通小麦。

2. *鸟类群落*

影响评价区鸟类群落以湿地植被内活动的雀形目林鸟及游禽、涉禽组成的水鸟为主要构成部分，其他类型的鸟类相对较少。

芦苇

互花米草

水稻

图 1.36　影响评价区植物群落图

4.4.5　物种

1. 维管植物

(1) 群落组成

影响评价区共统计到维管植物 41 科 99 属 120 种，如表 1.13 所示，其中蕨类植物 2 科 2 属 2 种，被子植物 39 科 97 属 118 种。影响评价区的优势种有芦苇、互花米草、稻、普通小麦等。

对影响评价区维管植物的科属组成进行统计分析，从属、种占比上来看，禾本科、菊科、莎草科和豆科的属、种占比是最高的 4 个科。其中，禾本科 24 属 27 种，均为草本植物，其中芦苇、普通小麦、稻、互花米草等是影响评价区的植物优势种，獐毛为中国特有种且为野生种，互花米草、野燕麦为外来入侵种；菊科 15 属 22 种，也均为草本植物，其中小蓬草、一年蓬、大狼杷草、鬼针草和钻叶紫菀为外来入侵种；莎草科 4 属 7 种，也均为草本植物，均为湿地常见植物；豆科 4 属 5 种。

表 1.13　影响评价区维管植物各科属、种组成

科名	属数/个	占比	种数/个	占比
禾本科	24	24.24%	27	22.50%
菊科	15	15.15%	22	18.33%
莎草科	4	4.04%	7	5.83%
豆科	4	4.04%	5	4.17%
藜科	3	3.03%	4	3.33%
蓼科	2	2.02%	4	3.33%
伞形科	4	4.04%	4	3.33%
大戟科	1	1.01%	3	2.50%
桑科	3	3.03%	3	2.50%
浮萍科	2	2.02%	2	1.67%
水鳖科	2	2.02%	2	1.67%
鸭跖草科	1	1.01%	2	1.67%
眼子菜科	2	2.02%	2	1.67%
葫芦科	2	2.02%	2	1.67%
茄科	2	2.02%	2	1.67%
十字花科	2	2.02%	2	1.67%
小二仙草科	1	1.01%	2	1.67%
玄参科	2	2.02%	2	1.67%
槐叶苹科	1	1.01%	1	0.83%
木贼科	1	1.01%	1	0.83%
杉科	1	1.01%	1	0.83%
银杏科	1	1.01%	1	0.83%
香蒲科	1	1.01%	1	0.83%
车前科	1	1.01%	1	0.83%
柽柳科	1	1.01%	1	0.83%
唇形科	1	1.01%	1	0.83%
金鱼藻科	1	1.01%	1	0.83%
堇菜科	1	1.01%	1	0.83%
锦葵科	1	1.01%	1	0.83%
楝科	1	1.01%	1	0.83%
萝藦科	1	1.01%	1	0.83%
马齿苋科	1	1.01%	1	0.83%
牻牛儿苗科	1	1.01%	1	0.83%
毛茛科	1	1.01%	1	0.83%
木犀科	1	1.01%	1	0.83%
葡萄科	1	1.01%	1	0.83%
茜草科	1	1.01%	1	0.83%
石竹科	1	1.01%	1	0.83%
卫矛科	1	1.01%	1	0.83%
苋科	1	1.01%	1	0.83%
樟科	1	1.01%	1	0.83%

(2) 珍稀濒危和保护物种

影响评价区内的维管植物中，水杉和银杏为国家一级重点保护野生植物，但二者在影响评价区内均为栽培种而非野生种群；IUCN 红色名录中水杉为濒危(EN)等级，银杏为极危(CR)等级。影响评价区内未调查到珍稀濒危和保护野生植物。

(3) 特有物种

影响评价区内的维管植物中有 3 种中国特有植物，分别是水杉、银杏和獐毛，其中水杉、银杏为人工栽培种，獐毛为滨海盐碱地常见野生植物。

(4) 外来入侵物种

影响评价区内的维管植物中有 8 种外来入侵物种，分别是互花米草、野燕麦、小蓬草、一年蓬、大狼杷草、鬼针草、钻叶紫菀、喜旱莲子草。其中互花米草在影响评价区东部已形成较大种群规模，对珍禽保护区核心区湿地造成了侵占，其余外来入侵种种群规模较小，未造成明显的负面影响。

2. 哺乳动物

(1) 群落组成

通过实际调查，影响评价区范围内共调查到普通伏翼、黄鼬、麋鹿、麝鼠实体；根据访谈调查与资料查阅结果，影响评价区范围内共统计到哺乳动物 16 种，隶属 7 目 8 科，如表 1.14 所示。影响评价区内项目区及其东侧生态较为原始，密布芦苇、互花米草等湿地植物，在此活动的主要为獐、麋鹿等大型食草哺乳动物；影响评价区西侧为下坝村区域，以农田生境为主，鼩鼱、家鼠、褐家鼠、普通伏翼、黄鼬、华南兔等小型哺乳动物活动于此。中国特有物种——麋鹿经多年野放种群繁殖扩散，在影响评价区所处的珍禽保护区核心区及缓冲区也有分布。

表 1.14　影响评价区哺乳动物群落组成

目	科	中文名
猬形目	猬科	东北刺猬
食虫目	鼩鼱科	小麝鼩
		大麝鼩
		灰麝鼩
翼手目	蝙蝠科	普通伏翼
兔形目	兔科	华南兔
啮齿目	鼠科	麝鼠
		家鼠
		黑线姬鼠
		黄胸鼠
		褐家鼠
	仓鼠科	黑线仓鼠
		大仓鼠
食肉目	鼬科	黄鼬
偶蹄目	鹿科	獐
		麋鹿

(2) 珍稀濒危和保护物种

影响评价区内，麋鹿为国家一级重点保护动物，獐为国家二级重点保护动物；IUCN 红色名录中，麋鹿为野外灭绝(EW)等级,獐为易危(VU)等级;东北刺猬、黄鼬被列为江苏省重点保护动物;东北刺猬、华南兔、黄鼬被列入三有保护动物名录。

(3) 外来入侵物种

影响评价区内调查到外来入侵哺乳动物麝鼠。麝鼠原为养殖动物,20世纪逃逸野外后,在江苏省平原地区扩散,目前在江苏沿海地区分布较为广泛。

3. 鸟类

(1) 群落结构

影响评价区内共统计到鸟类12目41科174种。影响评价区位于珍禽保护区核心区范围,水鸟、湿地植被雀形目鸟类丰富,雀形目是影响评价区内鸟种最多的一目,共计21科80种,其次丰富的为鸻形目,共计5科39种,雁形目、鹳形目分别为1科17种、3科12种,位列鸻形目之后。

影响评价区内鸟类群落空间格局受生境制约明显。在斗龙港以北的核心区范围(含项目区)内芦苇、互花米草密布,是雀形目等湿地植被内林鸟主要活动的区域,斗龙港以南退渔养殖塘是鹳形目、鸻形目湿地水鸟的主要分布区,大丰海堤以西为农田生境,是越冬雁形目鸟类及留鸟的主要觅食区域。

表1.15 影响评价区鸟类群落组成

目	科	占比	物种数	占比
雀形目	21	51.22%	80	45.98%
鸻形目	5	12.20%	39	22.41%
雁形目	1	2.44%	17	9.77%
鹳形目	3	7.32%	12	6.90%
隼形目	3	7.32%	6	3.45%
鹤形目	1	2.44%	5	2.87%
鸽形目	1	2.44%	4	2.30%
佛法僧目	2	4.88%	4	2.30%
鹃形目	1	2.44%	3	1.72%
鸡形目	1	2.44%	2	1.15%
䴙䴘目	1	2.44%	1	0.57%
戴胜目	1	2.44%	1	0.57%

(2) 生态型

鸟类一般可分为游禽、涉禽、陆禽、猛禽、攀禽、鸣禽6大生态类群。在影响评价区中,游禽由䴙䴘目、雁形目构成,涉禽由鹳形目、鹤形目、鸻形目构成,陆禽由鸽形目、鸡形目构成,猛禽由隼形目构成,攀禽由鹃形目、佛法僧目、戴胜目构成,鸣禽由雀形目构成。影响评价区鸟类生态型组成如表1.16所示。

表1.16 影响评价区鸟类生态型

生态型	物种数	占比
鸣禽	80	45.98%
涉禽	56	32.18%
游禽	18	10.34%
攀禽	8	4.60%
陆禽	6	3.45%
猛禽	6	3.45%

从生态类型上看，鸣禽为影响评价区物种最多的类群，与影响评价区植被盖度呈正相关，芦苇、互花米草等湿地植物丛为大量的雀形目鸟类提供了栖息、躲藏、繁殖、越冬场所，鹀类、苇莺、鹟等在影响评价区过境量巨大，且种类十分庞杂；涉禽、游禽主要活动于斗龙港以南退养养殖塘内；攀禽、陆禽、猛禽分布较为零散，下坝村、保护区核心区和缓冲区均有分布。

(3) 珍稀濒危和保护物种

影响评价区内共统计到国家一级重点保护鸟类 5 种，分别为东方白鹳、黑脸琵鹭、黑嘴鸥、遗鸥、黄胸鹀，国家二级重点保护鸟类 12 种，以隼形目猛禽为主；IUCN 红色名录中，黄胸鹀被列入极危(CR)，东方白鹳、黑脸琵鹭、大杓鹬被列入濒危(EN)，鸿雁、红头潜鸭、黑嘴鸥、遗鸥、田鹀、硫黄鹀被列入易危(VU)；国家三有保护名录共收录 142 种，以鹳形目、雁形目、鸻形目、雀形目为主；江苏省重点保护鸟类 80 种，以鹳形目、雁形目、鸻形目为主；《中华人民共和国政府和日本国政府保护候鸟及其栖息环境协定》中收录 89 种，《中华人民共和国政府和澳大利亚政府保护候鸟及其栖息环境的协定》中收录 31 种。

4. 两栖、爬行动物

影响评价区内调查到的两栖、爬行动物种类较少，参照保护区生物多样性历史资料并结合生境分布，影响评价区内共统计到爬行动物 1 目 4 科 8 种，以赤链蛇、黑眉锦蛇、红纹滞卵蛇等游蛇科蛇类为主，由于缺乏淡水湖泊、坑塘，影响评价区内爬行动物未调查到龟鳖类爬行动物。两栖动物共统计到 1 目 4 科 5 种，较为常见的种类为中华蟾蜍、泽陆蛙。

5. 昆虫

根据《江苏盐城湿地珍禽国家级自然保护区综合科学考察报告》等资料查阅结果，影响评价区内昆虫种类较为丰富，但除鞘翅目金龟子科种群数量较多外，其他种群数量都较低。影响评价区昆虫组成中，天敌昆虫比例较高，长期以来保持着有虫不成灾的种群动态平衡。

6. 水生生物

根据《江苏盐城湿地珍禽国家级自然保护区综合科学考察报告》等资料查阅结果，影响评价区内水生生物较为丰富。鱼类有鲤、鲫、麦穗鱼、鳊、黄颡鱼、黄鳝和乌鳢等；底栖动物有铜锈环棱螺、霍甫水丝蚓、巨毛水丝蚓、羽摇蚊和浅白雕翅摇蚊等；浮游植物主要有蓝藻门和绿藻门，蓝藻门的优势种为鱼腥藻、平列藻和颤藻，绿藻门的优势种为四尾栅藻和小球藻；浮游动物主要有桡足类和枝角类，优势种有简弧象鼻溞、短尾秀体溞、微型裸腹蚤、广布中剑水蚤和矩形龟甲轮虫等。

4.4.6 主要保护对象

保护区主要保护对象为丹顶鹤等湿地珍禽及滩涂湿地生态系统，包括丹顶鹤、白头鹤、白枕鹤、灰鹤、白鹤、黑鹳、黑脸琵鹭及獐等，同时保护候鸟的迁徙通道，以及北亚热带边缘的典型淤泥质平原海岸景观。

4.5 影响评价及各指标评分情况

4.5.1 景观/生态系统(A)

1. 景观/生态系统类型及其特有程度(A1)影响评价

根据《旅游资源分类、调查与评价》(GB/T18972—2017)，影响评价区为 AAD 滩地型景观、CAC 草地景观、CB 野生动物栖息地景观，类型并非盐城地区特有，在连云港、南通以及我国其他沿海地区与世界其他沿海地区均有分布。本项目为湿地生态修复工程，在实施本项目的过程中，项目区地表植被被清除，对景观/生态系统造成了负面影响，但该影响持续时间仅 3 个月；实施本项目后，原废弃养殖塘内茂密芦苇丛将被恢复为鹤类、鸻鹬类等涉禽及雁鸭类等游禽喜爱的浅水湿地生境，工程对 AAD 滩地型景观、CB 野生动物栖息地景观质量起到提升作用；芦苇等湿地植物的清除对 CAC 草地景观造成了一定的影响，但考虑到影响评价区周边相似生境面积巨大，以及项目区内芦苇为次生演替而形成，因此认为本项目湿地生态修复工程对 CAC 草地景观造成的影响较为有限。

2. 景观类型面积变化(A2)影响评价

本项目施工过程中会铲除影响评价区中项目区内的芦苇等现存植被,将CAC草地景观改变为AAD滩地型景观/CB野生动物栖息地景观。本项目草地景观中334.02公顷被改造为淡水湿地,126.57公顷被改造为海水湿地,共造成460.59公顷CAC草地景观性质的改变。本工程所造成的景观变化面积占影响评价区的25.87%,占珍禽保护区核心区的1.95%。综合来看,由于本项目类型为湿地生态修复工程,因此对影响评价区景观面积改变较大,但对于珍禽保护区核心区来看景观面积改变幅度较小。

3. 景观类型斑块数量(A3)影响评价

本项目施工过程中会将项目区中的芦苇进行铲除,并开展微地形改造工程,因此在项目区未蓄水期间影响评价区内景观类型斑块中AAD滩地型景观、CB野生动物栖息地景观斑块数量减少,EAD建设工程与生产地景观斑块数量增加,为影响评价区新增景观斑块。

本项目建成后,生态修复区均被恢复成AAD滩地型景观/CB野生动物栖息地景观,影响评价区内景观类型斑块数量再次发生改变,施工期间的EAD建设工程与生产地景观斑块消失,恢复为AAD滩地型景观/CB野生动物栖息地景观。建设前后景观斑块中CAC草地景观数量减少,AAD滩地型景观/CB野生动物栖息地景观斑块数量增加。

本项目施工期约3个月,除施工期产生新的景观类型斑块外,项目建成后无新增景观类型斑块,认为项目对"景观类型斑块数量"指标影响有限。

4. 景观美学价值(A4)影响评价

本项目施工过程中芦苇清除、土方挖填等过程将对项目区的景观美学产生一定影响,但这些影响将在项目建成后消失。

本项目建成后恢复了珍禽保护区核心区原有的淡水、海水湿地,增加了影响评价区景观的美学价值。

5. 土壤侵蚀及地质灾害(A5)影响评价

本项目不属于地质灾害频发区域,施工过程中地形微改造会对地表土壤造成一定影响,但项目区位于珍禽保护区核心区西侧,已基本旱化成陆,潮水冲刷时较难到达项目区,且项目区为废弃养殖塘,原养殖塘设计时即已围建塘埂用以存水及抵挡潮水冲刷。本项目地形改造工程仅对芦苇及表层土进行清除,不对项目区外部隔离用塘埂进行清除。

综上,本项目建设后对影响评价区"土壤侵蚀及地质灾害"这一指标的影响较小。

6. 自然植被覆盖(A6)影响评价

本项目建成后将造成约460.59公顷芦苇植被受损,但综合考虑珍禽保护区核心区光滩面积受芦苇及互花米草侵占、湿地面积不足这一不利生态现状,影响评价区植被清除、湿地恢复工程对自然植被覆盖度造成的影响可接受。

7. 景观/生态系统(A)评分情况

综上,本项目建设对景观/生态系统的影响如表1.17所示。

表1.17 本项目建设对景观/生态系统的影响评价评分表

二级指标及代码	影响程度	专家均分(Nj)	简要说明	权重(Wj)	得分
景观/生态系统类型及其特有程度(A1)	●中低度影响 ○中高度影响 ○严重影响	50	工程对AAD滩地型景观、CB野生动物栖息地景观质量起到提升作用;芦苇等湿地植物的清除对CAC草地景观造成了一定的影响,但影响评价区周边相似生境面积巨大,且项目区内芦苇为次生演替而形成。	0.1	5

（续表）

二级指标及代码	影响程度	专家均分(Nj)	简要说明	权重(Wj)	得分
景观类型面积变化(A2)	●中低度影响 ○中高度影响 ○严重影响	52.2	本项目草地景观中334.02公顷被改造为淡水湿地，126.57公顷被改造为海水湿地，共造成460.59公顷CAC草地景观性质的改变。本工程所造成的景观变化面积占影响评价区的25.87%，占珍禽保护区核心区的1.95%。	0.23	12
景观类型斑块数量(A3)	●中低度影响 ○中高度影响 ○严重影响	50	建设前后景观斑块中CAC草地景观数量减少，AAD滩地型景观/CB野生动物栖息地景观斑块数量增加。	0.27	13.5
景观美学价值(A4)	●中低度影响 ○中高度影响 ○严重影响	50.6	本项目建成后恢复了珍禽保护区核心区原有的淡水、海水湿地，增加了影响评价区景观美学价值。	0.05	2.53
土壤侵蚀及地质灾害(A5)	●中低度影响 ○中高度影响 ○严重影响	50	本项目不属于地质灾害频发区域，施工过程仅对芦苇及表层土进行清除，不对项目区外部隔离用塘埂进行清除。	0.15	7.5
自然植被覆盖(A6)	●中低度影响 ○中高度影响 ○严重影响	58.3	本项目建成后将造成约460.59公顷芦苇植被受损，但综合考虑珍禽保护区核心区光滩面积受芦苇及互花米草侵占、湿地面积不足这一不利生态现状，影响评价区植被清除、湿地恢复工程对自然植被覆盖度造成的影响可接受。	0.20	11.7
合计				1	52.23

4.5.2 生物群落(B)

1. 生物群落类型及其特有性(B1)影响评价

生物群落是指相同时间聚集在同一区域或环境内的各种生物种群的集合。它由植物、动物和微生物等各种生物有机体构成，是一个具有一定成分和外貌比较一致的组合体。

在影响评价区中，受本项目影响的生物群落主要为植物群落及鸟类群落，本项目建设过程中清除了区域内几乎所有生物群落，因此在施工期间生物群落将被破坏，但施工期仅3个月；竣工后，修复工程改变了项目区的生境类型，将原有芦苇地打造为浅水湿地，但项目区原芦苇地为养殖塘荒废后形成的次生植物群落且周边相似生境极多，并无生物群落特有性，相反在竣工后项目区可吸引丹顶鹤、大型鹭鹳类、鸻鹬类等核心区特有生物类群，增加了影响评价区的生物群落特有性。

综上，认为本项目对生物群落类型影响较小，项目修复后会增加影响评价区的生物群落特有性。

2. 生物群落面积(B2)影响评价

本项目修复后，将460.59公顷芦苇地改造成淡水、海水浅水湿地，对芦苇等陆生植物群落及其伴生雀形目鸟类群落栖息生境造成了侵占，但同时也增加了相应面积的湿地。相比于芦苇地，淡水、海水浅水湿地一方面可为以旗舰物种——丹顶鹤为代表的大型湿地水鸟提供觅食地、夜栖地，另一方面也可在涨潮时期为沿海觅食、迁徙的鸻鹬类提供高潮位栖息地。虽然湿地修复后陆生植物群落及其伴生鸟类群落面积减少，但项目区芦苇本身为养殖塘荒废后次生演替而形成，不是原生植被类群，并且影响评价区内及周边芦苇地十分广泛，本项目对芦苇伴生鸟类群落的影响可快速被周边相似生境消化掉。

综上，虽然项目修复后对芦苇等陆生植物群落及其伴生鸟类群落的面积造成了一定的影响，但项目恢复的湿地能够提供更高的保护区珍禽服务价值，综合评估后认为本项目修复后对生物群落面积的影响可接受。

3. 栖息地连通性(B3)影响评价

本项目从占地角度看为块状项目，从修复后生境类型看是湿地修复类项目。块状项目不会对影响评价区生境造成很明显的切割作用，且项目对湿地进行修复后，加强了北侧珍禽保护区核心区内湿地与南侧斗龙港两万亩养殖塘（现为退渔状态）湿地的连通性，以及沿海滩涂与海岸线以西鸻鹬类高潮位栖息地间的连通性，更便于丹顶鹤、东方白鹳等水鸟日常的觅食、栖息及在区域内的南北向迁飞活动，以及鸻鹬类沿海迁徙时在涨潮时期向内陆迁飞寻找高潮位栖息地。

综上，认为本项目修复后对周边栖息地的连通性有所提高。

4. 生物群落重要种类受影响程度(B4)影响评价

本项目建设前项目区与周边生境相似，均为芦苇地，芦苇即项目区及影响评价区的建群种，是现状生物群落中的最为重要的生物群落。由于芦苇较密，大型水鸟基本无法进入芦苇地内进行活动，不是珍禽保护区主要保护对象——丹顶鹤为代表的湿地珍禽的主要活动生境，项目地主要活动鸟类以雀形目小型林鸟以及白鹭、苍鹭等为主。项目修复后，恢复的淡水、海水湿地是珍禽保护区主要保护对象——丹顶鹤等鹤类和沿海迁徙主要鸟类——鸻鹬类的主要觅食、栖息生境，为影响评价区及珍禽保护区核心区内的湿地珍禽提供了一处新的觅食、栖息区域。芦苇地在影响评价区乃至珍禽保护区核心区内较为普遍，且项目区内芦苇为次生演替群落，认为项目建设对芦苇的影响较为有限。

综上，认为本项目修复后对项目区及影响评价区建群种——芦苇的影响可接受，项目修复后将新增保护区更为关注的生物群落重要种类，综合来看项目修复后对生物群落重要种类的影响是可接受的。

5. 生物群落结构(B5)影响评价

本项目修复后会对项目区生物群落组成产生较大的改变，将原芦苇单一种群落及其伴生鸟类群落转变为水鸟群落，但从群落结构来看，影响评价区内无论是芦苇单一种群落还是鸟类群落，均不存在垂直结构，且项目无涉及影响周边生物群落垂直结构的高大构筑物，因此项目修复仅对生物群落的水平结构产生影响，但从项目建设来看，虽然项目区内芦苇单一种群落被清除，但影响评价区范围内相似生境较为广泛，修复工程对影响评价区生物群落的水平结构影响较小。

综上，认为本项目修复后对生物群落结构的影响较为有限。

6. 生物群落(B)评分情况

综上，本项目建设对生物群落的影响如表 1.18 所示。

表 1.18　本项目建设对生物群落的影响评价评分表

二级指标及代码	影响程度	专家均分(Nj)	简要说明	权重(Wj)	得分
生物群落类型及其特有性(B1)	●中低度影响 ○中高度影响 ○严重影响	52.2	影响评价区中，受本项目影响的生物群落主要为植物群落及鸟类群落，本项目修复后改变了项目区的生境类型，将原有芦苇地打造为浅水湿地，但项目区原芦苇地为养殖塘荒废后形成的次生植物群落且周边相似生境极多，并无生物群落特有性，相反在竣工后，项目区可吸引丹顶鹤、大型鹭鹳类、鸻鹬类等核心区特有生物类群，增加了影响评价区的生物群落特有性。	0.05	2.61

（续表）

二级指标及代码	影响程度	专家均分(Nj)	简要说明	权重(Wj)	得分
生物群落面积(B2)	●中低度影响 ○中高度影响 ○严重影响	52.2	本项目修复后，将460.59公顷芦苇地改造成淡水、海水浅水湿地，对芦苇等陆生植物群落及其伴生雀形目鸟类群落栖息生境造成了侵占，但同时增加了相应面积的湿地。相比于芦苇地，淡水、海水浅水湿地一方面可为以旗舰物种——丹顶鹤为代表的大型湿地水鸟提供觅食地、夜栖地，另一方面也可在涨潮时期为沿海觅食、迁徙的鸻鹬类提供高潮位栖息地。	0.35	18.3
栖息地连通性(B3)	●中低度影响 ○中高度影响 ○严重影响	51.1	本项目从占地角度看为块状项目，从修复后生境类型看是湿地修复类项目。块状项目不会对影响评价区生境造成很明显的切割作用，且项目对湿地进行修复后，加强了北侧珍禽保护区核心区内湿地与南侧斗龙港两万亩养殖塘（现为退渔状态）湿地的连通性，以及沿海滩涂与海岸线以西鸻鹬类高潮位栖息地间的连通性，更便于丹顶鹤、东方白鹳等水鸟日常的觅食、栖息及在区域内的南北向迁飞活动，以及鸻鹬类沿海迁徙时在涨潮时期向内陆迁飞寻找高潮位栖息地。	0.10	5.11
生物群落重要种类受影响程度(B4)	●中低度影响 ○中高度影响 ○严重影响	50	项目区芦苇较密，大型水鸟基本无法进入芦苇地内进行活动，不是珍禽保护区主要保护对象——丹顶鹤为代表的湿地珍禽的主要活动区域；项目修复后恢复的淡水、海水湿地是珍禽保护区主要保护对象——丹顶鹤等鹤类和沿海迁徙主要鸟类——鸻鹬类的主要觅食、栖息生境，为影响评价区及珍禽保护区核心区内的湿地珍禽提供了一处新的觅食、栖息区域。	0.30	15
生物群落结构(B5)	●中低度影响 ○中高度影响 ○严重影响	50.6	从群落结构来看，影响评价区内无论是芦苇单一种群落还是鸟类群落，均不存在垂直结构，且项目无涉及影响周边生物群落垂直结构的高大构筑物，因此项目修复仅对生物群落的水平结构产生影响，但从项目建设来看，虽然项目区内芦苇单一种群落被清除，但影响评价区范围内相似生境较为广泛，修复工程对影响评价区生物群落的水平结构影响较小。	0.20	10.1
合计				1	51.12

4.5.3 种群/物种(C)

1. 特有物种(C1)影响评价

影响评价区多为次生演替生境以及人工湿地、农田生境，无原生特有物种分布，影响评价区内中国特有物种有獐毛、银杏、水杉、麋鹿 4 种，其中银杏、水杉为栽培种，麋鹿为野化种，仅獐毛一种为沿海地区原生分布种。

由于银杏、水杉分布在影响评价区中下坝村等远离项目区的人类活动区，在项目区内无分布，因此本项目修复工程不涉及对银杏、水杉的影响；獐毛虽为我国特有物种，但在我省沿海地区分布广泛，且项目区内以芦苇为主，獐毛种群规模小，本项目修复工程对沿海獐毛种群的影响十分有限；麋鹿为典型湿地水栖鹿科动物，修复工程极大增加了项目区内的湿地面积，提升了湿地质量，在项目修复竣工后可吸引麋鹿至项目区内活动。

综上，认为本项目修复对中国特有物种——银杏、水杉无影响，对獐毛种群影响十分有限，对麋鹿种群的活动栖息则起到了正向作用。

2. 保护物种(C2)影响评价

影响评价区共统计到国家一级重点保护鸟类 5 种，分别为东方白鹳、黑脸琵鹭、黑嘴鸥、遗鸥、黄胸鹀，国家二级重点保护鸟类 12 种，以隼形目猛禽为主；国家三有保护名录共收录 142 种，以鹳形目、雁形目、鸻形目、雀形目为主；江苏省重点保护鸟类 80 种，以鹳形目、雁形目、鸻形目为主。在影响评价区内，麋鹿为国家一级重点保护动物，獐为国家二级重点保护动物；东北刺猬、黄鼬被列为江苏省重点保护动物；东北刺猬、华南兔、黄鼬被列入三有保护动物名录。影响评价区内的维管植物中，水杉和银杏为国家一级重点保护野生植物，二者均为栽培种；影响评价区内未调查到珍稀濒危和保护野生植物。

本项目涉及项目区芦苇清除、地形改造、水文工程等。由于影响评价区内重点保护鸟类以水鸟为主，而项目区以芦苇地为主，并不是水鸟的主要活动区域，因此在建设期间对保护鸟类的影响较为有限，但在修复工程竣工后由于湿地面积的增加和湿地质量的提升，项目区会吸引保护水鸟前来觅食、栖息，因此项目对于保护鸟类整体上呈正面影响。

本项目施工过程会将保护哺乳动物驱离项目现场，但项目区周边相似生境分布广泛，活动能力较强的哺乳动物可扩散至周边相似生境中，而东北刺猬等活动能力差的哺乳动物受食性影响主要生存在影响评价区的人类活动区如农田等地，在项目区芦苇丛内基本无分布，因此施工期间项目对保护哺乳动物的影响可以接受；修复工程竣工后，麋鹿等哺乳动物可在项目区湿地内生存，且淡水修复区也可作为哺乳动物的水源地，整体来看，项目对哺乳动物的影响可接受。

项目区涉及的保护植物仅为獐毛一种，该植物在江苏沿海分布十分广泛，且项目区内以芦苇为主，獐毛种群规模较小，整体来看，项目对獐毛种群的影响有限。

3. 特有物种、保护物种的食物网/食物链结构(C3)影响评价

从鸟类来看，项目施工期间会清除芦苇等湿地植被，导致区域昆虫密度下降，会对在湿地植被内活动的雀形目鸟类食源造成影响，但项目区周边芦苇区分布较为广泛，上述鸟类可迁至周边区域进行觅食；项目竣工后为湿地水鸟打造了淡水、海水湿地，为鹤类、鸻鹬类等保护区主要保护的水鸟提供了底栖动物类食源，为水鸟构建了新的食物链/食物网。总体来看，项目对保护鸟类食物链/食物网的正面影响远大于负面影响。

从哺乳动物来看，麋鹿、獐等大型哺乳动物主食杂草嫩叶、嫩而多汁的树根、树叶等，本项目施工期及竣工后对项目区内以芦苇为代表的植物群落造成了破坏，减少了上述动物的食物来源，但项目区周边相似生境分布广泛、食源较多，认为项目对上述动物食物网/食物链会产生一定的影响，但影响程度可接受；对于黄鼬、东北刺猬等小型哺乳动物，项目区为较为单一的芦苇单一种群落，上述动物的食源相对匮乏，项目对上述动物食物网/食物链影响较小。

4. 特有物种、保护物种的迁移、散布和繁衍等(C4)影响评价

从鸟类来看，项目修复前芦苇生境是雀形目鸟类主要的繁殖区，常见繁殖鸟有东方大苇莺等，保护区

主要保护的湿地水鸟并不在项目区内繁殖。项目对芦苇生境的破坏对雀形目繁殖鸟类的繁殖地会起到一定的影响，但本项目施工期为8～10月，雀形目繁殖鸟已完成繁殖活动，因此施工对上述鸟类的繁殖并无影响，翌年繁殖期到来时上述鸟类会主动迁移至周边芦苇区域进行繁殖，由于项目区周边相似生境分布广泛，上述鸟类基本不会存在繁殖地紧张的情况；本项目中无围挡、隔离网、筑墙等阻碍鸟类迁飞的构筑物，因此不存在对鸟类迁移、散布产生影响。

从哺乳动物来看，项目区有麋鹿、獐等国家级保护动物，以及黄鼬、东北刺猬等国家三有保护动物、江苏省重点保护动物。对于麋鹿、獐等大型动物，其迁移、散布能力较强，项目施工期间上述动物可直接扩散到项目区周边活动，项目对其迁移、散布的影响十分有限；对于黄鼬、东北刺猬等小型哺乳动物，其活动能力相对较差，项目建设对其向周边迁移、散布和繁殖造成了一定的影响，但上述动物主要活动区在影响评价区西侧，项目区并不是其主要的活动区域，综合来看，本项目生态修复工程对上述动物的迁移、散布和繁殖影响较为有限。

5. *种群/物种(C)评分情况*

综上，本项目建设对种群/物种的影响如表1.19所示。

表1.19　本项目建设对种群/物种的影响评价评分表

二级指标及代码	影响程度	专家均分(Nj)	简要说明	权重(Wj)	得分
特有物种(C1)	●中低度影响 ○中高度影响 ○严重影响	51.1	影响评价区无原生特有物种分布，中国特有物种有獐毛、银杏、水杉、麋鹿4种，其中银杏、水杉为栽培种，麋鹿为野化种，仅獐毛一种为沿海地区原生分布种。獐毛虽为我国特有物种，但在我省沿海地区分布广泛，且项目区内以芦苇为主，獐毛种群规模小，本项目修复工程对沿海獐毛种群的影响十分有限；麋鹿为典型湿地水栖鹿科动物，修复工程极大增加了项目区内湿地面积、提升了湿地质量，在项目修复竣工后可吸引麋鹿至项目区内活动。	0.3	15.3
保护物种(C2)	●中低度影响 ○中高度影响 ○严重影响	52.2	影响评价区内保护鸟类以水鸟为主，而项目区以芦苇地为主，并不是水鸟的主要活动区域，在修复工程竣工后由于湿地面积的增加和湿地质量的提升，项目区会吸引保护水鸟前来觅食、栖息。 修复工程竣工后，麋鹿等哺乳动物可在项目区湿地内生存，且淡水修复区也可作为哺乳动物的水源地，整体来看项目对哺乳动物的影响可接受。	0.3	15.7
特有物种、保护物种的食物网/食物链结构(C3)	●中低度影响 ○中高度影响 ○严重影响	50	项目施工期会清除芦苇等植被，导致区域昆虫密度下降，会对湿地植被内活动的雀形目鸟类食源造成影响；项目竣工后为湿地水鸟打造了淡水、海水湿地，为鹤类、鸻鹬类等保护区主要保护的水鸟提供了底栖动物类食源，为水鸟构建了新的食物链/食物网。 项目减少了项目区植物性食物和昆虫性食物，但项目区不是哺乳动物主要觅食区域。	0.2	10

(续表)

二级指标及代码	影响程度	专家均分(Nj)	简要说明	权重(Wj)	得分
特有物种、保护物种的迁移、散布和繁衍等(C4)	●中低度影响 ○中高度影响 ○严重影响	50	项目修复前芦苇地并不是保护区主要保护的湿地水鸟繁殖栖息的主要场所。本项目中无围挡、隔离网、筑墙等阻碍鸟类迁飞的构筑物,不存在对鸟类迁移、散布产生影响。 麋鹿、獐等大型动物迁移、散布能力较强,项目施工期间上述动物可直接扩散到项目区周边活动;对于黄鼬、东北刺猬等活动能力相对较差的小型哺乳动物,项目建设对其向周边迁移、散布和繁殖造成了一定的影响,但上述动物主要活动区在影响评价区西侧,项目区并不是其主要的活动区域。	0.2	10
合计				1	51

4.5.4 主要保护对象(D)

1. 主要保护对象种群数量(D1)影响评价

影响评价区所处的珍禽保护区的主要保护对象为湿地珍禽及淤涨型海涂湿地生态系统,包括丹顶鹤、白头鹤、白枕鹤、灰鹤、白鹤、黑鹳、黑脸琵鹭和獐等,同时保护候鸟的迁徙通道及北亚热带边缘的典型淤泥质平原海岸景观。

本项目为生态修复工程类项目,施工期间对芦苇进行清除,并对地形进行微改造,过程中不涉及野生动物的杀灭工作,项目施工对保护区主要保护对象的种群数量无明显影响;项目竣工后,淡水、海水湿地可吸引保护区主要保护物种——丹顶鹤等珍禽至项目区越冬栖息,能够增加项目区局部地区保护鸟种的种群数量。

2. 主要保护对象生境面积(D2)影响评价

珍禽保护区主要保护对象为以丹顶鹤为代表的湿地珍禽及淤涨型海涂湿地生态系统,本项目修复后将原失水逐步旱化的废弃养殖塘修复成淡水、海水湿地,一方面局部优化了淤涨型海涂湿地生态系统质量,另一方面为喜好活动于浅水湿地的丹顶鹤、东方白鹳、雁鸭类、鸻鹬类等湿地珍禽提供了约460公顷的越冬地、觅食地、栖息地,因此本项目修复后对主要保护对象生境面积起到了正向影响。

3. 主要保护对象(D)评分情况

综上,本项目建设对主要保护对象的影响如表1.20所示。

表1.20 本项目建设对主要保护对象的影响评价评分表

二级指标及代码	影响程度	专家均分(Nj)	简要说明	权重(Wj)	得分
主要保护对象种群数量(D1)	●中低度影响 ○中高度影响 ○严重影响	50	本项目为生态修复工程类项目,施工期间对芦苇进行清除,并对地形进行微改造,过程中不涉及野生动物杀灭工作,项目施工对保护区主要保护对象的种群数量无明显影响;项目竣工后,淡水、海水湿地可吸引保护区主要保护物种——丹顶鹤等珍禽至项目区越冬栖息,能够增加项目区局部地区保护鸟种的种群数量。	0.50	25

（续表）

二级指标及代码	影响程度	专家均分(Nj)	简要说明	权重(Wj)	得分
主要保护对象生境面积(D2)	●中低度影响 ○中高度影响 ○严重影响	50	珍禽保护区主要保护对象为以丹顶鹤为代表的湿地珍禽及淤涨型海涂湿地生态系统，本项目修复后将原失水逐步旱化的废弃养殖塘修复成淡水、海水湿地，一方面局部优化了淤涨型海涂湿地生态系统质量，另一方面为喜活动于浅水湿地的丹顶鹤、东方白鹳、雁鸭类、鸻鹬类等湿地珍禽提供了约460公顷的越冬地、觅食地、栖息地。	0.50	25
合计				1	50

4.5.5 生物安全(E)

1. 病虫害爆发(E1)影响评价

本项目修复区域为芦苇地，修复后将芦苇铲除并恢复成淡水、海水湿地，减少了区域内植被盖度，削减了昆虫生长繁殖所必需的植物生境，对控制病虫害爆发有正向作用。

2. 外来物种或有害生物入侵(E2)影响评价

影响评价区内主要的外来入侵物种为互花米草，在影响评价区东侧（项目区外侧）已形成具有一定规模的种群，影响评价区内还有野燕麦、小蓬草、一年蓬、大狼杷草、鬼针草、钻叶紫菀、喜旱莲子草等植物。除互花米草外，其余入侵植物多在影响评价区西侧人类活动区周边，项目区内植物主要为芦苇，外来入侵植物种群规模较小。本项目修复过程中会清除项目区内大部分植物，且修复后场区呈蓄水态，对外来入侵物种起到了控制作用。

3. 保护区重要遗传资源流失(E3)影响评价

影响评价区内无区域分布特有种，仅有獐毛一种中国特有野生植物，以及麋鹿一种中国特有哺乳动物，但獐毛在江苏省沿海湿地分布十分广泛，项目区不是其特殊分布区，而工程不会对麋鹿种群造成杀灭。

综上，本项目不会对保护区重要遗传资源造成威胁导致遗传资源流失。

4. 发生火灾、化学品泄漏等突发事件(E4)影响评价

本项目施工过程中将加强施工管理，禁止使用火种，施工过程中也不涉及化学品。项目施工必须严格控制在批准的施工区域内，在施工区域竖立临时标志牌，防止施工人员、施工机械进入自然保护区其他区域。故本项目建设过程中火灾、化学品泄漏等突发事件发生的可能性较小；项目建成后生境由芦苇生境改变为淡水、海水湿地，区域内发生野火的概率较原芦苇地大大降低。

5. 生物安全(E)评分情况

综上，本项目建设对生物安全的影响如表1.21所示。

表1.21 本项目建设对生物安全的影响评价评分表

二级指标及代码	影响程度	专家均分(Nj)	简要说明	权重(Wj)	得分
病虫害爆发(E1)	●中低度影响 ○中高度影响 ○严重影响	50	本项目修复区域为芦苇地，修复后将芦苇铲除并恢复成淡水、海水湿地，减少了区域内植被盖度，削减了昆虫生长繁殖所必需的植物生境，对控制病虫害爆发有正向作用。	0.30	15

（续表）

二级指标及代码	影响程度	专家均分(Nj)	简要说明	权重(Wj)	得分
外来物种或有害生物入侵(E2)	●中低度影响 ○中高度影响 ○严重影响	51.1	影响评价区内主要的外来入侵物种为互花米草，在影响评价区东侧(项目区外侧)已形成具有一定规模的种群，影响评价区内另有野燕麦、小蓬草、一年蓬、大狼杷草、鬼针草、钻叶紫菀、喜旱莲子草等植物。本项目修复过程中会清除项目区大部分植物，且修复后场区呈蓄水态，对外来入侵物种起到了控制作用。	0.15	7.67
保护区重要遗传资源流失(E3)	●中低度影响 ○中高度影响 ○严重影响	50	影响评价区内无区域分布特有种，仅有獐毛一种中国特有野生植物，及麋鹿一种中国特有哺乳动物，但獐毛在我省沿海湿地分布十分广泛，项目区不是其特殊分布区，而工程不会对麋鹿种群造成杀灭。综上，本项目不会对保护区重要遗传资源造成威胁导致遗传资源流失。	0.15	7.5
发生火灾、化学品泄漏等突发事件(E4)	●中低度影响 ○中高度影响 ○严重影响	50	本项目施工过程中将加强施工管理，禁止使用火种，施工过程中也不涉及化学品。项目施工必须严格控制在批准的施工区域内，在施工区域竖立临时标志牌，防止施工人员、施工机械进入自然保护区其他区域。故本项目建设过程中火灾、化学品泄漏等突发事件发生的可能性较小；项目建成后生境由芦苇生境改变为淡水、海水湿地，区域内发生野火的概率较原芦苇地大大降低。	0.40	20
合计				1	50.17

4.5.6 社会因素(F)

1. 当地政府支持程度(F1)影响评价

经珍禽保护区管理处与管理单位及各级政府沟通，该项目已获得相关单位的支持。

2. 当地社区群众支持程度(F2)影响评价

本项目在珍禽保护区核心区内，属于人类活动禁止区，不涉及与周边社区群众的利益冲突，珍禽保护区管理处未反馈群众存在反对的情况。

3. 对自然保护区管理的直接投入(F3)影响评价

本项目生态修复竣工后，一次性将项目区转变为淡水、海水湿地，由于场区内长期蓄水，因此芦苇、互花米草、碱蓬等湿地植被在项目区极难进行次生演替，项目区维护仅靠调节水位即可完成，对减少后期自然保护区管理的投入有较明显的效果。

4. 对改善周边社区社会经济贡献(F4)影响评价

修复区建设后可吸引雁鸭类、鸥类等觅食养殖鱼类的水鸟，能够减少鸟类进食鱼类导致养殖户遭受经济损失的情况，对项目区周边人鸟冲突起到一定的缓解作用。

5. 对当地群众生产生活环境的危害及程度(F5)影响评价

本项目施工周期仅 3 个月，施工期间产生的污染物主要为噪声及机械碾压等对项目区生态造成的扰动，但本项目施工区在珍禽保护区核心区内，该区域为人类活动禁止区，现场无人类活动的情况，因此本项目施工期间对当地群众生产生活环境的影响较为有限。

6. 社会因素(F)评分情况

综上，本项目建设对社会因素的影响如表 1.22 所示。

表 1.22　本项目建设对社会因素的影响评价评分表

二级指标及代码	影响程度	专家均分(Nj)	简要说明	权重(Wj)	得分
当地政府支持程度(F1)	●中低度影响 ○中高度影响 ○严重影响	50	经珍禽保护区管理处与管理单位及各级政府沟通，该项目已获得相关单位的支持。	0.1	5
当地社区群众支持程度(F2)	●中低度影响 ○中高度影响 ○严重影响	50	本项目在珍禽保护区核心区内，属人类活动禁止区，不涉及与周边社区群众的利益冲突，珍禽保护区管理处未反馈群众存在反对的情况。	0.2	10
对自然保护区管理的直接投入(F3)	●中低度影响 ○中高度影响 ○严重影响	59.4	本项目生态修复竣工后，一次性将项目区转变为淡水、海水湿地，由于场区内长期蓄水，因此芦苇、互花米草、碱蓬等湿地植被在项目区极难进行次生演替，项目区维护仅靠调节水位即可完成，对减少后期自然保护区管理的投入有较明显的效果。	0.35	20.8
对改善周边社区社会经济贡献(F4)	●中低度影响 ○中高度影响 ○严重影响	65	修复区建设后可吸引雁鸭类、鸥类等觅食养殖鱼类的水鸟，能够减少鸟类进食鱼类导致养殖户遭受经济损失的情况，对项目区周边人鸟冲突起到一定缓解作用。	0.30	19.5
对当地群众生产生活环境的危害及程度(F5)	●中低度影响 ○中高度影响 ○严重影响	53.3	本项目施工周期仅三个月，施工期间产生的污染物主要为噪声及机械碾压等对项目区生态造成的扰动，但本项目施工区在珍禽保护区核心区内，该区域为人类活动禁止区，现场无人类活动情况，因此本项目施工期间对当地群众生产生活环境的影响较为有限。	0.05	2.67
合计				1	57.97

4.6　影响评价结论

4.6.1　生物多样性影响指数计算

综合 9 位专家的打分情况，计算本项目对生物多样性影响指数，结果如表 1.23 所示，本项目生物多样性影响指数(BI)为 51.7(＜60)，为中低度影响。

表 1.23 本项目对生物多样性影响指数计算表

一级指标及代码	得分(Si)	权重(Wi)	生物多样性影响指数(BI)
景观/生态系统(A)	52.23	0.2	51.7
生物群落(B)	51.12	0.2	
种群/物种(C)	51	0.2	
主要保护对象(D)	50	0.2	
生物安全(E)	50.17	0.1	
社会因素(F)	57.97	0.1	
合计		1.0	51.7

4.6.2 综合影响结论

本次生态修复工程资金来源为 2021 中央财政林业改革发展资金湿地生态效益补偿资金。项目生态修复工程位于珍禽保护区核心区内靠近南边界处与斗龙港相邻的 460.59 公顷荒废养殖塘(由于弃养已久,养殖塘内已基本失水旱化为芦苇单一种群落)。项目构建了以丹顶鹤栖息地为主的淡水生境栖息地(334.02 公顷)和鸻鹬类栖息地为主的海水生境栖息地(126.57 公顷),项目竣工后将为珍禽保护区核心区新增 460.59 公顷优质湿地。项目建设符合《江苏盐城湿地珍禽国家级自然保护区总体规划》、《国家公园等自然保护地建设及野生动植物保护重大工程建设规划(2021—2035 年)》、《全国重要生态系统保护和修复重大工程总体规划(2021—2035 年)》等政策文件的要求。

本项目建设过程中施工期对影响评价区景观/生态系统、生物群落等造成一定影响,但影响仅存在于施工期间。项目实施后对区域景观/生态系统美学价值、生态质量起到了提升作用;本项目对影响评价区生物群落影响有限,对周边区域鸟类等物种栖息地的连通起到了正面作用;项目区内现状生境为芦苇单一种群落,在修复工程实施后能够较好地优化保护物种的食物网/食物链,并提升保护区主要保护对象的栖息地面积;在生物安全方面,项目实施后可降低火灾、外来物种入侵及病虫害发生的概率;项目增加了珍禽保护区核心区的湿地面积,对减少人鸟冲突起到了积极的作用。

综上,认为本项目施工期间虽会对影响评价区生物多样性造成一定的影响,但总体影响相对有限;项目实施后增加了影响评价区内水鸟栖息生境的面积,构建了较为完善的保护物种食物网/食物链,优化了珍禽保护区核心区湿地生态系统结构,降低了影响评价区内生物安全风险,在一定程度上减轻了人鸟冲突,对影响评价区生物多样性尤其是保护区主要保护对象——湿地珍禽多样性及其栖息地质量起到了良好的提升作用。

4.7 减缓影响的具体措施和建议

4.7.1 缩短施工周期

本项目计划在 2022 年 10 月底前完工,10 月已进入珍禽保护区候鸟的秋季迁徙末期及越冬初期,鹤类、雁鸭类等越冬候鸟将会有部分陆续抵达保护区,为减少本项目施工活动对鸟类造成的干扰,建设单位应在制定施工方案、安排施工进度时尽量缩短工期。

4.7.2 严格占地管理

在项目施工阶段,建设单位应加强施工占地边界管理,施工车辆进出场通道利用保护区内现有道路或原养殖塘塘埂,不新增硬化施工便道,施工临时占地不占用工程区以外的水域、滩地和野生植物栖息地,不在保护区内设施工营地、取弃土场等。

4.7.3 开展施工人员生态保护培训

在项目建设过程中,建设单位应对现场施工人员进行生物多样性保护、自然保护区管理知识培训,重点宣传鸟类保护。建设单位应严管施工单位驱捕鸟类、采集破坏其他类群生物、随意丢弃生活垃圾等对生态造成破坏的行为，如发现动物受伤或死亡等情况应及时开展救助工作。

4.7.4 开展跟踪监测及评价

本项目运行后，建设单位应加强项目的长效运行，同步开展生物多样性跟踪监测，确保本项目发挥最大的修复效果。

本项目跟踪监测期宜为 3～5 年，每年建设单位应按鸟类迁徙周期相应开展调查。

◆专家讲评◆

1. 本项目是江苏盐城湿地珍禽国家级自然保护区核心区内的湿地生态修复工程，修复区域为核心区内荒废养殖塘，面积为 460.59 公顷，符合《中华人民共和国湿地保护法》、《江苏盐城湿地珍禽国家级自然保护区总体规划》等相关要求。

2. 生物多样性评价章节在充分调研项目区现状的基础上，对修复项目实施与运营过程中的生物多样性影响进行了客观评价，提出了施工期及修复工程完成后的保护、恢复及跟踪管理措施。

3. 生物多样性评价章节编制规范，内容全面，数据翔实，提出的减缓措施和建议总体可行，评价结论可靠。

第五章 环境影响评价

5.1 环境影响分析

5.1.1 对自然环境的影响

施工期对环境的不利影响主要表现在施工机械使用、材料运输、车辆碾压、人员活动等活动造成土壤扰动、植被破坏、湿地生物生存环境受干扰，同时伴随噪音、尘埃污染等不利的环境问题，短时期内对保护区生态环境有一定的影响，但是项目完工后大部分影响可消除。

(1) 部分工程施工将破坏长期自然形成的地表林草植被，短期内地形地貌改变，会导致土壤失去保护层，地表稳定性降低，土壤风蚀、土壤的侵蚀过程加快，原地表的水土保持功能遭到破坏，水土流失速度加快。施工期间机械使用和人员活动加剧，易导致局部土壤结构及土壤水分、微生物、养分等发生变化，土壤的质量降低，植被恢复的难度增加。

(2) 施工过程中产生的含泥沙的施工污水、机械设备的冲洗水、施工场地的生活污水，若不合理排放，会对保护区水环境产生一定的影响，施工产生的施工弃渣和施工人员的生活垃圾若没有妥善处理好，也会对保护区的生态环境造成一定程度的污染。

(3) 施工过程中基础开挖和土方堆放、回填和清运过程中产生的尘土，建筑材料运输、装卸、堆放过程中产生的尘土，各种施工车辆排放的废气及行驶带来的尘土，会造成区域环境沙尘弥漫现象，尤其是在风力的作用下，影响范围大，会对保护区大气环境造成一定的影响。但是施工带来的扬尘等影响一般在项目完工后能够消除。

(4) 地形整理过程中要使用挖掘机、推土机等施工机械以及运输车辆同时作业时，各台设备产生的噪音会相互叠加，会惊扰鸟类和野生动物的正常活动，并对周围的声环境产生一定的影响，但是项目完工后可自行消除。

5.1.2 对人文环境的影响

珍禽保护区湿地生态修复与丹顶鹤、鸻鹬类等鸟类栖息地营造建立在当地乡土文化的基础之上，有利于弘扬和宣传鸟类和湿地文化，是对当地文化资源的保护、继承与发展。因此，项目建设不仅不会对当地人文环境产生影响，而且鸟类栖息地的营造将有助于优化区域环境和传播湿地文化，提高公众的环境保护意识，对本地区的生态文明建设产生积极的推动作用。

5.1.3 对生物多样性的影响

通过丹顶鹤、鸻鹬类栖息地的建设项目的实施，一方面可避免外界干扰和胁迫，使湿地生态系统的结构和功能得到恢复，形成适宜丹顶鹤和鸻鹬类等鸟类生活的良好栖息地，从而增加鸟类多样性，以及恢复湿地生物的多样性；另一方面通过一系列的保护与修复工程的实施将逐步恢复和完善丹顶鹤和鸻鹬类的栖息地生境，为其提供良好的繁衍、栖息场所，从而对保护区的鸟类进行有效的保护。在项目建设具体施工过程中，需要采取适当的保护措施，把对生物资源的破坏与影响降至最低程度。

5.2 环境保护措施

(1) 建立健全的环境管理规章制度。根据保护区环境特征及规划特点，应制定切实可行的环境监测计划。对项目实施后的湿地保护、植被恢复、生态建设、环境质量、经济发展、社会影响等各个方面进行追踪监测与评价。

(2) 项目建设过程中产生的固体废弃物，可采取填埋、资源化、循环利用等方式处理；生活污水、施工污水通过净化达标后，引入林地自然消化吸收，避免二次污染。

(3) 土建工程施工时，实行装载覆盖，尽量减少土方开挖量，避免破坏周边植被，减轻项目建设带来的水土流失，土建工程完工后，对开挖的地方以及中心场地进行植被恢复。

(4) 建设工程中需要对芦苇等植被进行清除，应采取生物、物理防治措施。原则上少使用除草剂等药物，以减少农药对湿地环境的面源污染。

(5) 加大宣传力度，加强人们环境保护教育的意识，树立和增强人们的环保意识，控制和减少环境污染。

5.3 评价结论

项目实施是为了更好地保护和恢复湿地生态系统，营建适宜丹顶鹤、鸻鹬类等鸟类生活的栖息地，有效保护鸟类种群以及湿地生物多样性。在施工期和运行期会对环境产生一定的影响，但是这些影响都是局部的、暂时的，并可通过一系列的管理措施、工程措施、生态工程措施等加以减缓或消除，不会对湿地生态系统和湿地野生动植物产生明显的影响。项目建成后，湿地环境质量将比建设前有较大程度的改善，能够较大程度地吸引丹顶鹤、鸻鹬类等鸟类，扩大其栖息地面积，从而对湿地鸟类进行有效保护。项目实施不仅会对维护区域生物多样性产生重要影响，而且对促进保护区生态系统健康、稳定、持续发展有着重要的意义。

第六章 劳动安全与消防

6.1 劳动安全与卫生

6.1.1 劳动安全

为保障项目实施过程中的劳动安全，建设工人劳动安全卫生设施必须符合国家规定标准，与主体工程同时设计、同时施工、同时投入生产使用(以下称“三同时”)。另外，建设项目中所引进的国外技术和设备要符合我国规定或认可的劳动安全卫生标准，全部设计要符合我国有关规范和规定的要求。在项目实施过程中，要贯彻下列的条例和法规。

1. 失业保险

(1)《失业保险条例》(1999 年，国务院令第 258 号)；

(2)《国务院关于建立城镇职工基本医疗保险制度的决定》(国发〔1998〕44 号)；

(3)《江苏省失业保险规定》(2011 年江苏省人民政府颁布)；

(4) 其他近期的相关法规。

2. 工伤医疗

(1)《医疗事故处理条例》(2002 年,国务院令第 351 号);

(2)《工伤保险条例》(2003 年,国务院令第 375 号);

(3) 财政部劳动保障部关于企业补充医疗保险有关问题的通知(财社〔2002〕18 号);

(4) 劳动和社会保障部关于印发《职工非因工伤残或因病丧失劳动能力程度鉴定标准(试行)的通知》(劳社部发〔2002〕8 号);

(5) 劳动和社会保障部办公厅关于如何理解《企业职工工伤保险试行办法》有关内容的答复意见(劳社厅函〔2002〕143 号);

(6)《江苏省实施〈工伤保险条例〉办法》(2015 年);

(7) 其他近期的相关法规。

6.1.2 环境卫生

项目区湿地建设活动,需以保护生态环境为前提,减少大规模建设。建设期间会产生少量生活污水、固体废弃物,以及破坏环境的不利因素,所以要采取必要的管理措施,最大程度地减少对周边环境造成的污染。

在保护好各类自然资源和自然环境的基础上,以生态效益为主进行综合规划;培养公众的环境保护意识,树立发展经济环境保护优先的意识,自觉保护环境;健全和完善环境保护的长效机制,加强行政立法机制,要强化依法行政意识,坚持日常监督与集中整治结合;加强科学管理,提高管理水平。

6.1.3 安全卫生防范措施

1. 湿地施工安全防范措施

(1) 抗震

本工程结构设计过程中按地震烈度 7 度设防。

(2) 抗洪

本项目位于江苏盐城,堤岸需满足盐城市相关遇防洪标准。

(3) 防不良地质

未发现滑坡、崩塌、泥石流、地面塌陷等不良地质现象,岩层倾角缓,工程地质、水文地质条件简单,场地整体稳定性好,但护岸两侧均为高边坡,需采取适当的工程措施,以保证其稳定安全。

(4) 减振降噪

在施工过程中噪音较大的是各类施工机械,在工程完工后基本无噪音影响。

(5) 防坠落

本项目高差小,坠落风险较低。

2. 护坡施工安全防范措施

本工程建设全过程严格遵循“安全第一,预防为主”的安全生产管理方针,在设计中结合工程实际,确保工程投产后符合劳动安全及工业卫生的要求,并保障劳动者在生产过程中的安全与健康。在施工期间的安全措施如下。

(1) 施工期间及时了解水情和气象预报,做好各工作面、施工临时设施、建筑物的度汛保护以及堆(弃)料场的排水和护坡工作。

(2) 为满足建设物资运输的畅通和安全,危险地段应进行加固处理并设立警示标志。

(3) 在施工营地区和仓库周围按国家有关规定配备必要的消防水源、消防设备和求助设施。

(4) 在施工过程中,施工承包商应按设计要求采取排、堵、截、引的综合治理措施,做好施工场地的排水工作,包括施工开挖过程中的排水。

(5) 针对工程施工期发生概率较大的触电、物体打击、坍塌、机械伤害、起重伤害等 5 类安全事故,施工承包商应做好防治这些安全事故的相关常规安全生产技术措施。

(6) 在边坡土方开挖时禁止采用挖空底角的操作方法。边坡削坡作业,均应自上而下进行,及时清理危及安全的浮石、浮层。根据施工总平面布置和现场临时用电需要量,制定相应的安全用电技术措施和电气防火措施。

(7) 注意季节性施工的安全措施,如夏季防止中暑措施,包括降温、防热辐射、调整作息时间、疏导风源等措施:雨季施工要制定防雷、防电、防坍塌措施;冬季防火、防大风等措施。

(8) 爆炸物品的存放应符合国家的有关标准。

(9) 施工区域作业区及建筑物应执行消防安全的有关规定,设置必备的消防水管、消防栓等消防器材和设备。

(10) 其他施工场地相关措施应严格按照《水电水利工程施工安全防护设施技术规范》实施。

(11) 应做好现场施工人员的劳动保护工作,妥善处理生活垃圾,并做好施工人员的卫生防疫工作。

6.2 消防安全

认真贯彻“预防为主、防消结合”的消防方针,建立完善的项目区湿地安全体系,确保湿地全面、健康、可持续地发展。

(1) 加强对项目区湿地的消防安全布局的监督和管理,强化消防力量建设,结合总体布局,成立专门的防火负责小组。

(2) 项目区湿地具体防火措施主要包括瞭望、阻隔、预测预报、巡逻、检查等,应根据地区特点和保护性质,设置相应的安全防火设施。

第七章 保障措施

7.1 组织保障措施

保护区管理处成立项目建设领导小组,下设办公室具体负责项目的建设、协调和日常管理工作。明确管理体制和管理形式,建立科学管理体系,设立合理的组织管理机构和运行机制,实行保护区上下结合、职责分明、联系密切、高效率的科学有效的管理体制;根据实际情况,制定工作制度和操作规范,建立目标管理制度、质量管理制度和信息反馈制度,逐步实现管理科学化、规范化、制度化和系统化。

7.2 机制保障措施

7.2.1 计划管理

计划管理是对项目建设进度、监测评价、资金使用等工作计划的全面监督与管理。

1. 统一制订项目实施计划和年度计划

项目实施单位提出年度计划后,报请上级主管部门批准,并严格按照批准的年度计划开展项目工作。

2. 严格执行项目计划

项目计划一经核准,必须严格执行,不得擅自变更。

3. 按时做好工作计划和总结

按季度和年度及时做好各项工作计划和工作总结报告。

7.2.2 工程管理

建立项目监管小组,对项目实施以及管理的全过程进行监督管理。在项目工程建设期,严格控制从设计、招标到施工的信息与质量,实时掌握项目建设施工进度和质量,使每一个施工环节的质量都得到保障。建立严格的验收制度,严格按照工程建设程序进行检查验收,并接受上级主管部门的监督。

7.2.3 资金管理

1. 项目资金使用严格按专项资金计划执行，并按年度将资金使用计划落实到工程项目中。

2. 严格执行基本建设财务管理办法，设置项目资金专用账户。实行统一管理、统一使用、单独记账的运作形式，确保专款专用，任何单位和个人不得以任何方式、任何理由挤占、挪用、截留、强行划转或抵扣各本息、税金、各类债务。

3. 建设资金统一采用资金报账制度，对资金的来源、使用、节余及使用进度、成本控制等做出详细计划、安排、登记及具体报告。建设经费单独立账，每年由盐城珍禽保护区管理处实施经费使用计划，按计划和财务管理制度开支使用。项目基本建设实行先施工、后验收、再结付，促使承建单位以质量换效益，形成共同管理的良好局面。

4. 加强资金和物资的审计和监督，项目工程建设资金的使用情况必须接受上级有关部门的检查、监督和同级财政、审计部门的审计。进一步健全和完善外部财务监督及内部财务约束相结合的监督机制。监督财政资金运用和管理过程是否符合规定，保证各项资金使用的合法、合理，杜绝挪用、滥用资金状况，提高资金的利用与使用效率。

7.2.4 信息管理

建立档案管理系统，包括纸质文字档案、电子档案、语音视频档案三类。纸质文字档案主要包括项目建设前期的建议书、总体规划、可行性研究报告、初步设计等材料。电子文档包括纸质文字档案的电子版、施工现场照片和其他需要数字化的相关基础数据与图片。语音视频档案包括建设期间的会议录音视频、保护区视频、建设过程中的现场视频等。

7.3 技术保障措施

保护区应与周边的科研院所建立良好的合作关系，共同探讨项目建设机制；引进、培养鸟类保护管理的科研技术人才；加强国际合作和交流，积极引入国内外成功的科研成果和经验。对于项目实施工程中出现的问题，可邀请湿地生态、鸟类保护相关专家进行咨询，并且同施工单位或人员一起商议，提出可行的解决方案。

7.4 施工保障措施

7.4.1 质量保证措施

1. 组织措施

建立完善项目质量管理机构和管理制度。项目经理部每周召开一次与施工班组工程质量例会，查找施工中存在的问题和处理办法。

2. 技术措施

(1) 建立监督检查管理制度，对材料供货单位和各分项施工单位的质量和施工技术进行重点管理，并进行经常性的质量监督和检查，发现问题要及时处理。

(2) 施工所用的原材料、半成品必须有合格证书和鉴定合格资料，在施工中要进行局部抽查，工地设专门质检员，对进购的建筑材料进行质量监督。

(3) 所有隐蔽工程必须经业主、监理及有关验收单位签字认可后方可进行下道工序施工。

(4) 结构专业所用涵闸在回填前严格按照相关规范进行隐蔽工程验收，验收合格后方可回填并开展下一步施工。

(5) 电气调试工作，由于技术要求和操作性能的不同，均应编制专题施工方案，以确保工程质量。

3. 管理措施

(1) 建立完整的技术交底、材料进场检验，成品保护、质量文件记录，质量评定制度。

(2) 建立完整的质量管理程序，根据施工项目的作业进展程序对每一步操作的关键部位，均应由业主、监理进行检验。作业方应做好自检、互检工作。

(3) 各分项工程质量严格执行"三检制"。对各班组定时、定点、定部位施工，质量抽检层层把关，做好质量等的验评工作。

(4) 各单体工程在施工前编制详细的质量通病预防和处理措施，并告知全体施工作业人员。

4. 质量保证体系

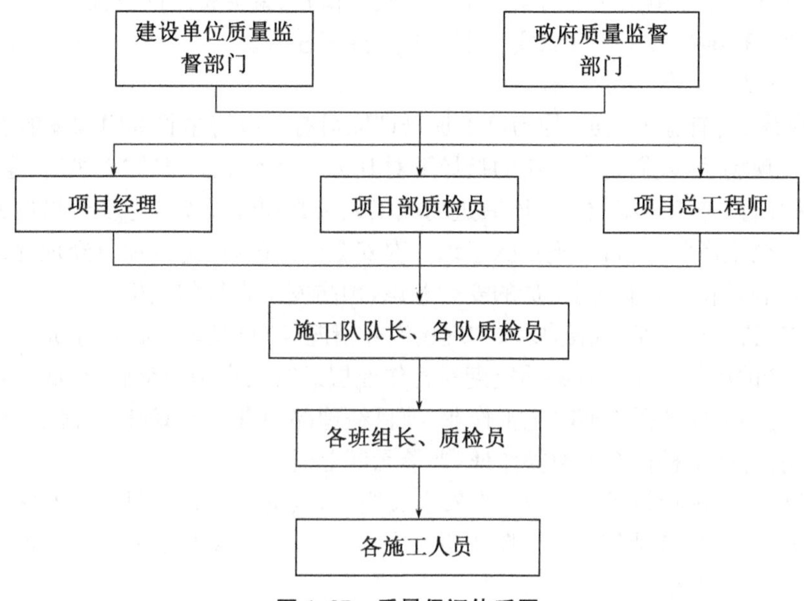

图 1.37　质量保证体系图

7.4.2　安全保证措施

1. 组织保证

派驻现场的项目经理为安全生产第一责任人，将全面负责现场的安全管理工作。派驻经验丰富的安全工程师，对整个工程进行全程安全控制，对工程安全有绝对的仲裁权。这样就形成了由项目经理领导，安全工程师一票否决的安全保证体系。安全保证体系如图 1.38 所示。

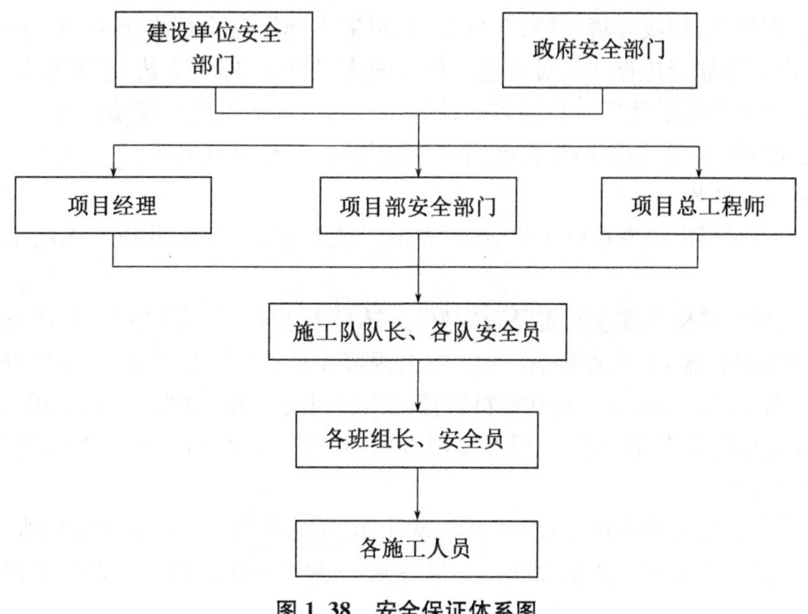

图 1.38　安全保证体系图

通过安全保证体系的正常运作，以保证现场始终处于安全状态。现场安全主管将时刻与业主或总包指定的安全负责人保持密切联系，根据业主方或监理方的要求对现场工作予以改进。

2. 建立安全生产责任制

(1) 项目经理是项目安全生产的第一责任人，对整个工程项目的安全生产负责。

(2) 项目安全员负责主持整个项目的安全措施审核。

(3) 项目施工经理具体负责安全生产的计划和组织落实。

(4) 项目安全员对各专业施工队伍的安全生产负监督检查、督促整改的责任。

(5) 项目各专业工程师是其工作区域安全生产的直接责任人。

3. 严格执行安全管理制度

(1) 安全教育制度：所有施工人员，均为已参加培训取得有关政府主管部门颁发的上岗资格证书的专业人员。在进入施工现场后，我们将在总包的指导下对其进行针对本工程的"三级"安全教育，分别是项目经理部教育、施工队教育、施工班组教育。所有进场施工人员必须经过安全考核合格后方可上岗。每周一施工班组组织一次安全生产学习，每月施工队组织一次安全生产教育，每月项目经理部组织一次安全生产评比。通过各种学习和教育，努力提高全员的安全意识，预防安全事故的发生。

(2) 安全技术交底制：根据安全措施要求和现场实际情况，项目经理部必须分阶段对管理人员进行安全书面交底，主管生产的项目总工程师必须定期对各作业层进行安全书面交底，交底应具有针对性。

(3) 安全值班制：必须保证无论何时施工作业，项目经理部均有专人值班，不得空岗、失控。

(4) 持证上岗制：特殊工种持有上岗操作证，严禁无证上岗。

(5) 安全检查制：每周由项目经理组织一次安全大检查，其责任是和专职安全工程师每天对所管辖区域的安全防护进行检查，督促作业层对安全防护进行完善，消除安全隐患。对检查出的安全隐患落实责任人，定期进行整改，并组织复查。

(6) 安全隐患停工制：专职安全工程师发现违章作业、违章指挥，有权进行制止；发现安全隐患，有权下令立即停工整改，同时上报总工程师，并及时采取措施消除安全隐患。

(7) 安全生产奖罚制度：项目经理部设立安全奖励基金，根据每月一次的安全检查结果进行评比，对遵章守纪、安全工作做得好的班组进行表扬和奖励，对违章作业、安全工作做得差的班组进行批评教育和处罚。

(8) 建立机具、临电设施等使用后的验收制度，未经验收或验收不合格的严禁使用。

4. 按规定布置安全标志

进场后，根据工程特点、现场环境及《安全色标》编制施工现场安全标志平面图。按安全标志平面图，在本单位施工范围内对可能造成操作人员或他人伤害的施工机械、施工工艺、施工地点等处悬挂安全警示牌、安全指示灯和其他安全保护装置。各种防护设施、警告标志，不得随意移动和拆除。

在现场办公处提供如下指示：消防报警电话、附近医院地点和急救电话、各有关部门工作地点和电话。

5. 临时用电和施工机具

(1) 施工现场各临时用电由专业电工负责，严禁其他人员私自乱接、乱拉。无电工上岗证者，严禁从事电工作业。

(2) 使用电动工具前需检查安全装置是否完好，运转是否正常，有无漏电保护，严格按操作规程作业。

(3) 电焊机上应设防雨盖，下设防潮垫，一、二次电源接头处要有防护装置，二次线使用接线柱，且长度不超过 30 m，一次电源采用橡胶套电缆或穿塑料软管，长度不大于 3 m，焊把线必须采用铜芯橡皮绝缘导线。

(4) 配电箱、开关箱应装设在干燥、通风及常温场所，不得装设在易受外来固体物撞击、强烈震动、液体浸溅及热源烘烤的场所。

(5) 施工用电采用三相五线制供电，现场的电焊机、切割机等用电设备应可靠接地。

(6) 每台用电设备设置专用开关箱，严格"一机一闸一漏电"的用电制度，熔丝不得用其他金属代替，且开关箱上锁编号，由专人负责。各开关箱内必须装设漏电保护器。

6. 制定消防保证措施

(1) 严格遵守有关消防方面的法令、法规，现场施工作业，材料设备的堆放不得占用或堵塞消防道路。

(2) 对易燃易爆物品指定专人负责，并按其性质设置专用库房分类存放。对其使用严格按规定执行，并制定防火措施。

(3) 布置消防设施，配足灭火器材。开工前按照有关规定，根据施工平面图、建筑高度及施工方法等布置灭火器材。加工车间及库房每 30 m 设置一组灭火器，并定期检查，保证完整。

(4) 在库房、现场执行 24 小时值班制度，现场严禁吸烟，发现违章者从严处罚。

(5) 坚持现场用火审批制度，现场内未经允许不得生明火，电焊作业必须由培训合格的技术人员操作，并申请动火证，工作时要随身携带灭火器材，加强防火检查，禁止违章。对于明火作业每天巡查，一查是否有"焊工操作证"与"动火证"；二查"动火证"与用火地点、时间、看火人、作业对象是否相符；三查有无灭火用具；四查电焊操作是否符合规范要求。

7.4.3 工期保证措施

施工进度的保证依赖于检查与监督，其贯穿于进度实施控制的始终。施工进度的检查既是进度计划实施情况信息的主要来源，也是分析问题、采取措施、调整计划的依据。施工进度的监督是保证施工进度计划顺利实施的有效手段。

1. 检查

由现场项目经理部每天检查现场实际执行情况，特别是影响工程进度的关键线路的开始时间、结束时间、逻辑关系、工作量等，并编制项目施工日进度报表。

2. 分析

根据实地检查结果及收集的进度报表资料，进行统计、对比、分析实际进度和计划进度，每周召开项目内部进度协调会，分析进度滞后的原因，提出内部解决办法。同时提请业主召开各相关单位参加的协调会，解决制约施工进度的外部关键因素。

3. 进度检查结果的处理

进度偏差较小，在分析产生原因的基础上采取有效措施，及时调整施工部署，继续执行原进度计划。

进度偏差较大，不能按原计划实现时，对原计划进行必要的调整，采取必要措施，确保总进度目标的实现。

4. 组织措施

本项目应安排具有丰富工程施工经验的项目管理机构承担工程建设，并得到充分授权，制定严格的施工管理制度，确保指挥合理、高效，令行禁止。

项目经理部加强同业主、监理单位的交流与沟通，对施工过程中出现的问题及时达成共识，保证工程顺利进行。

(1) 劳动力资源保证

操作工人的素质是工程工期和质量的重要保证，要优质高效地完成本工程，必须充分调动劳动力资源，选择成建制的劳务队伍，并经业主/工程师书面批准；所有的操作工人应具有良好的施工技术和施工作风，施工作业管理人员具有丰富的施工管理经验；操作工人必须持证上岗。操作工人必须经过现场项目经理部的考试，考试包括理论考试和实际操作考试。所有考试合格的操作工人必须经过工程培训后方可上岗操作；在项目进行过程中如发生特殊情况，需增加劳动力时，要针对具体情况，在最短的时间内对项目的劳动力进行调配，直至达到项目要求。

(2) 配置性能好、数量足的施工机具

根据施工进度要求及我们的工程施工经验，在施工现场配置先进并足量的施工机具设备，既有利于保证施工进度，又能保证施工质量。

(3) 保证各种材料及时供应

加强施工材料采购管理力度,确保按计划进度实施。各专业技术人员及时准确地提出材料设备需用计划,根据总体进度安排提出材料、设备的进场时间,并对材料的供应从开始询价至货到现场进行全过程跟踪,确保到货材料满足施工图纸及业主、监理的要求,避免安装后不必要的返工。

严格送审制度,重要材料如钢筋、防水材料等都要履行对业主、监理的送审,得到书面的批准后方可进行采购。

及时和提前充分准备设备、材料资料,以保证设备、材料早日确定,以免延误工期。

(4) 做好材料采购和运输的过程监控管理

(a) 对采购的过程监控:在公司内部,我们严格执行质量管理体系的规定,供方在经公司评价合格的供方内选择;所有物资合同必须经过公司评审,一般物资合同由公司商务合约部组织评审,重大物资合同(金额较高、技术较复杂或确认为重要的物资)必须由公司相关部门共同评审,所有合同评审合格后方可签订。

(b) 对运输的过程监控:合同中明确对包装和运输的一般和特殊要求,供方发货、运输和到货时,供需双方及时保持联系和协调。

5. 技术措施

(1) 由于本工程施工内容多,各分部工程交叉作业,项目经理部制定二、三级工期网络和节点控制,并进行动态管理,在此基础上合理、及时插入相关工序,按各工序间的衔接关系顺序组织均衡施工。首先安排工期最长、技术难度最高和占用劳动力最多的主导工序,优化小流水交叉作业。

(2) 根据总工期进度计划的要求,强化节点控制,精心规划和部署,优化施工方案,科学组织施工,使项目各项生产活动井然有序,后续工序能提前穿插。"方案先行,样板引路"是公司施工管理的特色,本工程将按照方案编制计划,制订详细的、有针对性和可操作性的施工方案,从而实现在管理层和操作层对施工工艺、质量标准的熟悉和掌握,使工程施工有条不紊、按期保质地完成。施工方案覆盖面要全面,内容要详细,配以图表,图文并茂,做到生动、形象,调动操作层学习施工方案的积极性。

(3) 强化深化设计能力,进行机电管线空间布置上的协调,绘制出机电综合管线施工图,在综合图的基础上进行管道之间的协调。在机电管线支承架已充分协调的基础上,开始进行各种管线的施工。

(4) 积极推广应用新技术、新工艺和成熟适用的科技成果,依靠科技提高工效,加快工程进度。

(5) 采用预制法以增加工效,可大量采用预制加工件。在管道立管安装中采取先预制、再安装的方法,以加快进度。

6. 管理措施

(1) 根据本工程的特点,加强垂直运输的协调管理,合理安排吊装时间,保证现场施工用料及时到位。

(2) 建立完善的材料供应、服务网络,加强施工现场与半成品加工场、构件堆场的协调、配合工作,既保证工程需要,又减少现场堆放量。

(3) 对工程所需机械设备进行充足准备,根据工程需要随时进入现场。配置高效、环保性能好的机械设备。

(4) 为保证施工机械在施工过程中运行的可靠性,项目加强对设备的维修保养,落实定期检查制度,保证设备运行状态良好。

(5) 加强与各部门的协调工作:在施工过程中,影响施工生产的因素很多,要加强与业主、监理、设计、本市质量技术监督局等政府部门或市政单位的配合协调,保证进度计划的顺利进行。

7.4.4 文明施工保证措施

在业主指定的区域施工,遵守文明施工生产的管理规定,做到现场整洁、干净、节约、安全,施工秩序良好,不阻碍现场道路,保证物资材料顺利进退场。

1. 建立现场文明施工责任区制度,根据不同部门、不同作业层的具体工作将整个施工现场划分为若干个责任区,实行挂牌制,使各自分管的责任区达到文明施工的各项要求,项目定期进行检查,发现问题立即整改,使施工现场保持整洁。

2. 每一道工序完成后,施工余料集中堆放整齐,施工垃圾及时清运,以保持工作场所整洁。前后工序必须办理文明施工交接手续。

3. 项目每周对施工现场做一次全面的文明施工检查,检查内容为施工现场的文明施工执行情况,检查依据可参考建设部《建筑施工安全检查评分标准》、《建设工程施工安全条例》、公司"文明施工管理细则"等。检查采用评分的方法,实行百分制记分。每次检查均认真做好记录,指出不足之处,并限期整改,且对每次检查中做得好的进行奖励,做得差的进行处罚。

4. 现场按照施工现场CI标准设置"五牌二图",即工程概况牌、管理人员名单和监督电话牌、消防保卫牌、安全生产牌、文明施工牌和施工现场总平面布置图、建筑物效果图,标明工程要点和主要施工人员。

5. 加强与其他关联承包商的联系,协商制定合理的施工顺序,不打乱仗,力求均衡生产。

6. 进出施工现场须按指定路线出入,不得进入非施工区,服从业主管理。

7. 凡进入现场施工人员均应统一、整齐着装,佩戴证章及安全帽;施工操作穿戴安全防护用品,不得大声喧哗、吵闹,不得在非施工区域停留,不得随地吐痰、乱扔废弃物,要求文明礼貌,服从管理人员指挥。

8. 注意环境卫生,做好卫生防疫工作,在现场临设、办公区设置若干垃圾箱,派专人清理。

9. 现场内严禁吸烟,不准携带易燃、易爆物品出入现场。

10. 做好节水、节电教育,制定相应管理措施,消除"长明灯、长流水"现象,当设备空转一定时间应能自动断电。

11. 严格保护施工现场内的设施、物品,不得损坏,材料运输过程中应采取有效的成品保护措施。

第八章　实施进度计划

本工程包括工程方案设计及施工图设计、土建施工、设备安装等。

根据本项目的特点,在安排工程建设进度时,多项内容同时交叉开展,但必须严格保证设计、施工、设备和安装的质量。按照国家关于加强基础设施工程质量管理的有关规定,本项目要严格执行建设程序,确保建设前期工作质量,同时对设计、施工以及设备材料采购实施招标,做到精心勘测、设计,强化施工管理,并对工程实现全面的社会监理,从而确保工程质量和安全。

根据以上要求,并结合实际情况,本项目建设期从2022年7月至2022年10月,建设周期拟定为4个月。其中设计周期30天,施工周期90天,并制定相关的工程项目实施进度如下,后期可根据项目情况进行调整:

(1) 2022年7月1日～31日,完成地形测绘勘察、初步设计及评审、施工图设计;

(2) 2022年8月1日～5日,完成施工前期准备工作;

(3) 2022年8月6日～10月29日,完成土建施工、设备安装工程;

(4) 2022年10月30日～31日,工程竣工验收。

具体工程实施进度视各环节进展及配合情况可做出相应调整。

第九章　后期生态管理

9.1　水文调控

9.1.1　淡水栖息地水文调控

在每年3～4月(芦苇萌发期),通过淡水进水闸补水,使得浅水区水深不低于30 cm,以控制芦苇扩张；其他时间段内，水深维持在 10～20 cm，为涉禽提供生态空间。

9.1.2 海水栖息地水文调控

鸻鹬类海水栖息地水系通过闸门与斗龙港连通，引退水周期与斗龙港潮水涨落周期基本一致。栖息地水位受斗龙港潮水水位的影响，每天随半日潮有两次水位涨落。

遇旱季等特殊情况，斗龙港潮水会持续性降低；当鸻鹬类栖息地深水区水位持续性低于 1 m 时，应当趁高潮进水时关闭闸门，以保持鸻鹬类栖息地的最低水位。

遇台风、暴雨等特殊情况，斗龙港潮水会持续性增高；为维持鸻鹬类栖息地生境，当深水区水位持续性高于 1.5 m 时，应当趁低潮退水时关闭闸门，防止所有滩地被潮水持续性淹没。

9.2 植被管理

项目区建设完成后，互花米草种子或植株可能会随海水流动，进入鸻鹬类高潮位栖息地内生长蔓延，因此需要对其进行防控。具体措施为定期开展巡查、监测，特别是互花米草生长季。一经发现入侵或萌发的互花米草，立即采取人工措施，将其地上植株和地下根系全部拔除。

淡水生境内芦苇种群密度过高会影响湿地水鸟生境质量。可利用水位的生态调控功能，对丹顶鹤淡水栖息地内的芦苇进行控制。具体措施为在 3～4 月芦苇萌发期前，补水至浅水区水深超过 30 cm，以抑制芦苇分蘖萌发。

塘埂及其周边的其他陆生植物，以及深水廊道的沉水植物，采取自然恢复策略，通过预留自然力做功空间的方式，为本土植被保留一定的生态位。

9.3 生态清淤

由于黄海海水含沙量较高，为保证深水廊道水系连通功能，需 5～7 年开展一次生态清淤，以疏通水域廊道，确保整个修复区的湿地功能实现。

◆专家讲评◆

保护区的建设固然重要，但是后续的保护和支持在可持续发展之中也是至关重要的，其中水文调控和植被管理是两项重点工作。水文调控是湿地修复的重要手段，通过合理的水位调控和水质调控，恢复湿地的水文特征，为湿地生态系统提供适宜的生存条件。水文调控还决定了湿地动植物区系和土壤生物地球化学循环特征，因此湿地水文调控能够改变湿地水体对碳元素吸收与转化的能力，影响植物的光合固碳速率和土壤碳元素的含量，使生态系统碳汇功能增强。湿地植被是湿地生态系统的重要组成部分，对于湿地的修复具有重要意义。通过引种和繁育湿地植物，恢复湿地植被的多样性和丰富性，提升湿地的生态功能和稳定性。本项目设计从水文调控和植被管理两方面给出了具体的后期生态管理措施，供保护区管理部门参考引用。

第十章 工程投资估算

10.1 投资估算范围

江苏盐城湿地珍禽国家级自然保护区鸟类栖息地修复项目，包括淡水海水分区构建工程、水系连通工程、地形塑造工程、水文调控工程等。

10.2 编制说明

10.2.1 编制依据

1. 中华人民共和国国家标准《建设工程工程量清单计价规范》(GB50500—2013)；

2.《公路工程技术标准》(JTJ001—97);
3. 国家发展改革委员会,建设部《建设项目经济评价方法与参数》;
4.《建设项目环境保护条例》(1998 年,国务院令第 253 号);
5.《关于组织编报湿地保护建设项目的通知》(计建函〔2006〕10 号);
6.《建设工程工程量清单计价规范》(GB50500—2008);
7.《江苏省关于建设工程工程量清单计价规范(GB50500—2008)的贯彻意见》;
8.《江苏省建筑工程消耗量定额》(2008);
9.《江苏省建筑工程单位估价表》(2001);
10.《江苏省建筑工程综合预算定额》(2004);
11.《水利建筑工程预算定额》《水利建筑工程概算定额》(水总〔2002〕116 号);
12.《水利水电设备安装工程概(预)算定额》(水建管〔1999〕523 号);
13.《水利工程施工机械台时费定额》(水总〔2002〕116 号);
14.《水利工程概预算补充定额》(水总〔2005〕389 号);
15.《江苏省水利工程概算定额》(建筑工程 2012);
16.《江苏省水利工程概算定额》(安装工程 2012);
17.《江苏省水利工程安装预算定额》(2010);
18.《江苏省水利工程建筑预算定额》(2010)。

10.2.2 材料、设备价格

本投资估算采用的材料价格均根据盐城市建设工程材料市场价格信息确定,设备按照现行市场价格确定(2022 年 6 月)。

10.2.3 其他工程费用

1. 场地准备及临时设施费:按工程费用的 1.0%计算。
2. 工程保险费:按工程费用的 0.5%计算。
3. 招标代理服务费:按工程费用及工程建设其他费用合计的 0.3%计算。
4. 其他费用详见投资估算表。

10.2.4 其他

1. 价差预备费:不计。
2. 建设期贷款:本项目 100%自由资金,无建设期贷款。
3. 铺底流动资金:不计。

10.3 工程投资估算

本工程建设项目总投资387.33 万元。

其中工程直接费用:351.71 万元;工程建设其他费用:35.62 万元。

表 1.24　工程投资估算表

序号	工程或费用名称	概算金额/万元					投资比例/%
		建筑工程	安装工程	设备及工器具购置	其他费用	合计	
	建设项目总投资(Ⅰ+Ⅱ)	335.61	2.10	14.00	35.62	387.33	100.0
Ⅰ	工程费用	335.61	2.10	14.00	0.00	351.71	90.8
1	淡水海水分区构建工程-造埂封堵	3.46	0.00	0.00		3.46	0.9
2	丹顶鹤淡水栖息地构建工程	187.60	0.00	0.00		187.60	48.4
3	鸻鹬类海水栖息地构建工程	110.55	0.00	0.00		110.55	28.5
4	水文调控工程	34.00	2.10	14.00		50.10	12.9
4.1	涵洞清淤	2.00	0.00	0.00		2.00	0.5
4.2	Φ1.0 过水圆涵洞	8.00	0.00	0.00		8.00	2.1
4.3	Φ1.5 过水圆涵洞	8.00	0.00	0.00		8.00	2.1
4.4	2×Φ1.5 联排过水圆涵洞	16.00	0.00	0.00		16.00	4.1
4.5	1.5 m×1.0 m 手动插板闸门	0.00	0.60	4.00		4.60	1.2
4.6	2.0 m×1.5 m 手动插板闸门	0.00	1.50	10.00		11.50	3.0
Ⅱ	工程建设其他费用				35.62	35.62	9.2
1	勘察设计费				31.25	31.25	8.1
2	劳动安全卫生评价费				0.35	0.35	0.1
3	场地准备费及临时设施费				1.76	1.76	0.5
4	工程保险费				1.06	1.06	0.3
5	招标代理服务费				1.20	1.20	0.3

第十一章　工程效益评价

11.1　环境效益

该项目采取一系列的生态措施，能够有效保护和恢复周边湿地生态系统，打造结构完整、功能协调的湿地生态系统，构建良好的湿地生态结构，提高项目区及其周边的环境质量。湿地生态系统具有净化功能，使进入湿地的水进一步净化，并实现资源化，同时对通过降雨等其他途径进入湿地的污染物也有净化作用，使盐城市湿地珍禽自然保护区成为减少盐城市对黄海污染的生态屏障，对保护水质具有重要意义。

鸟类栖息地修复项目工程的实施，湿地植被覆盖率大幅度提高，生物多样性增加，不仅使项目区的生态环境得到极大改观，明显改善大气、水和土壤质量，对于防止水土流失具有重要的意义。

通过鸟类栖息地修复项目工程的实施，利用修复湿地生态环境，可使工程区空气湿润、气温降低、湿度和降雨量增加，为动植物以及人类提供良好的气候，这对盐城市来说，具有良好的环境效益。

11.2　生态效益

通过本项目的实施，对保护区核心区进行生态恢复和改造，将其建设成适宜丹顶鹤、鸻鹬类等鸟类生活的栖息地生境，一方面可以吸引更多的鸟类，使得保护区鸟类能够得到较好的保护，提高区域的鸟类多样性，显著提高保护区的生态承载力以及综合生态效益。具体包括以下几点。

(1) 有效营造和保护鸟类栖息地，体现其保护价值

保护区湿地生态修复及鸟类栖息地营造，一方面，通过项目的实施，可以保护现有丹顶鹤、鸻鹬类等鸟类栖息地的安全，并提高其栖息地质量，另一方面，通过对丹顶鹤栖息地、鸻鹬类高潮栖息地等营造，可在不同条件下满足不同鸟类需求的栖息地，为其提供充足的食物，创建避难所，从而为更多的鸟类提供良好的栖息环境，体现鸟类栖息地的保护价值。

(2) 保护良好的湿地生态系统，有效保障区域生态安全

本项目通过采取一系列的生态保护与修复措施，保护和构建良好的湿地生态系统。通过打造结构合理、功能完善的湿地生态系统，提高生态系统自我恢复能力和自我维持功能，从根源上增加生物多样性，有效保障区域的生态安全。

(3) 有效保护和恢复区域生物多样性，构建完善的生态网络

本项目通过采取一定的生态恢复措施，将现有的生物栖息地进行改造和完善，扩大了鸟类栖息地的数量和面积，能够吸引更多的鸟类，进一步丰富区域的生物多样性，构建完善的生态链和生态网络。

(4) 有效提高湿地生态系统服务功能

保护区生态修复与鸟类栖息地营造工程的开展，通过对湿地生态系统进行修复，可进一步发挥其保持水土、净化水质、调节大气、改善区域小气候、维持生物多样性等生态服务功能。

11.3 社会效益

(1) 进行生态保护建设探索和实践，积极建设生态文明

保护区湿地生态修复及鸟类栖息地营造，是保护区积极贯彻落实生态保护建设的具体体现。通过保护区湿地生态修复及鸟类栖息地营造项目的开展，积极探索和总结生态保护和可持续利用的模式和机制，提高本地区生态文明的建设成效。

(2) 促进沿海湿地的生态、科研、科普事业

盐城珍禽保护区独有的自然地理条件、区位优势、典型的湿地生态系统类型以及多样的自然景观等使其成为生物多样性的重要研究基地和科普教育、教学实习的理想场所。本项目的实施，为国内外学者及周边地区院校师生前来考察、研究、参观、实习提供更加良好的基地。

(3) 提高公众爱护自然、保护自然的意识

湿地生态系统及湿地生物保护是一项公益事业。本项目的实施，可以保护和改善沿海湿地的生境状况，加强对湿地生境和丹顶鹤等鸟类的保护，减少人为干扰，实现人与湿地野生动植物和谐相处。另外，可通过开展各种形式的科普宣传和教育，加大对鸟类资源的保护和宣传力度，增强公众爱护自然、保护自然的意识，使保护鸟类和保护环境成为每个公民的自觉行为和职责。

11.4 经济效益

该项目是生态建设基础性工程，项目的实施不以赢利为目的，其经济效益主要通过社会效益和生态效益体现出来。首先，项目的有效实施，可以引导项目区鸟类的保护走上合理、协调的轨道，实现资源开发与环境保护一体化。其次，生物多样性遗传资源是各国争夺的焦点，而湿地生态恢复与鸟类栖息地的营造，有效保护了野生动植物资源及栖息地环境，使野生动植物尤其是珍稀濒危野生动植物种群得到恢复和发展，丰富了湿地生物多样性。最后，健康的湿地生态系统为蓄洪防旱、调节气候、控制土壤侵蚀、降解环境污染等带来的间接经济效益也是巨大的。

◆专家讲评◆

本项目是生态建设基础性工程,项目的实施不以赢利为目的。因此,本生态修复工程重点评价了生态效益和社会效益两个方面。其中,在生态效益方面,通过本项目的实施,对保护区核心区进行生态恢复和改造,建设成适宜丹顶鹤、鸻鹬类等鸟类生活的栖息地生境,可以吸引更多的鸟类,提高区域的鸟类多样性,显著提高保护区的生态承载力以及综合生态效益。在社会效益方面,可以进行生态保护建设探索和实践,积极建设生态文明,促进沿海湿地的生态、科研、科普事业,提高公众爱护自然、保护自然的意识。建议:根据《生态保护修复成效评估技术指南(试行)》(HJ 1272—2022),在本项目整体竣工验收两年后开展生态保护修复工程成效评估,在整体竣工验收 5 年后开展长期成效评估,从而系统性地掌握生态保护修复规划、工程等在优化生态系统格局、提升生态系统质量、增强生态系统服务功能、消除人为胁迫、维护生态环境效益持续发挥等方面取得的效果。

11.5　分析结论

11.5.1　保护生物多样性

通过本项目的建设,保护区内国家重点保护动物能够得到很好的保护,尤其是丹顶鹤等珍禽越冬条件明显得到改善。基于湿地鸟类栖息地的现状,以及对鸟类栖息地的要求,对湿地现有栖息地的改造和建设,吸引了更多的鸟类,尤其是水鸟在此栖息,能够显著提高鸟类的多样性。

11.5.2　提高珍禽承载力

食物是动物生命物质和能量的来源。动物的分布与食物密切相关,食物的可利用性和丰富度决定某一生境可容纳物种类别和种群的数量。因此,单位面积可利用的食物量有重要的生态学意义。通过植被、鱼类及底栖动物等恢复工程,项目区单位面积可利用的食物量显著增加,可承载更多的珍禽觅食,珍禽承载力得到很大程度的提高。

11.5.3　培育生态资产

生态资产评估是生态环境学者从经济价值角度,运用科学方法,对生态资产的各种类型经济价值及总价值进行评定和估算。生态资产的价值一般包括使用价值和非使用价值,使用价值包括直接使用价值(包括食品、医药及其他工农业生产原料,景观娱乐等)和间接使用价值(例如维持生命物质的生物地化循环与水文循环,维持生物物种与遗传多样性、保护土壤肥力、净化环境、维持大气化学的平衡与稳定的价值),非使用价值包括选择价值(人们为了将来能直接利用与间接利用某种生态系统服务功能的支付意愿)和存在价值(人们为确保生态系统服务功能能够继续存在的支付意愿)。

参考文献:

[1] 吴征镒. 中国植被[M]. 第一版. 北京:科学出版社,1980.
[2] 刘昉勋,黄致远. 江苏省植被区划[J]. 植物生态学与地植物学学报,1987(3):226 - 233.

某尾矿库整改及下游周边水环境提升项目

本案例以《2020年长江经济带生态环境警示片》披露的南京某矿业有限公司尾矿库污染事件为研究对象，概述了项目背景及销号要求。依据相关要求，详细论述了污水处理工程(降低水位)、撇洪设施完善工程、下游周边水环境整治提升工程的设计、建设及后期运维情况。通过上述措施的实施，该事件顺利销号。

第一章　总　论

1.1　背景

1.1.1　时代背景

长江发源于世界屋脊，支流辐辏南北，奔流不息，自西向东汇入东海。长江作为中华民族的母亲河，她不仅滋养了中国的广袤土地，更孕育了悠久璀璨的华夏文明。近现代以来，由于不合理的生产、生活方式的影响，长江经济带成为我国水环境问题最为突出的地区之一。

2016年初，习近平总书记在重庆召开的深入推动长江经济带发展座谈会上强调"当前和今后相当长一个时期，要把修复长江生态环境摆在压倒性位置，共抓大保护，不搞大开发"。2016年3月，中共中央政治局审议通过了《长江经济带发展规划纲要》，长江生态保护被提升到国家战略高度，保护长江的蓝图正在绘就。2018年4月，在武汉召开的深入推动长江经济带发展座谈会上，习近平总书记系统阐述了共抓大保护、不搞大开发和生态优先、绿色发展的丰富内涵："共抓大保护和生态优先讲的是生态环境保护问题，是前提；不搞大开发和绿色发展讲的是经济发展问题，是结果；共抓大保护、不搞大开发侧重当前和策略方法；生态优先、绿色发展强调未来和方向路径，彼此是辩证统一的。"这一重要论述解开了许多人心中的"结"，非常明确地告诉我们，强调大保护，是要以大保护、生态优先的规矩倒逼长江经济带上城市产业转型升级，实现高质量发展，实现经济社会发展与人口、资源、环境相协调；不搞大开发，是要防止一哄而上，刹住无序开发、破坏性开发和超范围开发，实现科学、绿色、可持续的发展。在这一背景下，2019年1月，生态环境部、发展改革委联合印发《长江保护修复攻坚战行动计划》，围绕长江保护修复攻坚战的一系列行动紧锣密鼓展开，中国长江保护修复攻坚战全面打响。

推动长江大保护既是一场攻坚战，又是一场持久战，需要我们每一个人践行"绿水青山就是金山银山"的理念，坚定不移地走"生态优先、绿色发展"之路，守护好长江母亲河，构筑生态文明的美好家园。

为深入贯彻落实习近平总书记对推动长江经济带发展与保护做出的"共抓大保护，不搞大开发""要走生态优先、绿色发展之路，以长江经济带发展推动经济高质量发展""保护好长江流域生态环境，是推动长江经济带高质量发展的前提"等一系列重要的指示精神，生态环境部与中央广播电视总台组成联合调查组按年度制作警示片，将长江经济带的突出生态环境问题进行披露，从而进一步推动长江大保护。

1.1.2　项目背景

南京某矿业有限公司成立于2005年11月，是南京市江宁区横溪街道(原丹阳镇政府)引进矿山企业，主要从事铁矿石的生产与加工，尾矿库占地面积约700亩(1亩≈666.67平方米)。该企业2007年12月全面建成投产，员工有 200 余人，合计建有 4 条铁矿石加工生产线。该矿业有限公司旗下选矿厂于 2014 年 12 月停产至今，未进行生产。

南京某矿业有限公司某尾矿库 2006 年 5 月由铜陵有色设计研究院完成初步设计，2006 年 10 月、2007 年 6 月由铜陵有色设计研究院分别进行变更，2007 年 12 月由中钢集团马鞍山矿山研究院完成尾矿库安全验收评价。

南京某矿业有限公司某尾矿库初期坝以亚黏土筑坝，坝顶标高 61.00 m，初期坝底部标高 43.00 m，坝高 8.00 m。后期堆积坝采用尾砂筑坝，坝高 25.00 m。南京某矿业有限公司某尾矿库设计总坝高 43.00 m、总库容 948.30×10^4 m^3，设计等别为四等库；现状总坝高 26.00 m、现状总库容 317.20×10^4 m^3，现状等别为四等库。

《2020 年长江经济带生态环境警示片》披露了南京某矿业有限公司某尾矿库积存大量含重金属的酸性废水，污水处理设施闲置，在线监测设施废弃，渗滤液未经处理直排，严重污染周边环境。监测显示，外排废水锰浓度为 49.8 mg/L，超标 15.6 倍。

◆专家讲评◆

推动长江经济带发展是党中央做出的重大决策部署，是关系国家发展全局的重大国家战略。推动长江经济带发展要坚持以习近平生态文明思想为指导，进一步学习领会习近平总书记关于推动长江经济带发展系列重要讲话精神，提高思想认识，强化工作举措，督促指导地方推进中央生态环保督察以及长江经济带生态环境警示片披露问题整改，不断提升长江经济带生态文明建设和生态环境保护水平。

2020 年 12 月 31 日，南京市推动长江经济带发展领导小组办公室和南京市生态环境局联合印发了《南京市〈2020 年长江经济带生态环境警示片〉披露问题整改方案》（以下简称整改方案），要求江宁区人民政府在 2021 年 10 月底之前完成《2020 年长江经济带生态环境警示片》中披露的南京某矿业有限公司某尾矿库问题整改工作，并在整改完成后及时组织验收，确保按期完成整改验收销号。

2021 年 2 月 3 日，江苏省推动长江经济带发展领导小组办公室和江苏省生态环境厅联合印发了《关于印发〈江苏省 2020 年长江经济带生态环境警示片披露问题整改落实方案〉的通知》，要求南京市人民政府在 2021 年 10 月底之前完成《2020 年长江经济带生态环境警示片》中披露的南京某矿业有限公司某尾矿库问题整改工作，并在整改完成后及时组织验收，确保按期完成整改验收销号。

1.2 尾矿库概况

1.2.1 地理位置

《2020 年长江经济带生态环境警示片》中披露的南京某矿业有限公司某尾矿库位于江苏省南京市江宁区横溪街道行政区划内。

横溪街道，地处江宁区南部，东与禄口街道为邻，南与安徽省马鞍山市博望区丹阳镇相邻，西与江宁街道、安徽省马鞍山市花山区濮塘镇相连，北与谷里街道、秣陵街道毗邻。横溪街道境内已探明地下矿藏有金、银、铜、铁、锰、锌、铅、硫黄、钾长石、重晶石、石英砂岩、安山岩、砾岩等，辖区内矿产资源丰富。

横溪街道属丘陵山区地带，地势西南高、东北低。主要山脉有横山、云台山，境内最高峰地鸡毛位于东南边境，海拔 382 m。

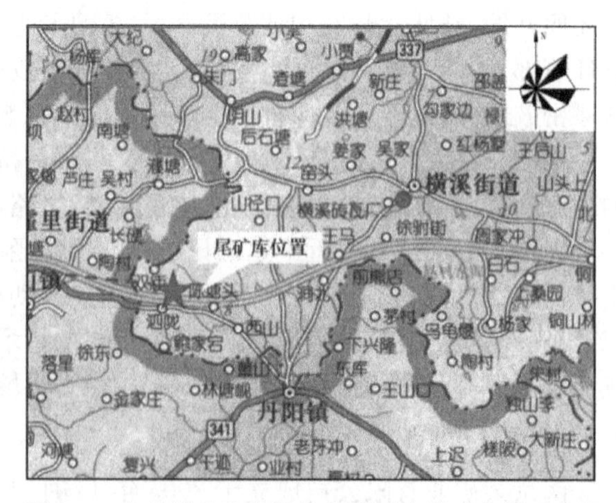

图 2.1 南京某矿业有限公司尾矿库地理位置示意图

南京某矿业有限公司尾矿库位于江苏省南京市江宁区横溪街道西岗山谷中，在横溪镇西岗村官山坳与安徽交界约 1.50 km 处。

1.2.2 水文气象

南京属亚热带季风气候，雨量充沛，年降水约 1 200 mm，四季分明，年平均温度为 15.4 ℃，年极端气温最高为 39.7 ℃，最低为 −13.1 ℃。春季风和日丽；梅雨时节，又阴雨绵绵；夏季炎热，秋天干燥凉爽；冬季寒冷干燥。

横溪街道位于南京市江宁区，具有长江下游明显的亚热带气候特征。气候温和湿润，四季分明，日照充足，雨量充沛，无霜期长，一般春夏多雨，秋冬干燥，降雨量四季分配不均。夏末秋初，受沿西北向的台风影响而多台风雨，全面无霜期 222～224 天，年日照数 1 987～2 170 小时，历年平均气温约 16 ℃，最低气温达 −13 ℃，最高气温达 41 ℃。

南京某矿业有限公司某尾矿库具体位置处于丹阳河流域，流域多年平均降雨量约 1 059.8 mm。各流域汛期 6～9 月降雨量约占全年的 55%，汛期降雨量又集中在 6～7 月，雨量约占汛期的 63%。由于梅雨期长，雨量集中，面广量大，历次暴雨洪水多在此段时期发生。

丹阳河流域为低山丘陵区，北部多山，地形高低起伏变化较大。流域内河道多为源短流急的自然山区河道，每条山区河道由若干水库溢洪河连接而成，河水东南流向，汇入丹阳新河后出境至马鞍山，流入长江，属水阳江水系。

南京某矿业有限公司某尾矿库下泄水流经过 S313 省道桥后流入乔木山山脚下撇洪沟，再经过上坝桥流入乔木山坝，与泗陇水库溢洪河、高台水库溢洪河、大岘水库溢洪河汇合后最终汇入丹阳河，详细水系连通情况如图 2.2 所示。

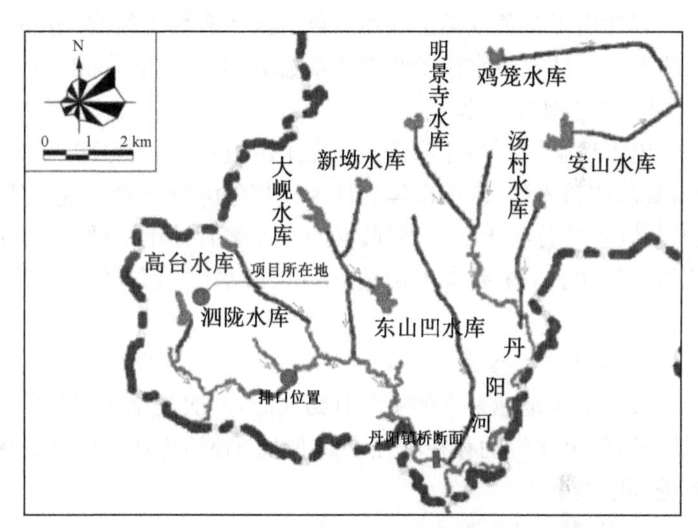

图 2.2 南京某矿业有限公司某尾矿库周边水系示意图

1.2.3 工程地质

根据马鞍山地质工程勘察院出具的《南京某矿业有限公司某尾矿库工程地质勘察报告》，库（坝）区勘察范围及深度内的岩（土）层划分为 7 个工程地质层。其工程地质特征分述如下。

① 耕植土：黄色，稍湿-湿，软塑，含植物根茎，广泛分布于库区沟谷表层。坝址处平均厚度在 0.60～0.70 m，层底标高 41.90～43.90 m。

② 粉质黏土：黄色、灰黄色，饱和，软-可塑状，含少量铁锰结核。分布于库区的沟谷部位。坝址处厚度为 1.20～2.90 m，层底标高 39.00～42.30 m。其平均含水量为 26.30%，平均湿重度为 20.00 kN/m³，平均干重度为 16.00 kN/m³，平均孔隙比为 0.70，内摩擦角为 14.5°，凝聚力为 38.40 kpa，平均压缩模量为 7.60 Mpa，室内渗透试验结果：Kv=6.94E−5 cm/s。

②-1 粉土：黄色，很湿-饱和，中密-稍密状。呈透镜体状分布在库区的沟谷部位，其中坝址处 ZK1、ZK11 号孔揭露厚度为 1.20～1.90 m，管线 ZK17 号孔揭露厚度为 1.40 m。其平均含水量为 20.50%，平均湿重度为 20.00 kN/m³，平均干重度为 17.00 kN/m³，平均孔隙比为 0.60，内摩擦角为 27.3°，凝聚力为 22.3kpa，平均压缩模量为 8.2Mpa。

③ 混碎石粉质黏土：灰黄色，饱和，松散-稍密状态。碎石成分为安山岩类，粒径 2～5 cm 不等，棱角状，大部分碎石已风化成碎屑状，含量约占 20%～30%。呈层状广泛分布于库区的沟谷部位，其中坝址处

钻孔揭露厚度为 0.40～1.90 m，其平均锤击数 $N_{63.5}$＝6。

④-1 强风化安山玢岩：灰-灰绿色，岩芯呈半坚硬碎块状、夹少量块状及原岩碎屑，微张裂隙发育。坝址处钻孔揭露厚度为 0.50～1.20 m。坝肩试坑渗水试验结果，其平均渗透系数：Kcp＝2.31×10^{-3} cm/s。

④-2 中等风化安山玢岩：灰-灰绿色，岩芯呈坚硬短柱状、夹块状。坝址处钻孔揭露厚度为 0.00 m～2.00 m。其天然平均重度为 27.1 kN/m^3，平均抗压强度为 54.50 Mpa。

④-3 微风化安山玢岩：灰-灰绿色，岩芯坚硬呈短柱状、夹少量块状。坝址处钻孔揭露控制深度约 5.00 m。其天然平均重度为 27.5 kN/m^3，平均抗压强度为 68.80 Mpa，内摩擦角为 41.1°，凝聚力为 9.11 kpa。

1.2.4 水文地质

根据马鞍山地质工程勘察院出具的《南京某矿业有限公司官山坳尾矿库工程地质勘察报告》，南京某矿业有限公司官山坳尾矿库工程地质内区域水文地质特征如下。

1. 第四系孔隙水

岩性由褐黄色亚黏土和浅黄色的次生亚黏土组成，分布于库区的沟谷部位和山体的坡麓地段，内含弱孔隙潜水。钻孔渗水试验其渗透系数 K 的范围为 7.52×10^{-5}～3.14×10^{-6} cm/s，可视为相对隔水层。

2. 基岩裂隙潜水

出露地层主要为侏罗系上统龙王山组一、二段(JL1-2)，其中：西侧山体岩性为浅灰-灰绿色角闪粗安岩，凝灰质粉砂岩；东侧山体岩性为浅灰色沉凝灰岩夹凝灰质砾岩和粉砂质泥岩；局部夹有次火山岩安山玢岩脉(主要分布于初期坝坝趾处)。该类岩性半坚硬、岩石完整，裂隙不发育，除浅部风化层内含有少量的裂隙潜水外，深部含水微弱。钻孔渗水试验其渗透系数：Kcp＝2.54×10^{-5} cm/s，亦可视为相对隔水层。

3. 地下水补给条件

大气降水是地下水的主要补给来源，其次是尾矿水补给，由于库区雨雾多，气候湿润，岩石构造节理裂隙较发育，风化带的存在增强了地下水的补给作用。因此库区接受大气降雨，沿地表径流和构造节理裂隙渗透补给地下水。

4. 地表水径流条件

库区为构造侵蚀中山地貌，地形切割较深，坡面较陡，大气降水大部分呈地表径流而迅速排泄，由于库区处于多雨、多雾潮湿区，降雨多集中在 5～8 月，降水时间较长，尽管降水排泄速度比较快，仍有部分降水渗入地下，转为地下径流。

1.2.5 自然资源

1. 矿产资源

南京市江宁区矿产资源丰富，主要矿产有 6 类 25 种。金属矿种有铁、钒、铜、锰、钴、金等，其中铁矿储量达 3 亿吨，占江苏省储量的 41%，铜井金矿是江苏省最大的金矿。非金属矿藏主要有硫、磷、大理石、石英石、玄武岩、硅化石、重晶石、钾长石、石灰石、膨润土、高岭土、耐火泥等 20 种，其中石灰石的储量最大，探明储量 5 亿吨；硫储量 2 000 万吨，约占江苏省储量的 35%。

2. 生物资源

南京市江宁区脊椎动物有 290 种，主要分为家禽家畜、野兽、鸟类、爬行动物、鱼类、昆虫等。珍贵动物有中华鲟、扬子鳄、獐、獾、穿山甲、龟、鳖、刀鱼、鲥鱼、鳗鱼等，其中中华鲟、扬子鳄属国家一级重点保护野生动物。江宁区有木本植物和药用植物 1 000 余种，较珍贵的有雪松、柏树、银杏、枫树、金桂、银桂、榉树、明党参、夏枯草、板蓝根、桔梗、苍术、百部、柴胡、女贞子等。

3. 水资源

南京市江宁区水资源丰富，分为过境水、地表水、地下水。其中长江过境水平均过水量达 9 730 亿立方米；秦淮河及其支流、水库、塘坝的地表水容量为 2.3 亿立方米；地下水主要有汤山温泉、冷水泉、祈泽泉、横望泉、一柱泉、宫氏泉、杨柳泉、方泉等，流水终年不断。著名的汤山温泉水温 50 ℃～60 ℃，按照内热带的地温度变化规律计算，泉水来自地下 2 km 深处。温泉的水温不受季节性气温影响，冬夏两季的水温相差 1.5 ℃，温泉水的流量为 20 L/s，平均每昼夜流量为 150 t～500 t。

1.2.6 生态红线保护规划及环境功能区划

根据《江苏省人民政府关于印发江苏省生态空间管控区域规划的通知》(苏政发〔2020〕1 号)和《江苏省国家级生态保护红线规划》，南京某矿业有限公司尾矿库附近的生态红线保护区域主要为项目边界东侧的东坑生态公益林(最近距离约 100 m)。

1. 按照环境空气质量功能区分类，南京某矿业有限公司尾矿库所在地属二类区，大气环境质量执行《环境空气质量标准》(GB3095—2012)中的二级标准。

2. 按《江苏省地表水(环境)功能区划》(苏政复〔2003〕29 号)的要求划分，南京某矿业有限公司尾矿库应急污水处理站排污的纳污水体葛圣坝参照执行《地表水环境质量标准》(GB3838—2002)Ⅲ类标准，其中锰参照执行《地下水质量标准》(GB/T14848—2017)Ⅳ类标准。

3. 根据《南京市声环境功能区划分调整方案》，南京某矿业有限公司尾矿库污水处理站位于南京市江宁区横溪街道许高村，执行《声环境质量标准》(GB3096—2008)1 类标准。

1.2.7 环境质量现状

1. 环境空气质量现状

参考《2020 年南京市环境状况公报》，南京某矿业有限公司尾矿库所在地 2020 年大气环境状况如下：环境空气质量达到二级标准的天数为 304 天，同比增加 49 天，达标率为 83.1%，同比上升 13.2 个百分点。其中，达到一级标准的天数为 97 天，同比增加 42 天；未达到二级标准的天数为 62 天(其中，轻度污染 56 天，中度污染 6 天)，主要污染物为 O_3 和 $PM_{2.5}$。各项污染物指标监测结果：$PM_{2.5}$ 年均值为 31 $\mu g/m^3$，达标，同比下降 22.5%；PM_{10} 年均值为 56 $\mu g/m^3$，达标，同比下降 18.8%；NO_2 年均值为 36 $\mu g/m^3$，达标，同比下降 14.3%；SO_2 年均值为 7 $\mu g/m^3$，达标，同比下降 30.0%；CO 日均浓度第 95 百分位数为 1.10 mg/m^3，达标，同比下降 15.4%；O_3 日最大 8 小时值超标天数为 44 天，超标率为 12.0%，同比减少 6.90 个百分点。不达标因子为 O_3。

2. 地表水环境质量现状

参考《2020 年南京市环境状况公报》，南京某矿业有限公司尾矿库所在地 2020 年水环境状况如下：全市水环境质量持续优良，纳入《江苏省"十三五"水环境质量考核目标》的 22 个地表水断面水质全部达标，水质优良(Ⅲ类及以上)断面比例 100%，无丧失使用功能(劣Ⅴ类)断面。

3. 声环境质量现状

参考《2020 年南京市环境状况公报》，全市区域噪声监测点位有 539 个。城区区域环境噪声均值为 53.9 dB，同比上升 0.3 dB；郊区区域环境噪声 52.8 dB，同比下降 0.7 dB。全市交通噪声监测点位 247 个。城区交通噪声均值为 67.7 dB，同比上升 0.3 dB，郊区交通噪声 65.3 dB，同比下降 2.0 dB。全市功能区噪声监测点位 28 个。昼间噪声达标率为 99.1%，同比持平，夜间噪声达标率为 93.8%，同比上升 5.4 个百分点。

4. 周边环境风险受体情况

(1) 大气环境风险受体

根据现场调查，距离南京某矿业有限公司尾矿库最近的大气环境风险受体为东南侧乔木山村，距厂区的距离约为 300 m，规模约 200 人。污水处理站周边 5 km 范围内不涉及军事禁区、军事管理区、国家相关保密区域，周边 5 km 范围内居住区医疗卫生、文化教育、科研、行政办公等机构人口总数小于 1 万人，周边 500 m 范围内人口总数在 500 人以下。

(2) 水环境风险受体

根据现场调查,南京某矿业有限公司尾矿库应急污水处理站设1个雨水排口和1个入河排污口,厂区实行雨污分流;雨水收集后排入周围水体;生活污水经原有厕所化粪池处理后由槽罐车收集至污水处理厂处理;尾矿库污水经"化学加药沉淀+锰砂过滤"工艺处理后通过污水管网排入葛圣坝。

(3) 土壤和生态风险受体

土壤风险受体主要为南京某矿业有限公司尾矿库应急污水处理站所在地的浅层土壤。主要的生态风险受体有污水处理站东侧的东坑生态公益林,距离为100 m。

1.2.8 尾矿库现状

南京某矿业有限公司尾矿库为山谷型尾矿库,现状尾矿坝总坝高约26.00 m,现状有效库容约269.60万立方米,等别为四等库。初期坝以亚黏土筑坝,底部标高43.00 m,坝顶标高61.00 m,坝高18.00 m;后期堆积坝采用尾砂筑坝,现状坝顶标高69.00 m,坝高26.00 m,采用排水斜槽和排水涵管两种方式排泄洪水。南京某矿业有限公司尾矿库所在山谷整体呈长方形口袋状,两侧山坡植被覆盖较好,场地地形呈北高南低地形。库区四周为低山丘陵,尾矿库坝体下游主要为农田、荒地和水塘。

1. *尾矿坝*

根据初期坝和挡水副坝设计资料,南京某矿业有限公司尾矿坝由主坝和三处浆砌挡水副坝组成。主坝建在山谷下游(南端),初期坝为均质不透水土坝,设计上游坡坡比1∶2,下游坡坡比1∶2.5,下游坡(外坡)坡脚线至最低处标高为40.00 m,坝轴线底部标高43.00 m,坝顶标高61.00 m,坝高18.00 m,坝顶宽4.00 m,坝轴线长178.30 m。坝外坡植草皮护坡,坝脚以干砌块石砌筑排水棱体,棱体顶部标高48.00 m,宽度2.00 m,下游坡坡比1∶2。设计资料描述,1#副坝位于库区西部,需在子坝升高到75.00 m(标高)之前修建;2#副坝位于库区东北部,需在子坝升高到68.00 m(标高)之前修建;3#副坝位于库区东北部,需在子坝升高到77.00 m(标高)之前修建。

根据现状实测地形图、现场踏勘及资料查阅,南京某矿业有限公司尾矿库主坝现状坝顶标高约69.00 m,现状坝高约26.00 m,因此判断南京某矿业有限公司尾矿库挡水副坝均尚未建设。

2. *堆积坝*

利用选矿厂排放的尾矿,以上游法方式筑坝,尾矿浆用支管放矿,保持滩面均匀上升。后期尾砂子坝外坡总坡比1∶5,每级子坝设计堆积高度控制在2.00 m,顶宽2.00 m,内外坡比1∶2;现库区第四级子坝已基本形成,堆高约8.00 m(标高约61.00~69.00 m),坝顶宽约2.00 m,基本与设计相符合。

经专业技术人员现场踏勘,南京某矿业有限公司尾矿坝坝体整体状况良好,坝顶标高、坝顶宽度和坡比符合设计要求,未发现变形开裂等不良现象。

3. *排洪系统*

南京某矿业有限公司尾矿库现有排洪系统由排水斜槽(双格)、转流井、排水涵管组成,布置于尾矿库库区中部东侧的山坡上。排水斜槽为钢筋混凝土结构,断面为1.20 m×0.80 m(H×B);转流井直径为2.50 m,排水涵管直径为1.20 m,均为钢筋混凝土结构。

经现场踏勘,尾矿库采用排水斜槽(双格)—转流井—排水涵管排洪方式,排水斜槽、排水涵管结构完好,结构尺寸符合设计要求,未见破损和堵塞现象;坝面排水沟和坝肩截水沟局部存在淤堵及破损现象。目前库内水面标高统一为65.47 m。尾矿库现状仅采用排水斜槽(双格)—转流井—排水涵管的方式进行排洪。

4. *尾矿输送及回水系统*

南京某矿业有限公司尾矿库下游设置集水池,尾矿库排水涵管出水流入回水池内,用水泵打回选矿厂循环使用。因为选矿厂位于尾矿库上游,尾矿浆可利用地势重力水头自流输送入库。经调研确认,南京某矿业有限公司选矿厂已于2014年12月起进入停产状态。

5. 监测系统

南京某矿业有限公司尾矿库已按设计及规范要求布设坝体变形、坝体浸润线观测系统。尾矿库现状共布设浸润线观测设施 9 孔，根据矿方提供的坝体浸润线观测数据及勘察资料，目前堆积坝浸润线埋深在 4.00～8.00 m，初期坝坝顶部位浸润线埋深在 2.00～4.00 m。

1.2.9 尾矿库及坝下区域污染现状

南京某矿业有限公司尾矿库整改及下游周边水环境提升项目组对南京某矿业有限公司尾矿库及周边环境进行了多次现场踏勘，并且利用无人机进行了航拍，利用无人船进行了水量测量，并排查了周边可能存在的环境隐患和受污染区域。南京某矿业有限公司尾矿库及坝下污染情况如图 2.3、图 2.4 所示。

图 2.3 南京某矿业有限公司尾矿库积水污染情况航拍图

图 2.4 南京某矿业有限公司尾矿库坝下区域水环境污染情况航拍图

《2020年长江经济带生态环境警示片》披露南京某矿业有限公司尾矿库相关问题后，地方政府积极响应整改要求。2020年12月13日，南京市江宁区环境监测站对南京某矿业有限公司尾矿库及其周边的地表水开展了质量监测，监测项目为pH、悬浮物、COD(化学需氧量)、氨氮、总磷、总氮、铜、锌、锰、氟化物、硒、砷、汞、六价铬、铅、镉、铬、镍、铍、银、铁、硫化物、石油类。

◆专家讲评◆

长江经济带矿产资源丰富，尾矿库数量较多，因各尾矿库地理位置、气候、堆放时间、矿产种类、地下水情况不同，造成各尾矿库地表水污染类型和特征污染物各不相同，建议具体问题具体分析，有针对性地提出污染处置方案。

根据南京市江宁区环境监测站《某矿业监测专报》(2020年12月17日)报道：

1. 所有采集的样品中硫化物、六价铬、铍、银、硒、铬均未检出。

2. 尾矿库及坝下区域的水体超标较为严重，锰的超标倍数基本在10倍以上，尾矿库及坝下区域水质超标情况如图2.5所示。

南京某矿业有限公司尾矿库库区范围及坝下区域废水中除总锰及pH外，COD、氨氮、总氮、总磷以及其余重金属指标均远低于《铁矿采选工业污染物排放标准》(GB28661—2012)表2重选和磁选废水排放标准，即南京某矿业有限公司尾矿库库区范围及坝下区域废水中仅总锰、pH超标。

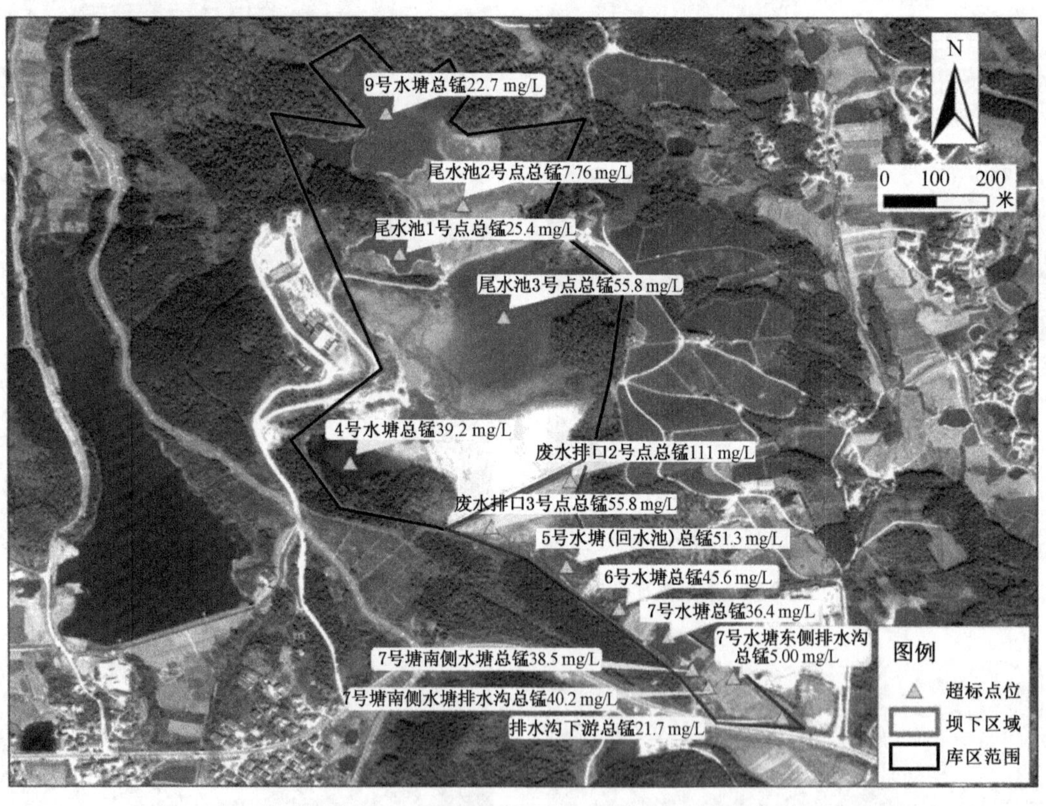

图2.5　南京某矿业有限公司尾矿库库区范围及坝下区域水质超标情况示意图

南京某矿业有限公司尾矿库下游受影响的地表水环境范围是S313省道涵洞至乔木山村水塘。经测绘确认，该范围受污染水量约为2.50万立方米。具体污染区域为S313省道涵洞至乔木山村水塘水域，该区域水域长度约0.60 km。下游受污染的乔木山水塘总水域面积约9 000 m^2。经水质检测确认，下游受污染水域主要以锰离子污染为主，其余指标均满足相关排放要求。

经南京某矿业有限公司尾矿库整改及下游周边水环境提升项目组现场踏勘调研，结合相关水系水文资料，确认尾矿库下游周边水体补水基本依靠尾矿库下流或收纳周边汇集的雨水进行补水。如在乔木山村水塘排口处设置拦截设施，S313省道涵洞至乔木山村水塘除雨水外基本无补给水，形成缓流封闭水体，为水环境提升工程的实施奠定了基础。南京某矿业有限公司尾矿库下游周边水环境污染情况如图2.6所示。

图2.6 南京某矿业有限公司尾矿库下游周边水环境污染情况示意图

1.3 整改方案

《江苏省2020年长江经济带生态环境警示片披露问题整改落实方案》中关于南京某矿业有限公司尾矿库的整改要求如下。

1. 一个目标

严控库区水位，确保污水处理达标排放，提升周边水环境的质量。

2. 五项措施

一是对某矿及其周边区域水环境开展重金属监测，对污染源头实施治理。在回水池设置污水拦截设施，防止污水溢流外环境；增设污水处理设施，确保pH、重金属锰等指标达标排放。

二是按照“控增量、减存量”原则，完善撇洪设施，降低库区雨水汇入量；库区积存废水通过排水井导入回水池，经污水处理设施处理达标后外排。

三是在库区下游设置拦截坝，对截留区域水体进行净化处理，设置生态浮岛实施常态化净化处理，结合村庄环境整治，提升下游乔木山村水塘环境。

四是定期对库区、库外及地下水开展跟踪监测，完善在线监控设施并联网运行，加强治污设施运行管理，确保污水稳定达标排放，按照规范启动销库工作。

五是组织对辖区内尾矿库污染防治工作开展“回头看”全面排查，规范整治，严防类似问题再次发生。

为确保南京某矿业有限公司尾矿库整改工作的科学性和合理性，江宁区横溪街道办事处委托第三方编制了《2020年长江经济带生态环境警示片披露问题整改工作方案》并组织相关专家和主管部门联合进行了评审。

《2020年长江经济带生态环境警示片披露问题整改工作方案》针对各项整改措施，分别制定了技术方案，具体整改技术方案要求如下。

1.3.1 整改目标、要求

整改目标：采取有效措施，完成问题整改任务，修复周边环境，杜绝尾矿库废水超标排放，保障下游环境安全。

整改要求：依据南京市推动长江经济带发展领导小组办公室和南京市生态环境局联合印发的《南京市〈2020年长江经济带生态环境警示片〉披露问题整改方案》的要求，2021年9月底之前完成南京某矿业有限公司尾矿库环境问题整改工作，并在整改完成后及时组织验收，确保按期完成整改验收销号。

1.3.2 整改措施方案

一是对某矿库区及周边区域水环境开展重金属监测，对污染源头实施治理。在回水池设置污水拦截设施，防止污水溢流外环境；增设污水处理设施，确保pH、重金属锰等指标达标排放。

二是按照“控增量、减存量”原则，控制库区水位。完善撤洪设施，降低库区雨水汇入量；库区积存废水通过排水井导入回水池，经污水处理设施处理达标后外排。

三是在库区下游设置拦截坝，对截留区域水体进行净化处理，设置生态浮岛实施常态化净化处理，结合村庄环境整治，改善下游乔木山村水塘环境。

四是定期对库区、库外及地下水开展跟踪监测，完善在线监控设施并联网运行，加强治污设施运行管理，确保废水稳定达标排放，按照规范启动实施销库工作。

1.3.3 整改销号技术路线

南京某矿业有限公司尾矿库整改销号技术路线如图2.7所示。

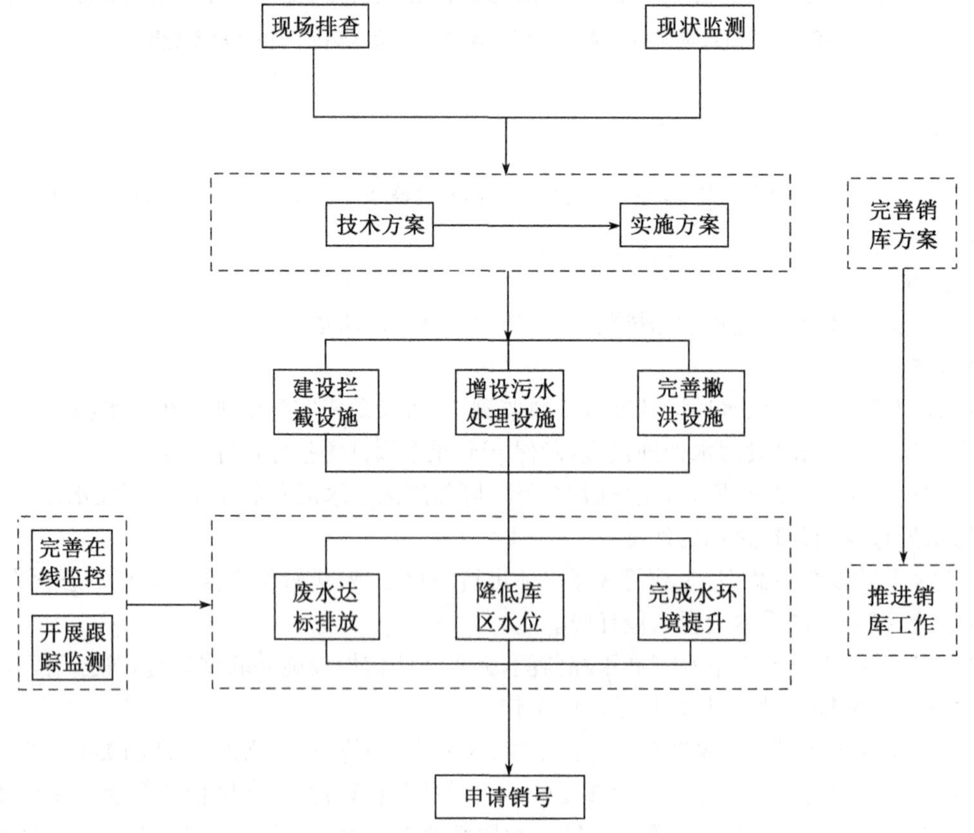

图2.7 南京某矿业有限公司尾矿库整改销号技术路线图

1.3.4 具体要求

根据《江苏省 2020 年长江经济带生态环境警示片披露问题整改落实方案》和《2020 年长江经济带生态环境警示片披露问题整改工作方案》，南京某矿业有限公司尾矿库整改销号主要工作如下：

1. 污水处理工程(降低水位)；
2. 撇洪设施完善工程；
3. 周边水环境整治提升工程；
4. 启动实施销库工程。

考虑到销库工作时间持续较长，因此本书中重点阐述污水处理工程(降低水位)、撇洪设施完善工程、周边水环境整治提升工程相关技术工作内容以供各位读者借鉴。

第二章　污水处理工程(降低水位)

2.1 工程要求

2.1.1 建设规模

南京某矿业有限公司尾矿库整改及下游周边水环境提升项目组通过现场踏勘调研，借助无人机、无人船等测量测绘技术手段对南京某矿业有限公司尾矿库及坝下区域受污染水体进行水位测量、水量测量、地形测绘，并在此基础上进行南京某矿业有限公司尾矿库及坝下区域受污染水体水量估算。经测量和计算得出南京某矿业有限公司尾矿库及坝下区域受污染水体水量约 200 000 m^3。

根据项目各级整改方案要求，同时为保证南京主汛期(7～8 月)来临前最大程度地降低库区水位，腾出库容迎接汛期降雨。在此基础上，考虑投资经济节省，本项目拟定 80 天将尾矿库及坝下区域积存的超标水体基本处理完毕，同时考虑到地下水、降雨及必要检修，废水处理站处理量按 20%富裕度进行设计实施。基于上述原则，经讨论核定本次废水应急处理站设计建设规模为 3 000 m^3/d，远期预留 1 500 m^3/d 以备扩容。

◆专家讲评◆

本项目是《2020 年长江经济带生态环境警示片》披露的生态环境问题整改项目，项目性质属于典型的生态环境应急类项目，快速、合规地完成项目整改，最大限度地控制环境影响、消除环境危害是本项目执行的重点，因此，在经济合理的情况下尽可能扩大处理规模十分必要。

2.1.2 工程选址

为便于南京某矿业有限公司尾矿库内积存的废水进入应急污水处理设施进行处置，拟将应急污水处理设施就近建设在尾矿库坝下区域。根据前期现场踏勘的结果，初步筛选了尾矿库坝下回水池与应急池中间的空地和尾矿库东南侧的某建筑材料厂厂区作为应急污水处理设施的备选建设地址。具体位置如图 2.8 所示。

对两处备选厂址从可用面积、经济成本、地质条件、后期维护等多方面进行对比分析，详细情况如表 2.1 所示。

图 2.8　应急污水处理设施拟建位置示意图

表 2.1　应急污水处理设施选址位置比选表

分析项目	坝下回水池(位置 1)	建筑材料厂厂区(位置 2)
可用面积	应急污水站占地需近 1 000 m^2,原计划选址位置面积不足	厂内总面积不小于 1 000 m^2,满足占地要求
配套辅助用房及水电	需新建	辅助用房可以利用现有厂房,供电供水利用原有线路
管道工作量	选址位于上游,全程提升高度较大,管网长度约 3.00 km	选址位于中间地带,地势平缓,管网长度约 1.50 km
防洪风险	选址位于水坝位置顶端,存在阻碍防洪风险	选址位于老旧厂区,无防洪风险
地质情况	选址两侧液位不一致,存在侧方静压,地基处理费用高	选址位于老旧厂区,地质结构稳定,依托现有硬化可降低建设费用
运输及后期维护难易程度	位于半山区域,交通不便,大型机械不易进出,建设维护成本极高	靠近成熟交通道路,运输及运维方便,且后期方便建设绿化隔离带,方便统一管理

对比分析表明,建筑材料厂可用建设面积充裕,现有厂房可用于配套辅助工程建设,供水供电较为便利,进水和排水管网铺设难度较小,且靠近 S313 省道,便于施工和后期维护。

综上所述,本次应急污水处理设施的建设位置拟定为某建筑材料厂厂区。

2.1.3　超标情况

参考《铁矿采选工业污染物排放标准》(GB28661—2012)表 2 重选和磁选废水排放标准及《地表水环境质量标准》(GB3838—2002)表Ⅳ类标准,对尾矿库及周边的地表水开展了水质监测,监测项目为 pH、悬浮物、化学需氧量、氨氮、总磷、总氮、铜、锌、锰、氟化物、硒、砷、汞、六价铬、铅、镉、铬、镍、铍、银、铁、硫化物、石油类。水质检测结果显示,所有采集的样品中硫化物、六价铬、铍、银、硒、铬均未检出;尾矿库及坝下区域的水体总锰超标较为严重,检测数值在 5.00～111.00 mg/L,WR14 位置总锰检测数值为 111.00 mg/L,超标严重;尾矿库区及回水池 pH 在 2.91～6.74,WR25 位置 pH 为 2.91,呈强酸性;WR14 位置总锰最大,为 54.20 mg/L。尾矿库及周边水质超标情况如图 2.9 所示。尾矿库及坝下区域总锰超标情况如图 2.10 所示。

图 2.9 尾矿库及周边水质超标情况示意图

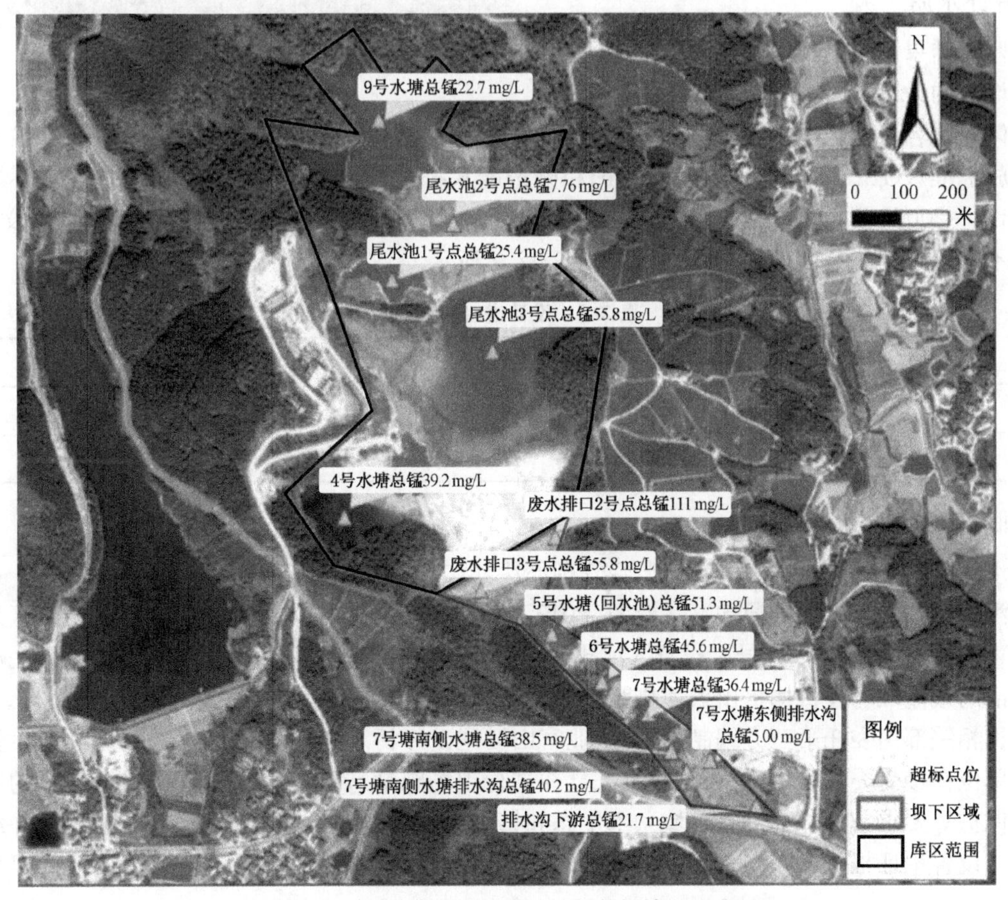

图 2.10 尾矿库及坝下区域总锰超标情况示意图

结合图 2.9 和图 2.10 的监测结果，对照《铁矿采选工业污染物排放标准》(GB28661—2012)表 2 重选和磁选废水排放标准及《地表水环境质量标准》(GB3838—2002)表Ⅳ类标准，尾矿库及坝下区域废水除总锰、pH 超标外，COD、氨氮、总氮、总磷以及其余监测重金属指标均远低于《铁矿采选工业污染物排放标准》(GB28661—2012)表 2 重选和磁选废水排放标准，因此应急污水处理站设计建设实施的重点是 pH 调节和总锰的去除。

2.1.4 管道设计

经南京某矿业有限公司尾矿库整改及下游周边水环境提升项目组现场踏勘，结合受污染水体现状、受污染水体高程、各级政府项目整改方案要求和专家论证建议，经认真研究确定受污染水体处理顺序如下：

尾矿库库区 1＃塘、2＃塘、3＃塘内积存污水由浮筒提升泵提升至 4＃塘，此过程主要是方便 1＃塘、2＃塘、3＃塘内积存污水的处置；4＃塘废水经尾矿库排水斜槽自流进入回水池；回水池及 5＃塘积存污水由泵提升进入应急污水处理站；应急污水处理站将尾矿库转移下来的积存废水经处理达标后经尾水临时排放管道外排至下游溢洪河下游排口。尾矿库积存废水详细处理顺序如图 2.11 所示。

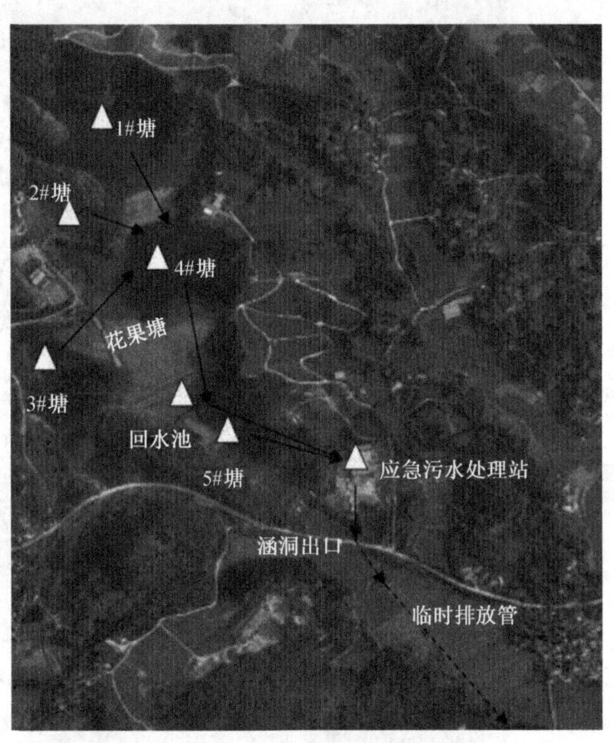

图 2.11 受污染水体处理顺序示意图

2.1.5 设计水质

根据监测结果，考虑已知不利情况，本次应急污水处理设施的设计进水水质如表 2.2 所示。根据受纳水体环境容量及地方环保政策要求，应急污水处理站出水水质 pH、重金属锰执行《铁矿采选工业污染物排放标准》(GB28661—2012)表 2 重选和磁选废水排放限值，COD、氨氮执行《地表水环境质量标准》(GB3838—2002)Ⅳ类水质标准。由于 COD、氨氮本底数据和运行中均未发现异常，因此本文对 COD、氨氮指标不进行描述。具体设计进、出水水质如表 2.2 所示。

表 2.2 设计进、出水水质

项目	pH/无量纲	总锰/(mg/L)
设计进水水质	2～3	≤150
设计排放标准	6～9	≤2.0

2.1.6 排口概述

根据水利部第 22 号令《入河排污口监督管理办法》(2005 年 1 月 1 日起执行)、《水利部关于进一步加强入河排污口监督管理工作的通知》(水资源〔2017〕138 号)、《关于做好入河排污口和水功能区划相关工作的通知》(环办水体〔2019〕36 号)，设置入河排污口的单位，应向有管辖权的县级以上地方人民政府生态环境主管部门或流域管理机构提出入河排污口设置申请，并同时提交入河排污口设置论证报告。

本项目相关部门委托第三方编制了《某矿业官山坳尾矿库污水应急处理工程入河排污口设置论证报告》，编制单位在接受委托后，组织相关技术人员在进行现场踏勘、资料收集后，根据受纳水域的纳污能力和水生态保护等要求，对水功能区(水域)、水生态和第三者权益的影响进行定量分析和预测，并编制完成入河排污口设置论证报告书，为生态环境主管部门审批入河排污口以及建设单位合理设置入河排污口提供技术依据，从而保障区域生活、生产和生态用水安全。

1. 论证原则

入河排污口设置论证应遵循以下原则：

(1) 符合国家有关水污染防治、水资源保护法律、法规和相关政策的要求和规定；

(2) 符合国家和行业有关技术标准与规范、规程；

(3) 符合流域或区域的综合规划及水资源保护等专业规划；

(4) 符合水功能区(水域)管理要求及相关规划。

2. 论证范围

按照《入河排污口设置论证基本要求(试行)》的规定："原则上以受入河排污口影响的主要水域和其影响范围内的第三方取、用水户为论证范围。论证工作的基础单元为水功能区，其中入河排污口所在水功能区和可能受到影响的周边水功能区，是论证的重点区域。"本项目排污口位于葛圣坝与乔木山坝交汇处附近，纳污河道为葛圣坝。

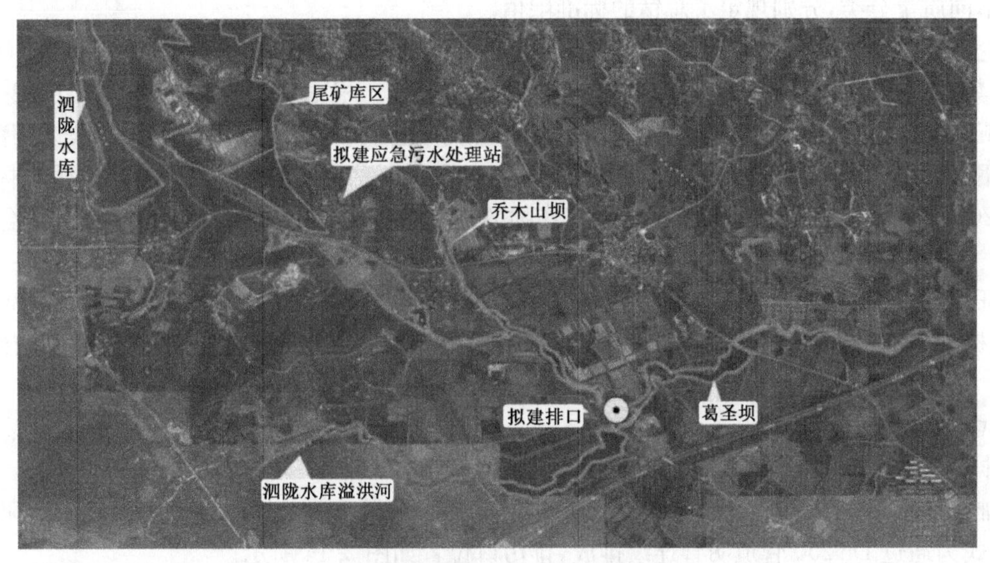

图 2.12　拟设排口位置示意图

根据《江苏省地表水(环境)功能区划》(苏政复〔2003〕29 号)、《省政府关于江苏省地表水新增水功能区划方案的批复》(苏政复〔2016〕106 号)以及现场调研、资料调查，通过收集周边区域的第三方取、用水户现状，确定本项目的论证范围如下：陆域论证范围为尾矿库库区及其汇水范围；水域论证范围为排污口纳污河道葛圣坝河及其周边河网水系，主要包括排污口上游的乔木山坝、泗陇水库溢洪河、下游的葛圣坝以及丹阳河，如图 2.12，图 2.13 所示。

葛圣坝河未划定水环境功能及相应的水质保护类别，河道为农业用水，本次按照河道水体用途以及最近的丹阳河江宁保留区水功能区水质类别，将其水质标准定为《地表水环境质量标准》(GB3838—2002)Ⅲ类水。

图 2.13　周边水系示意图

3. 评价因子及评价标准

(1) 水环境评价因子

① 水环境现状评价因子：

pH、高锰酸盐指数、COD、NH_3-N、TP、总锰、总铁、硫化物。

② 水环境影响评价因子：

pH、COD、氨氮、总锰。

(2) 评价标准

地表水环境质量标准受纳水体葛圣坝河(乔木山坝—沪武高速河段)pH、高锰酸盐指数、COD、NH_3-N、TN、TP、硫化物参照执行《地表水环境质量标准》(GB3838—2002)Ⅲ类标准。

因总锰指标未纳入《地表水环境质量标准》(GB3838—2002)表1中，同时在《农田灌溉水质标准》(GB5084—2021)、《渔业水质标准》(GB11607—89)中均未对总锰指标给出明确限值，中国、欧盟以及美国等仅在相关饮用水水质标准中，规定了总锰的标准限值，在《地下水质量标准》(GB/T14848—2017)中，根据地下水不同质量分类，分别规定了总锰的标准限值。

本次论证范围河道均为农业用水，故总锰指标取值不优先采用《地表水环境质量标准》(GB3838—2002)表2集中式生活饮用水地表水源地补充项目标准限值。根据《地下水质量标准》(GB/T14848—2017)，地下水Ⅳ类水是“以农业和工业用水质量要求以及一定水平的人体健康风险为依据，适用于农业和部分工业用水，适当处理后可作为生活饮用水”，因此本次论证总锰指标将采用《地下水质量标准》(GB/T14848—2017)Ⅳ类标准限值。同时，从锰对农作物的影响、对水生生物的影响等角度出发综合论证取值合理性。

经论证，因本次评价水体为农业用水区，将总锰评价标准参照执行《地下水质量标准》(GB/T14848—2017)Ⅳ类标准限值(农业用水水质要求)，不会对区域常见农作物、土著鱼类等生长造成不利影响，总体可行。

4. 排口论证结论

(1) 排污口位置

尾水排放口位于乔木山坝与葛圣坝交汇处，详细坐标为东经118°40′38″、北纬31°39′12″，采用岸边排放，排放方式为通过DN250管道明管连续排放，排污口位置如图2.14所示。

图2.14 排口位置示意图

(2) 排污口类型

排污口类型为工业废水临时入河排污口。

(3) 排放方式

① 整改工作完成前(2021 年 10 月底前),连续排放,排放期间流量基本稳定。

② 整改工作完成后,销库工作完成前,间歇排放。

(4) 入河方式

入河方式为管道(明管)。

(5) 排放水体

受纳水体为葛圣坝,水质目标为Ⅲ类。

(6) 其他

因尾矿库销库时间为 5 年,待尾砂处理完毕后,库区无污水汇集,污水处理站即停运,本工程规划服务期限为 5 年,即至 2026 年 3 月 15 日。

2.2 设计原则与依据

2.2.1 设计原则

1. 严格执行国家和地方有关环境保护的方针和政策,使设计符合当地有关法规、规范,确保出水水质指标达到规定的标准。

2. 尽可能采用先进、经济、可靠的废水处理新工艺、新设备和新材料。

3. 工艺流程简捷,灵活性好,设备布置合理,结构紧凑,减少占地面积,降低投资和运行费用。

4. 优先采用集成度高的废水处理工艺,以便实现模块化设计,方便后期运营控制。

5. 平面布置力求在便于施工、便于安装和便于维修的前提下,充分利用现有构(建)筑物,使各处理构筑物尽量集中,节约用地,扩大绿化面积。

6. 运行稳定、易于维护、操作管理方便、技术要求简单、维护简单方便,宜于长期使用。

7. 采用先进的节能技术,降低废水处理站的能耗及运行成本。

2.2.2 法律法规及基础资料

1.《中华人民共和国环境保护法》;

2.《中华人民共和国水污染防治法》;

3.《中华人民共和国水污染防治法实施细则》;

4.《城市污水处理及污染防治技术政策》(建成〔2000〕124 号);

5.《国务院关于环境保护若干问题的决定》;

6.《建设项目环境保护管理条例》;

7.《建设项目环境保护设计规定》;

8.《饮用水水源保护区污染防治管理规定》;

9.《中华人民共和国节约能源法》;

10.《中华人民共和国可再生能源法》;

11.《中华人民共和国建筑法》;

12.《中华人民共和国清洁生产促进法》;

13.《节能中长期专项规划》;

14.《江苏省人民政府关于印发江苏省生态空间管控区域规划的通知》(苏政发〔2020〕1 号);

15.《江苏省防洪条例》(2017 年 6 月 3 日修正版);

16.《江苏省水库管理条例》(2018 年 11 月 23 日第二次修订);

17.《南京市水库保护条例》(2012 年 8 月 22 日发布,2013 年 1 月 1 日实施);

18.《关于印发〈2020 年长江经济带生态环境警示片〉披露问题清单的通知》(苏长江办函〔2020〕102 号);

19.《关于印发〈江苏省 2020 年长江经济带生态环境警示片披露问题整改落实方案〉的通知》(苏长江办发〔2021〕7 号);

20.《2020 年长江经济带生态环境警示片披露问题整改工作方案(某矿业官山坳尾矿库)》(2021 年 1 月);

21.《长江经济带生态环境问题(南京某矿业有限公司官山坳尾矿库污染问题)整改销号验收意见》;

22.《某矿业官山坳尾矿库污水应急处理工程方案设计》及专家咨询意见;

23.《某矿业官山坳尾矿库污水应急处理工程施工图设计》及专家审查意见;

24.《某矿业官山坳尾矿库污水应急处理工程入河排污口设置论证报告》及专家审查意见;

25.《关于某矿业官山坳尾矿库污水应急处理工程入河排污口设置论证的批复》(江宁环控字〔2021〕5 号);

26. 2020 年 12 月份下游周边水环境污染调查监测分析报告;

27.《某矿业监测专报》(2020 年 12 月 17 日);

28.《南京某矿业有限公司某尾矿库销库工程可行性研究报告》(2020 年 11 月);

29.《南京市 2020 年长江经济带生态环境警示片披露问题整改方案》;

30.《南京某矿业有限公司某尾矿库工程地质勘察报告》(马鞍山地质工程勘察院,2006 年 4 月);

31.《南京市江宁县南京某矿业有限公司某尾矿库方案设计(修改补充)》(铜陵有色设计研究院,2006 年 10 月);

32.《南京市江宁县南京某矿业有限公司某尾矿库初步设计排洪系统修改设计》(铜陵有色设计研究院,2007 年 6 月);

33.《南京某矿业有限公司某尾矿库地形图》(1∶1 000,2020 年 11 月)。

2.2.3 总体标准

1.《铁矿采选工业污染物排放标准》(GB28661—2012);

2.《工业企业设计卫生标准》(GBZ1—2010);

3.《地表水环境质量标准》(GB3838—2002);

4.《城市污水再生利用景观环境用水水质》(GB/T18921—2002);

5.《污水综合排放标准》(GB8978—1996)。

2.2.4 工艺设计规范

1.《室外排水设计规范(2016 年版)》(GB50014—2006);

2.《室外给水设计规范》(GB50013—2018);

3.《城镇污水处理厂附属建筑和附属设备设计标准》(CJJ31—89);

4.《城镇污水处理厂污染物排放标准》(GB18918—2002);

5.《工业企业厂界环境噪声排放标准》(GB12348—2008);

6.《城市污水再生利用分类》(GB/T18919—2002);

7.《污水再生利用工程设计规范》(GB50335—2002);

8.《城市污水处理厂管道和设备色标》(CJ/T158—2002);

9.《城镇污水处理厂运行、维护及安全技术规程》(CJJ60—2011);

10.《风机、压缩机、泵安装工程施工及验收规范》(GB50275—2010);

11.《给水排水管道工程施工及验收规范》(GB50268—2008);

12.《工业金属管道工程施工规范》(GB50235—2010);
13.《城市污水处理厂工程质量验收规范》(GB50334—2002);
14.《城市污水处理工程项目建设标准(修订)》(建标〔2001〕77号);
15.《环境空气质量标准》(GB3095—1996);
16.《污水混凝与絮凝处理工程技术规范》(HJ2006—2010);
17.《重金属污水处理设计标准》(CECS92:2016)。

2.2.5 建筑设计规范

1.《工业企业总平面设计规范》(GB50187—2012);
2.《建筑设计防火规范》(GB50016—2006);
3.《建筑模数协调统一标准》(GBJ2—86);
4.《厂房建筑模数协调标准》(GB/T50006—2010);
5.《建筑地面设计规范》(GB50037—96);
6.《建筑制图标准》(GB/T50104—2010);
7.《总图制图标准》(GB/T50103—2010);
8.《民用建筑设计通则》(GB50352—2005);
9.《公共建筑节能设计标准》(GB50189—2005);
10.《建筑内部装修设计防火规范》(GB50222—95,2001年修订版);
11.《建筑玻璃应用技术规程》(JGJ113—2009);
12.《工业建筑防腐蚀设计规范》(GB50046—2008)。

2.2.6 结构设计规范

1.《建筑结构可靠度设计统一标准》(GB50068—2001);
2.《建筑结构荷载规范》(GB50009—2012);
3.《建筑抗震设计规范》(GB50011—2010);
4.《混凝土结构设计规范》(GB50010—2010);
5.《砌体结构设计规范》(GB50003—2011);
6.《钢结构设计规范》(GB50017—2003);
7.《建筑地基基础设计规范》(GB50007—2011);
8.《建筑桩基技术规范》(JGJ94—2008);
9.《建筑地基处理技术规范》(JGJ79—2002);
10.《建筑工程抗震设防分类标准》(GB50223—2008);
11.《给水排水工程构筑物结构设计规范》(GB50069—2002);
12.《给水排水工程钢筋混凝土水池结构设计规程》(CECS138:2002);
13.《给水排水工程混凝土构筑物变形缝设计规程》(CECS117:2000);
14.《室外给水排水和燃气热力工程抗震设计规范》(GB50032—2003);
15.《给水排水工程管道结构设计规范》(GB50332—2002);
16.《混凝土碱含量限值标准》(CECS53:93)。

2.2.7 电气设计规范

1.《民用建筑电气设计规范》(JGJ16—2008);
2.《供配电系统设计规范》(GB50052—2009);
3.《建筑照明设计标准》(GB50034—2004);
4.《低压配电设计规范》(GB50054—2011);

5.《爆炸和火灾危险环境电力装置设计规范》(GB50058—92)；
6.《3—110 kV 高压配电装置设计规范》(GB50060—2008)；
7.《10 kV 及以下变电所设计规范》(GB50053—94)；
8.《电力装置的继电保护和自动装置设计规范》(GB/T50062—2008)；
9.《电力装置的电测量仪表装置设计规范》(GB/T50063—2008)；
10.《工业与民用电力装置的接地设计规范》(GBJ65—83)；
11.《建筑物防雷设计规范》(GB50057—2010)；
12.《电力工程电缆设计规范》(GB50217—2007)；
13.《钢制电缆桥架工程设计规范》(CECS31:2006)；
14.《建筑电气工程施工质量验收规范》(GB50303—2002)；
15.《电气装置安装工程低压电器施工及验收规范》(GB50254—96)；
16.《电气装置安装工程电力变流设备施工及验收规范》(GB50255—96)；
17.《电气装置安装工程起重机电气装置施工及验收规范》(GB50256—96)；
18.《电气装置安装工程爆炸和火灾危险环境电气装置施工及验收规范》(GB50257—96)。

2.2.8 仪表自控设计规范

1.《过程检测和控制流程图用图形符号和文字代号》(GB2625—81)；
2.《自动化仪表选型设计规定》(HG/T20507—2000)；
3.《仪表系统接地设计规定》(HG/T20513—2000)；
4.《控制室设计规定》(HG/T20508—2000)；
5.《仪表供电设计规定》(HG/T20509—2000)；
6.《仪表配管配线设计规定》(HG/T20512—2000)；
7.《信号报警、安全联锁系统设计规定》(HG/T20511—2000)；
8.《工业企业通信设计规范》(GBJ42—81)；
9.《电子计算机机房设计规范》(GB50174—93)；
10.《计算机软件开发规范》(GB8566—88)；
11.《分散型控制系统工程设计规定》(HG/T20573—95)；
12.《工业电视系统工程设计规范》(GB50115—2009)；
13.《民用闭路监视电视系统工程技术规范》(GB50198—94)；
14.《自动化仪表工程施工及验收规范》(GB50093—2002)。

2.2.9 暖通设计规范

1.《民用建筑供暖通风与空气调节设计规范》(GB50736—2012)；
2.《建筑给水排水设计规范(2009 年版)》(GB50015—2003)；
3.《建筑设计防火规范》(GB50016—2006)；
4.《建筑灭火器配置设计规范》(GB50140—2005)；
5.《工业企业设计卫生标准》(GBZ1—2010)；
6.《公共建筑节能设计标准》(GB50189—2005)；
7.《给水排水制图标准》(GB/T50106—2001)；
8.《暖通空调制图标准》(GB/T50114—2010)；
9.《建筑给水排水及采暖工程施工质量验收规范》(GB50242—2002)；
10.《通风与空调工程施工质量验收规范》(GB50243—2002)。

2.3 工艺确定

2.3.1 工艺比选

1. 工艺比选

按照整改工作要求，结合前期监测结果，尾矿库废水的超标因子主要是 pH 和重金属锰，目前常用的除锰工艺有碱化除锰法、高锰酸钾或 Cl_2 等强氧化剂除锰法、接触氧化除锰法和生物除锰法。

（1）碱化除锰法

用碱化除锰法来去除水体中的 Mn^{2+} 的通常做法是向含 Mn^{2+} 的水体中投加石灰、氢氧化钠、碳酸氢钠等碱性物质，利用上述物质将水体 pH 提高到 9.5 以上。在这一环境下，溶解在水体中的氧气迅速地将 Mn^{2+} 氧化为 MnO_2，从而使 Mn^{2+} 从水体中析出，降低水体中锰的含量。此种方法的优势是总锰去除效率较高，操作简单，但是其劣势和不足是利用此方法处理后的水体 pH 较高，需要酸化中和后才能外排或使用。

（2）强氧化剂除锰法

用强氧化剂除锰一般使用的是高锰酸钾、二氧化氯或氯气等强氧化剂，该方法是欧洲和美国普遍使用的除锰方法。用强氧化剂除锰的原理是将强氧化剂投加至含有锰的水体中，水体中锰离子被强氧化剂氧化成二氧化锰沉淀，从而实现水体中锰离子的去除。此方法的优势是反应迅速，去除效率较高，其劣势和不足是该方法中强氧化剂的使用具有一定的风险，同时水体中如果有铁离子存在，将降低锰离子去除效率，需增加药量方能满足总锰去除效果，成本较高。考虑到自然环境下，铁、锰几乎是共存的，因此该方法在国内很少使用。

（3）接触氧化除锰法

接触氧化除锰的原理和接触氧化除铁的原理相似，其工艺流程相对简单，具体是原水经简单曝气之后进入除锰滤池，在滤料表面的锰质活性滤膜的作用下，Mn^{2+} 在 pH 呈中性时就能被滤膜吸附在滤料表面，锰质滤膜接触氧化除锰过程也是一个自催化反应过程。锰离子在接触氧化过程中被氧化成二氧化锰，同时还可能产生四氧化三锰等多种锰的氧化物沉淀。该方法的优势是除锰工艺较为简单，无须投加化学药剂，管理方便，处理效果稳定，工程案例较多。

（4）生物除锰法

生物除锰的原理是利用滤层中铁细菌生物作用去除水体中的锰。研究一般认为，在除锰滤池中，微生物氧化原水中的锰而获得能量，不断繁殖并附着在滤料表面，同时被氧化的二氧化锰也沉积在滤料表面，与微生物一起形成一层黑膜，此黑膜亦被称为锰质活性滤膜。滤膜成熟后，不断吸附水体中的锰，其中铁细菌利用水体中吸附的溶解氧将锰离子氧化为二氧化锰并沉积在滤膜表面，经过一定时间的积累后，滤膜脱落更新，从而实现锰离子的去除，但是该方法单独使用的案例较少。

综上所述，考虑到投资经济、占地节省、应急工程特点及运行的稳定性，结合小试实验结果，确定本次应急污水处理站除锰工艺采用碱化除锰法和接触氧化除锰法相结合的方式进行设计建设，即主体工艺采用“化学加药沉淀＋锰砂过滤”工艺。

2. 污泥末端处置方式比选

污水应急处理站采用的主体工艺是加药沉淀和过滤，因此本项目预估污泥量较多。但因产生的污泥基本是物化污泥，几乎没有热值，因此采用板框压滤进行减量化，含水率设计降低至 70％。

因本项目污泥中重金属含量较高，设计阶段考虑到污泥可能属于危废，因此污泥处理间及暂存间暂按危废标准设计，后期污泥经鉴定为危险废物，因此后期污泥需按照《危险废物贮存污染控制标准》（GB18597—2001）及标准修改单（公告 2013 年第 36 号）、《危险废物收集贮存运输技术规范》（HJ2025—2012）、《省生态环境厅关于进一步加强危险废物污染防治工作的实施意见》（苏环办〔2019〕327 号）进行贮存、处置。

2.3.2 处理工艺流程及说明

本项目主体工艺为“化学加药沉淀＋锰砂过滤”，工艺流程如图 2.15 所示。

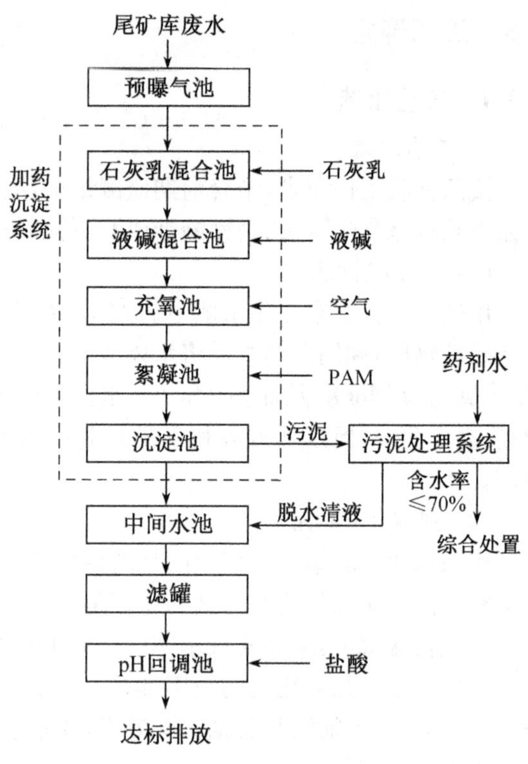

图 2.15 工艺流程图

1. 尾矿库废水自回水池经水泵提升至应急污水处理站预曝气池。在预曝气池内设置曝气装置，废水在预曝气池内进行曝气搅拌，不仅能够充分调节废水水质和水量，还能够在一定程度上提高废水的 pH 和溶解氧，有利于后续锰离子的去除。

2. 预曝气池出水经泵提至加药沉淀系统。加药沉淀系统由石灰乳混合池、液碱混合池、充氧池、絮凝池以及沉淀池组成。向石灰乳混合池内投加石灰乳，利用石灰乳将废水的 pH 粗调至 8.5 左右，在此单元，废水中的一些锰离子与碱性石灰乳发生反应或吸附，开始产生沉淀。废水在石灰乳混合池粗调 pH 后自流进入液碱混合池，在液碱混合池内投加液碱，将废水的 pH 精调至 10。当废水 pH 变为 10 时，废水中的 Mn^{2+} 可以被迅速氧化为 MnO_2沉淀。废水经液碱混合池自流进入充氧池，设置充氧池的目的是提高废水中的溶解氧含量，提高水体中锰离子的氧化效率，提高锰离子的去除效果。废水经充氧池自流进入絮凝池，在絮凝池内投加 PAM 药剂，利用药剂加速沉淀。废水由絮凝池自流进入沉淀池，因为本项目分组设计建设，故本项目沉淀池选用竖流沉淀池。废水在竖流沉淀池内进行高效的固液分离，上清液自流进入中间水池，沉淀池污泥定期经泵提至污泥池。

3. 废水进入中间水池后和污泥压滤液进行混合调节，经检测如废水总锰达标则可以超越后续工段进行排放，如总锰不达标，废水经中间水池泵提进锰砂过滤系统。

4. 废水经泵提进锰砂过滤系统，废水中的锰离子在本单元进行过滤去除，同时去除压滤液及沉淀池清液中残存的 SS(悬浮物)，保障废水达标排放。

5. 废水由中间水池或滤罐进入 pH 回调池，向池体中投加稀盐酸，回调废水 pH，保障废水达标排放。

6. 全过程污泥进入污泥处理系统，污泥处理系统由污泥池、污泥压滤系统、污泥暂存间组成。系统产生的污泥经污泥池调理后经泵提进污泥压滤系统，将污泥含水率降低至 70%，压滤后的污泥按要求堆放在污泥暂存间(危废仓库)，压滤液进入中间水池。存放在污泥暂存间的污泥定期外运至有资质的单位进行合规处置。

2.3.3 废气处置

本项目尾矿库积存废水中的 COD、SS、氨氮等指标均达到《地表水环境质量标准》(GB3838—2002)中Ⅱ类水标准，不超标，无明显异味。且本次污水处理工艺采用“化学加药沉淀＋锰砂过滤”，主要是利用化学加碱法除锰，不涉及生化反应，预曝气池和充氧池亦不产生有污染或异味气体，因此污水处理过程中无恶臭气体产生，无须另外设置废气处理装置。

2.4 工艺单元设计计算

2.4.1 预曝气池

结构形式：全地上钢结构非标设备

数量:2 座

处理能力:单组处理能力为 1 500 m^3/d

总处理量:$Q=125\ m^3/h$

有效容积:单组有效容积为 250 m^3

停留时间:1.75 h

尺寸规格:8.00 m×3.75 m×4.00 m(L×B×H)

材质:碳钢防腐

预曝气池主要配套设备:

1. 库区废水提升泵

设备类型:浮筒泵

设备数量:3 台

设备参数:$Q=50\ m^3/h$,$H=20\ m$,$N=5.5\ kW$

过流部件:衬塑防腐

2. 原水提升泵

设备类型:潜水泵

设备数量:3 台

设备参数:$Q=70\ m^3/h$,$H=25\ m$,$N=7.5\ kW$

过流部件:衬塑防腐

备注:两用一备

3. 加药沉淀系统提升泵

设备类型:卧式离心泵

设备数量:3 台

设备参数:$Q=70\ m^3/h$,$H=12\ m$,$N=3.7\ kW$

过流部件:SS304 或其他防腐蚀材质

备注:两用一备,变频

4. 风机

设备类型:罗茨风机

设备数量:4 台,其中 2 台用于预曝气池,2 台用于充氧池

设备参数:预曝气池,$Q=5\ m^3/min$,$H=5\ m$,$N=7.5\ kW$;

充氧池,$Q=1\ m^3/min$,$H=4\ m$,$N=1.5\ kW$

备注:均为一用一备

5. 仪器仪表

(1) 超声波液位计

设备类型:超声波液位计

设备参数:一体式,信号输出,AC220V,配置安装附件,0～5 m

数量:1 套

(2) 流量计

设备类型:电磁流量计

设备参数:一体式,DN125

材质:衬氟

数量:2 套

(3) 压力表
设备类型:压力表
设备参数:0~4bar
数量:3 套

2.4.2 加药沉淀系统

结构形式:全地上钢结构非标设备
数量:2 座
处理能力:单组处理能力为 1 500 m^3/d
尺寸规格:8.00 m×3.75 m×4.00 m(L×B×H)
材质:碳钢防腐
备注:石灰乳混合池、液碱池、充氧池、PAM 反应池、沉淀池

1. 石灰乳混合池(单组)
功能:调节废水 pH 及去除重金属
类型:全地上钢结构非标设备
数量:4 座
尺寸规格:1.80 m×1.80 m×3.00 m(L×B×H)
反应时间:15 min

2. 液碱池(单组)
功能:调节废水 pH 及去除重金属
类型:全地上钢结构非标设备
数量:4 座
尺寸规格:1.80 m×1.80 m×3.00 m(L×B×H)
反应时间:15 min

3. 充氧池(单组)
功能:去除锰离子
类型:全地上钢结构非标设备
数量:4 座
尺寸规格:1.80 m×1.80 m×3.00 m(L×B×H)
反应时间:15 min

4. 絮凝池(单组)
功能:通过加药,沉淀水中的悬浮颗粒,在颗粒之间起链接架桥作用,使细颗粒形成比较大的絮团,并且加快了沉淀的速度
类型:全地上钢结构非标设备
数量:4 座
尺寸规格:1.80 m×1.80 m×3.00 m(L×B×H)
反应时间:15 min

5. 沉淀池(单组)
功能:实现废水的固液分离
类型:全地上钢结构非标设备
数量:8 座
尺寸规格:3.80 m×4.30 m×5.50 m(L×B×H)

水力负荷:1.0 $m^3/m^2 \cdot h$。
沉淀时间:2.5 h
排泥方式:污泥泵辅助排泥
6. 配水池(单组)
功能:针对沉淀池进行配水
类型:全地上钢结构非标设备
数量:2 座
尺寸规格:Φ1.00 m×3.00 m
加药沉淀系统主要配套设备:
1. 桨叶式搅拌机
设备类型:桨叶式搅拌机
设备参数:30～75 转/分钟,功率 1.5 kW,两层搅拌,桨叶直径 1.0 m
主要材质:碳钢衬塑或不锈钢
数量:12 台
2. pH 在线仪器
设备类型:pH 在线仪器
设备参数:沉入式安装,安装深度 1.5 m,4～20 mA 信号输出
数量:4 套
3. 排泥泵
设备类型:卧室离心泵
设备参数:Q=23 m^3/h,H=14 m,N=2.2 kW
数量:4 台
控制方式:变频
4. 压力表
设备类型:压力表
设备参数:0～4 bar
数量:4 套

2.4.3 中间水池

类型:全地上钢结构非标设备
数量:1 座
处理量:Q=125 m^3/h
有效容积:62.5 m^3
停留时间:30 min
尺寸规格:5.00 m×3.50 m×4.00 m(L×B×H)
材质:碳钢防腐
中间水池主要配套设备:
1. 滤罐进水泵
设备类型:卧式离心泵
设备参数:Q=68 m^3/h,H=18 m,N=5.5 kW
过流部件:铸铁
数量:2 台

2. 液位计

设备类型:超声波液位计

设备参数:一体式,信号输出,AC220V,配置安装附件,0～5 m

数量:1 套

3. 压力表

设备类型:压力表

设计参数:0～4 bar

数量:2 套

2.4.4 滤罐

功能:悬浮物过滤

类型:全地上钢结构非标设备

数量:2 座

尺寸规格:Φ3.00 m×4.00 m

设计滤速:9.4 $m^3/m^2 \cdot h$

反洗强度:12 $L/S \cdot m^2$

滤罐主要配套设备:

1. 滤罐反冲洗水泵

设备类型:卧式离心泵

设备参数:Q=300 m^3/h,H=22 m,N=30 kW

过流部件:铸铁

数量:1 台

2. 压力表

设备类型:压力表

设备参数:0～4 bar

数量:1 套

2.4.5 pH 回调池

类型:全地上钢结构非标设备

数量:1 座

处理量:Q=125 m^3/h

有效容积:62.5 m^3

停留时间:30 min

尺寸规格:5.00 m×3.50 m×4.00 m(L×B×H)

材质:碳钢防腐

pH 回调池主要配套设备:

1. 排放水泵

设备类型:卧式离心泵

设备参数:Q=150 m^3/h,H=20 m,N=15 kW

过流部件:铸铁

数量:2 台

2. pH 在线仪器

设备类型:pH 在线仪器

设备参数：沉入式安装，安装深度 1.5 m，4～20 mA 信号输出

数量：1 套

3. 液位计

设备类型：超声波液位计

设计参数：一体式，信号输出，AC220V，配置安装附件，0～5 m

设备数量：1 套

2.4.6 污泥池

类型：全地上钢结构非标设备

尺寸规格：3.80 m×4.30 m×5.50 m(L×B×H)

数量：2 座

材质：碳钢防腐

2.4.7 污泥脱水间及污泥暂存间

1. 污泥脱水间

功能：降低污泥含水率，减少污泥体积

类型：轻钢结构

数量：1 座

脱水间主要配套设备：

(1) 自动拉板厢式压滤机

规格：单台过滤面积为 200 m^2；N=5.5 kW

尺寸：7.25 m×2.20 m×1.90 m(L×B×H)

设备参数：进料污泥含水率≥99%

脱水后污泥含水率≤70%

压滤机工作周期≤4h

工作批次数量：4

数量：2 台

(2) 皮带输送机

规格：配套使用

功率：N=1.5 kW

数量：2 台

(3) 污泥进料泵

设备类型：螺杆泵

设备参数：Q=45 m^3/h，H=60 m，N=15.0 kW

数量：2 台

备注：变频

(4) 阳离子 PAM 加药装置

设备参数：加药泵，Q=2 m^3/h，N=4.4 kW，材质为不锈钢 304；配套螺杆泵，Q=1 m^3/h，H=15 m，N=0.75 kW，数量为 2 台，过流部件为不锈钢

数量：1 套

(5) 压力表

设备类型：压力表

设备参数：0～10 bar

设备数量:2 只

2. 污泥暂存间

功能:暂存压滤后的污泥

类型:全地上轻钢结构,环氧地坪,防渗,参照危废仓库标准建设

数量:1 座

2.4.8 加药间

类型:全地上轻钢结构

数量:1 座

加药间主要配套设备:

阴离子 PAM 加药装置

设备参数:Q=500 L/h,N=2.6 kW,材质为不锈钢 304;配套螺杆泵,Q=200 L/h,H=15 m,N=0.37 kW,数量为 2 台,过流部件为不锈钢

数量:1 套

2.4.9 酸碱罐区

1. 液碱加药装置

设备参数:1 座 PE 罐,V=10 m^3,液碱投加泵:4 台,两用两备,Q=100 L/h,H=70 m,N=0.37 kW

数量:1 套

2. 盐酸加药装置

设备参数:1 座 PE 储罐,V=10 m^3,投加计量泵,2 台,一用一备,Q=60 L/h,H=40 m,N=0.25 kW

数量:1 套

2.4.10 石灰罐区

石灰加药装置

设备参数:石灰料仓,V=10 m^3;自动加药、配药、溶药系统、自动控制系统、输送系统等,N=10 kW

数量:1 套

2.4.11 出水在线监测间

类型:全地上轻钢结构

数量:1 座

出水在线监测间主要配套设备:

1. 锰在线监测 1 套
2. pH 在线监测 1 套

2.4.12 配电间

类型:全地上轻钢结构

数量:1 座

2.4.13 中控室

类型:全地上轻钢结构

数量:1 座

2.5 总图设计

2.5.1 平面布置

1. 平面布置原则

(1) 考虑组合设置处理构筑物，最大限度节省占地。

(2) 在满足工艺流程顺畅、简洁、合理的前提下，力求布局紧凑，管线短捷，尽量少交叉，并充分注意节省占地。

(3) 辅助生产建筑物尽量集中布置，以提高全站统一管理及生产的可靠性和方便性。

(4) 设置通往各建、构筑物的必要通道。

(5) 在进行平面布置时，应根据构筑物的功能要求和水力要求，结合地形和地质条件，确定其在处理站内平面的位置，应考虑：贯通各处理构筑物之间的管线便捷、直通，避免迂回曲折；在各处理构筑物之间，应保持一定的间距，以保证敷设连接管线的要求；各处理构筑物在平面布置上应考虑适当紧凑。

(6) 辅助建筑物与处理构筑物保持适当距离，并应位于处理构筑物的夏季主风向的上风向处，且中控室应尽量布置在使工人能够便于观察各处理构筑物运行情况的位置，还需要兼顾安全要求。

2. 平面布置设计

结合平面布置原则，本项目平面布置设计方案简介如下：

根据工艺方案需求，将整个应急污水处理站划分为污水预处理区域、污水处理区域、污泥处理区域、辅助区域四个功能分区。具体分区图如图 2.16 所示。

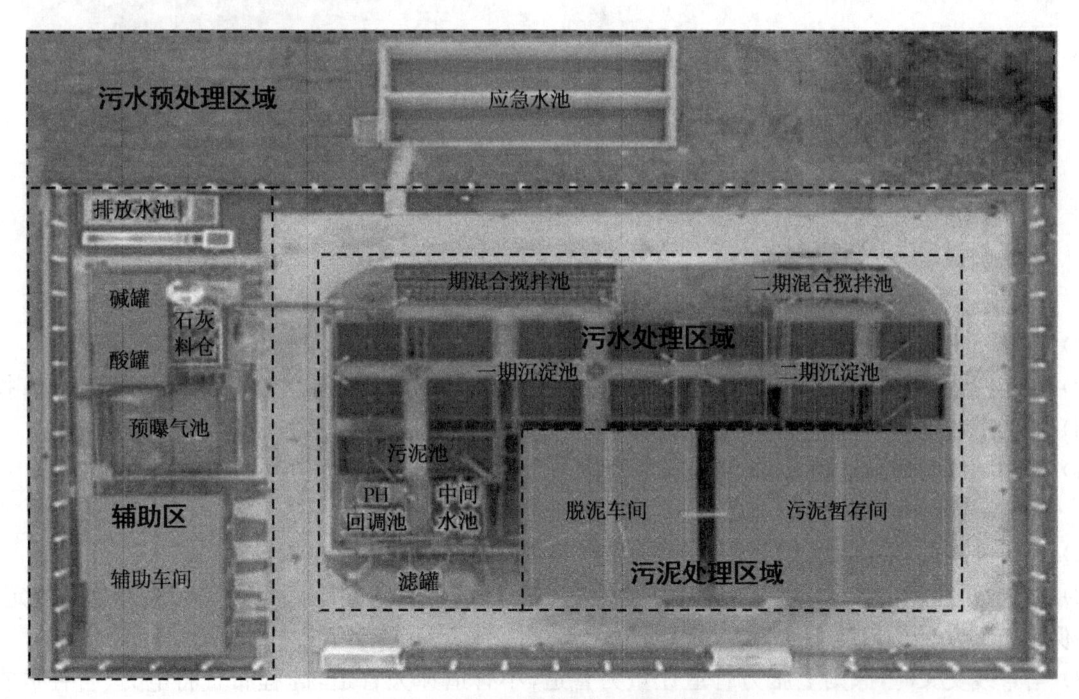

图 2.16 应急污水处理站总平面布置图

由图 2.16 可见，应急污水处理站被分为四个功能区域，各功能区域简介如下。

1. 污水预处理区域

本项目尾矿库废水经提升泵提升至污水预处理区域，该区域主要功能单元是预曝气池，废水在预曝气池内进行预曝气，实现废水的均质和均量，提高废水中的溶解氧，改善废水水质，有利于后续处理工艺单元发挥功效。

2. 污水处理区域

本项目尾矿库废水由污水预处理区域经泵提进入污水处理区域。污水处理区域主要功能单元是加药沉淀系统、中间水池、滤罐、pH 回调池、污泥池。该区域为全地上钢结构非标设备。污水在此区域内实现污水的处理,保障外排水质达标。该区域是整个应急污水处理站的核心工段。

3. 污泥处理区域

污泥处理区域主要是实现污泥的脱水干化,储存压滤后的污泥。该区域主要包含污泥脱水间、污泥暂存间。此区域布置在污水处理厂主道路旁,方便污泥及车辆的进出。

4. 辅助区域

辅助区域主要包含加药间、配电房、中控室、监控室等。该区域主要作用是为应急污水处理站提供药剂、动力和控制,保障应急污水处理站稳定运行。

应急污水处理站实景图如图 2.17 所示。

图 2.17　应急污水处理站实景图

2.5.2　高程及管线

1. 高程设计原则

(1) 在满足工艺流程顺畅的前提下,尽量做到减少土方开挖、回填及外运,以减少基建投资。

(2) 在布置构、建筑物时,基础最好全部放在原状土层,避免回填土层,以保证安全运行和节省投资。

(3) 根据现场地形的特点,兼顾工程地质条件,考虑风向、朝向等因素,争取最佳的布置方案。

(4) 处理站区与周围道路、地面能顺畅地衔接。

2. 管线设计原则

(1) 考虑废水处理构筑物有停运检修的可能,需在适当部位设置超越管道。

(2) 废水、污泥工艺管道流程顺畅,各种管线的相互平面和垂直间距满足有关管线综合的规定,平面布置在保证管线功能的前提下使管线尽可能短。

(3) 当管线交叉时,原则上压力管道让重力管道,小管道让大管道,高程布置将电力、自控放在最上层,中层是小口径废水、污泥压力管,最下层是大口径废水管。

2.6　建筑、结构设计

2.6.1　建筑设计

本项目所涉及的建筑物采用轻钢结构。

2.6.2 主体结构设计使用年限

本项目主体为钢结构设备，根据项目销库的需求，充分考虑安全使用年限，本项目设计使用年限为10年。

2.6.3 自然条件

抗震设防烈度：根据《建筑抗震设计规范》(GB50011—2010)划分，本工程抗震设防烈度为6度，设计基本地震加速度值为0.05 g，所属的设计地震分组为第一组。场地类别为Ⅱ类建筑场地，场地设计特征周期值为0.35 s。

2.6.4 主要结构材料

1. 钢筋

箍筋和分布钢筋采用HPB300级钢筋，应符合现行国家标准《钢筋混凝土用热轧光圆钢筋》(GB13013)的规定。结构主要受力钢筋采用HRB400级钢筋，应符合现行国家标准《钢筋混凝土用热轧带肋钢筋》(GB1499)的规定。

2. 混凝土

表2.3 混凝土使用等级

构件部位	混凝土强度等级	备注
基础垫层	C15	
池体	C30	抗渗等级S8
基础	C25	
柱	C25	
梁、板	C25	
构造柱、圈梁、现浇过梁	C25	
标准构件	按标准图集的要求	

3. 砌体

表2.4 墙体砌筑材料规格

墙体部位	墙体材料	砌块强度等级	砂浆强度等级
±0.00以下填充墙	多孔砖(其空洞应用不低于M10的水泥砂浆预先灌实)	MU15	M10水泥砂浆
±0.00以上外墙、内隔墙	多孔砖	MU10	M5混合砂浆

注：构筑物表面粉刷：构筑物内外壁均刷防水砂浆一道。

2.7 电气设计

2.7.1 设计范围

本次设计包括污水厂内所有单元低压配电系统设计；动力配线和控制系统、照明、防雷、接地和配套电缆敷设的设计。

2.7.2 供电电源

本次设计利用原建材厂电源。本项目装机功率235.12 kW，视在功率207.93 kW。

2.7.3 用电负荷

本工程用电负荷均为三级负荷。

2.7.4 继电保护设置

电动机保护回路设短路、过载及断相等保护。

低压潜水泵电动机除常规保护(短路、过载及断相等)外,还设有进水、温度等特殊保护。

馈线回路设短路及过载保护。

2.7.5 操作电压

污水处理站所有用电设备电压等级均为380/220 V。

2.7.6 控制方式

本项目采用就地控制和远程控制相结合的方式进行,控制系统采用PLC(可编程逻辑控制器)系统。

2.7.7 电缆敷设

站内动力电缆采用铜芯交联聚乙烯绝缘聚氯乙烯护套电力电缆(YJV型),控制电缆采用聚氯乙烯绝缘聚氯乙烯护套控制电缆(KVV型),电缆敷设方式主要采用沿电缆沟敷设,再沿桥架、穿保护钢管或直埋敷设至各用电设备。

2.7.8 照明系统

1. 本工程分正常照明和应急照明,正常照明照度标准按现行国家标准《建筑照明设计标准》(GB50034—2004)执行。

2. 室内照明均以节能型荧光灯为主;厂区照明采用路灯、高压钠灯光源,厂区照明采用自动和手动方式控制,自动方式采用时间继电器控制,手动方式可在值班室控制箱手动按钮控制。

2.7.9 防雷保护、安全措施及接地系统

1. 防雷保护

(1) 在建筑物屋顶设避雷带作防直击雷的接闪器,利用建筑物结构柱内的主筋作防雷引下线,利用结构基础内钢筋网作接地体。

(2) 进户处PE线需做重复接地,接地极采用镀锌角钢直埋。

(3) 各种电气设备(电机、配电箱等)的外壳、电缆金属保护层、保护钢管等正常不带电的金属部分均应可靠接PE线。

(4) 本工程接地体采用建筑基础接地网,接地电阻应小于1欧姆,如实际测量基础接地网接地电阻未能达到设计要求,应向建筑物外引接人工接地体,直到接地电阻满足设计要求为止。

(5) 为防雷电波侵入,电缆进出线在进出端将电缆的金属外皮、钢管等与接地系统相连。

2. 安全措施

(1) 本工程低压配电系统接地形式采用TN-S系统。

(2) 中性线和保护线(PE)在接地点后要严格分开,凡正常不带电而当绝缘破坏有可能呈现电压的一切电气设备金属外壳均应可靠接地。

(3) 各建筑物的防雷接地及电气设备保护接地等共用统一的接地装置。

(4) 大型配电箱(柜)为落地安装,照明配电箱、小型配电箱及控制箱为室内墙上安装或室外支架安装。

3. 接地系统

各建筑物接地装置采用联合接地系统,接地电阻均不大于4欧姆。

2.8 仪表、自控设计

2.8.1 设计原则

全站计算机自控系统采用工业界目前流行的控制模式,即开放的计算机网络系统加上流行通用的组态软件以及可靠通用的PLC模块。系统配置和功能设计按各工艺处理阶段少人值守的原则进行并遵循

如下要求：

1. 高可靠性：选用稳定可靠的工业控制系统产品，硬件上采用备用冗余技术，简化系统结构，减少出错环节；

2. 先进性：控制系统应适应未来现场总线的技术发展，性能价格比高；

3. 灵活性：网络通信方式和系统组态灵活，扩展方便，可用性、可维护性好，并具有开放的软件通信协议；

4. 实时性：控制系统对工况变化适应能力强，控制滞后时间短；

5. 安全性：控制系统采用密码保护、程序所有人认定、程序文件/数据表格保护、存储器数据文件覆盖/比较/改写保护、通信通道保护锁定等手段确保控制系统能够安全正常运行。

2.8.2　设计原则

根据设计原则，本工程自控系统设计采用一个开放式结构体系的自动化系统，将系统与设备有机结合在一起用于监控生产。将信息流扩展到整个生产过程，利用企业的其他信息将工厂各车间连接成网络，从而实现过程控制数据与信息方便可靠地在 PLC 与外部设备之间交换。

作为一个开放式结构体系的自动化系统，其网络结构采用两层，即控制层和信息管理层。其中控制层用于各车间级 PLC 监控单元，信息管理层用于中控级监控主机单元。

1. 信息管理层

服务器、办公室终端、工程师站及其他辅助设备组成信息管理层。信息管理层通信网络采用标准 TCP/IP 协议的以太网，由于网络电缆敷设条件较好，网络不采用双网冗余结构，通信电缆介质采用对绞屏蔽电缆，通信速率为 10 M/100 M 自适应。

2. 控制层

站内各现场 PLC 控制分站通过主干网络环形连接起来，作为控制层。主干网络介质采用单模铠装光纤电缆，网络光纤通信电缆可不受电缆间距限制敷设于电缆沟或电缆架桥中，避免通信电缆受到电力电缆的电磁干扰和防止雷电波沿通信电缆窜入损坏自控系统。

3. 中心控制室

控制中心以操作监视为主要内容，兼有部分管理功能。

这一层是面向系统操作员和系统工程师的，因此需要配备功能强、手段全的计算机系统，确保系统操作员和系统工程师能对系统进行组态、监视和有效的干预，实现优化控制、自适应控制等功能，保证生产过程正常地运行。

其管理功能包括以下几点。

(1) 实时数据显示

各种操作指导信息显示，如操作说明、操作步骤提示、设备代号说明等。

这些画面将按最接近实际工艺流程的形式进行设计，使操作人员对现场有更客观的认识，以便于操作。

(2) 数据处理功能

系统从生产流程中提取数据，并加工成相关形式，数据也可以被写回生产路程，即数据控制与应用软件之间应采用双向(全双工)通信方式。系统与生产流程中的 PLC 设备之间不需要增加专门的硬件接口，监控软件提供覆盖绝大多数专用 PLC 设备的软件接口。系统通过关系数据库将生产过程监控及数据处理能力与批量作业的高层描述管理功能集成，构成开放系统，便于对生产周期中的所有组合批量作业，进行自动化监控。

(3) 报警系统

报警系统提供过程中出现的故障、操作状态以及自动化过程中的综合信息，帮助及时发现危险情况，以减少运行过程中的严重事故和故障。这些信息以可见和可听的方式提醒操作人员，如某一监控回路出现故障，系统中相应监控画面中的回路部分会变色和闪烁，并伴有音响和报警信息提示操作员注意，同时将报警信息存储及打印输出。系统具有不同的信息类型和信息等级，以帮助操作人员能以最快的速度确认最重要的报警信息。

2.8.3 系统组成及控制方式

污水处理站的自控系统由现场仪表、执行机构、控制单元和监控设备几部分组成。执行机构主要为各种泵机、风机等,仪表主要有液位计、pH 仪、溶氧仪等。输入输出均带隔离,支持热插拔。监控部分主要为中控室的人机界面系统,工作人员通过此系统可以实时监控整个污水处理站的运行状况。

本套自控系统采用集中管理、分散控制的模式。控制系统分为两级:现场控制站和中央控制站。站内设置一个中央控制站,若干现场控制站。现场控制站通过就地控制箱控制设备,中央控制站主要完成全厂的控制和管理。现场控制站主体为就地控制箱、现场仪表箱等,中央控制站以控制柜、PLC 柜和上位机(工控机)为主。

1. 污水处理站设备自动控制原理

(1) 液位控制

以提升泵为例,正常情况下水泵由 PLC 根据液位计控制其启停,采用先开先停,轮换开泵,使泵开启时间均衡,从而使每台泵保持最佳运行状态。在现场控制箱二次回路中增加保护液位锁定停泵,保障泵设备的安全运行。

(2) 时间控制

根据工艺需要,部分泵、风机通过时间控制,工作一定时间切换到另一台,或者间歇运行。控制时间通过人机界面时间参数进行调整。

(3) 联动控制

设备根据工艺上的要求,采用联动控制。例如加药泵和加药搅拌机的控制,加药泵工作,加药搅拌机联动运行。具体结合工艺要求来实现相应的联动控制。

(4) 仪表控制

通过在线监测仪表如 pH 仪、溶氧仪等实现相应设备的控制工作。

加药泵:通过 pH 仪,根据工艺要求,设定 pH 值实现加碱、加酸泵的运行、停止。

2. 上位机控制系统

在污水处理站内设置中央控制室(中控室),集中监视、控制、管理整个污水处理站的全部生产过程和工艺过程,实现对生产过程中的自动控制、报警、自动保护、自动操作、自动调节以及各工艺流程中的重要参数进行在线实时监控,对全站工艺设备的工况进行实时监视。

中控室配置上位机、打印机、UPS(不间断电源)等。上位机与 PLC 通过通信电缆实现通信,采集现场设备、仪表的数据,根据工艺、自控控制要求显示于上位机人机界面中。人机界面首页设置为整个污水处理站的工艺流程图,并设置相应管理权限,不同权限的管理人员实现权限内的应用,避免越权操作。通过切换按钮监测各现场控制站的运行情况,各现场控制站工艺图中配置电气设备、管路、仪表等图形模拟反映实际现场情况,配以软按钮、指示灯,显示仪表等实现系统的集中监测、控制。上位机能完成各种数据的处理并将处理结果提交到中央数据库进行集中管理,可打印日、月报表及报警值,还可在组态画面中显示各组相关数据、工艺流程的实时状态以及历史趋势。

3. 控制方式

系统包括了以下控制方式:就地手动控制、远程手动控制和自动控制。

(1) 就地手动控制

当现场控制箱上的"就地/远程/自动"开关选择"就地"时,可以通过现场控制箱按钮实现对设备的启/停、开/关操作。

(2) 远程手动控制

当现场控制箱上的"就地/远程/自动"开关选择"远程",中控室通过操作台或者人机界面切换到手动模式时,实现远程手动控制。

(3) 自动控制

当现场控制箱上的"就地/远程/自动"开关选择"自动",设备运行完全由PLC根据污水处理站的工况及生产要求来完成对设备的运行或开/关控制,而不需要人工干预。

整个控制系统控制级别由高到低为:就地手动控制、远程手动控制、自动控制。

2.8.4 仪表、PLC及计算机的设计与选型

1. 仪表的选型

仪表的选型主要考虑其工作环境的适应性,特别是传感器直接与污水接触,极易腐蚀结垢。一旦传感器失灵,再好的控制系统也无济于事,故传感器尽量选用非接触式、无阻塞隔膜式、电磁式和可自动清洗式。

根据工艺流程和现代化管理的需要,在工艺流程的各个部分分设电磁流量计、超声波液位计、pH等检测仪表和各类电量变送仪表。这些仪表均选用工业级在线式仪表,并根据安装环境的要求具有相应的防护等级。

2. PLC的选型

目前生产PLC的厂家很多,各个厂家的PLC性能也千差万别,可分为欧美、日本、国内三大类。国产公司的产品在国内的应用也相当普遍,其PLC在性能、通信等方面都满足污水处理站自动化控制的要求,其售后服务、响应速度均优于进口品牌。本工程建议采用国产高性价比可靠产品。

3. 工业控制计算机的选型

工业控制计算机选用全钢结构标准机箱带滤网和减震、加固压条装置,在机械震动较大的环境中能够可靠运行。其电源采用大功率高可靠性电源装置,能保证其在电网不稳、电气干扰较大的环境中可靠运行。

2.8.5 控制系统、检测仪表、配线及安装

出水设置在线监控仪表。

各工段设置专用仪表配电箱,放射式向仪表供电。

仪表配线采用屏蔽电缆以抗外界信号干扰,敷设时与强电线路分开布置。在室内采用沿电缆桥架、电缆沟或穿管敷设相结合的方式,在室外穿管埋地暗敷。

检测仪表应尽可能地靠近取样点,以提高检测数据的实时性和准确性。室外变送单元置于仪表保护箱内。

2.9 防腐

2.9.1 设备防腐

为了使污水处理站的设备提高使用年限,延长使用寿命,节省投资,减少维护量,设计根据不同的工作环境,不同的场合及功能,对设备选材及防腐做出不同的选择,采取不同的防腐措施。考虑污水、污泥腐蚀的环境,钢制设备采用环氧沥青防腐。

2.9.2 管道防腐

污水处置站进水及尾水排放管道均采用HDPE管,加药搅拌池前工艺段污水管采用UPVC管材,加药搅拌池工艺段之后采用钢管,液面以上风管采用碳钢管,液面以下风管采用ABS管。

2.10 厂区内给排水

1. 自来水

自来水来自站外给水管网。自来水用水量约35 m^3/d,站内给水管管径为DN50,进站的给水主干管上设置水表井用来计量站内用水量。

2. 生活污水

站内的生活污水主要为运营人员的少量生活污水,可直接利用建筑材料厂原有厕所等设施。

2.11 采暖、通风与空调设计

1. 采暖设计

根据当地气象资料，本工程不考虑采暖。

2. 通风设计

车间均按自然补风考虑。

3. 空调设计

空调设计室温按 26 ℃～28 ℃考虑。

站内建筑物均不设集中空调，仪表间、中控室设置分体柜式或挂壁式空调，以满足工作人员及设备对温度、湿度的要求。

2.12 环境保护

2.12.1 主要污染因素分析

本工程施工期及营运期内不可避免地会产生一些局部的环境问题。在设备正常运行的情况下，将产生污泥、设备噪声及生活污水、生活垃圾等。其主要污染如下。

1. 施工期会对环境造成的影响

(1) 征地的影响；

(2) 对生态的影响；

(3) 对空气环境的影响；

(4) 对声环境的影响。

2. 营运期会对环境造成的影响

(1) 污泥等固体废弃物产生、处置对环境的影响；

(2) 恶臭对周围空气环境的影响；

(3) 事故性排放、尾水集中排放对纳污水体水环境的影响；

(4) 设备噪声对周围声环境的影响。

2.12.2 项目建设引起的环境影响及对策

1. 项目施工期的环境影响及对策

(1) 施工期产污来源及污染物种类

① 基础工程施工

在基础工程施工阶段(包括挖方、填方、地基处理、基础施工等)，产生的污染主要有打桩机、挖掘机、打夯机、装载机等运行时产生的噪声，同时还有弃土和扬尘。

② 主体工程施工

在主体工程施工阶段，将产生混凝土搅拌、混凝土振捣及模板拆除等施工工序的运行噪声，运输过程中的扬尘等环境问题。

③ 装修工程施工

在对建筑物的室内外进行装修时(如表面粉刷、油漆、喷涂、裱糊、镶贴装饰等)，钻机、电锤、切割机等会产生噪声，油漆和喷涂会产生废气、废弃物料及污水。

综上所述，施工期环境污染问题主要是：建筑扬尘、施工弃土、施工期噪声、生活污水和混凝土搅拌废水。这些污染存在于整个施工过程中，但不同污染因子在不同施工阶段污染强度不同。

(2) 施工期污染物治理措施

本项目在整个施工阶段除拆除产生的废物需外运外，噪声、扬尘不会对周围环境构成污染影响。

① 扬尘

扬尘污染造成大气中 TSP 值增高，施工扬尘的起尘量与许多因素有关。影响起尘量的因素包括：基础开挖起尘量、施工渣土堆场起尘量、进出车辆带泥沙量、水泥搬运量，以及起尘高度、采取的防护措施、空气湿度、风速等。

处理措施如下：

(a) 进、出施工场地路口场地硬化；

(b) 干季适当洒水降尘；

(c) 及时清除运输车辆泥土和路面尘土；

(d) 建筑主体用密目安全网围护；

(e) 建材及建碴运输车辆密闭。

② 施工弃土

施工期间，基础工程挖土方量与回填土方量在场内周转，就地平衡，用于绿地和道路等建设，无外运弃土，但在施工期间有少量临时堆方。

处理措施：回填和绿化用土集中堆置，预留遮盖措施。管道施工弃土及时外运，临时堆放期间堆置于施工围栏内，预留遮盖措施。

③ 施工期废水

施工期废水主要为工地生活污水和混凝土搅拌废水。

建设施工期间，施工单位不是同时进入现场，而是根据工期安排，分批入驻工地。

(a) 生活污水：施工期间，工地设简易住宿，工地生活污水按 20 L/(人・d)计，产生量为 0.1 m^3/d，以排放系数 0.8 计，排放量约为 0.08 m^3/d。

处理措施：利用建筑材料厂原有厕所，不外排。

(b) 混凝土搅拌废水：施工期间产生少量混凝土搅拌废水。

处理措施：修简易的沉淀池，经沉淀处理后循环使用，不排放。

④ 施工期噪声

施工用机械设备有：推土机、打桩机、挖掘机、混凝土搅拌机、混凝土振捣器、摇臂式起重机、装载机、铆枪、夯土机以及运送建材、渣土的载重汽车等，均系强噪声源，主要施工机械产噪情况如表 2.5 所示。

表 2.5　施工期作业主要产噪设备噪声级

设备名称型号	噪声测距/m	噪声级 dB(A)
混凝土搅拌机	15	81
混凝土泵	15	80
混凝土振捣器	15	80
摇臂式起重机	15	87
装载机	15	84
夯土机	10	87
卡车	15	83

处理措施：

(a) 除主体连续浇注外，高噪声工种避免夜间施工；

(b) 高噪声的施工材料加工点(锯木、锯钢筋等)尽量远离站外敏感点；

(c) 对拆模等工序加强管理，避免人为因素造成的施工撞击噪声；

(d) 进、离场运输工具限速，禁止鸣笛。

⑤ 施工期生活垃圾

高峰时施工人员及工地管理人员近二十人。工地生活垃圾按 0.4 kg/(人·d)计，产生量为 8 kg/d。

处理措施：日产日清，由环卫车运至城市垃圾处理场。

⑥ 水土流失

施工过程中场地临时堆方因结构松散，可能被雨水冲刷造成水土流失。

处置措施：及时清运多余弃土；挖方作业避开雨季；场内雨水排放通道上建简易沉沙凼；管道工程完工后及时恢复施工迹地。

站区施工：严格控制临时堆方堆置地点，不得沿河堆置。

2.12.3 项目营运期的环境影响及对策

1. 固体废弃物

本项目固体废弃物为污水处理站的污泥。污泥经鉴定后按照鉴定结果进行处置。

2. 废水

本项目废水主要是工人生活污水，生活污水纳入市政管网处置。

2.13 劳动保护及消防

2.13.1 劳动保护

污水处理站生产过程中产生的危害，包括火灾爆炸事故、机械伤害、噪声振动、触电事故、坠落及碰撞等。

2.13.2 主要危害因素分析

本工程的主要危害因素可分为两类：

其一，自然因素形成的危害和不利影响，一般包括地震、不良地质、暑热、雷击、暴雨等因素。

其二，生产过程中产生的危害，包括火灾爆炸事故、机械伤害、盐酸泄漏、噪声振动、触电事故、坠落及碰撞等各种因素。

1. 自然危害因素分析

(1) 地震

地震是一种能产生巨大破坏的自然现象，尤其对构筑物的破坏作用更为明显。地震作用范围大，威胁设备和人员的安全。

(2) 暴雨和洪水

暴雨和洪水威胁污水处理站安全，其作用范围大，但发生的频率低。

(3) 雷击

雷击能破坏建、构筑物和设备，并可能导致火灾和爆炸事故的发生，其出现的机会不大，作用时间短暂。

(4) 不良地质

不良地质对建、构筑物的破坏作用较大，甚至影响人员安全。同一地区的不良地质对建、构筑物的破坏作用往往只有一次，作用时间不长。

(5) 风向

风向对有害物质的输送作用明显，若人员处于危害源的下风向，则对他们极为不利。

(6) 气温

人体有最适宜的环境温度，当环境温度超过一定范围，会产生不舒服感，气温过高会发生中暑；气温过低，则可能会冻坏设备。气温对人的作用广泛，作用时间长，其危害后果较轻。

自然危害因素的发生基本是不可避免的，因为它是自然形成的。但是，我们可以对其采取相应的防范措施，以减轻人员、设备等可能受到的伤害或损坏。

2. 生产危害因素分析

(1) 高温辐射

当工作场所的高温辐射强度大于 4.2 J/(cm^2 · min)时，人体则过热，产生一系列生理功能变化，使人体体温调节失去平衡，水盐代谢出现紊乱，消化及神经系统受到影响，表现为注意力不集中以及动作协调性、准确性差，极易发生事故。

(2) 振动与噪声

振动能使人体患振动病，主要表现为头晕、乏力、睡眠障碍、心悸、出冷汗等。

噪声除损害听觉器官外，对神经系统、心血管系统亦有不良影响。长时间接触，能使人头痛头晕，易疲劳，记忆力减退，使冠心病患者的发病率增加。

(3) 火灾、爆炸

火灾是一种剧烈燃烧现象，当燃烧失去控制时，便形成火灾事故，火灾事故能造成较大的人员及财产损失。

(4) 其他安全事故

压力容器的事故能造成设备损失，危及人身安全。此外，触电、碰撞、坠落、机械伤害等事故均可对人身形成伤害，严重时可造成人员死亡。

2.13.3 措施

为保证生产安全运行，设计采取如下措施：

1. 污水处理站处理设施均按 6 度设防，其建、构筑物抗震设计严格按国家设计的有关规范要求进行。

2. 污水处理站在防洪堤内且地势较高，无须考虑防洪。为防止大雨时站内地面积水，影响正常生产巡检，站内设雨水管道，及时排除雨水，保证安全生产。

3. 为防止机械伤害及坠落事故发生，站内所用的梯子、平台及高处通道均设置安全护栏，栏杆的高度和强度要符合国家有关的劳动安全保护规定；设备的可动部件，设置必要的防护网、罩；地沟、水井设置盖板；有危险的吊装孔、安装孔等处设置安全围栏；水池边设置必要的救生圈；在有危险性的场所设置相应的安全标志、警示牌及事故照明设施。

4. 用电设备均按国家标准采取接零接地保护。建筑物按有关规定采取防雷措施。

5. 电气设备的布置均留有足够的安全操作距离。

6. 站内辅助用房考虑消防要求，按规范要求设置足够的灭火器。

7. 站内各生产区域、装置及建筑物的布置均留有足够的防火安全间距。

8. 污水处理站的设计中，应符合《工业企业设计卫生标准》等有关规定，对含有害气体的单元考虑风向和除臭措施。

9. 建筑物的设计要考虑给排水、采暖通风、采光照明等卫生要求。

10. 污水处理站在运行前制定相应的安全法规以确保处理站的正常运行。

2.14 消防

2.14.1 建筑

本工程建、构筑物的防火设计均严格按《建筑设计防火规范》(GB50016—2014)的有关规定进行，配备相应规格及数量的灭火器。

2.14.2 电气

建、构筑物的设计均根据其不同的防雷级别按防雷规范设置相应的避雷装置，防止雷击引起的火灾。

在爆炸和火灾危险场所严格按照环境的危险类别或区域配置相应的防爆型电器设备和灯具，避免电气火花引起的火灾。

电气系统具备短路、过负荷、接地漏电等完备保护系统，防止电气火灾的发生。

2.15 污水处理站运维情况

2.15.1 水量变化情况

应急污水处理站建成后，污水处理量稳步增加，库区废水有效减少，如期地完成了库区内的积水处理，具体库区水量变化图如图 2.18 所示。

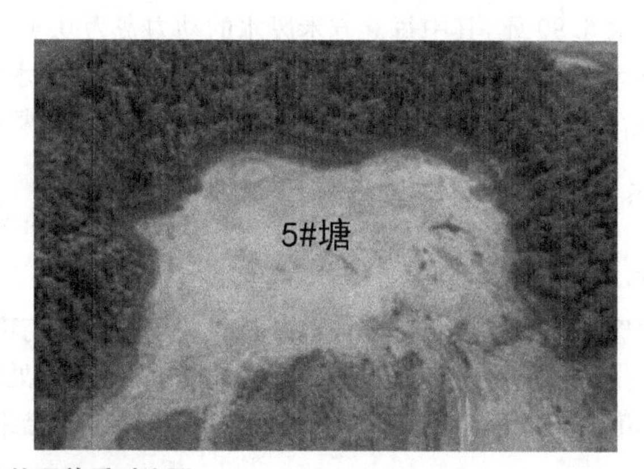

图 2.18　尾矿坑处理前后对比图

2.15.2　原水水质变化情况分析

运行期发现，随着尾矿库库区水位的降低，废水处理站进水水质总铁、总锰出现了浓度增大的趋势，pH 出现了急剧降低的趋势。具体水质如表 2.6 所示。

表 2.6　运行期进水水质

日　期	pH	总铁/(mg・L^{-1})	总锰/(mg・L^{-1})
2021.4.30	6.74	0.93	53.50
2021.5.31	3.09	6.31	39.00
2021.7.22	2.90	54.20	42.10
2021.8.24	2.80	767.70	89.40

由于采用浮筒泵从尾矿库抽水至污水处理站，表层废水优先被抽取，结合监测数据可以得出尾矿库库区积存废水随水深增加，pH 急剧降低，总铁、总锰浓度呈现增大趋势。这可能是尾矿矿渣在水、空气和微生物等多种原因作用下，降低了库区积存废水的 pH，形成了酸性矿山废水(Acid Mine Drainage，AMD)。本项目尾矿库堆积较长，据研究表明，尾矿库堆积时间越长，pH 越低，越有利于重金属溶出。另外，库区积存废水底层总锰、总铁浓度明显大于表层总锰、总铁浓度，这可能是由于上层尾矿中重金属不断流失或者以可溶态的形式向下层迁移造成。上述水质情况波动，造成了本项目应急阶段运行费用及污泥产生量急剧增加。

2.15.3　外排水质情况

该项目正常满负荷运行，平均日处理量为 3 000 m^3，6 月下旬基本完成尾矿库及坝下区域积存废水处理，运行期间处理效果稳定。应急阶段运行期间出水情况如图 2.19 所示。

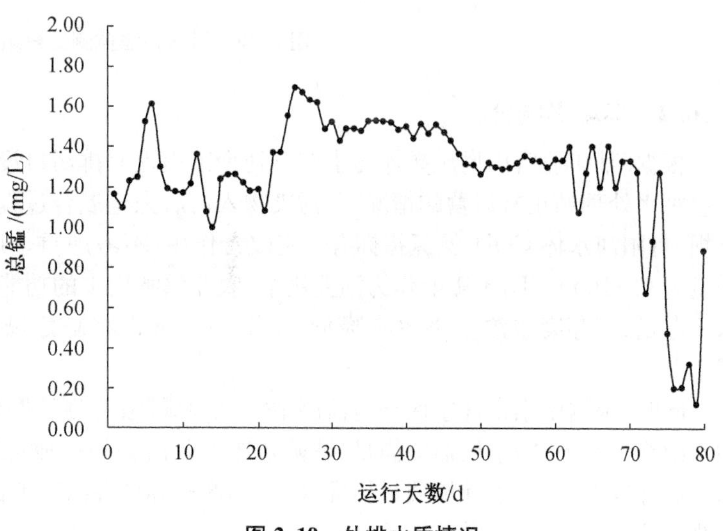

图 2.19　外排水质情况

2.15.4　运行成本分析

本项目于 2021 年 9 月完成市级销号验收，2021 年 11 月完成省级销号验收。满负荷运行期间，含人工、药剂、动力、自来水、耗材更换、水质监测、在线运维费的综合直接运行费用为每立方米废水 6.99 元，其中每立方米废水的动力费为 0.41 元，约占总运行成本的 5.86%；人工费为 1.60 元，约占总运行成本的 22.89%；因本阶段废水处理站进水水质波动较大，平均每立方米废水的药剂费为 4.57 元，约占总运行成本的 65.38%。因污泥属于危险废弃物，此部分处置费用不计入上述费用。

2.16 尾水达标排放及环境影响分析

2.16.1 达标排放

应急污水处理站排放口设置在线监控设施并与市平台联网，在线监测系统已通过验收并取得南京市江宁生态环境局备案通知书。运行期间，应急污水处理站废水排口在线监测 pH、总锰、氨氮、COD 均能达到标准要求。截至 2021 年 12 月 22 日，在线监测结果箱装图如图 2.20 所示。

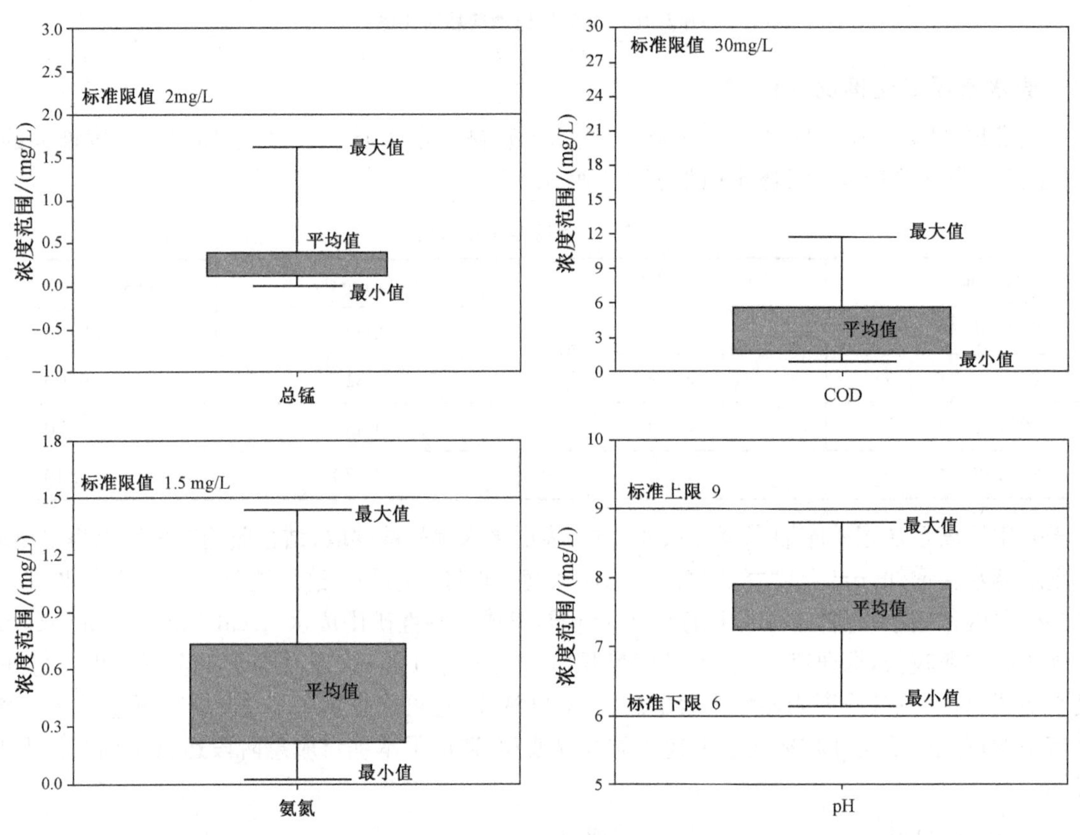

图 2.20 污水在线监测结果箱装图

2.16.2 环境影响分析

根据《某矿业官山坳尾矿库污水应急处理工程入河排污口设置论证报告》，"水环境预测模型结果显示应急污水处理站正常运营的情况下，污染物入河后完全混合过程段长度约为 22 m，实际排水状况下，对葛圣坝、丹阳河水体 COD、氨氮指标有一定改善作用，不考虑重金属降解及沉降影响，丹阳河总锰浓度最大增量为 0.116 mg/L，不影响作为渔业用水、农业灌溉用水的功能。此外随着销库工作的开展，尾矿库区污水积存量、积存废水浓度将逐步降低，尾水排放量也将随之减少，对下游河道水环境的影响将进一步减小"。

同时，根据南京市江宁区环境监测站《某矿业跟踪监测数据分析报告》监测结果，纳污河流（葛圣坝与乔木山交汇处下游）水质监测满足《铁矿采选工业污染物排放标准》（GB28661—2012）表 2 重选和磁选废水排放标准及《地表水环境质量标准》（GB3838—2002）表 IV 类标准，不会导致纳污河流水体功能的变化。监测点位如图 2.21 所示。

图 2.21 监测点位示意图

为进一步了解纳污河流尾水排放前后水质的变化情况，尾水排放前引用《某矿业官山坳尾矿库污水应急处理工程入河排污口设置论证报告》中的监测数据（2021 年 2 月），尾水排放后引用《某矿业跟踪监测数据分析报告》（2021 年 10 月）对葛圣坝与乔木山交汇处下游监测数据，具体纳污河流水质情况对比如表 2.7 所示。

表 2.7 尾水排放前后纳污河流水质对比情况

单位：mg/L

监测点位	污染物名称	尾水排放前监测值（2021 年 2 月）	尾水排放后监测值（2021 年 10 月）
葛圣坝与乔木山交汇处下游 300 m	总锰	0.48	0.132
	化学需氧量	13.00	13.00
	氨氮	0.399	0.174
	总磷	0.03	0.04
	铁	0.01	ND
	硫化物	0.005	ND

注：ND 未检出

由上表可知，尾水排放前后，纳污河流水质未发生明显变化，经处理后的尾水达标排放，对纳污河流的影响较小。

2.17 结论和建议

2.17.1 结论

污水应急处理工程已按照《某矿业官山坳尾矿库污水应急处理工程方案设计》和《施工图设计》建设完成。污水总处理规模为 3 000 m^3/d，污水应急处理工程稳定运行后，污水处理量稳步提升，库区废水有效减少。污水处理站开展日常监管及排口水质监测，在正常运行情况下，应急污水处理站废水排口水质 pH、总锰、氨氮、COD 均能达到标准要求。根据应急污水处理站尾水排放前后纳污水体水质监测结果进行对比，尾水达标排放对纳污水体的影响较小，水质未发生明显变化。

综上所述，污水应急处理工程完成了整改方案相关要求，取得了显著效果。

2.17.2 建议

为便于项目的顺利实施，并保证工程建成后的正常运营，本方案提出以下建议供建设单位在项目实施和运营过程中参考：

1. 应急污水处理站配套进水及尾水排放主干管建设须与应急污水处理站建设同步或超前进行，管道敷设沿线涉及占用的农田或河岸等区域需建设单位沟通和协调。

2. 排口位置选址应选择受纳水体环境容量较大，上游来水量大，便于尾水稀释扩散，远离生态红线及居民区位置。

第三章 撇洪设施完善工程

3.1 工程要求

据整改方案要求，撇洪设施完善工程主要包括：

1. 在回水池设置污水拦截设施，防止污水溢流外环境；

2. 完善撇洪设施，降低库区雨水汇入量；

3. 在库区下游设置拦截坝，对截留区域水体进行净化处理。

其中完善撇洪设施，降低库区雨水汇入量是整个工作的重中之重。

◆专家讲评◆

撇洪设施建设可以大幅度降低周边水系和周边环境降水的汇入，从源头上控制进入库区水量，能较好地减轻污水处理站处理压力，防止周边水源进入库区，产生新的污染水体。

3.2 设计依据

3.2.1 基础资料及法律法规

1.《某矿业监测专报》(2020 年 12 月 17 日)；

2.《南京某矿业有限公司某尾矿库销库工程可行性研究报告》(2020 年 11 月)；

3.《南京市 2020 年长江经济带生态环境警示片披露问题整改方案》；

4.《南京某矿业有限公司某尾矿库工程地质勘察报告》(马鞍山地质工程勘察院，2006 年 4 月)；

5.《南京市江宁县南京某矿业有限公司某尾矿库方案设计(修改补充)》(铜陵有色设计研究院，2006 年 10 月)；

6.《南京市江宁县南京某矿业有限公司某尾矿库初步设计排洪系统修改设计》(铜陵有色设计研究院，2007 年 6 月)；

7.《南京某矿业有限公司某尾矿库地形图》(1∶1000，2020 年 11 月)；

8.《中华人民共和国环境保护法》；

9.《中华人民共和国水污染防治法》；

10.《中华人民共和国水污染防治法实施细则》；

11.《城市污水处理及污染防治技术政策》(建成〔2000〕124 号)；

12.《国务院关于环境保护若干问题的决定》；

13.《建设项目环境保护管理条例》；

14.《建设项目环境保护设计规定》；
15.《饮用水水源保护区污染防治管理规定》；
16.《中华人民共和国节约能源法》；
17.《中华人民共和国可再生能源法》；
18.《中华人民共和国建筑法》；
19.《中华人民共和国清洁生产促进法》；
20.《节能中长期专项规划》；
21. 横溪街道影像图。

3.2.2 设计标准

1.《水利水电工程等级划分及洪水标准》(SL252—2017)；
2.《灌溉与排水工程设计标准》(GB50288—2018)；
3.《水工混凝土结构设计规范》(SL191—2008)；
4.《工程建设标准强制性条文(水利工程部分)》(2020年版)；
5.《室外排水设计规范》(GB50014—2006)；
6.《水利工程施工安全防护设施技术规范》(SL714—2015)；
7.《水工混凝土施工规范》(SL677—2014)；
8.《水利水电工程施工安全管理导则》(SL721—2015)；
9.《水利水电工程施工通用安全技术规程》(SL398—2007)；
10.《给水排水管道工程施工及验收规范》(GB50268—2008)；
11. 其他有关规范、规程。

3.3 工程设计

3.3.1 回水池拦截设计

对回水池溢流口进行封堵并在回水池下游用止水帷幕作为污水拦截设施，止水帷幕采用帷幕灌浆，灌浆孔平行塘埂轴线布孔，采用双排二序孔，两排布孔呈梅花形布置共81孔。灌浆范围为回水池下游塘埂轴线80 m范围内，灌浆设计深度为10 Lu线以下不小于1 m。建设完成情况如图2.22所示。

图2.22 止水帷幕(左图)及回水池溢流口拦截工程(右图)

3.3.2 撇洪设施设计

1. 水文及水力计算

通过撇洪设施建设，库区内可拦截汇水面积0.063 km^2，约占某尾矿库总汇水面积的10%。考虑最不利情况，采用南京市最新暴雨强度公式推算设计暴雨量，对建设计流量进行复核。

$$q=10\,716.7(1+0.837\lg P)/(t+32.9)^{1.011} \quad (\mathrm{L/s.\,ha}) \tag{3.1}$$

参照市政工程排水能力，结合南京地区实际降雨情况，最终确定采用：

降雨重现期 $P=2$ 年；

降雨历时 $t=60$ min；

汇水范围内下垫面结合实际地形情况(植被覆盖区面积：0.028 km^2，硬质化区域面积：0.035 km^2)；

植被采用 0.30，硬质化采用 0.80，

则暴雨强度 $q=115.71$(L/s. ha)；

植被覆盖区域设计流量：$Q=q\times y\times F=0.097$ m^3/s；

硬质化区域设计流量：$Q=q\times v\times F=0.324$ m^3/s；

总设计流量为 0.421 m^3/s。

根据明架均匀流计算公式，复核本次设计排水管的过流能力，植被覆盖区由厂区西侧拦水坎导排至库区外；排水沟主要承担厂区内汇水拦截导排任务。设计管径为 0.60 m，计算其过流能力为 0.36 m^3/s，满足厂区硬质化区域设计排水要求(0.324 m^3/s)。

2. 建设内容

撇洪设施建设概况如下：

(1) 结合库区西侧的厂区道路，在路旁靠尾矿库一侧修建矮挡墙，起到拦截雨水的作用，雨水可顺着道路纵坡导排至库区以外西南侧。挡墙采用砖砌，断面尺寸为 0.24 m×0.30 m(B×H)，长约 800.00 m。

(2) 库区下游为回水池，考虑到尽量减少雨水汇入回水池，结合拦截设施的建设，顺接尾矿坝左、右坝肩及下游道路现状已有排水沟，新建截水沟至下游拦截设施处。可将东、西两侧山体汇水避开回水池导入下游。截水沟采用素砼现浇，断面尺寸为 0.50 m×0.60 m(B×H)，东西两侧长度共计约 900.00 m。撇洪设施平面布置图如图 2.23 所示，整治前后对比如图 2.24 所示。

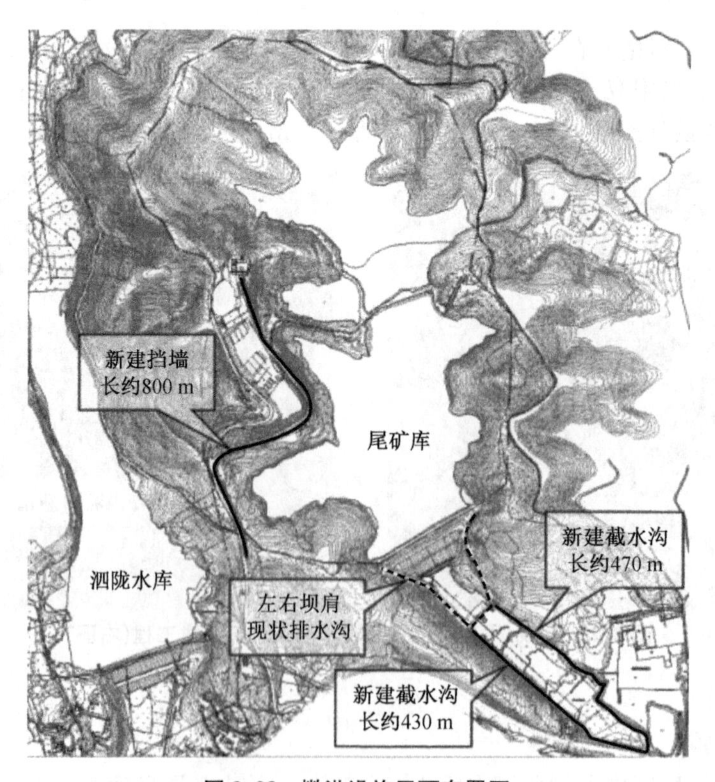

图 2.23 撇洪设施平面布置图

整治前

整治后

图 2.24　撇洪设施整治前后对比

3. 主要材料及要求

(1) 土方工程

回填土方一般要求用黏土。分层回填厚度不大于 30.00 cm,除图纸特别说明外压实度不小于 0.91。

基坑开挖前,应采取措施降低地下水位,使其低于开挖面 0.50～1.00 m 以下;严禁批动基底和超挖,开挖至设计标高前应留 300.00 mm 土层,在无雨时挖去并立即进行验槽。当确认符合设计要求,方可进行垫层浇筑。

基坑外维土应远离基坑顶 20.00 m 以外,且维土高度不得大于 3.00 m。

(2) 钢筋

箍筋和分布钢筋采用 HPB300 级钢筋,应符合现行国家标准《钢筋混凝土用热轧光圆钢筋》(GB13013)的规定。结构主要受力钢筋采用 HRB400 级钢筋,应符合现行国家标准《钢筋混凝土用热轧带肋钢筋》(GB1499)的规定。

(3) 混凝土

表 2.8　混凝土使用等级

构件部位	混凝土强度等级	备注
基础垫层	C15	
基础	C25	
梁、板	C25	
标准构件	按标准图集的要求	

(4) 砌体

表 2.9　墙体砌筑材料规格

墙体部位	墙体材料	砌块强度等级	砂浆强度等级
外墙、内隔墙	多孔砖	MU10	M5 混合砂浆

注:构筑物内外壁均刷防水砂浆一道。

3.3.3 区域汇水及削峰能力

区域汇水及撇洪设施削峰能力复核计算引用《某矿业某尾矿库环境应急整治工程撇洪设施效能评估报告》中的计算成果，计算过程如下：

根据《尾矿设施设计规范》(GB50863—2013)，某尾矿库防洪标准为200年一遇。工程区域无实测水文资料，故采用设计暴雨推求设计洪水。

1. 设计暴雨计算

根据《江宁区水资源综合规划》专题之《江宁区防洪排涝规划》的相关计算成果，得到计算区域内设计面雨量，如表2.10所示。

表2.10 设计面雨量统计

重现期	设计面雨量/mm	
	1日	3日
20年	1 797	2 657
50年	2 158	3 211
100年	2 425	3 622

设计暴雨的时程采用同频率法。对计算区域内洪涝灾害较严重的历史暴雨分析表明，1991年主雨期降雨总量大，强度高，雨型恶劣，在现状及规划的流域工程条件下，降雨特性应较为接近设计暴雨的条件。因此，选择了1991年6月12日9时～6月15日9时作为典型暴雨过程。其中，最大1、3日雨量按同频率法缩放至设计雨量，缩放倍比计算公式为：

最大1日雨量缩放倍比：

$$K_1 = X_{1P}/X_{1D} \tag{3.2}$$

最大3日中其他2日雨量缩放倍比：

$$K_{3-1} = (X_{3P} - X_{1P})/(X_{3D} - X_{1D})X_{1D} \tag{3.3}$$

式中，K为缩放倍比；

X_{mP}为m日设计雨量(mm)；

X_{mD}为m日典型雨量(mm)。

按以上公式计算得计算区域内200年一遇的1、3日设计暴雨逐日分配过程。根据面雨量频率计算结果，用同倍比法按典型暴雨缩放得出的区域200年一遇设计暴雨过程。

2. 产流计算

计算区域属于典型的湿润半湿润地区。多年的生产和研究实践表明，对于山区采用新安江模型进行产流计算较为合适。

3. 汇流计算

本次分析采用纳希瞬时单位线法，公式如下：

$$U(t) = \frac{1}{K\Gamma(n)} \cdot (t/K)^{n-1} \cdot e^{-t/K} \tag{3.4}$$

按照这两参数的汇流模式，只要对流域求出n和K两参数，即可求出瞬时单位线。在实际应用中，必须从瞬时单位线经过S曲线(S曲线就是单位线的累积曲线，利用S曲线可转换单位线的时段长)，转化为时段单位线，基本公式：

$$U(\Delta t, t) = \frac{1}{\Delta t}[S(t) - S(t - \Delta t)] \tag{3.5}$$

式中，$U(t)$——t 时刻的瞬时单位线纵高；

t——时间；

K——反映流域汇流时间的参数或称调蓄系数；

n——调节次数或调节系数；

$\Gamma(n)$——n 阶不完全伽马函数；

Δt——时段长，根据流域大小可取 1 h，3 h，6 h 等；

$$S(t)=\frac{1}{\Gamma(n)}\int_0^{t/K}(t/K)^{n-1}\mathrm{e}^{-t/K}d(t/K)=f(n,t/K) \tag{3.6}$$

其中，$S(t-\Delta t)$——$(t-\Delta t)$时刻的 S 曲线纵高；

n——纳希模型中梯级水库的个数，原则上应取整数，但实际运用中可采用非整数，甚至可以采用小于 1 的小数；

K——水库滞时；

nK——m_1，代表瞬时单位线的一阶原点矩，亦称单位线滞时。

根据《江苏省暴雨洪水图集》，n 取 3，m_1 的综合公式如下：

$$m_1=3.2\times(F/J)0.28 \tag{3.7}$$

根据区域实测地形底图，对库区实际汇水范围进行复核：

经复核，库区汇水总面积为 0.62 km²，撇洪设施实施后，实际汇水面积为 0.563 km²，减少了 0.057 km²，即撇洪设施需排水面积为 0.057 km²，减少了 9.20%。尾矿库库区汇水范围及撇洪沟设施实际撇洪范围如图 2.25 所示。

按照以上公式及参数进行分析，撇洪设施实施前 200 年一遇洪峰流量为 16.57 m³/s，最大 24 h 汇水水量为 21.43 万 m³；撇洪设施完成后，洪峰流量为 15.05 m³/s，最大 24 h 汇水水量为 19.46 万 m³；故撇洪设施削减区域洪峰流量 1.52 m³/s，减少区域最大 24 h 汇水水量 1.97 万 m³，符合整改方案的要求。

综上所述，经复核后证实撇洪设施设计方案所计算参数(如汇水范围、河道比降、雨量均值、地区系数等)均符合实际情况，所使用公式合理(图集法相应区域公式)可行；库区区域汇水计算结果在合理范围内，数据基本准确。

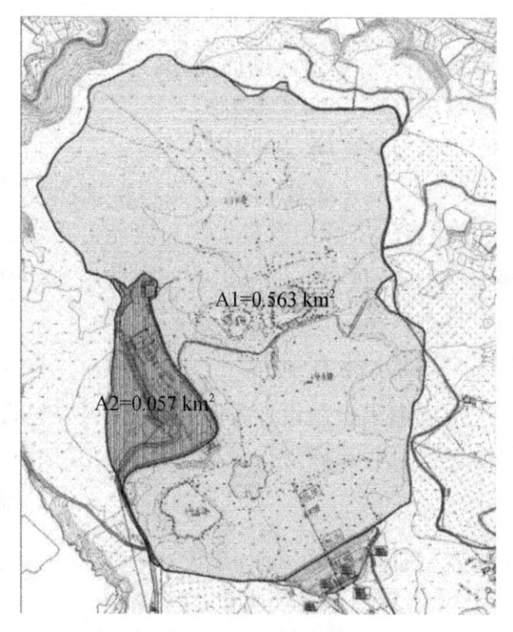

图 2.25　汇水范围示意图

3.3.4　过流能力分析

1. 库区排水管过流能力分析

根据设计方案内容，排水管主要目的是排除硬质化场区范围内的汇水，避免该区域内汇水进入库区范围，设计排水面积为 0.035 km²(总减少汇水面积为 0.057 km²，其中 0.022 km² 为绿地，通过挡水坎导入现状排水沟后汇入下游区域)。根据设计标准，采用南京市暴雨公式(修订)复核实际上游管道排涝区域最大排涝流量，公式如下。

南京地区暴雨强度公式为：

$$q=10\,716.7(1+0.837\lg P)/(t+32.9)^{1.011} \tag{3.8}$$

式中：q——暴雨强度，单位：L/(hm² · s)；

P——短历时暴雨重现期，单位：a；

t——降雨历时，单位：min。

雨水设计流量计算公式为：

$$Q=\psi qF \tag{3.9}$$

式中：Q——设计雨水流量，单位：L/s；

Ψ——径流系数，厂区范围内取 0.7；

q——暴雨强度，单位：L/(hm^2·s)；

F——汇水面积，单位：hm^2。

经计算，上游区域在 $P=2$，最大 60 min 降雨条件下，最大汇水流量为 0.337 m^3/s，管道设计过流能力为 0.36 m^3/s，故管道过流满足区域排水要求，可以将厂区区域降雨排至库区下游，避免厂区汇水进入库区范围。

2. 库区下游排水沟过流能力分析

排水建设的目的是为防止周边水体进入库区下游的池塘，导致污水处理水量增加，故对现状塘周围无临山体侧排水沟的位置增设排水沟渠，设计排水沟渠过水净尺寸为 0.5 m×0.6 m。根据明渠均匀流公式，推求撇洪排水沟实际过流能力：

$$Q=AC\sqrt{Ri} \tag{3.10}$$

式中：A——过水断面面积；

C——谢才系数；

R——水力半径；

i——底坡（本次方案根据现场地形，平均坡度为千分之三）。

经计算，实际撇洪排水沟过流能力为 0.26 m^3/s，排水沟需排水面积约 0.05 km^2（仅排除临近道路局部山体汇水，排水标准采用 $P=2$，最大 60 min），最大汇水流量约 0.21 m^3/s，故排水沟排水能力满足区域临时排水要求。

3.3.5 挡水能力分析

根据撇洪设施设计方案，上游厂区外侧设置高度 25.00～45.00 cm 的挡水坎，根据区域降雨情况，按照绿化区域径流深进行分析。计算公式如下：

$$R=W/1\,000F(W=Q\Delta t) \tag{3.11}$$

式中：R——径流深，单位：mm；

W——径流总量，单位：m^3；

F——流域面积，单位：km^2；

Q——T 时段内的平均流量，单位：m^3/s；

Δt——时段，单位：s。

经计算，在 $P=2$，最大 60 min 降雨条件下，除厂区外的 0.022 km^2（植被区域，径流系数取 0.30）汇水范围内的最大径流深为 14.89 mm，远低于挡水坎的最小高度 0.25 m，满足挡水要求。

3.3.6 撇洪能力分析

1. 撇洪设施年最大排水量根据南京降雨信息统计，可得年内各月平均降雨分配，具体如表 2.11 所示。

表 2.11　南京市各月平均降水量分配表

月份	降水量/mm	降雨占比/%
1	37.0	3.49
2	50.7	4.78
3	75.1	7.09
4	97.4	9.19
5	98.5	9.29
6	164.3	15.50
7	196.1	18.50
8	117.7	11.11
9	93.2	8.79
10	47.3	4.46
11	46.9	4.43
12	35.6	3.36
合计	1 059.8	100.00

根据《室外排水设计规范》(GB50014—2006)(2016 年版)，南京地区综合径流系数为 0.50～0.70，考虑到尾矿库区水面率较高，综合径流系数取 0.70。库区现状集水面积为 0.563 km^2，未实施撇洪设施前库区集水面积为 0.62 km^2。可以计算得出现状库区年径流量为 41.8 万 m^3，整改前为 46 万 m^3，多年平均月最大径流量出现在 7 月份，整改后最大月水量为 7.7 万 m^3。撇洪设施汇水面积为 0.057 km^2，按照平均降雨年内分配情况，减少年径流量 4.2 万 m^3，约占库区总年径流量的 9.2%。

2. 撇洪设施 2021 年 2～9 月排水量分析库区无实测降雨资料，根据周边高台水库雨量站(距离库区中心 1.04 km)、泗陇水库雨量站(距离库区中心 0.89 km)降雨观测数据内插得库区区域总降雨量。2021 年 2 月 19 日至 9 月 10 日库区总降雨量为 613.82 mm，2021 年 4 月 15 日至 9 月 10 日库区总降雨量为 417.76 mm，撇洪设施建成后，实际减少库区汇水量 1.67 万 m^3。

3.3.7　下游设置拦截坝

为了防止乔木山水塘内受污染水体对周边水环境造成影响，在乔木山水塘进出口涵洞处设置拦截坝，对现状涵头进行改造，增设钢筋砼闸门和铸铁闸门。

图 2.26　乔木山水塘出入口拦截设施(左图为出口、右图为入口)

3.4 结论和建议

3.4.1 结论

尾矿库库区范围内整体汇水分析所使用的参数合理，汇水面积正确，计算方法得当，最终汇水流量计算结果在合理范围内。撇洪设施排水规模、排水能力以及挡水坎的挡水能力，均满足区域排水要求。撇洪设施建成后，可减少库区 200 年一遇洪峰流量 1.52 m^3/s，年平均减少库区汇水量约 4.2 万 m^3，自建成运行至 2021 年 9 月，撇洪设施减少了库区汇水量约 1.67 万 m^3。撇洪方案切实响应了整改方案中降低库区雨水汇入量的要求。撇洪设施建成后，运行状态良好，未出现污染水体进入撇洪设施的情况，管理措施到位，现场未发现堵塞、排水不畅的情况。

综上所述，撇洪设施完善工程完成了整改方案相关要求，取得了显著效果。

3.4.2 建议

1. 加强日常环境管理，做好风险隐患排查、日常维护、应急管理、台账管理等工作。

2. 销库期间，应切实加强撇洪设施管护，防止发生堵塞、排水不畅的情况。

第四章　下游周边水环境整治提升工程

4.1 工程要求

根据整改方案，有关下游周边水环境提升工程要求如下：

1. 对某尾矿库及周边区域水环境开展重金属监测，对污染源头实施治理；

2. 在库区下游设置拦截坝，对截留区域水体进行净化处理，设置生态浮岛实施常态化净化处理，提升下游乔木山水塘环境。

4.2 工作内容

南京某矿业有限公司某尾矿库整改目标为：修复周边环境，杜绝废水超标排放问题发生，保障下游水环境安全。

◆专家讲评◆

周边水环境修复主要依靠生态方式进行修复，最大限度地保护周边水环境和生态环境，不引入外来物种，注重保护本地动植物物种。针对现状超标水体治理，主要方式仍是物化处置为主，采用原位治理方式进行超标水体治理。

主要工作内容如下：

1. 拦截工程；
2. 生态沟渠；
3. 清淤工程；
4. 水生态系统；
5. 生态修复；
6. 生态浮床。

4.3 设计依据

4.3.1 基础资料及法律法规

1.《中华人民共和国环境保护法》；

2.《中华人民共和国水污染防治法》；
3.《中华人民共和国水污染防治法实施细则》；
4.《城市污水处理及污染防治技术政策》(建成〔2000〕124号)；
5.《国务院关于环境保护若干问题的决定》；
6.《建设项目环境保护管理条例》；
7.《建设项目环境保护设计规定》；
8.《饮用水水源保护区污染防治管理规定》；
9.《中华人民共和国节约能源法》；
10.《中华人民共和国可再生能源法》；
11.《中华人民共和国建筑法》；
12.《中华人民共和国清洁生产促进法》；
13.《节能中长期专项规划》；
14.《江苏省人民政府关于印发江苏省生态空间管控区域规划的通知》(苏政发〔2020〕1号)；
15.《江苏省防洪条例》(2017年6月3日修正版)；
16.《江苏省水库管理条例》(2018年11月23日第二次修订)；
17.《南京市水库保护条例》(2012年8月22日发布，2013年1月1日实施)；
18.《关于印发〈2020年长江经济带生态环境警示片〉披露问题清单的通知》(苏长江办函〔2020〕102号)；
19.《关于印发〈江苏省2020年长江经济带生态环境警示片披露问题整改落实方案〉的通知》(苏长江办发〔2021〕7号)；
20.《2020年长江经济带生态环境警示片披露问题整改工作方案(某矿业官山坳尾矿库)》(2021年1月)；
21.《长江经济带生态环境问题(南京某矿业有限公司官山坳尾矿库污染问题)整改销号验收意见》；
22.《某矿业官山坳尾矿库污水应急处理工程方案设计》及专家咨询意见；
23.《某矿业官山坳尾矿库污水应急处理工程施工图设计》及专家审查意见；
24.《某矿业官山坳尾矿库污水应急处理工程入河排污口设置论证报告》及专家审查意见；
25.《关于某矿业官山坳尾矿库污水应急处理工程入河排污口设置论证的批复》(江宁环控字〔2021〕5号)；
26. 2020年12月份下游周边水环境污染调查监测分析报告；
27.《某矿业监测专报》(2020年12月17日)；
28.《南京某矿业有限公司某尾矿库销库工程可行性研究报告》(2020年11月)；
29.《南京市2020年长江经济带生态环境警示片披露问题整改方案》；
30.《南京某矿业有限公司某尾矿库工程地质勘察报告》(马鞍山地质工程勘察院，2006年4月)；
31.《南京市江宁县南京某矿业有限公司某尾矿库方案设计(修改补充)》(铜陵有色设计研究院，2006年10月)；
32.《南京市江宁县南京某矿业有限公司某尾矿库初步设计排洪系统修改设计》(铜陵有色设计研究院，2007年6月)；
33.《南京某矿业有限公司某尾矿库地形图》(1∶1 000，2020年11月)。

4.3.2 总体标准

1.《铁矿采选工业污染物排放标准》(GB28661—2012)；
2.《工业企业设计卫生标准》(GBZ1—2010)；
3.《地表水环境质量标准》(GB3838—2002)；

4.《城市污水再生利用景观环境用水水质》(GB/T18921—2002);
5.《污水综合排放标准》(GB8978—1996)。

4.3.3 工艺设计规范

1.《室外排水设计规范(2016年版)》(GB50014—2006);
2.《室外给水设计规范》(GB50013—2018);
3.《城镇污水处理厂附属建筑和附属设备设计标准》(CJJ31—89);
4.《城镇污水处理厂污染物排放标准》(GB18918—2002);
5.《工业企业厂界环境噪声排放标准》(GB12348—2008);
6.《城市污水再生利用分类》(GB/T18919—2002);
7.《污水再生利用工程设计规范》(GB50335—2002);
8.《城市污水处理厂管道和设备色标》(CJ/T158—2002);
9.《城镇污水处理厂运行、维护及安全技术规程》(CJJ60—2011);
10.《风机、压缩机、泵安装工程施工及验收规范》(GB50275—2010);
11.《给水排水管道工程施工及验收规范》(GB50268—2008);
12.《工业金属管道工程施工规范》(GB50235—2010);
13.《城市污水处理厂工程质量验收规范》(GB50334—2002);
14.《城市污水处理工程项目建设标准(修订)》(建标〔2001〕77号);
15.《环境空气质量标准》(GB3095—1996);
16.《污水混凝与絮凝处理工程技术规范》(HJ2006—2010);
17.《重金属污水处理设计标准》(CECS92:2016)。

4.3.4 结构设计规范

1.《建筑结构可靠度设计统一标准》(GB50068—2001);
2.《建筑结构荷载规范》(GB50009—2012);
3.《建筑抗震设计规范》(GB50011—2010);
4.《混凝土结构设计规范》(GB50010—2010);
5.《砌体结构设计规范》(GB50003—2011);
6.《钢结构设计规范》(GB50017—2003);
7.《建筑地基基础设计规范》(GB50007—2011);
8.《建筑桩基技术规范》(JGJ94—2008);
9.《建筑地基处理技术规范》(JGJ79—2002);
10.《建筑工程抗震设防分类标准》(GB50223—2008);
11.《给水排水工程构筑物结构设计规范》(GB50069—2002);
12.《给水排水工程钢筋混凝土水池结构设计规程》(CECS138:2002);
13.《给水排水工程混凝土构筑物变形缝设计规程》(CECS117:2000);
14.《室外给水排水和燃气热力工程抗震设计规范》(GB50032—2003);
15.《给水排水工程管道结构设计规范》(GB50332—2002);
16.《混凝土碱含量限值标准》(CECS53:93)。

4.3.5 电气设计规范

1.《民用建筑电气设计规范》(JGJ16—2008);
2.《供配电系统设计规范》(GB50052—2009);
3.《建筑照明设计标准》(GB50034—2004);

4.《低压配电设计规范》(GB50054—2011)；
5.《爆炸和火灾危险环境电力装置设计规范》(GB50058—92)；
6.《3—110 kV 高压配电装置设计规范》(GB50060—2008)；
7.《10 kV 及以下变电所设计规范》(GB50053—94)；
8.《电力装置的继电保护和自动装置设计规范》(GB/T50062—2008)；
9.《电力装置的电测量仪表装置设计规范》(GB/T50063—2008)；
10.《工业与民用电力装置的接地设计规范》(GBJ65—83)；
11.《建筑物防雷设计规范》(GB50057—2010)；
12.《电力工程电缆设计规范》(GB50217—2007)；
13.《钢制电缆桥架工程设计规范》(CECS31:2006)；
14.《建筑电气工程施工质量验收规范》(GB50303—2002)；
15.《电气装置安装工程低压电器施工及验收规范》(GB50254—96)；
16.《电气装置安装工程电力变流设备施工及验收规范》(GB50255—96)；
17.《电气装置安装工程起重机电气装置施工及验收规范》(GB50256—96)；
18.《电气装置安装工程爆炸和火灾危险环境电气装置施工及验收规范》(GB50257—96)。

4.3.6 仪表自控规范

1.《过程检测和控制流程图用图形符号和文字代号》(GB2625—81)；
2.《自动化仪表选型设计规定》(HG/T20507—2000)；
3.《仪表系统接地设计规定》(HG/T20513—2000)；
4.《控制室设计规定》(HG/T20508—2000)；
5.《仪表供电设计规定》(HG/T20509—2000)；
6.《仪表配管配线设计规定》(HG/T20512—2000)；
7.《信号报警、安全联锁系统设计规定》(HG/T20511—2000)；
8.《工业企业通信设计规范》(GBJ42—81)；
9.《电子计算机机房设计规范》(GB50174—93)；
10.《计算机软件开发规范》(GB8566—88)；
11.《分散型控制系统工程设计规定》(HG/T20573—95)；
12.《工业电视系统工程设计规范》(GB50115—2009)；
13.《民用闭路监视电视系统工程技术规范》(GB50198—94)；
14.《自动化仪表工程施工及验收规范》(GB50093—2002)。

4.4 设计原则

1. 科学性原则

采用科学的方法，综合考虑南京某矿业有限公司某尾矿库的整改目标、工作任务、工程周期、经济成本、环境影响等因素，制定整改技术方案。

2. 可行性原则

在前期工作的基础上，针对降低库区水位、废水达标排放、拦截区域水体净化、下游水环境提升等工作，因地制宜制定方案，使整改目标能够达到，工程切实可行。

3. 安全性原则

制定整改技术方案要确保整改工程实施安全，防止对施工人员、周边人群健康以及生态环境产生危害和二次污染。

4.5 下游周边水环境提升设计

4.5.1 整治范围

某矿业公司某尾矿库下游的受影响的地表水环境范围是S313省道涵洞至乔木山村水塘。该范围受污染水量约2.5万m^3,S313省道涵洞至乔木山村水塘的总长度约0.60 km,乔木山水塘面积约9 000.00 m^2,现状污染主要以锰离子污染为主。周边水体补水基本依靠尾矿库下流或收纳周边汇集的雨水进行补水,在乔木山村水塘排口处设施拦截设施后,S313省道涵洞至乔木山村水塘除雨水外基本无补给水,形成缓流封闭水体,为水环境提升工程的实施奠定了基础。

图2.27 某尾矿库下游及周边区域超标情况

4.5.2 设计原则

本工程贯彻国家关于环境保护的基本国策,执行国家相关法规、政策、规范和标准;遵循国家、江苏省以及南京市关于地表水保护的有关设计基本要求与原则;因地制宜,依据南京市水文特征,做到水体重金属污染消除、全景修复。

1. 安全性

设计首先应保证河道行水安全,河道的规划设计应能应对可能行水情形,并起到一定的缓冲功能。设计中应在保证排水安全的前提下,充分发掘周边流域的生态环境功能和美学价值,使整治工程完成后,河道的生态环境得以改善,达到工程的生态、经济和环境效益同步增长的目标。

2. 自然性

清澈的河水、蜿蜒曲折的沿岸线、植被茂密的沿岸是天然水体景观最具特色的形态。在水质改善与生态修复设计中,充分利用其本身存在的自然要素,恢复水体的自然特性,以水体的自然状态为出发点进行整治设计。

3. 生态性

生态性是指河道水质改善、生态修复与景观设计应满足生物的生存需要，适宜生物繁衍生息，保证河道生态功能能够健康发展。造景设计应首先建立在生态环保的基础上。在保留原有的生物群落及其栖息地的前提下，根据生态环保理论，通过植物种植等人为辅助手段强化构建河道生态系统，增强河道生态系统的稳定性以及自净能力，改善河道水体的水质，促进自然环境中物质与能量的转化与转移，实现河道生态系统的可持续发展。

4. 观赏性

设计中充分考虑各区域的特点，由整体宏观出发进行设计，结合工程区域不同河道沿岸的实际情况，充分考虑其视觉景观上的审美要求，在兼顾生态修复的同时优化提升总体空间布局及环境品质，创造环境优美、富有活力的滨水景观。

5. 多样性

水体生态设计应兼具景观方面的要求，设计应呈现地域、时间、功能上的多样性，不同地方的设计应充分结合多样的特点以及功能需求，在一年四季的变化中，针对河道生态景观的设计不出现单调的设计主题，达到四季皆有可观之景，同时让河道生态景观在春去秋来中呈现绚丽的生命周期，由此构建的生态系统也能在四季更替中维持较为稳定的新陈代谢功能。

4.5.3 拦截工程

1. 回水池拦截设施

根据《南京某矿业有限公司某尾矿库工程地质勘察报告》，尾矿库所在区域地下水平均埋深为 0.70 m，相对隔水层风化安山玢岩以上土层的平均厚度为 4.60 m。按照整改工作要求，为防止尾矿库坝下区域回水池的超标废水通过地下水对周边地下水体造成污染，拟在回水池南侧设置长约 75 m、深约 6 m 的止水帷幕。

2. 涵洞处拦截设施

根据前期资料收集和现场踏勘结果，南京某矿业有限公司某尾矿库积水主要是通过回流池、应急池，经 S313 省道的涵洞，汇入下游的乔木山水塘。前期的监测结果表明，尾矿库及坝下区域的水体均为超标废水。

按照整改工作要求，为防止尾矿库内的超标废水溢流至外环境，本次整改拟在 S313 省道的涵洞处建设拦截设施，阻止尾矿库及坝下区域的超标废水继续对下游水体造成影响。

3. 下游水体拦截设施

根据前期的环境现状监测结果，乔木山水塘为尾矿库下游最远的超标水体。为做好截留区域的水体净化工作，按照整改工作要求，本次整改工作拟在乔木山水塘排口处设置拦截设施。

4.5.4 生态沟渠

生态沟渠的建设：对现有河道进行整理，在河道中布置挺水植物、漂浮植物、沉水植物等水生植物，通过水生植物的吸收、拦截，微生物的分解等作用，削减水体的污染物，实现污染物的初步拦截与削减。

沟渠内据水位高低分别选种浮叶植物、挺水植物，如菱角、菖蒲等，也可采用透水花篮覆土栽植，弥补驳岸挺水植物、湿生植物生态缺位。在植物根际区形成有利于营养盐输出的微生物群落，有效分解水中有机物质，不同季节的植物群落之间以适当的面积分隔，自我演替，初期加以人工辅导调整种群结构演变，抑制个别品种的疯长，当整个湖区的生态系统成熟以后，无须人工干扰即可保持生物多样性结构稳定。恢复水中生物多样性就是在水中种植水生植物和放养各种水生动物，以修补水中的生物链，达到净化水质的目的。

4.5.5 乔木山水塘及清淤工程

1. 乔木山水塘水体治理、某矿业 10 号水塘东边水塘

鉴于尾矿库下游乔木山村水塘、某矿业 10 号水塘东边水塘水量较大，距离拟建污水处理设施的直线距离较远，依托拟建污水处理设施处理乔木山村水塘废水的成本过高。因此，拟采用原位治理技术开展乔

木山村水塘、某矿业10号水塘东边水塘的水环境治理。

2. 某矿业6号、7号水塘

某矿业6号及7号水塘因紧邻污水站，故用泵抽到应急污水站集中处理，达标后排放。

3. 清淤工程

清淤方式应保证工程施工质量和进度，同时应避免对周边环境产生影响，减少二次污染，降低噪音，减少扰民。目前，国内较为常用的河道及湖泊清淤方法主要分为三种：传统施工方法（干式清淤法）、水力冲挖施工方法（半干式清淤法）和环保型绞吸式挖泥船施工方法（湿式清淤法）。

(1) 传统施工方法（干式清淤法）

干式清淤首先要将作业区的水排干，然后用挖掘机开挖，挖出的淤泥直接由渣土车外运或者放置于岸上的临时堆放点。主要适用于河水易排干的河道。清淤时先对河道进行截流，同时进行排水，将清淤河道积水基本排干，然后采用长臂式挖掘机沿河道两岸进行清淤。干式清淤示意图如图2.28所示。

图2.28　干式清淤示意图

干式清淤的优点：

易于控制清淤深度，清淤彻底，施工效率高，同时易于观察清淤后的河底状况，利用河道两岸作为临时弃泥（土）场，避免远距离淤泥输送，工程成本相对较低。

干式清淤的缺点：

设备投入较多，相互之间干扰大；对两岸现有工程设施损坏严重；容易漏挖或者超挖，对周边环境产生二次污染，施工对沿河居民的干扰也较大。

(2) 水力冲挖施工方法（半干式清淤法）

施工时采用搅吸设备进行搅拌、抽排清淤，同时由工人使用高压水枪在搅吸设备旁边予以辅助。半干式清淤与干式清淤的不同之处在于前者并非将河道积水完全排干，而留有10.00～20.00 cm深河水用于搅拌淤泥，清淤过程需要水源，淤泥输送方式采用管道输送，与湿式清淤相同。半干式清淤示意图如图2.29所示。

图2.29　半干式清淤示意图

水力冲挖施工方法的优点：

操作简便，搅吸泥设备体积小，便于穿过桥梁进行施工，而且拆装、运输方便；管道输送避免了运输途中的二次污染问题，对周边环境和沿河居民生活基本没有影响。

水力冲挖施工方法的缺点：

高压水枪、泥浆泵、加压泵耗电量大；人工费用高，工作环境差；管道输泥距离越远，成本越高，效率越低。

(3) 环保型绞吸式挖泥船施工方法(湿式清淤法)

环保型绞吸式挖泥船，由浮体、绞刀、上细管、下吸管、泵、动力装置、传送装置等组成，配备专用环保绞刀头和保护罩，具有防止淤泥泄漏和扩散的功能，对底泥扰动小，避免了淤泥的扩散和逃淤现象。绞吸装置将水底沉积物切割搅动疏松后，经下吸管由泵吸起，由管道输泥至指定位置处置。该方法对底泥扰动小，清除率高，同时环保型绞吸式挖泥船具有高精度定位技术和现场监控系统，通过模拟动画，可直观地观察清淤设备的挖掘轨迹；高程控制通过挖深指示仪和回声测深仪精确定位绞刀深度，挖掘精度高，但清淤成本较高，对水位要求高。本方法适用于水面宽度大于 20.00 m，水深超过 1.50 m 的情况。

图 2.30　环保型绞吸式挖泥船清淤示意图

环保型绞吸式挖泥船施工方法的优点：

由于整个施工过程采用水下施工、密封管道运送，彻底避免了淤泥的二次污染。该施工方法除具备水力冲挖施工的优点外，还具有无须导流、不影响工业正常供水、综合成本低等特点。

环保型绞吸式挖泥船施工方法的缺点：

绞吸式挖泥船对于河道水深有一定的要求，不同的船型要求河道水深也不同，一般至少需要 1.20～1.50 m 的预留深度；对跨桥作业的桥梁高度有要求，当遇到无法通过的桥梁时，需要将船只进行拆卸、吊装；对距离储泥场超过 2.00 km 的淤泥输送，需要泵送加压才能完成。

上述三种清淤方法的比较如表 2.12 所示。

表 2.12　清淤方式比较表

名称	干式(挖掘机)	半干式(水力冲挖)	湿式(挖泥船)
施工工艺	分段设置围堰，疏干河水，采用小型推土机配合长臂挖掘机进行清淤，自卸汽车运输至弃土场。	利用水力冲挖机组，淤泥直接装入罐车运输至弃土场。	利用小型环保型绞吸式机械水下吸泥，用长距离输泥管道将淤泥排至弃土场。
实施难度	施工时要求有较开阔的场地、便于机械通行的通道。实施时对河道现有设施破坏严重。	实施难度不大，但淤泥带水运输，运输量大，运输成本较高。	实施难度不大，但淤泥采用管道输送到排放场，运输成本较高。管道过路难度大。
环境影响	对周边环境影响较大。	对周边环境影响较小。	对周边环境影响最小。

上述三种清淤方式各有优缺点，结合本项目清淤特点，设计的“干式”和“半干式”相结合的方式进行清淤。

4. 污泥处置

污染底泥的处置方法主要有原位处理和异位处理两大类。其中，异位处理主要对河湖采用疏浚船等传统清淤方法，即将底泥挖除后输运、固化、堆放后集中处理，由于施工工艺的不同，以及异位处理对底泥的扰动作用，破坏了原有的河湖水生态平衡，对环境影响较大，且难以在短时间内恢复，同时清除的底泥易对周边环境产生二次污染，难以处置。

原位处理技术是指在河湖内利用物理、化学或生物方法以减少污染底泥的总量、减少底泥中的污染物含量或降低底泥污染物海解度、毒性或迁移性，并减少底泥污染物释放、改善污染水体活性的污染底泥治理技术。目前，国内应用较多的原位修复技术有原位覆盖技术、化学控制技术、生物修复技术。

(1) 原位覆盖技术

原位覆盖修复是指直接在不移动底泥的前提下直接在底泥的上方用一层或者多层覆盖物覆盖，阻止底泥与上覆水直接接触，防止污染底泥营养盐向上覆水体扩散的底泥修复技术。原位覆盖材料有沙粒、石子、粉尘灰以及采用特殊材料合成的化学制品。

原位覆盖技术的局限性较为明显，一方面，投加覆盖材料，会增加湖泊中底质的体积，减小水容量，改变湖底坡度，因而在浅水或对水深有一定要求的水域，不宜采用原位覆盖技术；另一方面，在水体流动较快的水域，覆盖材料易发生变动，影响治理效果。

(2) 化学控制技术

底泥化学控制技术是向受污染水体中投加酶制剂或化学药剂来修复底泥，污染物在微生物和化学药剂的双重作用下被逐渐分解。在通常情况下，投加的化学药剂会与污染物发生氧化还原反应，改变原有污染物的性状，为后续的微生物降解作用提供有利条件。

由于化学控制技术是通过改变受污染底泥的氧化还原电位对其进行治理，这一过程中会对上覆水体和底泥中的各类生物的生长繁殖造成不利影响，治理中常会出现鱼类上浮、水生植物枯萎等问题，河道原有水生态平衡被破坏。

(3) 生物修复技术

底泥生物修复技术是利用微生物、水生动植物的生命活动，对水体中的污染物进行吸附、转移、转化及降解，使水体得到有效净化，创造适宜多种生物繁衍栖息的环境，重建并恢复水生生态系统。该技术具有处理效果好、工程造价相对较低、运行成本低等优点。同时，还可以与绿化环境及景观改善相结合，创造人与自然和谐共存的优美环境，是水体污染及富营养化治理的主要发展方向。

然而，此项技术修复时间长、见效慢，仅适用于轻度污染水体，且有外来物种入侵风险。此外，生物修复技术对水体环境要求较高，微生物仅在特定温度、pH、溶解氧含量的情况下方可达到最佳生长繁殖速率。而水生植物在冬季会逐渐枯萎，落叶需及时清理，否则进入水体腐烂后会产生二次污染。

考虑本项目污泥中总锰属于重金属污染，因此本项目污泥处置采用异位处理。

4.5.6 水生生态系统

在乔木山水塘内布设立体生态浮床及载体，浮体上布置湿地填料，形成填料浮体，其上种植湿地植物，成为浮岛式湿地；载体上种植浮水植物，其下悬挂立体弹性填料构成生物栅组件，成为人工浮岛。

图 2.31　生态浮岛示意图

4.5.7　植物筛选原则

利用水生植物修复重金属污染水体具有治理成本低、景观效果好等优点。本项目主要去除锰离子，参考相关文献及工程经验，本项目应挑选适应性强、抗逆性佳、生物量大、蓄积能力好的水生植物，提高生态修复重金属水体的能力。

筛选原则应本着选择生长迅速、生物量大、易割除、能适应冬季低温等特点的水生植物。此外，还应利用多种水生植物的合理搭配组合，可以发挥多种水生植物吸收、蓄积不同种重金属元素的功效，组成较合理的植物群落，提高水生植物群落的自动调节能力和生态稳定性，有望于不同季节都能实现较高效的重金属吸收蓄积能力。

4.5.8　生态修复

在乔木山水塘内布设立体生态浮床及载体，浮体上布置湿地填料，形成填料浮体，其上种植湿地植物，成为浮岛式湿地；载体上种植浮水植物，其下悬挂立体弹性填料构成生物栅组件，成为人工浮岛。利用水生植物根系和茎叶对重金属的吸收、转化、富集等功能可以降低水体中的重金属浓度，提升水体周边环境质量。当水生植物生物量增长到一定程度，通过割除水生植物可以最终实现重金属从污染水体中去除的目的。本设计中与生态浮岛植物相关的主要内容为挺水植物带、浮叶植物带及沉水植物带构建。

1. 挺水植物带设计

挺水植物的根、根茎一般生长在水体的底泥之中，茎、叶挺出水面。挺水植物主要通过发达的不定根、定根、主根吸收并积累水中的重金属，其根部积累重金属的能力一般大于茎部和叶部。有文献研究表明，挺水植物香蒲、水蕹、菖蒲、风水草对重金属的转运系数及富集效率较高，耐受性较好；其中香蒲可作为重金属污染水体的指示植物，其叶片对 Mn 的浓缩系数大于 1；风水草在初始质量浓度均为 1.0 mg/L 的含 Mn 废水中培养 10 天后，植物体内 Mn 积累量可达 198 μg/g。

挺水植物不仅对水质有一定的净化作用，且能够为两栖动物、鸟类、水生动物等提供舒适的栖息场所，有利于生物多样化，同时能够提升滨水的生态景观效果。

(1) 种植范围

本工程设计中湖滨带湿地植被带设计以常水位为基础，并考虑 0.30～0.40 m 范围内的水位变化幅度对挺水植物存活率的影响。在水位变化较大的区域设计耐淹植物，并结合植物品种、植株高度，形成高低错落的视觉效果。

图 2.32　挺水植物带示意图

(2) 植物配置设计

本次修复过程中优先选用芦苇、水雍、菖蒲等挺水植物。挺水植物带上层配置景观性较强的浅水植物,如香蒲、菖蒲、西伯利亚鸢尾、再力花等;下层配置既耐淹又耐旱的湿地植物,如芦苇,不仅吸收水体污染物,促进水生态系统形成,增加生态系统的多样性,与坡岸植被形成错落有致的滨水植物带,起到防土固坡,阻截外源污染的作用。

图 2.33　挺水植物配置示意图

2. 浮叶植物带设计

浮叶植物生于浅水中,根生长于水底,叶片浮在水面。常见的浮叶植物有莲、睡莲、菱、水鳖、荇菜等,对重金属均有一定富集作用。

图 2.34　浮叶植物带示意图

(1) 种植范围

浮叶植物带设计以常水位为基础，充分考虑水深对浮叶植物存活率的影响，设计在 0.80 m～1.20 m 水深范围内构建浮叶植物带。

(2) 植物配置设计

浮叶植物带考虑配置适应性强、成活率高、景观性较强的常见观赏性根生浮叶植物，不仅吸收水体污染物，促进水生态系统形成，还可营造自然的湖面景观，与挺水植被形成错落有致的滨水植物带，本项目主要选用睡莲或莲。

莲

睡莲

图 2.35　浮叶植物配置示意图

3. 沉水植物带设计

沉水植物的植株全部位于水层以下，通气组织比较发达，根部和叶部均可蓄积较高的重金属。沉水植物的叶子多为带状或丝状，常见的沉水植物有苦草、金鱼藻、狐尾藻、黑藻、眼子菜等。

(1) 种植范围

沉水植物带构建要充分考虑透明度、水深对沉水植物存活率的影响，在湖滨带水深 1.20～2.00 m 区域内构建。

(2) 植物配置设计

沉水植物带主要种植黑藻、苦草等本地常见的沉水植物，可有效吸收水体污染物，促进水生态系统的形成。

4.5.9　生态浮床

浮床材料为高密度 PE 材质，防腐蚀、抗氧化性能较高，单体形状为圆形和八角形，由中空悬浮体、网格框架和种植框组成，密度为 9～12 组/m^2，并可根据水面调整其整体造型。

图 2.36 浮床单体及弹性材料

采用组合式双环填料作为水中微生物附着基质，是以塑料环为骨架，负载着维纶丝，维纶丝紧固在塑料环上，丝束分布均匀，易生膜、换膜。填料规格（填料直径×片距）：150.00 mm×80.00 mm，安装距离150.00 mm，则密度为 176 片/m^2。（16 串/m^2，11 片/串）。

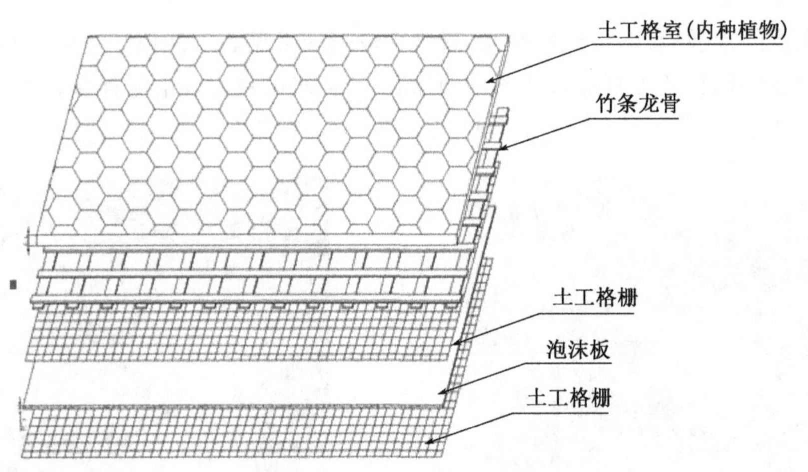

图 2.37 浮岛材料结构示意图

浮岛式湿地浮体的主要材料是土工格室、土工格栅、尼龙绳、泡沫板，这几种材料使用年限都在 10 年以上。根据以往应用情况和在维护工作当中遇到的情况，初步预计浮岛使用寿命在 8～10 年，如果后期维护得当使用寿命还可以延长。

净化浮岛由竹片作为龙骨，渔网作为载体，框架竹材的机械性能强，符合技术要求，使用寿命 3～5 年。净化浮岛载体由无毒有机高分子材料制成，使用寿命 3～5 年。设备使用前，严格进行质量检验。

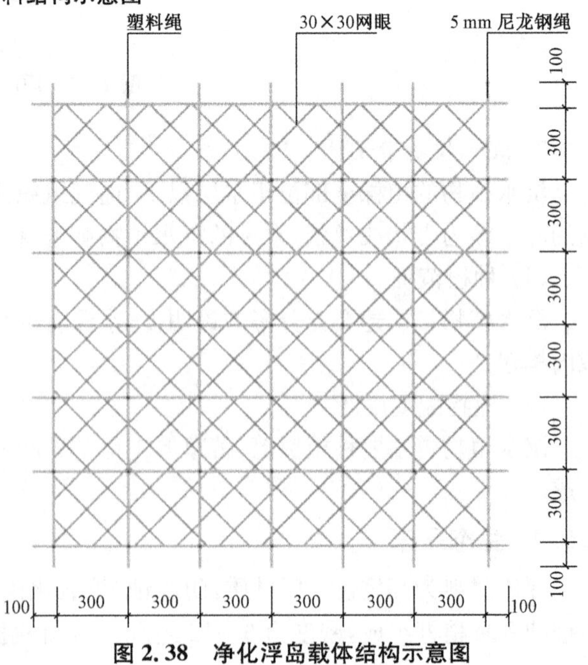

图 2.38 净化浮岛载体结构示意图

4.6 周边水环境工程效能分析

4.6.1 受污染水体水质全面达标

为了解治理后下游周边水体的水质情况，南京市江宁区环境监测站 2021 年起每月对库区及周边水环境开展跟踪监测，根据整改前后监测结果比对分析可知，下游水环境提升工程建成后，回水池下游水塘、排水沟下游、乔木山水塘等点位总锰浓度明显下降。根据《某矿业跟踪监测数据分析报告》，整改后 6 号塘、7 号塘、乔木山水塘、10 号塘东边水塘以及排水沟下游水体超标因子总锰监测结果均明显下降，受污染水体水质明显改善。

4.6.2 下游乔木山水塘环境有效提升

通过拦截坝设置、水体原位治理、水塘底泥清淤、水生生态系统（生态浮岛）构建，实现了库区下游乔木山水塘水环境的有效提升。乔木山水塘整治前后照片如图 2.39 所示。

图 2.39 乔木山水塘整治前后照片

4.7 淤泥有效处置

为实现淤泥的规范化处置并为监管提供依据，编制《某矿业某尾矿库下游周边水环境提升工程淤泥应急处置技术方案》并通过专家评审，明确了淤泥的处置利用方向。淤泥已于 2021 年 7 月 12 日完成全部清运，清运后由南京星凯新型建材有限公司进行综合利用。

◆专家讲评◆

湖泊水体的清淤污泥主要是无机物沉淀，淤泥中有机物含量较低，因此就近、经济地合理选取处理方法十分重要。

4.8 长效养护

◆专家讲评◆

生态治理工程中良好的长效养护是生态治理工程发挥作用的必要条件，离开了良好的长效养护管理，生态治理工程有可能不仅不能实现提升水环境的治理目的，很可能还会带来水体污染等环境负面效应。

工程建设完成后对生态浮岛和水生绿植实施常态化养护，主要包括以下措施：

1. 加强植物管理，保证水生植物的密度及良性生长；

2. 专人定期巡视，补充养分和水，保证植物多年的生长和繁殖，对死亡植物及时补种，保证植物的处理能力；

3. 秋季周期性收割枯死植物和去除表面枯枝落叶，定期清理沉积物；

4. 定期清理杂草和枯枝败叶，促进植物的更好生长，维系生态系统平衡。

4.9 结论与建议

4.9.1 结论

依据整改方案要求，南京市江宁区环境监测站于 2020 年 12 月对尾矿库及其周边水体开展了全面调查监测。针对尾矿库下游周边受污染水体制定《某矿业官山坳尾矿库下游周边水环境提升工程设计施工图》并按要求建设完成，通过工程验收。已在乔木山村水塘进出口设置拦截坝，回水池下游受污染的水塘利用泵回抽至污水处理站进水池就近处理。较远水塘通过"原位加药＋底泥清淤"的方式进行水塘修复治理。已在下游生态沟渠和乔木山水塘内种植水生植物，设置生态浮岛。

每月对库区及周边水环境开展跟踪监测，监测结果表明工程实施后回水池下游水塘、排水沟下游、乔木山水塘等点位总锰浓度明显下降，超标的受污染水体均已达标。

回水池下游至乔木山村水塘淤泥按照《某矿业官山坳尾矿库应急污水处理设施污泥处置去向分析报告》完成清淤并委托南京星凯新型建材有限公司处置。为保证生态浮岛的长效功能，已制定措施加强对生态浮岛和水生绿植常态化养护。

综上所述，下游周边水环境提升工程完成了整改方案相关要求，取得了显著效果。

4.9.2 建议

1. 为保证生态浮岛的长效功能，制定措施加强对生态浮岛和水生绿植常态化养护。

2. 做好跟踪监测，关注周边水环境，提升质量长久性、稳定性。

第五章 总结与建议

5.1 总结

根据《2020 年长江经济带生态环境警示片》中披露的南京某矿业有限公司官山坳尾矿库问题整改工作要求，制定了《2020 年长江经济带生态环境警示片披露问题整改工作方案(某矿业官山坳尾矿库)》并通过专家评审，整改工作方案中污水应急处理工程、下游周边水环境提升工程和撇洪设施完善工程均已建成、通过工程验收并分别进行效能评估，经评估，三大工程均能满足整改要求，效能良好。

根据工程调查分析及跟踪监测结果分析可知，南京某矿业有限公司官山坳尾矿库污水应急处理工程、下游周边水环境提升工程、撇洪设施完善工程运行状态良好。通过撇洪设施完善工程"控增量"，污水应急处理工程"减存量"，下游周边水环境提升工程"一塘一策、精准治理"，三大工程相辅相成，共同发挥显著效能保证库区废水有效处置及周边水环境持续向好，满足整改工作方案需求。工程实施效果显著。

5.2 建议

1. 加强日常环境管理，做好风险隐患排查、日常维护、应急管理、台账管理等工作。
2. 销库期间，应切实加强撇洪设施管护，防止发生堵塞、排水不畅的情况。
3. 进一步加强对应急污水处理站排口的监管，确保污水稳定达标排放。
4. 按照《江苏省尾矿库环境监管技术要点》(苏环办〔2021〕200 号)要求对尾矿库进行长效监管。

第二篇
地表水环境评估及治理修复

太湖水域倾倒固体废物生态环境损害司法鉴定

> 生态环境损害鉴定评估是了解生态环境损害现状的重要工具,也是审判机关判断案情的重要依据。我国原环境保护部早在2007年就开始尝试构建环境污染损害评估与赔偿机制的制度框架和技术规范等,此后相继出台了与生态损害鉴定相关的文件,并于2015年试点试行生态环境损害赔偿制度。可以说,建立健全生态环境损害赔偿制度是生态文明制度体系建设的重要组成部分。本案例以苏州市吴中区太湖湖体内某倾倒固体废物事件为例,通过案例分析为读者展示一个完整生态环境损害评估所经历的鉴定要求、鉴定程序、鉴定内容及鉴定方法,以期为我国建设完备的生态环境损害赔偿框架提供科学参考。

第一章　总　论

1.1　任务背景

1.1.1　生态环境损害鉴定评估发展

随着人类社会对美好环境的需求,生态环境保护也越来越受到重视。习近平总书记指出:"生态环境保护是功在当代、利在千秋的事业。要清醒认识保护生态环境、治理环境污染的紧迫性和艰巨性,清醒认识加强生态文明建设的重要性和必要性,以对人民群众、对子孙后代高度负责的态度和责任,真正下决心把环境污染治理好,把生态环境建设好,努力走向社会主义生态文明新时代,为人民创造良好生产生活环境。"目前,在我国正处于协调经济发展与生态环境保护关系的关键时期,生态环境局部改善但生态赤字逐渐扩大的背景下,在对现有的生态环境进行保护的过程中,正在被破坏甚至已经被破坏的环境问题也亟须解决。

生态环境损害鉴定评估是了解生态环境损害现状、彰显生态价值、实现损害担责的重要工具。其以"生态环境"为对象进行评估,是环境行政机关进行环境执法的重要支撑,也是审判机关判断案情的重要依据,更是生态环境损害救济的重要前提。

◆专家讲评◆

生态环境损害鉴定评估作为一个重要工具,对于了解生态环境损害的现状、彰显生态价值以及实现损害担责具有重要意义。

首先,生态环境损害鉴定评估的目标是针对生态环境进行评估,并确定损害的程度和范围。通过评估,可以全面了解生态环境的受损状况,为制定相应的环境保护和修复措施提供依据。

其次,生态环境损害鉴定评估在环境执法中起到重要的支撑作用。环境行政机关可以依据评估结果,对造成生态环境损害的行为采取相应的行政处罚,保护生态环境的合法权益。

再者,生态环境损害鉴定评估也是审判机关判断案情的重要依据。在环境民事纠纷或环境刑事案件中,评估结果可以作为判决的参考,帮助法官确定责任主体以及赔偿或惩罚金额等。

最后,生态环境损害鉴定评估也是生态环境损害救济的重要前提。通过评估,可以确认损害的存在,并为受损方的救济提供依据，使其能够获得相应的赔偿或修复。

综上所述，生态环境损害鉴定评估对于保护生态环境、维护公众权益以及推动环境法治具有重要作用，是环境保护工作中不可或缺的环节。

自2007年起，原环境保护部开始尝试构建环境污染损害评估与赔偿机制的制度框架和技术规范等，此后，相继出台了与生态损害鉴定相关的文件。关于生态损害鉴定启动机制的规定分散在环境相关司法解释与生态环境损害赔偿文件中，并没有明确的授权性或限制性规定。

2011年，原环境保护部印发的《关于开展环境污染损害鉴定评估工作的若干意见》，标志着我国环境损害鉴定评估工作的初步开展。此后，我国生态环境部及其他相关部门先后出台了环境损害鉴定评估制度的规范和要求，包括对人员、机构、行为等方面的规范。

2015年5月，中共中央、国务院印发《关于加快推进生态文明建设的意见》，提出"科学界定生态保护者与受益者权利义务，加快形成生态损害者赔偿、受益者付费、保护者得到合理补偿的运行机制"，要求"建立独立公正的生态环境损害评估制度"。2015年9月，中共中央、国务院印发《生态文明体制改革总体方案》，明确要求："严格实行生态环境损害赔偿制度。强化生产者环境保护法律责任，大幅度提高违法成本。健全环境损害赔偿方面的法律制度、评估方法和实施机制，对违反环保法律法规的，依法严惩重罚；对造成生态环境损害的，以损害程度等因素依法确定赔偿额度；对造成严重后果的，依法追究刑事责任。"2015年12月21日，最高人民法院、最高人民检察院、司法部联合发布了《关于将环境损害司法鉴定纳入统一登记管理范围的通知》，对从事生态环境损害司法鉴定业务的鉴定机构和鉴定人实行统一登记管理，同时，司法部、生态环境部(原环境保护部)印发的《关于规范环境损害司法鉴定管理工作的通知》规定：环境损害司法鉴定是指在诉讼活动中鉴定人运用环境科学的技术或者专门知识，采用监测、检测、现场勘察、实验模拟或者综合分析等技术方法，对环境污染或者生态破坏诉讼涉及的专门性问题进行鉴别和判断并提供鉴定意见的活动。明确了环境诉讼中需要解决的专门性问题包括：确定污染物的性质；确定生态环境遭受损害的性质、范围和程度；评定因果关系；评定污染治理与运行成本以及防止损害扩大、修复生态环境的措施或方案等。并规定了环境损害司法鉴定的主要领域包括：污染物性质鉴定、地表水和沉积物环境损害鉴定、空气污染环境损害鉴定、土壤与地下水环境损害鉴定、近海海洋与海岸带环境损害鉴定、生态系统环境损害鉴定和其他环境损害鉴定等。进一步明确了规范管理环境损害司法鉴定工作的思路和措施，推动我国生态环境损害鉴定评估工作进入规范化、科学化和法制化发展轨道。

2016年6月，为了丰富环境损害鉴定评估工作及管理体系的内涵，原环境保护部又接连印发了两项技术规范：《生态环境损害鉴定评估技术指南总纲》和《生态环境损害鉴定评估技术指南损害调查》。2011年至今，环保系统的试点和推荐单位根据以上管理性文件和技术，规范开展了多起环境损害事件的鉴定评估工作及后续问题处理。

2019年司法部和生态环境部联合印发的《环境损害司法鉴定执业分类规定》，细化了生态环境损害司法鉴定七大类鉴定事项的内容，着力提高生态环境损害司法鉴定管理工作的针对性、规范性和科学性。

2020年由生态环境部及国家市场监督管理总局联合发布的《生态环境损害鉴定评估技术指南 总纲和关键环节 第1部分：总纲》(GB/T 39791.1—2020)中定义"生态环境损害鉴定评估"：按照规定的程序和方法，综合运用科学技术和专业知识，调查污染环境、破坏生态行为与生态环境损害情况，分析污染环境或破坏生态行为与生态环境损害间的因果关系，评估污染环境或破坏生态行为所致生态环境损害的范围和程度，确定生态环境恢复至基线并补偿期间损害的恢复措施，量化生态环境损害数额的过程。

1.1.2 案例基本情况

本次案例主要为对苏州市吴中区太湖湖体内倾倒固体废物事件造成的环境损害进行鉴定评估。

2021年3月18日，太湖水上搜救基地工作人员在辖区巡航时发现一艘船舶在太湖湖体内倾倒固体废物。

2021 年 3 月 19 日，苏州市吴中生态环境局立即安排执法人员、监测人员赶赴现场。经调查确定，本次太湖湖体内倾倒废物事件中涉及的固体废物为基建（地铁等工程）所产生的渣土。当事人在船舶航行过程中有意偏离航道，于大沙山与小雷山之间，通过水上挖掘机将运输船中的渣土偷偷倾倒于太湖水体中，前后实施了三次倾倒行为，倾倒渣土约 2 000 吨。

2021 年 5 月 14 日，苏州市吴中生态环境局、太湖水上搜救中心以及南京大学环境规划设计研究院集团股份公司司法鉴定所等单位工作人员对苏州市吴中区太湖倾倒固体废物事件涉事的扣押船只进行了现场查勘，船舱内剩余渣土呈黑灰色，掺杂有碎石块及废钢筋等。

其后苏州市吴中区人民政府委托相关专业单位对倾倒渣土具体位置及范围进行测绘，相关单位多次组织研讨论证后决定对当事人倾倒的渣土实施清挖。考虑清挖工作对太湖湖体影响的不确定性，经相关单位研究决定先行选择一个倾倒点进行试挖，以探明清挖过程对湖体的影响及确定改进措施。

2021 年 10 月 9 日，各级单位共同组织实施了第一次清挖工作，并同步对清挖前后水质及沉积物进行监测，现场情况如图 3.1 所示。

图 3.1　2021 年 10 月 9 日清挖现场

通过数据比对，发现渣土的清挖对太湖地表水及沉积物环境影响范围可控后，2021 年 10 月 19 日，针对剩余倾倒点位进行了第二次清挖工作，清挖过程如图 3.2 所示。

图 3.2　2021 年 10 月 19 日清挖现场

为进一步公正、妥善落实案件的办理，苏州市吴中生态环境局委托南京大学环境规划设计研究院集团股份公司司法鉴定所对太湖湖体内倾倒固体废物事件中清挖出的固体废物是否属于有毒有害物质进行鉴定，对太湖湖体内倾倒固体废物事件造成的公私财产损失进行评估，对太湖湖体内倾倒固体废物事件造成的环境损害进行鉴定评估。

1.1.3　鉴定相关材料

1. 案件相关询问笔录

2021 年 3 月 11 日至 3 月 18 日期间，胡某雇佣张某等人通过两艘船在船舶航行过程中有意偏离航道，于大沙山与小雷山之间，通过水上挖掘机将船中的渣土偷偷倾倒于太湖水体中，前后实施了三次倾倒行为(6 船)，倾倒渣土约 2 000 吨。

2. 苏州市吴中生态环境局提供的由中国水产科学研究院淡水渔业研究中心出具的《太湖渣土倾倒区域渔业损失评估》(2021 年 11 月)

据调查分析显示，渣土倾倒覆盖水底后，局部水域的水生环境及水生生物资源发生明显变化，特别是水深、底栖动物、仔鱼等相关资源，变化较为显著，虽渣土倾倒区域浮游生物及鱼类有一定资源，但其群落组成发生变化，种类及数量均与渣土(倾倒区域)外水域不同，且渣土覆盖水体空间，侵占各生物栖息空间，对局部水生生物资源造成持续破坏。根据明确的 6 处渣土区域显示，渣土区直接覆盖水域 3 559.2 m^2，以 15 天为一个评估周期，估算一个影响周期内水生生物损失为 43 985.8 元；至 2021 年 11 月，估算总损失为 615 801.7 元。

3. 苏州市吴中生态环境局提供的检测服务的政府采购合同(2021 年 5 月 18 日、2021 年 12 月 19 日)

根据苏州市吴中生态环境局提供的检测服务的政府采购合同，对苏州市吴中区太湖湖体内倾倒固体废物事件采样检测及鉴定费用进行汇总。

1.2　评估要求概述

1.2.1　生态环境损害赔偿要求

根据《生态环境损害赔偿管理规定》(环法规〔2022〕31 号)第七条：赔偿权利人及其指定的部门或机构开展以下工作：(二)委托鉴定评估，开展索赔磋商和作为原告提起诉讼。

根据《生态环境损害赔偿管理规定》(环法规〔2022〕31 号)第九条：赔偿权利人及其指定的部门或机构，有权请求赔偿义务人在合理期限内承担生态环境损害赔偿责任。生态环境损害可以修复的，应当修复至生态环境受损前的基线水平或者生态环境风险可接受水平。赔偿义务人根据赔偿协议或者生效判决要求，自行或者委托开展修复的，应当依法赔偿生态环境受到损害至修复完成期间服务功能丧失导致的损失和生态环境损害赔偿范围内的相关费用。生态环境损害无法修复的，赔偿义务人应当依法赔偿相关损失和生态环境损害赔偿范围内的相关费用，或者在符合有关生态环境修复法规政策和规划的前提下，开展替代修复，实现生态环境及其服务功能等量恢复。

根据《生态环境损害赔偿管理规定》(环法规〔2022〕31 号)第十九条：生态环境损害索赔启动后，赔偿权利人及其指定的部门或机构，应当及时进行损害调查。调查应当围绕生态环境损害是否存在、受损范围、受损程度、是否有相对明确的赔偿义务人等问题开展。调查结束应当形成调查结论，并提出启动索赔磋商或者终止索赔程序的意见。公安机关在办理涉嫌破坏环境资源保护犯罪案件时，为查明生态环境损害程度和损害事实，委托相关机构或者专家出具的鉴定意见、鉴定评估报告、专家意见等，可以用于生态环境损害调查。

根据《生态环境损害赔偿管理规定》(环法规〔2022〕31 号)第二十条：调查期间，赔偿权利人及其指定的部门或机构，可以根据相关规定委托符合条件的环境损害司法鉴定机构或者生态环境、自然资源、住房和城乡建设、水利、农业农村、林业和草原等国务院相关主管部门推荐的机构出具鉴定意见或者鉴定评估报告，也可以与赔偿义务人协商共同委托上述机构出具鉴定意见或者鉴定评估报告。对损害事实简单、责任认定无争议、损害较小的案件，可以采用委托专家评估的方式，出具专家意见；也可以根据与案件相关的法律文书、监测报告等资料，综合做出认定。专家可以从市地级及以上政府及其部门、人民法院、检察机关成立的相关领域专家库或者专家委员会中选取。鉴定机构和专家应当对其出具的鉴定意见、鉴定评估报告、专家意见等负责。

1.2.2 鉴定要求

本案例涉及的生态环境损害鉴定评估坚持合法合规、科学合理和独立客观的原则。苏州市吴中生态环境局提供给鉴定机构的事实资料具有合法有效的法律效力，本案例评估的生态环境损害数额以苏州市吴中生态环境局提供的资料中所确认的事实为基础进行鉴定评估。鉴定机构结合委托方提供的事实资料以及鉴定机构实地调研了解的情况开展生态环境损害鉴定评估工作，编制生态环境损害评估司法鉴定意见书。

1.3 总体设计

1.3.1 鉴定评估程序

根据《生态环境损害鉴定评估技术指南 总纲和关键环节 第 1 部分：总纲》(GB/T 39791.1—2020)中“4.5 鉴定评估程序”：生态环境损害鉴定评估程序如图 3.3 所示。实践中，应根据鉴定评估委托事项开展上述相关工作，可根据委托事项适当简化工作程序。必要时，应针对生态环境损害鉴定评估中的关键问题开展专题研究。

1.3.2 鉴定评估内容及方法

1. 鉴定评估目标

本案例针对委托方的委托事项，确定本次鉴定评估目标：对太湖湖体内倾倒固体废物事件中清挖出的固体废物是否属于有毒有害物质进行鉴定，对太湖湖体内倾倒固体废物事件造成的公私财产损失进行评估，对太湖湖体内倾倒固体废物事件造成的生态环境损害进行鉴定评估。

2. 鉴定评估原则

本案例生态环境损害鉴定评估坚持合法合规、科学合理和独立客观的原则。

3. 鉴定评估内容

本案例为非法倾倒固体废物引起的环境污染事件，根据委托方提供的相关材料及委托事项，本次生态环境损害鉴定评估的内容包括：(a) 调查污染环境或破坏生态行为的事实；(b) 确定生态环境损害的事实和类型；(c) 分析污染环境或破坏生态行为与生态环境损害间的因果关系；(d) 确定生态环境损害的时空范围和程度；(e) 评估生态环境恢复的可能性，制定恢复方案；(f) 量化生态环境损害价值。

4. 鉴定评估范围

本次生态环境损害鉴定评估范围包括空间范围和时间范围。空间范围：因实施非法倾倒固体废物的

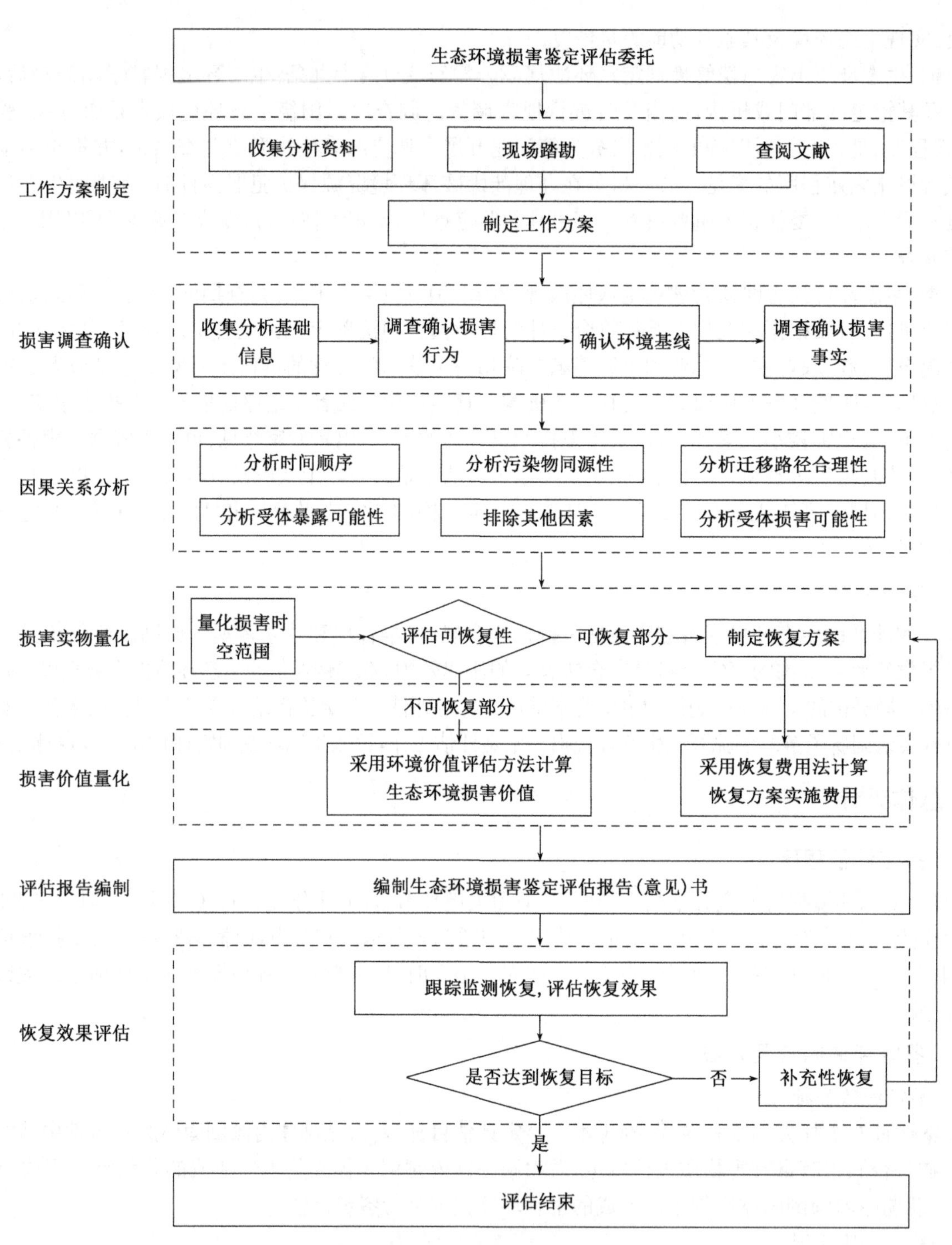

图 3.3　生态环境损害鉴定评估程序图

污染环境行为对涉事水域及周边造成影响的环境区域。时间范围:以污染环境行为发生日期为起点,持续到受损生态环境及其服务功能恢复至基线为终点。

5. 鉴定评估方法

根据《生态环境损害鉴定评估技术指南 环境要素 第 2 部分:地表水和沉积物》(GB/T 39792.2—2020)中"9.2 恢复费用法":按照地表水和沉积物生态环境基本恢复和补偿性恢复方案,采用费用明细法、指南和手册参考法、承包商报价法、案例比对法等方法,计算恢复方案实施所需要的费用。具体参照 GB/T 39791.1 中生态环境恢复费用计算的相关内容。

本项目正式接受委托后，鉴定机构工作人员通过现场查勘、资料收集、人员访谈等方式对整个环境污染的事实进行了调查和确认。鉴定评估将根据调查结果，采用恢复费用法，以恢复方案实施所需要的费用作为生态环境损害评估数额。

6. 鉴定评估程序

根据《生态环境损害鉴定评估技术指南 总纲和关键环节 第1部分：总纲》(GB/T 39791.1—2020)中“4.5 鉴定评估程序”：

(a) 工作方案制定。通过收集资料、现场踏勘、座谈走访、文献查阅、遥感影像分析等方式，掌握污染环境或破坏生态行为以及生态环境的基本情况，确定生态环境损害鉴定评估的目的、对象、范围、内容、方法、质量控制和质量保证措施等，编制鉴定评估工作方案。

(b) 损害调查确认。掌握污染环境或破坏生态行为的事实，调查并对比生态环境及其服务功能现状和基线，确定生态环境损害的事实和类型。

(c) 因果关系分析。根据污染环境或破坏生态行为和生态环境损害的调查结果，分析污染环境或破坏生态行为与生态环境损害的因果关系。

(d) 损害实物量化。明确不同生态环境损害类型的量化指标，量化生态环境损害的时空范围和程度；分析恢复受损生态环境的可行性；明确生态环境恢复的目标，制定生态环境恢复备选方案，筛选确定最佳恢复方案。

(e) 损害价值量化。统计实际发生的污染清除费用；估算最佳生态环境恢复方案的实施费用；当生态环境无法恢复或仅部分恢复时，可采用环境价值评估方法，量化生态环境损害价值。

(f) 评估报告编制。编制生态环境损害鉴定评估报告(意见)书，同时建立完整的鉴定评估工作档案。

(g) 恢复效果评估。跟踪生态环境损害基本恢复和补偿恢复方案的实施情况，开展必要的调查和监测，评估生态环境恢复的效果，必要时开展补充性恢复。本项目暂未涉及生态环境恢复效果评估部分。

第二章 工作方案制定

2.1 基本情况调查

2.1.1 污染环境或破坏生态行为调查

根据《生态环境损害鉴定评估技术指南 环境要素 第2部分：地表水和沉积物》(GB/T 39792.2—2020)中“5.1.1 污染环境或破坏生态行为调查”：对于一般水环境污染事件，了解水域及周边区域排污单位、纳污沟渠及农业面源等污染分布情况，分析或查明污染来源；对于突发水环境污染事件，还应查明事件发生的时间、地点，可能产生污染物的类型和性质等情况。对于水生态破坏事件，了解破坏事件性质、破坏方式、发生时间、地点等基本情况，查明破坏生态行为的开始时间、结束时间、持续时长、频次、破坏面积、破坏量等情况。

◆专家讲评◆

这些调查步骤的目的是详细了解污染或破坏事件的各个方面，包括事件发生的时间、地点、持续时间等关键信息。通过收集和分析这些信息，有助于评估和确定水环境污染或生态破坏的程度和范围，为后续的鉴定评估提供依据，以及为修复工作提供指导。同时，这也有助于追究责任和采取相应的环境保护措施。

2.1.2 污染源调查

根据《生态环境损害鉴定评估技术指南 环境要素 第2部分：地表水和沉积物》(GB/T 39792.2—2020)中“5.1.2 污染源调查”的相关规定对污染源进行调查。

2.1.3 污染环境或破坏生态基本情况调查

根据《生态环境损害鉴定评估技术指南 环境要素 第2部分:地表水和沉积物》(GB/T 39792.2—2020)中"5.1.3 污染环境或破坏生态基本情况调查":掌握受污染或破坏水生态系统的自然环境(包括水文地貌、水环境质量)、生物要素和服务功能受损害的时间、方式、过程和影响范围等信息。对于水环境污染事件,了解污染物的排放方式、时间、频率、去向、数量,特征污染物类别、浓度;污染物进入地表水和沉积物环境生成的次生污染物种类、数量和浓度等信息。

2.1.4 事件应对基本情况调查

根据《生态环境损害鉴定评估技术指南 环境要素 第2部分:地表水和沉积物》(GB/T 39792.2—2020)中"5.1.4 事件应对基本情况调查":了解污染物清理、防止污染扩散等控制措施,实施地表水和沉积物生态环境治理修复以及水生态恢复的相关资料和情况,包括实施过程、实施效果、费用等相关信息。掌握环境质量与水生生物监测工作开展情况及监测数据。

2.2 自然环境与水功能信息收集

根据《生态环境损害鉴定评估技术指南 环境要素 第2部分:地表水和沉积物》(GB/T 39792.2—2020)中"5.2 自然环境与水功能信息收集",调查收集影响水域以及水域所在区域的自然环境信息,具体包括:(a) 水域历史、现状和规划功能资料;(b) 水域地形地貌、水文以及所在区域气候气象资料;(c) 水域及其所在区域的地质和水文地貌资料;(d) 地表水和沉积物历史监测资料;(e) 影响水域内饮用水源地、生态保护红线、自然保护区、重要湿地、风景名胜区及所在区域内基本农田、居民区等环境敏感区分布信息,以及浮游生物、底栖动物、大型水生植物、鱼类等游泳动物、水禽、哺乳动物及河岸植被等主要生物资源的分布状况。

◆专家讲评◆

根据《生态环境损害鉴定评估技术指南 环境要素 第2部分:地表水和沉积物》(GB/T 39792.2—2020)中"5.2 自然环境与水功能信息收集",提供的信息涵盖了对影响水域和水域所在区域的自然环境进行评估所需的关键信息。以下是对于这些信息收集内容的解读。

(a) 水域历史、现状和规划功能资料:这些资料提供了水域的演变历史、现存水域状况以及针对水域所规划的功能和用途。通过了解水域的历史和现状,可以更好地评估当前的生态环境质量和功能。

(b) 水域地形地貌、水文以及所在区域气候气象资料:这些资料包括对水域地貌特征、水文过程以及所在区域整体气候和气象条件的了解。这些信息对于理解水域的水动力学过程、水文特征以及气候对水域的影响都非常重要。

(c) 水域及其所在区域的地质和水文地貌资料:这些资料包括水域和周边地区的地质结构和地质特征,以及地下水和地表水的关系。通过了解水域的地质和水文地貌条件,可以更好地了解局部水体的形成和演化过程,以及水体与地下水和地表水交互作用的情况。

(d) 地表水和沉积物历史监测资料:这些资料记录了对地表水和沉积物进行定期监测和采样的历史数据。这些数据对于评估水体质量和沉积物中的污染物含量非常有价值,可以提供关于水质和污染物污染历史的信息。

(e) 环境敏感区分布信息和生物资源分布状况:这些信息主要包括环境敏感区的分布,如饮用水源地、生态保护红线、自然保护区等,以及关键生物资源的分布情况,如浮游生物、底栖动物、大型水生植物、鱼类、水禽和哺乳动物等。了解这些分布信息可以更好地评估生物多样性、生态系统的完整性和水域的生态功能。

通过收集和分析这些自然环境与水功能信息,可以更全面地评估水域及其所在区域的生态环境状况并量化环境的损害程度。这些信息也为制定环境保护措施和管理策略提供了重要的科学依据。然而,确保信息的准确性和可靠性及其在评估过程中的合理应用也是十分重要的。

2.3 社会经济信息收集

根据《生态环境损害鉴定评估技术指南 环境要素 第2部分:地表水和沉积物》(GB/T 39792.2—

2020)中"5.3 社会经济信息收集",收集影响水域所在区域的社会经济信息,主要包括:(a) 经济和主要产业的现状和发展状况;(b) 地方法规、政策与标准等相关信息;(c) 人口、交通、基础设施、能源和水资源供给、相关水产品、水资源价格等相关信息。

2.4 制定工作方案

根据《生态环境损害鉴定评估技术指南 环境要素 第 2 部分:地表水和沉积物》(GB/T 39792.2—2020)中"5.4 制定工作方案":根据所掌握的监测数据、损害情况以及自然环境和社会经济信息,初步判断地表水生态环境损害可能的受损范围与类型,必要时利用实际监测数据进行污染物与水生生物损害空间分布模拟。根据事件的基本情况和鉴定评估需求,明确要开展的损害鉴定评估工作内容,设计工作程序,通过调研、专项研究、专家咨询等方式,确定鉴定评估工作的具体方法,编制工作方案。

第三章 生态环境损害调查确认

3.1 太湖基本情况调查

本次太湖湖体内倾倒固体废物事件事发地位于太湖西山风景区附近。

3.1.1 太湖的功能

太湖位于长江三角洲的南缘、江苏省南部,北临江苏无锡,南濒浙江湖州,西依江苏常州、江苏宜兴,东近江苏苏州,太湖湖泊面积约 2 427.8 平方千米,水域面积约 2 338.1 平方千米,湖岸线全长约 393.2 千米,是我国第三大淡水湖,具有水产养殖、饮水供应、调蓄洪水、水上运输和生态休闲旅游等功能。

3.1.2 太湖的战略地位

太湖流域作为长江三角洲的核心地区和发展"引擎",肩负着落实新发展理念、率先形成新发展格局、率先打造改革开放新高地的重大使命。

此外,太湖还具有较高的战略地位。根据《省政府关于印发江苏省国家级生态保护红线规划的通知》(苏政发〔2018〕74 号),太湖水域均处于国家级生态保护红线区域内,属重要湖泊湿地,该区域属于生态服务功能极重要区。

3.1.3 本事件涉及的法律规定

本事件中当事人于太湖水体中倾倒固体废物的行为违反了《中华人民共和国水污染防治法》(2017 年 6 月 27 日修正版)中的第八十五条规定:"有下列行为之一的,由县级以上地方人民政府环境保护主管部门责令停止违法行为,限期采取治理措施,消除污染,处以罚款;逾期不采取治理措施的,环境保护主管部门可以指定有治理能力的单位代为治理,所需费用由违法者承担:(四)向水体排放、倾倒工业废渣、城镇垃圾或者其他废弃物,或者在江河、湖泊、运河、渠道、水库最高水位线以下的滩地、岸坡堆放、存贮固体废弃物或者其他污染物的"。

◆专家讲评◆

根据《中华人民共和国水污染防治法》第八十五条的规定,本事件中当事人在太湖水体中倾倒固体废物的行为明显违反了法律的规定。依法,县级以上地方人民政府环境保护主管部门有权责令停止违法行为,限期采取治理措施,消除污染,并可对违法行为处以罚款。如果当事人逾期不采取治理措施,环境保护主管部门还可以指定有治理能力的单位代为治理,并要求违法者承担所需费用。

这一规定的目的是确保水体的环境质量得到维护和保护,以便维护人类的生存环境和健康。因此,倾倒固体废物等行为在法律上是被明确禁止的,违反者将面临相应的法律责任。

同时，当事人于太湖水体中倾倒固体废物的行为还违反了《江苏省太湖水污染防治条例》(2018 年 5 月 1 日起施行)中的规定："太湖流域一、二、三级保护区禁止下列行为：(六)向水体直接排放人畜粪便、倾倒垃圾"。

3.1.4 区域水文地貌调查

太湖流域地处长江三角洲的南翼，流域面积约 36 895 平方千米，是长江水系最下游的支流水系，江湖相连，水系沟通，犹如瓜藤相接，依存关系密切。

3.1.5 生物资源调查

太湖湖区具有丰富的植物资源。水生生物的群落结构分为浮游藻类、水生维管束植物、浮游动物、底栖动物、虾蟹类和鱼类。太湖存在过的水生植物包括：芦苇群落、菱草群落、苦菜群落、菱草和浮叶植物群落、苦菜和野菱群落、微齿眼子菜群落等，现主要分布在湖滨浅水区和东太湖大部分水域。太湖流域是我国重点淡水渔业基地，宽浅的水域为各种鱼类洄游、产卵生长提供了良好场所。太湖鱼虾种类丰富，其中以银鱼、白壳虾、鲚鱼为水产珍品。

3.2 调查指标确认

3.2.1 调查原则

按照《生态环境损害鉴定评估技术指南 环境要素 第 2 部分：地表水和沉积物》(GB/T 39792.2—2020)"6.1.1 调查原则"中的规定，对生态环境损害进行确认。

3.2.2 确定调查指标

按照《生态环境损害鉴定评估技术指南 环境要素 第 2 部分：地表水和沉积物》(GB/T 39792.2—2020)"6.1.3 不同类型事件的调查重点"和"6.2.2 水文地貌指标的确定"中的规定确定调查指标。

3.2.3 固体废物属性判别

1. 样品采集

2021 年 5 月 14 日，在苏州市吴中生态环境局和南京大学环境规划设计研究院集团股份公司司法鉴定所工作人员的见证下，江苏康达检测服务有限公司采样人员参照《突发环境事件应急监测技术规范》(HJ 589—2010)和《工业固体废物采样制样技术规范》(HJ/T 20—1998)对扣押的海达 156 号船舱内剩余固体废物进行了代表性样品的采集，采样点位如图 3.4 所示。

图 3.4 船舱固废样品采集点位示意图

2021 年 10 月 9 日及 10 月 19 日，江苏康达检测服务有限公司采样人员参照相关技术规范要求对清挖的 6 个倾倒点的固体废物进行了代表性样品采集。采样点位如图 3.5 和表 3.1 所示。

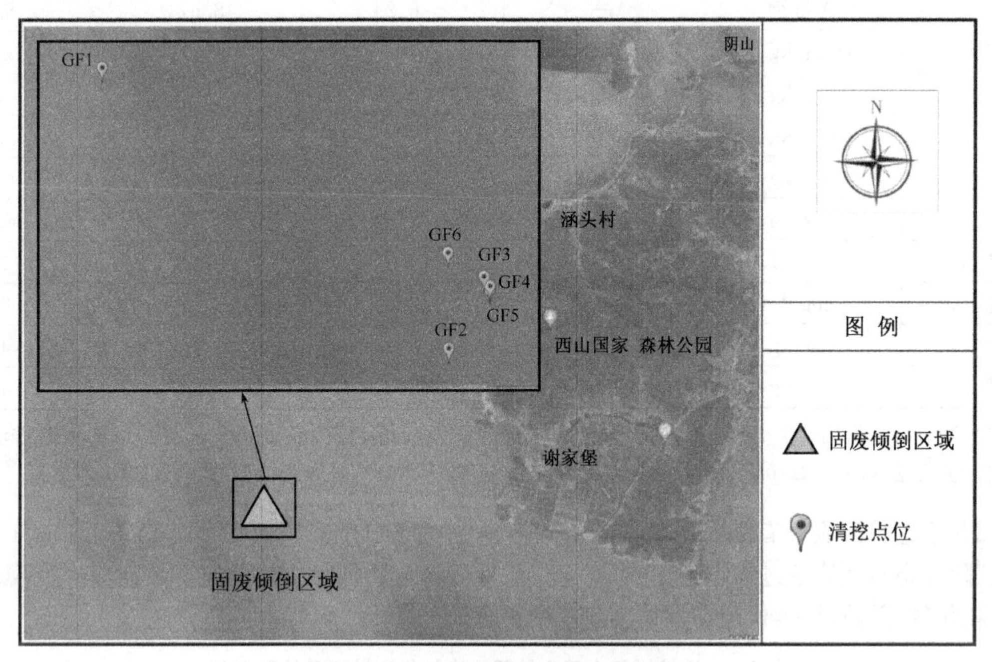

图 3.5 固体废物样品采集点位图

表 3.1 固体废物代表性样品采集情况

样品类型	点位坐标	采样时间	样品个数	样品编号
船舱内固体废物	—	2021.5.14	3	S1～S3
倾倒点位 1 固体废物	31°04.387′N,120°09.763′E	2021.10.9	3	GF1-1～GF1-3
倾倒点位 2 固体废物	31°03.719′N,120°10.740′E	2021.10.19	3	GF2-1～GF2-3
倾倒点位 3 固体废物	31°03.889′N,120°10.839′E	2021.10.19	3	GF3-1～GF3-3
倾倒点位 4 固体废物	31°03.8666′N,120°10.8558′E	2021.10.19	3	GF4-1～GF4-3
倾倒点位 5 固体废物	31°03.8587′N,120°10.8551′E	2021.10.19	3	GF5-1～GF5-3
倾倒点位 6 固体废物	31°03.946′N,120°10.738′E	2021.10.19	3	GF6-1～GF6-3

2. 检测方案

根据资料摘要，对本次事件采集的 18 个代表性固体样品进行 pH、高锰酸盐指数、总磷、总氮、锌、氟化物、砷、汞、铅、挥发酚检测。

3. 检测结果分析

根据江苏康达检测服务有限公司出具的检测报告(编号:KDHJ214794-2)，详见《苏州市吴中区太湖湖体内倾倒固体废物事件环境损害评估司法鉴定意见》{南大环规院司鉴所[2021]环评鉴字第 38 号(以下称“鉴定意见”)，2022 年 1 月 25 日}附件集，从船舱内采集的 3 个代表性固体废物样品中检测出了高锰酸盐指数、总氮、锌、铅、汞、砷、氟化物、总磷。具体检测结果如表 3.2 所示。

表 3.2 船舱内固体废物样品检测结果

样品	单位	检出限	S1	S2	S3
pH	无量纲	—	8.2	8.61	8.44
挥发酚	mg/kg	0.3	ND	ND	ND
锌	mg/kg	1	90	89	80
铅	mg/kg	10	32	27	25
汞	mg/kg	0.002	0.111	0.153	0.146
砷	mg/kg	0.01	7.3	6.73	6.34
高锰酸盐指数	mg/L	0.5	2.8	3.1	1.3
总氮	mg/L	0.05	0.64	1.2	0.5
氟化物	mg/kg	125	509	482	478
总磷	mg/kg	10	523	542	462

注：① "ND"表示未检出；② pH 检测方法：HJ962—2018；挥发酚检测方法：HJ998—2018；总磷检测方法：HJ632—2011；氟化物检测方法：GB/T 22104—2008；汞和砷检测方法：HJ680—2013；锌和铅检测方法：HJ491—2019。

根据江苏康达检测服务有限公司出具的检测报告（编号：KDHJ2110749－2、KDHJ2110749－3，详见"鉴定意见"附件集），从清挖过程中采集的 18 个代表性固体废物样品中检测出了高锰酸盐指数、总氮、锌、铅、汞、砷、氟化物、总磷，具体检测结果如表 3.3 所示。

表 3.3 清挖过程中采集的固体废物代表性样品检测结果

样品	单位	检出限	GF1－1	GF1－2	GF1－3	GF2－1	GF2－2	GF2－3	GF3－1	GF3－2	GF3－3
pH	无量纲	—	7.69	8.05	8.52	8.65	8.53	8.28	9.44	9.02	8.74
挥发酚	mg/kg	0.3	ND	ND	ND	ND	ND	ND	ND	ND	ND
锌	mg/kg	1	155	139	115	73	71	83	67	73	78
铅	mg/kg	10	29	26	22	22	18	24	18	18	23
汞	mg/kg	0.002	0.015	0.023	0.064	0.081	0.061	0.106	0.079	0.089	0.086
砷	mg/kg	0.01	15.8	15	11.8	8.68	9.01	7.49	8.32	5.88	14.1
高锰酸盐指数	mg/L	0.5	6.6	6.8	7.8	29.2	45.6	9.7	12.1	44	12.1
总氮	mg/L	0.05	0.94	0.93	0.81	0.99	0.85	0.82	0.74	0.85	0.81
氟化物	mg/kg	125	682	839	748	575	526	607	459	538	638
总磷	mg/kg	10	709	744	775	724	748	681	786	744	663
样品	单位	检出限	GF4－1	GF4－2	GF4－3	GF5－1	GF5－2	GF5－3	GF6－1	GF6－2	GF6－3
pH	无量纲	—	8.1	9	8.41	8.67	8.52	8.49	9.7	9.85	9.28
挥发酚	mg/kg	0.3	ND	ND	ND	ND	ND	ND	ND	ND	ND
锌	mg/kg	1	49	64	58	63	76	78	90	61	69
铅	mg/kg	10	19	18	18	20	25	25	25	19	21
汞	mg/kg	0.002	0.071	0.06	0.075	0.094	0.072	0.08	0.098	0.139	0.098
砷	mg/kg	0.01	3.96	4.4	7.11	5.64	3.56	3.75	5.15	4.11	5.59
高锰酸盐指数	mg/L	0.5	3.6	10.9	57.9	28	57.9	26.5	5	6.2	18.5
总氮	mg/L	0.05	0.78	0.78	0.7	0.67	0.74	0.87	0.81	0.83	0.74
氟化物	mg/kg	125	442	576	520	529	614	603	600	522	674
总磷	mg/kg	10	599	718	715	654	648	656	682	675	682

注：① "ND"表示未检出；② pH 检测方法：HJ962—2018；挥发酚检测方法：HJ998—2018；总磷检测方法：HJ632—2011；氟化物检测方法：GB/T 22104—2008；汞和砷检测方法：HJ680—2013；锌和铅检测方法：HJ491—2019。

4. 固体废物属性判别

《固体废物鉴别标准 通则》(GB 34330—2017)中“3.1 固体废物”:固体废物是指在生产、生活和其他活动中产生的丧失原有利用价值或者虽未丧失利用价值但被抛弃或者放弃的固态、半固态和置于容器中的气态的物品、物质以及法律、行政法规规定纳入固体废物管理的物品、物质。

《固体废物鉴别标准 通则》(GB 34330—2017)中“4 依据产生来源的固体废物鉴别”规定下列物质属于固体废物(章节 6 包括的物质除外):“4.1 丧失原有使用价值的物质,包括以下种类:(h)因丧失原有功能而无法继续使用的物质”。

《固体废物鉴别标准 通则》(GB34330—2017)中“5.1 在任何条件下,固体废物按照以下任何一种方式利用或处置时,仍然作为固体废物管理(但包含在 6.2 条中的除外):(d)倾倒、堆置”。

根据本案例的基本调查情况,海达 156 号及汇丰 19 号倾倒的物质来源于基建(地铁等工程)所产生的渣土。对照《固体废物鉴别标准 通则》(GB34330—2017)中的相关规定和案件事实,可以判定:本事件中非法倾倒的建筑垃圾等物质属于固体废物。

根据《关于办理环境污染刑事案件有关问题座谈会纪要》(2019 年 2 月 20 日印发)关于有害物质的认定的规定,常见的有害物质主要有:在利用和处置过程中必然产生有毒有害物质的其他物质。

查阅相关文献资料,建筑垃圾沉浸在水中后,会析出大量重金属离子及其他有害物质,如汞、砷、铅等,让其长久在湖体中贮存不进行清理,就会导致地表水的污染,直接影响和危害水生生物的生存和水资源的利用。

根据前面的检测结果分析,清挖出的固体废物中含有锌、铅、汞等金属及有害物质砷,倾倒于湖体后固体废物中金属离子等物质会逐渐析出,产生有毒有害物质,污染环境。因此,可以判定本案件中清挖出的固体废物属于《中华人民共和国刑法》第三百三十八条中规定的“有害物质”。

3.2.4 特征污染物的筛选

按照《生态环境损害鉴定评估技术指南 环境要素 第 2 部分:地表水和沉积物》(GB/T 39792.2—2020)中“6.2.1 特征污染物的筛选”中的规定,筛选本次事件的特征污染物。

1. 污染源特征指标识别

涉事固体废物为基建工程产生的渣土,根据前面的“固体废物属性判别”,其中主要的污染因子包括 pH、高锰酸盐指数、挥发酚、总磷、总汞、总氮、氨氮、砷、铅、氟化物。

2. 特征指标群选取

根据“污染源特征指标识别”中确定的特征污染物,结合《地表水环境质量标准》(GB 3838—2002)中对于地表水环境质量标准基本项目的指标可确定,本环境污染事件的地表水特征指标群为 pH、高锰酸盐指数、挥发酚、总磷、总汞、总氮、砷、铅、氟化物,水质指标为溶解氧、化学需氧量、五日生化需氧量(BOD_5)、铜、锌、硒、镉、氨氮、六价铬、氰化物、石油类、阴离子表面活性剂、硫化物、硫酸盐、氯化物、硝酸盐、铁、锰、硬度、电导率、浊度、氧化还原电位。

3.3 地表水环境损害确认

3.3.1 点位和深度布设

按照《生态环境损害鉴定评估技术指南 环境要素 第 2 部分:地表水和沉积物》(GB/T 39792.2—2020)中“6.4.1 布点采样要求”、《突发环境事件应急监测技术规范》(HJ 589—2010)中“4.1.2 布点方法”及《地表水和污水监测技术规范》(HJ/T 91—2002)中“4.1.4 采样点位的确定”的要求,“在一个监测断面上设置的采样垂线数与各垂线上的采样点数应符合……湖(库)监测垂线上的采样点的布设应符合表 3.4。

表 3.4　湖(库)监测垂线采样点的设置

水　深	分层情况	采样点数	说明
≤5 m	—	一点(水面下 0.5 m 处)	1. 分层是指湖水温度分层状况。 2. 水深不足 1 m,在 1/2 水深处设置测点。 3. 有充分数据证实垂线水质均匀时,可酌情减少测点。
5～10 m	不分层	二点(水面下 0.5 m,水底上 0.5 m 处)	
5～10 m	分层	三点(水面下 0.5 m,1/2 斜温层,水底上 0.5 m 处)	
>10 m	—	除水面下 0.5 m,水底上 0.5 m 处外,按每一斜温分层 1/2 处设置。	—

根据以上技术规范要求,结合前后两次清挖的现场情况共布设 10 条采样垂线,在每条垂线上布设一个地表水采样点位(涉事水域平均水深小于 5 m),同时在垂线所在位置布设一个沉积物采样点位。具体采样点位如图 3.6 和图 3.7 所示。

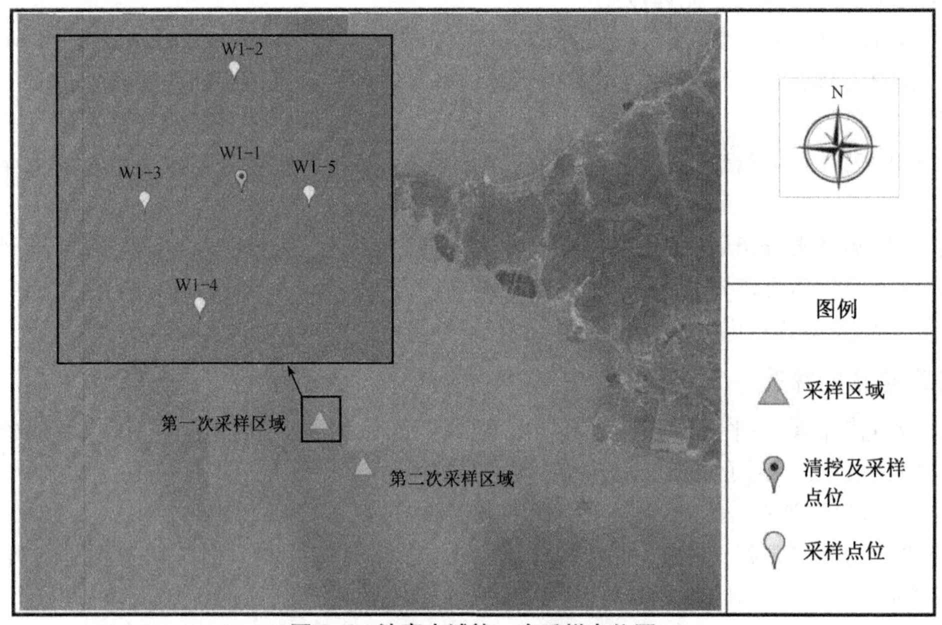

图 3.6　涉事水域第一次采样点位图

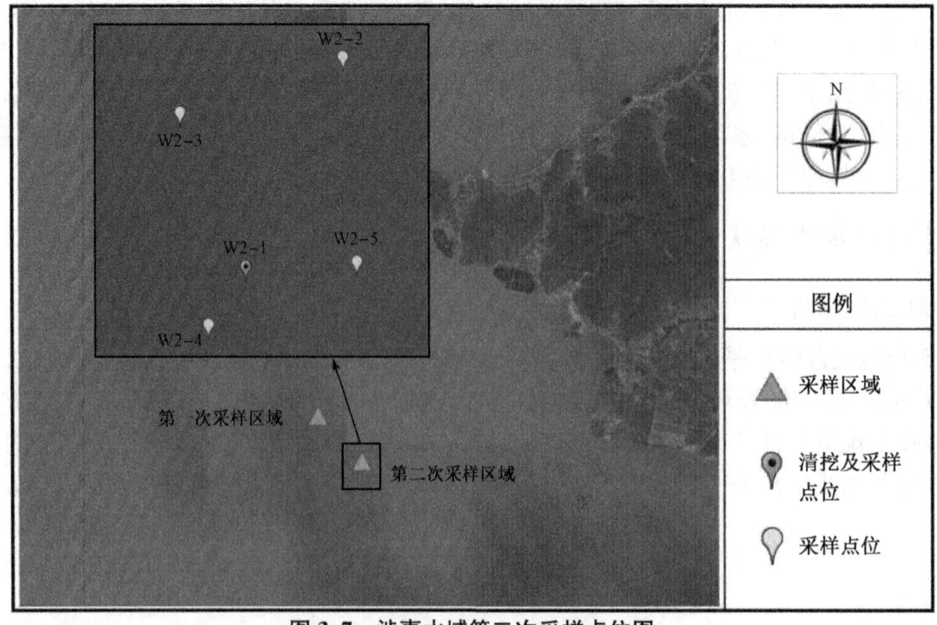

图 3.7　涉事水域第二次采样点位图

3.3.2 样品采集和检测

本次涉事水域(大沙山附近)共布设 10 条监测垂线,由于涉事水域平均水深为 2 m,根据相关规范,每条监测垂线上布设一个地表水样品采样点,同时在该监测垂线位置采集一个沉积物样品,共采集 10 个地表水样品以及 10 个沉积物样品。根据"3. 2. 4 特征污染物的筛选"中确定的检测因子对所有地表水及沉积物样品进行检测。采样信息如表 3. 5 所示。

表 3. 5　涉事水域样品采集情况

采样垂线	采样点位	点位编号	采样时间	点位坐标
1	地表水点位 1	W1 - 1	2021. 10. 9	31°04. 387′N,120°09. 763′E
	沉积物点位 1	C1 - 1		
2	地表水点位 2	W1 - 2	2021. 10. 9	31°04. 387′N,120°09. 763′E
	沉积物点位 2	C1 - 2		
3	地表水点位 3	W1 - 3	2021. 10. 9	31°04. 370′N,120°09. 669′E
	沉积物点位 3	C1 - 3		
4	地表水点位 4	W1 - 4	2021. 10. 9	31°04. 285′N,120°09. 722′E
	沉积物点位 4	C1 - 4		
5	地表水点位 5	W1 - 5	2021. 10. 9	31°04. 375′N,120°09. 828′E
	沉积物点位 5	C1 - 5		
6	地表水点位 6	W2 - 1	2021. 10. 19	31°03. 719′N,120°10. 740′E
	沉积物点位 6	C2 - 1		
7	地表水点位 7	W2 - 2	2021. 10. 19	31°03. 961′N,120°10. 875′E
	沉积物点位 7	C2 - 2		
8	地表水点位 8	W2 - 3	2021. 10. 19	31°03. 897′N,120°10. 649′E
	沉积物点位 8	C2 - 3		
9	地表水点位 9	W2 - 4	2021. 10. 19	31°03. 652′N,120°10. 688′E
	沉积物点位 9	C2 - 4		
10	地表水点位 10	W2 - 5	2021. 10. 19	31°03. 725′N,120°10. 894′E
	沉积物点位 10	C2 - 5		

根据江苏康达检测服务有限公司出具的检测报告(编号:KDHJ2110749 - 1、KDHJ2110749 - 2、KDHJ2110749 - 3、KDHJ2111260 - 1、KDHJ2111260 - 2、KDHJ2111260 - 3,详见"鉴定意见"附件集),2021 年 10 月从涉事水域(大沙山附近)采集的地表水样品中检测出了特征指标群(高锰酸盐指数、氟化物、锌、总砷、总磷、总氮、挥发酚)和水质指标(氯化物、总硬度、硫酸盐、氨氮、铜、锰、铁、化学需氧量、BOD_5、石油类、浊度、溶解氧、氧化还原电位、电导率)具体检测结果如表 3. 6 和表 3. 7 所示;2021 年 10 月从涉事水域采集的沉积物样品中检测出了特征指标群(pH、挥发酚、锌、铅、汞、砷、高锰酸盐指数、总氮、氟化物及总磷),如表 3. 8 和表 3. 9 所示。

表 3.6　2021 年 10 月 9 日的地表水样品检测结果

检测因子	单位	检出限	W1-1	W1-2	W1-3	W1-4	W1-5
pH	无量纲	—	7.8	7.6	7.7	7.6	8.0
高锰酸盐指数	mg/L	0.5	3.3	3	2.9	3.2	4.1
氯化物(氯离子)	mg/L	0.007	32.2	32.2	32.3	32.9	34.9
总硬度	mg/L	5.0	114	115	98.1	128	113
氟化物(氟离子)	mg/L	0.006	0.502	0.498	0.497	0.499	0.497
硫酸盐	mg/L	0.018	39.6	39.5	39.9	40.2	39.8
硝酸盐氮(以硝酸根计)	mg/L	0.016	ND	ND	ND	ND	ND
硫化物	mg/L	0.005	ND	ND	ND	ND	ND
锰	mg/L	0.000 12	0.004 33	0.001 35	0.001 38	0.000 87	0.000 33
铁	mg/L	0.000 82	18.1	25.8	34.5	17.2	16.6
铜	μg/L	0.08	1.87	1.7	1.39	2.02	1.36
锌	μg/L	0.67	ND	1.49	ND	ND	ND
镉	μg/L	0.05	ND	ND	ND	ND	ND
铅	μg/L	0.09	ND	ND	ND	ND	ND
化学需氧量	mg/L	4	22	22	18	20	26
总磷	mg/L	0.01	0.24	0.07	0.24	0.37	0.09
总氮	mg/L	0.05	0.6	0.55	0.39	0.36	0.38
氨氮	mg/L	0.025	0.109	0.103	0.267	0.211	0.17
总汞	μg/L	0.04	ND	ND	ND	ND	ND
氰化物	mg/L	0.004	ND	ND	ND	ND	ND
阴离子表面活性剂	mg/L	0.05	ND	ND	ND	ND	ND
BOD_5	mg/L	0.5	2.6	2.3	2.2	2.5	3.1
石油类	mg/L	0.01	0.16	0.15	0.16	0.17	0.16
总砷	μg/L	0.3	1.1	0.9	1.1	0.7	0.8
硒	μg/L	0.4	ND	ND	ND	ND	ND
挥发酚	mg/L	0.000 3	0.000 6	0.002 8	0.000 8	0.001 6	0.001 6
六价铬	mg/L	0.004	ND	ND	ND	ND	ND
浊度	NTU	—	44	64	49	39	42
溶解氧	mg/L	—	6.83	7.26	6.33	6.52	6.16
电导率	μs/cm	—	374	356	372	380	345
氧化还原电位	mV	—	259.2	263.5	266.2	263.2	265.2

注:“ND”表示未检出。

表 3.7　2021 年 10 月 19 日的地表水样品检测结果

检测因子	单位	检出限	W2-1	W2-2	W2-3	W2-4	W2-5
pH	无量纲	—	7.2	7.4	7.3	7.3	7.2
高锰酸盐指数	mg/L	0.5	2.7	2.3	2.5	2.3	2.4
氯化物(氯离子)	mg/L	0.007	33.7	34.3	34.5	34.1	33.9
总硬度	mg/L	5.0	111	97.7	98.9	106	101
氟化物(氟离子)	mg/L	0.006	0.462	0.532	0.476	0.47	0.495
硫酸盐	mg/L	0.018	39.6	40.2	41	39.4	44.7
硝酸盐氮(以硝酸根计)	mg/L	0.016	0.468	0.473	0.432	0.506	0.461
硫化物	mg/L	0.005	ND	ND	ND	ND	ND
锰	mg/L	0.01	ND	ND	ND	ND	ND
铁	mg/L	0.01	ND	ND	ND	ND	ND
铜	μg/L	0.08	0.92	0.48	0.56	0.39	0.4
锌	μg/L	0.67	ND	ND	ND	ND	ND
镉	μg/L	0.05	ND	ND	ND	ND	ND
铅	μg/L	0.09	ND	ND	ND	ND	ND
化学需氧量	mg/L	4	11	11	14	12	12
总磷	mg/L	0.01	0.07	0.06	0.08	0.07	0.04
总氮	mg/L	0.05	0.28	0.34	0.32	0.8	0.27
氨氮	mg/L	0.025	0.156	0.188	0.208	0.255	0.182
总汞	μg/L	0.04	ND	ND	ND	ND	ND
氰化物	mg/L	0.006	ND	ND	ND	ND	ND
阴离子表面活性剂	mg/L	0.05	ND	ND	ND	ND	ND
BOD_5	mg/L	0.5	2.9	2.5	2.7	2.5	2.6
石油类	mg/L	0.05	0.03	0.03	0.06	0.03	0.02
总砷	μg/L	0.3	1.6	1.9	1.4	1.6	1.5
硒	μg/L	0.4	ND	ND	ND	ND	ND
挥发酚	mg/L	0.000 3	0.006 6	ND	ND	0.001 0	0.003 0
六价铬	mg/L	0.004	ND	ND	ND	ND	ND
浊度	NTU	—	168	164	169	161	166
溶解氧	mg/L	—	6.30	6.21	6.75	6.08	5.87
电导率	μs/cm	—	613	497	517	533	486
氧化还原电位	mV	—	319.7	284.1	302.9	297.7	277.6

注:“ND”表示未检出。

表 3.8 2021 年 10 月 9 日沉积物样品检测结果

检测因子	单位	检出限	C1-1	C1-2	C1-3	C1-4	C1-5
pH	无量纲	—	7.80	7.66	7.59	7.64	8.76
挥发酚	mg/kg	0.3	ND	ND	ND	ND	ND
锌	mg/kg	1	81	129	84	90	57
铅	mg/kg	10	22	30	24	30	16
汞	mg/kg	0.002	0.043	0.022	0.038	0.040	0.040
砷	mg/kg	0.01	9.68	5.31	7.20	14.9	5.80
高锰酸盐指数	mg/L	0.5	3.2	6.4	6.2	2.5	12.9
总氮	mg/L	0.05	0.59	0.87	0.96	0.52	0.77
氟化物	mg/kg	125	420	439	478	467	482
总磷	mg/kg	10	622	624	598	666	658

注:“ND”表示未检出。

表 3.9 2021 年 10 月 19 日沉积物样品检测结果

检测因子	单位	检出限	C2-1	C2-2	C2-3	C2-4	C2-5
pH	无量纲	—	7.7	7.72	7.71	7.29	7.68
挥发酚	mg/kg	0.3	ND	0.4	ND	ND	ND
锌	mg/kg	1	74	63	59	67	76
铅	mg/kg	10	26	26	27	22	30
汞	mg/kg	0.002	0.095	0.085	0.104	0.117	0.094
砷	mg/kg	0.01	8	5.78	14.2	5.96	6.18
高锰酸盐指数	mg/L	0.5	6.6	11.9	10.3	3.3	4.4
总氮	mg/L	0.05	0.79	0.74	0.81	0.77	0.93
氟化物	mg/kg	125	486	509	381	497	426
总磷	mg/kg	10	683	683	735	770	726

注:“ND”表示未检出。

3.3.3 基线水平调查

1. 样品采集与检测

(1) 地表水

根据《生态环境损害鉴定评估技术指南 总纲和关键环节 第 1 部分:总纲》(GB/T 39791.1—2020)的“5.2 基线确定方法”,应选择适当的评价指标和方法调查并确定基线。基线的确定方法包括以下几点。

a) 历史数据。优先利用评估区污染环境或破坏生态行为发生前的历史数据确定基线。

根据《吴中区太湖湖心区断面水质巩固方案(2016—2020 年)》(吴中区人民政府 2016 年 12 月),太湖湖心区断面水质数据为平台山、大雷山、西山西、十四号灯标、乌龟山南 6 个太湖巡测断面水质数据均值,本次太湖湖体固体废物倾倒事件中固体废物倾倒区域位于太湖西山风景区大沙山附近,属于太湖湖心区断面,如图 3.8 所示。

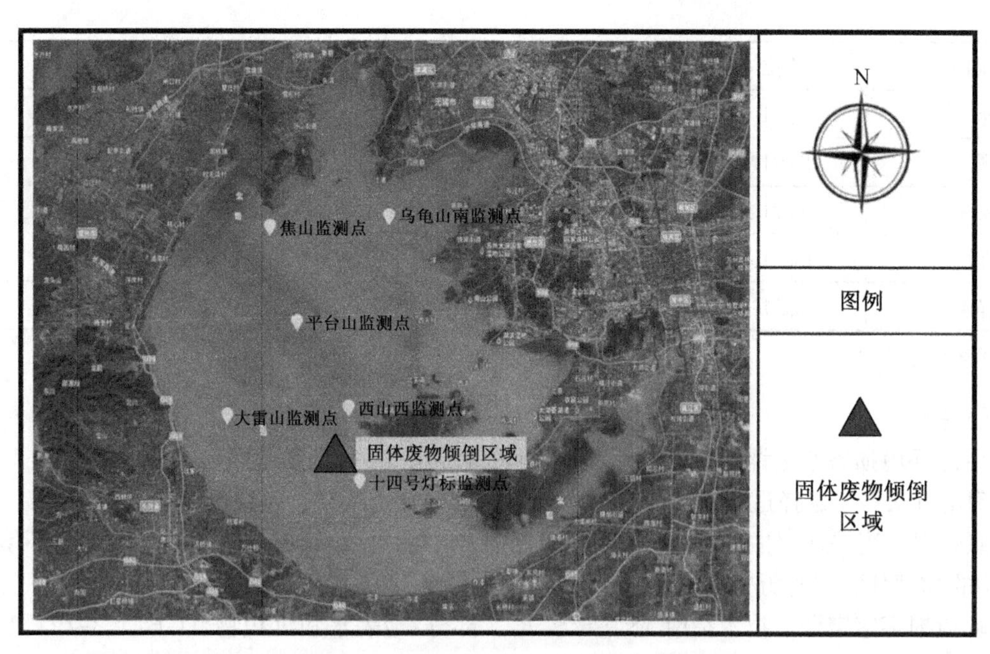

图 3.8 太湖湖中区域监测点位示意图

根据苏州市吴中生态环境局提供的太湖湖中区域国控断面 2020 年 10 月至 2021 年 2 月的水质监测数据(详见“鉴定意见”附件集),太湖湖中区断面的地表水监测数据如表 3.10 所示。

表 3.10 太湖湖中区域国控断面 2020.10—2021.2 水质监测数据

检测因子	单位	2020.10	2020.11	2020.12	2021.1	2021.2
pH	无量纲	8.3	8.3	7.8	7.2	7.2
高锰酸盐指数	mg/L	4.3	4.2	4.4	3.9	3.8
氟化物	mg/L	0.45	0.41	0.43	0.38	—
硫化物	mg/L	0.004	0.002	0.002	0.002	—
铜	mg/L	0.002	0.002	0.002	0.002	—
锌	mg/L	0.003	0.003	0.004	0.009	—
镉	mg/L	0.000 03	0.000 03	0.000 02	0.000 03	—
铅	mg/L	0.000 2	0.000 2	0.000 3	0.000 4	—
化学需氧量	mg/L	16	17	20	17	15
总磷	mg/L	0.08	0.06	0.09	0.11	0.07
总氮	mg/L	0.67	0.73	1.34	1.62	1.15
氨氮	mg/L	0.07	0.04	0.1	0.09	0.08
汞	mg/L	0.000 02	0.000 02	0.000 02	0.000 02	—
氰化物	mg/L	0.002	0.002	0.002	0.002	—
阴离子表面活性剂	mg/L	0.02	0.02	0.02	0.02	—
BOD_5	mg/L	1.5	2.1	1.7	2.3	—
石油类	mg/L	0.02	0.01	0.02	0.02	—

（续表）

检测因子	单位	2020.10	2020.11	2020.12	2021.1	2021.2
砷	mg/L	0.004 4	0.002 9	0.002 4	0.002	—
硒	mg/L	0.000 2	0.000 2	0.000 2	0.000 2	—
挥发酚	mg/L	0.000 27	0.000 47	0.000 75	0.000 23	—
六价铬	mg/L	0.004	0.002	0.002	0.002	—
溶解氧	mg/L	8.55	9.35	10.97	12.47	11.52

注："ND"表示未检出。

(2) 沉积物

根据《生态环境损害鉴定评估技术指南 总纲和关键环节 第1部分：总纲》(GB/T 39791.1—2020)的"5.2 基线确定方法"，应选择适当的评价指标和方法调查并确定基线。基线的确定方法包括：

b) 对照数据。当缺乏评估区的历史数据或历史数据不满足要求时，可以利用未受污染环境或破坏生态行为影响的"对照区域"的历史或现状数据确定基线。

《生态环境损害鉴定评估技术指南 环境要素 第2部分：地表水和沉积物》(GB/T 39792.2—2020)中"6.6.2 以对照区数据作为基线水平"规定，"针对调查区地表水和沉积物环境质量以及水生态服务功能历史状况的数据无法获取的，可以选择合适的对照区，以对照区的历史或现状调查数据作为基线水平"。

2021年5月18日，在苏州市吴中生态环境局工作人员和鉴定机构工作人员的见证下，江苏康达检测服务有限公司采样人员参照《地表水和污水监测技术规范》(HJ/T 91—2002)、《水质 采样技术指导》(HJ 494—2009)等规范要求对涉事水域外围对照区域的5个沉积物对照点进行了代表性样品采集，涉事水域(大沙山附近)沉积物对照点采样情况如表3.11所示，点位分布情况如图3.9所示。

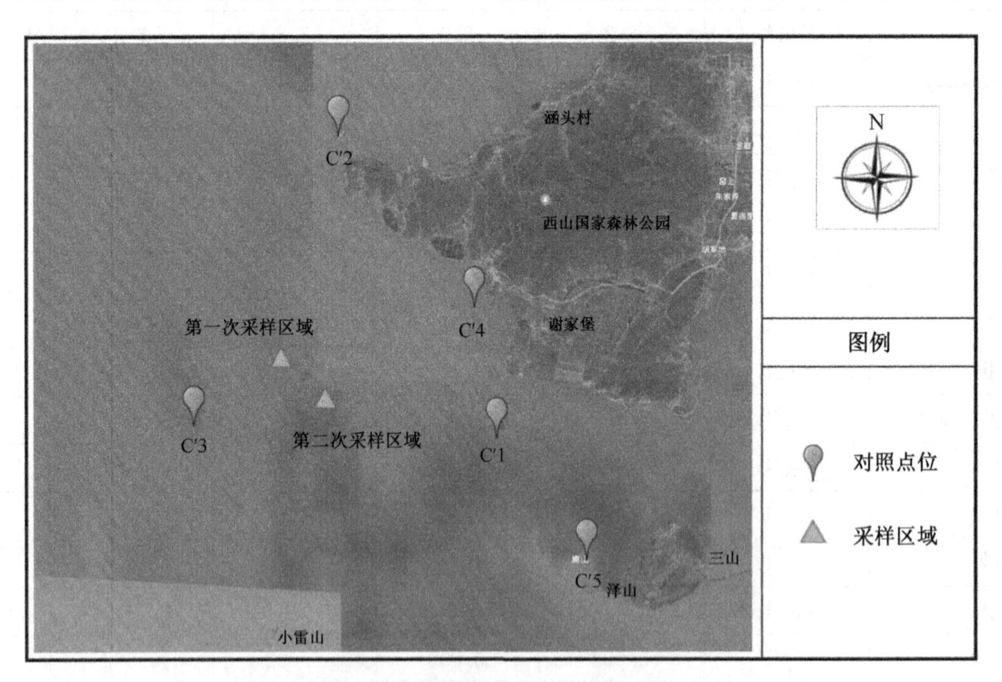

图3.9 沉积物对照点采样点位图

表 3.11　涉事水域沉积物对照点样品采样信息

垂线	点位个数	点位编号	采样时间	点位坐标
1	沉积物对照点位 1	C'1	2021.5.18	31°03.484′N,120°14.228′E
2	沉积物对照点位 2	C'2	2021.5.18	31°07.977′N,120°11.374′E
3	沉积物对照点位 3	C'3	2021.5.18	31°03.665′N,120°08.793′E
4	沉积物对照点位 4	C'4	2021.5.18	31°05.428′N,120°13.819′E
5	沉积物对照点位 5	C'5	2021.5.18	31°01.680′N,120°15.818′E

根据江苏康达检测服务有限公司出具的检测报告(编号:KDHJ214825－1、KDHJ214825－2,详见“鉴定意见”附件集),从涉事水域对照点处采集的沉积物样品的检测结果如表 3.12 所示。

表 3.12　对照点沉积物样品检测结果

检测因子	单位	检出限	C'1	C'2	C'3	C'4	C'5
pH	无量纲	—	7.25	7.45	7.55	7.15	7.08
挥发酚	mg/kg	0.3	ND	ND	ND	ND	ND
锌	mg/kg	1	133	140	124	143	132
铅	mg/kg	10	35	43	32	41	38
汞	mg/kg	0.002	0.157	0.148	0.137	0.167	0.127
砷	mg/kg	0.01	11.6	15	14.2	8.44	12.9
高锰酸盐指数	mg/L	0.5	2.5	2.9	3	2.3	2.7
总氮	mg/L	0.05	2.45	4.12	3.72	1.71	3.23
氟化物	mg/kg	125	432	468	490	463	486
总磷	mg/kg	10	659	1 200	1 220	659	272

注:“ND”表示未检出。

2. 数据分析

按照《生态环境损害鉴定评估技术指南 环境要素 第 2 部分:地表水和沉积物》(GB/T 39792.2—2020)中“6.6.1 优先使用历史数据作为基线水平”和《生态环境损害鉴定评估技术指南 总纲和关键环节 第 1 部分:总纲》(GB/T 39791.1—2020)中“5.2 基线确定方法”中的规定,对数据进行分析。

根据以上标准规范要求,结合样品检测数据,经过统计分析:

① 本次调查的地表水历史数据中高锰酸盐指数、化学需氧量、总磷、总氮、氨氮数据满足正态分布,因此采用检测数据的 90%参考值上限(算术平均数＋1.65 标准差)作为基线,但污染导致溶解氧指标降低,因此采用历史数据的 90%参考值下限(算术平均数－1.65 标准差)作为基线;其余各因子的数据不满足正态分布,且污染导致评价指标升高,采用历史数据的第 90 百分位数作为基线,计算可得本次评估基线水平,计算结果如表 3.13 所示。

② 本次调查的沉积物对照点数据中,除挥发酚外,均满足正态分布,因此采用检测数据的 90%参考值上限(算术平均数＋1.65 标准差)作为基线,未检出因子以检出限计算,计算结果如表 3.14 所示。

表 3.13 地表水基线水平统计

检测因子	单位	基线水平
pH	无量纲	6～9
高锰酸盐指数	mg/L	4.5
氟化物	mg/L	0.44
硫化物	mg/L	0.003
铜	μg/L	2
锌	μg/L	7.5
镉	μg/L	0.03
铅	μg/L	0.37
化学需氧量	mg/L	20
总磷	mg/L	0.11
总氮	mg/L	1.77
氨氮	mg/L	0.11
汞	μg/L	0.02
氰化物	mg/L	0.002
阴离子表面活性剂	mg/L	0.02
BOD_5	mg/L	2.24
石油类	mg/L	0.02
砷	μg/L	4
硒	μg/L	0.000 2
挥发酚	mg/L	0.000 67
六价铬	mg/L	0.003 4
溶解氧	mg/L	7.93

注:本次检测因子中不满足正态分布的检测因子基线水平以 90 百分位数计。

表 3.14 沉积物基线水平统计

检测因子	检出限	单位	基线水平
pH	—	无量纲	6～9
挥发酚	0.3	mg/kg	0.3
锌	1	mg/kg	146.67
铅	10	mg/kg	45.12
汞	0.002	mg/kg	0.17
砷	0.01	mg/kg	16.68
高锰酸盐指数	0.5	mg/L	3.15
总氮	0.05	mg/L	4.65
氟化物	125	mg/kg	505.86
总磷	10	mg/kg	898.67

3.3.4 环境损害确认

《生态环境损害鉴定评估技术指南 环境要素 第2部分:地表水和沉积物》(GB/T 39792.2—2020)中“6.7 损害确认”规定,“地表水生态环境损害的确认原则包括:a)地表水和沉积物中特征污染物的浓度超过基线,且与基线相比存在差异”。

1. 地表水

根据“3.3.2 样品采集与检测”可知,从采样区域采集的地表水样品中检测出了特征污染因子群,对比“3.3.3 基线水平调查”中的基线水平,采集的地表水样品中氟化物、铜、化学需氧量、总磷、氨氮、BOD_5、石油类、挥发酚、溶解氧存在浓度超过基线水平的情况,具体情况如表3.15所示。

表3.15 涉事水域地表水检测因子超基线情况

检测因子	W1-1	W1-2	W1-3	W1-4	W1-5
高锰酸盐指数	—	—	—	—	—
氟化物(氟离子)	13.06%	12.16%	11.94%	12.39%	11.94%
硫化物	—	—	—	—	—
铜	—	—	—	1.00%	—
锌	—	—	—	—	—
镉	—	—	—	—	—
铅	—	—	—	—	—
化学需氧量	9.52%	9.52%	—	—	29.44%
总磷	111.01%	—	111.01%	336.37%	—
总氮	—	—	—	—	—
氨氮	—	—	134.24%	85.11%	49.14%
总汞	—	—	—	—	—
氰化物	—	—	—	—	—
阴离子表面活性剂	—	—	—	—	—
BOD_5	16.07%	2.68%	—	11.61%	38.39%
石油类	700.00%	650.00%	700.00%	750.00%	700.00%
总砷	—	—	—	—	—
硒	—	—	—	—	—
挥发酚	—	320.42%	20.12%	140.24%	140.24%
六价铬	—	—	—	—	—
溶解氧	13.89%	8.47%	20.20%	17.80%	22.34%
检测因子	W2-1	W2-2	W2-3	W2-4	W2-5
高锰酸盐指数	—	—	—	—	—
氟化物(氟离子)	4.05%	19.82%	7.21%	5.86%	11.49%
硫化物	—	—	—	—	—
铜	—	—	—	—	—
锌	—	—	—	—	—

（续表）

检测因子	W2-1	W2-2	W2-3	W2-4	W2-5
镉	—	—	—	—	—
铅	—	—	—	—	—
化学需氧量	—	—	—	—	—
总磷	—	—	—	—	—
总氮	—	—	—	—	—
氨氮	36.86%	64.93%	82.48%	123.71%	59.67%
总汞	—	—	—	—	—
氰化物	—	—	—	—	—
阴离子表面活性剂	—	—	—	—	—
BOD_5	29.46%	11.61%	20.54%	11.61%	16.07%
石油类	50.00%	50.00%	200.00%	50.00%	—
总砷	—	—	—	—	—
硒	—	—	—	—	—
挥发酚	890.99%	—	—	50.15%	350.45%
六价铬	—	—	—	—	—
溶解氧	20.57%	21.71%	14.90%	23.35%	25.99%

2. 沉积物

根据“3.3.2 样品采集与检测”可知，从采样区域采集的沉积物样品中检测出了特征污染因子群。对比“3.3.3 基线水平调查”中的基线水平可知，采集的沉积物样品中存在挥发酚、高锰酸盐指数和氟化物的浓度超过基线水平的情况，具体情况如表 3.16 所示。

表 3.16　涉事水域沉积物检测因子超基线情况

检测因子	C1-1	C1-2	C1-3	C1-4	C1-5
挥发酚	—	—	—	—	—
锌	—	—	—	—	—
铅	—	—	—	—	—
汞	—	—	—	—	—
砷	—	—	—	—	—
高锰酸盐指数	1.51%	103.01%	96.67%	—	309.20%
总氮	—	—	—	—	—
pH	—	—	—	—	—
氟化物	—	—	—	—	—
总磷	—	—	—	—	—
检测因子	C2-1	C2-2	C2-3	C2-4	C2-5
挥发酚	—	33.33%	—	—	—
锌	—	—	—	—	—

（续表）

检测因子	C2-1	C2-2	C2-3	C2-4	C2-5
铅	—	—	—	—	—
汞	—	—	—	—	—
砷	—	—	—	—	—
高锰酸盐指数	109.36%	277.48%	226.73%	4.68%	39.57%
总氮	—	—	—	—	—
pH	—	—	—	—	—
氟化物	—	0.62%	—	—	—
总磷	—	—	—	—	—

综上所述，根据2021年10月在事发区域采集的相关样品检测结果，太湖湖体内倾倒固体废物事件涉事水域（大沙山附近）存在地表水及沉积物环境的环境损害。

3.4 生态服务功能损害确认

湖泊生态系统服务是指人类能从湖泊生态系统中获得的各种惠益。根据生态学与生态系统服务原理，并结合太湖实际情况，可以将太湖生态功能服务分为三类，即供给服务、调节服务和文化服务。

3.4.1 供给服务损害分析

太湖生态系统的供给服务是指太湖生态系统生产的可以进入市场交换的物质产品或服务，主要包括水产资源（水生植物和渔业产品）和淡水资源（生活及生产用水）。

1. 水产资源

根据苏州市吴中生态环境局提供的由中国水产科学研究院淡水渔业研究中心出具的《太湖渣土倾倒区域渔业损失评估》（详见“鉴定意见”附件集），涉事水域共发现40种浮游植物、14种浮游动物、14种底栖动物、2种虾类以及24种鱼类。调查分析显示，渣土倾倒覆盖水底后，局部水域的水生环境及水生生物资源发生明显变化，特别是水深、底栖动物、仔鱼等相关资源，变化较为显著。虽渣土倾倒区域浮游生物及鱼类有一定资源，但其群落组成发生变化，种类及数量均与渣土外水域不同，且渣土覆盖水体空间，侵占各生物栖息空间，对局部水生生物资源造成持续破坏。

2. 淡水资源

当事人往太湖水体内倾倒固体废物的行为会造成倾倒区域以及下游临近水体浑浊、透明度降低，降低水体中氮、磷等营养物质的循环速率，破坏水体生态平衡，进而导致高锰酸盐指数的升高以及溶解氧的降低。此外，固体废物中的有毒有害物质也会在水体中发生迁移，使太湖的淡水资源受到进一步损害。

3.4.2 调节服务损害分析

调节服务是指人类从生态系统的调节作用中获取的利益和服务。太湖生态系统的调节服务主要包括：调蓄洪水、净化水体和调节大气。

1. 调蓄洪水

倾倒的固体废物会在太湖底部沉淀淤积，使湖底升高，湖水变浅，可调蓄容积与面积缩小，进而导致太湖蓄水调洪能力下降，威胁下游安全。

2. 净化水体

非法倾倒固体废物导致水体浊度增加，水体透光度下降，水中的溶解氧降低，削弱水体的真光层厚度，使底栖植物的光合作用受到抑制，导致底栖植物的死亡，进而影响整个食物链。伴随着水生植物死亡残体分解，氮、磷等营养物质会重新释放到太湖水体中，同时消耗大量的溶解氧，进一步导致水体的富营养化，浮游藻类快速生长，使湖体生态遭到破坏，水质净化功能逐渐丧失。

3. 调节大气

当事人往太湖水体内倾倒固体废物的行为会影响湖面的蒸腾作用，降低太湖与大气之间的对流，使太湖的调节大气功能减弱。此外，倾倒固体废物会导致水质的降低以及水体自净功能的丧失，进而导致水体的富营养化，水生植物大量死亡，其调节 CO_2 和 O_2 浓度的功能也随之削弱。

3.4.3 文化服务损害分析

涉事水域位于西山岛南侧，位处太湖（吴中区）重要保护区内，为国家级生态红线保护区。太湖湖体内倾倒固体废物的行为导致保护区内的生态系统受损，自然风光遭受破坏，休闲旅游功能降低，文化服务价值受损。

3.4.4 生态服务功能损害确认

《生态环境损害鉴定评估技术指南 总纲和关键环节 第1部分：总纲》（GBT 39791.1—2020）中“5.3 生态环境损害确定”规定，“对比评估区生态环境及其服务功能现状与基线，必要时开展专项研究，确定评估区生态环境损害的事实和损害类型。生态环境损害确定应满足以下任一条件：d）评估区生物种群特征（如种群密度、性别比例、年龄组成等）、群落特征（如多度、密度、盖度、频度、丰度等）或生态系统特征（如生物多样性）与基线相比发生不利改变；e）与基线相比，评估区生态服务功能降低或丧失”。

《生态环境损害鉴定评估技术指南 环境要素 第2部分：地表水和沉积物》（GB/T 39792.2—2020）中“6.7 损害确认”规定，“地表水生态环境损害的确认原则包括：e）损害区域不再具备基线状态下的服务功能，包括支持服务功能（如生物多样性、岸带稳定性维持等）的退化或丧失、供给服务（如水产品养殖、饮用和灌溉用水供给等）的退化或丧失、调节服务（如涵养水源、水体净化、气候调节等）的退化或丧失、文化服务（如休闲娱乐、景观观赏等）的退化或丧失”。

根据“3.4.1 供给服务损害分析”，太湖湖体内倾倒固体废物后，渣土覆盖水体空间，侵占各生物栖息空间，对局部水生生物资源造成持续破坏，造成了水产资源的退化。且该行为会造成倾倒区域以及下游临近水体浑浊、透明度降低，降低水体中氮、磷等营养物质的循环速率，破坏水体生态平衡，同时有毒有害物质也在水体中发生迁移，造成淡水资源破坏，存在供给服务功能退化。

根据“3.4.2 调节服务损害分析”，太湖湖体内倾倒固体废物的行为使得湖底升高，水位变浅，可调蓄容积与面积缩小，进而导致太湖蓄水调洪能力下降；导致水体浊度增加，水体透光度下降，水中的溶解氧降低，进一步导致水体的富营养化，削弱水质净化功能；影响湖面的蒸腾作用，降低大气对流，降低调节大气的功能。

根据“3.4.3 文化服务损害分析”，太湖湖体内倾倒固体废物的行为导致保护区内的生态系统受损，自然风光遭受破坏，休闲旅游功能降低，文化服务价值受损。

综上所述，涉事水域内存在供给服务功能、调节服务功能、文化服务功能的退化，故涉事水域（大沙山附近）存在生态服务功能损害。

第四章 因果关系分析

4.1 污染环境行为导致损害的因果关系分析

《生态环境损害鉴定评估技术指南 环境要素 第2部分：地表水和沉积物》（GB/T 39792.2—2020）中“7.1.1 因果关系分析过程”规定：结合工作方案制定以及损害调查确认阶段获取的损害事件特征、评估区环境条件、地表水和沉积物污染状况等信息，采用必要的技术手段对污染源进行解析；开展污染介质、载体调查，开展特征污染物从污染源到受体的暴露评估，并通过暴露路径的合理性、连续性分析，对暴露路径进行验证，构建迁移和暴露路径的概念模型；基于污染源分析和暴露评估结果，分析污染源与地表水和沉积物环境质量损害、水生生物损害、水生态服务功能损害之间的因果关系。

本次鉴定评估对于污染环境行为与生态环境损害的因果关系判定基于同源性分析和暴露评估验证结果，分析污染环境行为与损害之间是否存在因果关系。

4.1.1 同源性分析

《生态环境损害鉴定评估技术指南 环境要素 第 2 部分：地表水和沉积物》(GB/T 39792.2—2020)中"7.1.2 污染物同源性分析"规定，"通过人员访谈、现场踏勘、空间影像识别等手段和方法，分析潜在的污染源，开展进一步的水文地貌与水生生物调查。根据实际情况选择合适的检测和统计分析方法确定污染源。污染物同源性分析常用的检测和统计分析方法包括：a) 污染特征比对法。采集潜在污染源和受体端地表水、沉积物和生物样品，分析污染物类型、浓度、组分、比例等情况，通过统计分析进行特征比对，判断受体端和潜在污染源的同源性，确定污染源"。

(1) 根据"3.2.3 固体废物属性判别"可知，从船舱内的渣土中采集的污染物代表性样品中检测出的污染物特征因子群包括污染物因子高锰酸盐指数、氟化物、总氮、总磷、锌、铅、汞、砷。

(2) 根据"3.3.3 基线水平调查"可知，从涉事水域(大沙山附近)采集的沉积物样品特征指标群中，氟化物、高锰酸盐指数、挥发酚存在浓度超过基线水平的情况，与船舱内渣土检测出的特征污染因子群相符。

因此，可以判断，倾倒区域沉积物中所含的污染因子与本环境污染事件涉及污染源所含特征因子具有同源性。

4.1.2 暴露评估

《生态环境损害鉴定评估技术指南 环境要素 第 2 部分：地表水和沉积物》(GB/T 39792.2—2020)中"7.1.3.2 暴露路径分析与确定"规定，"基于前期调查获取的信息，对污染物的传输机理和释放机理进行分析，初步构建污染物暴露路径概念模型，识别传输污染物的载体和介质，提出污染源到受体之间可能的暴露路径的假设。传输的载体和介质包括水体、沉积物和水生生物"。

本环境污染案件中从非法倾倒固体废物起至该环境污染行为被发现期间，涉事水域(大沙山附近)现场未采取相关污染防治措施，根据船舱内的固体废物检测结果，倾倒的固体废物中含有较高浓度的氟化物和氮、磷等元素，当其暴露在水中时，固体废物中的富集的氮、磷扩散到水体中，导致水体的中总磷及总氮的浓度升高，并影响水体的富营养化进程，引起藻类的大量繁殖，从而导致水生生物的个体死亡率增加，间接导致了水体中溶解氧浓度下降。同时由于水中的有机质的增加，导致了 COD 及 BOD_5 的浓度升高。

水中的有毒有害物质会通过沉降扩散至沉积物，后又悬浮扩散至水体中；另一部分通过蒸发扩散至空气，再通过干/湿沉降进入水体，达到地表水循环。具体污染物扩散迁移如图 3.10 所示。

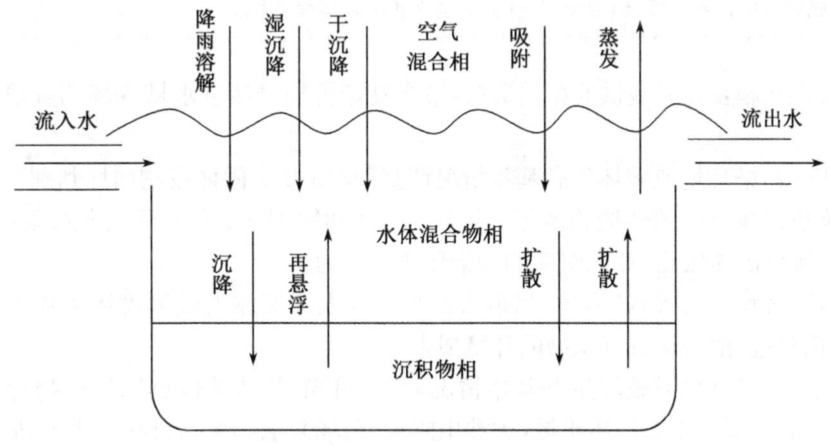

图 3.10 涉事水域污染物扩散迁移示意图

根据前期调查得到的污染物信息、污染物分布信息、污染暴露途径、调查区域水文地质条件等信息，建立起污染物暴露途径概念模型如下：

污染源中的有毒有害成分进入环境后会沿着“污染物质→水体/沉积物→水生生物→人体或者污染物质→水体→地表水循环→人体”的路径进行迁移，可能会危及当地生物链和周边人体健康。当地表水作为污染源，从人体健康角度分析，人为敏感受体，受体主要通过经口摄入表层受污染地表水、皮肤接触表层受污染地表水、呼吸吸入表层受污染地表水挥发至室内外的蒸汽、食用受污染的地表水环境中的水生生物等途径而暴露。

由于本次事件中特征污染物中不存在能与地表水或沉积物发生反应的因子，未产生二次反应，故不存在二次暴露。

综上所述，太湖湖体内倾倒固体废物事件中涉事水域（大沙山附近）存在地表水环境损害，从源头到受体的各暴露单元能够组成完整的暴露路径。

4.1.3　因果关系分析

《生态环境损害鉴定评估技术指南 环境要素 第2部分：地表水和沉积物》(GB/T 39792.2—2020)中“7.1.4 因果关系分析”规定，“同时满足以下条件，可以确定污染源与地表水、沉积物以及水生生物和水生态服务功能损害之间存在因果关系：a) 存在明确的污染源；b) 地表水和沉积物环境质量下降，水生生物、水生态服务功能受到损害；c) 排污行为先于损害后果的发生；d) 受体端和污染源的污染物存在同源性；e) 污染源到受损地表水和沉积物以及水生生物、水生态之间存在合理的暴露路径”。

生态环境损害评估中的因果关系分析是评估过程的一个重要环节，用于确定生态环境损害与相应的原因之间的关系。

◆专家讲评◆

因果关系分析在生态环境损害评估中具有重要意义。它有助于确定造成生态环境损害的原因，揭示环境问题产生的根本动因，有利于采取有效的修复和预防措施。

在因果关系分析中，需要综合考虑多个因素，包括污染物排放源、人类活动、气候变化等。通过收集相关数据、资料和现场调查，可以分析与生态环境损害相关的各种因素，并进行因果关系的推断和确认。

因果关系分析需要依据科学原理和方法进行，同时要注重时间序列、空间定位等方面的因素。通过对不同因素之间的关联性进行分析，可以找出导致生态环境损害的主要原因和驱动力。

此外，因果关系分析还提供了制定有针对性的管理和控制策略的依据。通过理解各种因素对生态环境的影响程度和作用机制，可以为制定环境管理政策和行动计划提供科学支持，实现环境保护与可持续发展的有机结合。

因果关系分析在生态环境损害评估中具有复杂性和挑战性，可能需要借助专业知识、模型和数据分析工具等。因此，进行因果关系分析时，需要充分借鉴和应用现代环境科学、统计学和相关领域的方法和技术。

总之，因果关系分析是生态环境损害评估的重要组成部分，通过深入分析与生态环境损害相关的因素之间的关联关系，能够更准确地评估损害程度、追溯责任，并为环境保护提供科学依据。

根据污染物质性状和委托方提供的相关资料，结合鉴定机构对涉事水域现场调查情况和样品检测结果分析：

(1) 根据“2.1.3 污染环境或破坏生态基本情况调查”及“3.2.3 固体废物属性判别”可知，本次太湖湖体内倾倒固体废物事件涉及的固体废物属于《中华人民共和国刑法》第三百三十八条中规定的“有害物质”，当事人于湖中倾倒固体废物，存在明确的污染环境的行为。

(2) 根据“3.3.4 环境损害确认”可知，当事人在吴中区太湖湖体内倾倒固体废物污染环境行为造成了涉事水域（大沙山附近）地表水及沉积物的环境损害。

(3) 根据“2.1.3 污染环境或破坏生态基本情况调查”可知，从非法倾倒固体废物行为开始至该环境污染案件被发现期间，当事人未对涉事水域（大沙山附近）现场采取相关污染防治措施，固体废物中的有毒有害成分持续暴露及扩散在地表水环境中，属于污染环境行为先于损害的发生。

(4) 根据“4.1.1 同源性分析”可知，涉事水域(大沙山附近)中所含超基线因子与污染源中所含特征因子具有同源性。

(5) 根据“4.1.2 暴露评估”可知，涉事污染源与涉事水域(大沙山附近)环境损害之间存在合理的迁移路径。

综上所述，太湖湖体内固体废物倾倒环境损害中污染环境行为与涉事水域(大沙山附近)环境损害之间存在因果关系。

4.2 破坏生态行为导致损害的因果关系分析

《生态环境损害鉴定评估技术指南 环境要素 第2部分：地表水和沉积物》(GB/T 39792.2—2020)中“7.2 破坏生态行为导致损害的因果关系分析”规定，“通过文献查阅、现场调查、专家咨询等方法，分析非法捕捞、湿地围垦、非法采砂等破坏生态行为导致水生生物资源和水生态服务功能以及地表水环境质量受到损害的作用机理，建立破坏生态行为导致水生生物和水生态服务功能以及地表水环境质量受到损害的因果关系链条。同时满足以下条件，可以确定破坏生态行为与水生生物资源、水生态服务功能损害或水环境质量下降之间存在因果关系：

(a) 存在明确的破坏生态行为；

(b) 水生生物、水生态服务功能受到损害或水环境质量下降；

(c) 破坏生态行为先于损害的发生；

(d) 根据水生态学和水环境学理论，破坏生态行为与水生生物资源、水生态服务功能损害或水环境质量下降具有关联性。

根据需要，分析其他原因对水生生物资源、水生态服务功能损害或水环境质量下降的贡献。”

相关资料显示，沉积物作为水生生态系统的核心组成部分，同时为众多底栖生物提供食物和栖息场所，对生态系统结构和功能起到了重要作用，浮游植物、浮游动物、细菌和其他消费者通常是从水体中和底泥中摄取营养的。倾倒行为首先改变倾倒区及其附近水域底栖生物的栖息环境，因而受影响较大的是底栖动物，而倾倒行为对于浮游植物和浮游动物的影响主要是由于倾倒水域水质的浑浊、溶解氧下降和透光率降低等，对浮游植物的光合作用产生不利影响，导致倾倒区域附近水域内初级生产力水平的下降。

(1) 根据“2.1.3 污染环境或破坏生态基本情况调查”可知，当事人在吴中区太湖湖体内倾倒固体废物侵占了各生物栖息空间，存在明确的破坏生态的行为。

(2) 根据“3.4 生态服务功能损害确认”可知，当事人在吴中区太湖湖体内倾倒固体废物行为造成了涉事水域(大沙山附近)生态服务功能退化，存在事实上的生态损害。

(3) 根据“3.4 生态服务功能损害确认”可知，当事人在吴中区太湖湖体内倾倒固体废行为发生后造成涉事水域的供给服务功能、调节服务功能、文化服务功能退化，属于破坏生态行为先于损害的发生。

(4) 根据“3.4 生态服务功能损害确认”可知，倾倒固体废物行为与生态服务功能丧失存在直接或间接的关联性。

综上所述，太湖湖体内固体废物倾倒环境损害中破坏生态行为与涉事水域(大沙山附近)生态服务功能损害之间存在因果关系。

第五章 生态环境损害实物量化与恢复方案制定(生态环境系统)

5.1 损害程度和范围量化

5.1.1 损害程度

基于地表水和沉积物中特征污染物浓度与基线水平，确定超过基线点位地表水和沉积物的受损害程度，计算方法见公式(5.1)：

$$K_i = |T_i - B_i| / B_i \tag{5.1}$$

式中：K_i——某评估点位地表水和沉积物中特征污染物或相关理化指标的受损害程度；

T_i——某评估点位地表水和沉积物中特征污染物的浓度或相关理化指标；

B_i——地表水和沉积物中特征污染物浓度或相关理化指标的基线水平。

基于地表水、沉积物中特征污染物浓度或相关理化指标超过基线水平的区域面积或体积占评估区面积或体积的比例，确定评估区地表水和沉积物的受损害程度，计算方法见公式(5.2)：

$$K = N_o / N \tag{5.2}$$

式中：K——超基线率，即评估区地表水、沉积物中特征污染物浓度或相关理化指标超过基线水平的区域面积或体积占评估区面积或体积的比例；

N_o——评估区地表水、沉积物中特征污染物浓度或相关理化指标超过基线水平的区域面积或体积；

N——评估区面积或体积。

5.1.2 水生生物量

根据区域水环境条件和对照点水生生物状况，选择具有重要社会经济价值的水生生物和指示生物，参照《渔业污染事故经济损失计算方法》(GB/T 21678—2018)，计算方法见公式(5.3)：

$$Y_l = \sum D_i \times R_i \times A_p \tag{5.3}$$

式中：Y_l——生物资源(包括鱼、虾、贝等水产品)损失量，单位：kg或尾；

D_i——近3年内同期第i种生物资源密度，单位：kg/km^2或尾$/km^2$；

R_i——第i种生物资源损失率，单位：%；

A_p——受损害面积，单位：km^2。

生物资源损失率计算方法见公式(5.4)：

$$R = \frac{\overline{D} - D_p}{\overline{D}} \times 100\% - E \tag{5.4}$$

式中：R——生物资源损失率，单位：%；

$\overline{D}$——近3年内同期水生生物资源密度，单位：kg/km^2或尾$/km^2$；

D_p——损害后水生生物资源密度，单位：kg/km^2或尾$/km^2$；

E——回避逃逸率，单位：%，取值参考《渔业污染事故经济损失计算方法》(GB/T 21678—2018)。

5.1.3 水生生物多样性

从重点保护物种减少量、生物多样性变化量两方面进行评价。

1. 重点保护物种减少量(ΔS)计算方法见公式(5.5)：

$$\Delta S = NB - NP \tag{5.5}$$

式中：NB——基线水平下的重点保护物种数；

NP——损害影响范围下的重点保护物种数。

2. 生物多样性变化计算方法见公式(5.6)：

$$\Delta BD_i = BD_{i0} - BD_i \tag{5.6}$$

式中：ΔBD_i——第i类生物多样性指数变化量；

BD_{i0}——基线水平下第i类生物多样性指数；

BD_i——损害发生后的第 i 类生物多样性指数。

生物多样性指数可以采用香农-威纳指数，计算方法见公式(5.7)：

$$H=-\sum(P_i)(\ln P_i) \tag{5.7}$$

式中：H——群类物种多样性指数；

P_i——第 i 种物种的个体数占总个体数的比例。如总个体数为 N，第 i 种物种个体数为 n_i，则 $P_i=n_i/N$。

5.1.4 水生态服务功能

常见地表水生态服务功能量化方法参照《生态环境损害鉴定评估技术指南 环境要素 第2部分：地表水和沉积物》(GB/T 39792.2—2020)附录A，可根据水生态服务功能的类型特点和评估水域实际情况，选择适合的评估指标，确定水生态服务功能的受损害程度或损害量。计算方法见公式(5.8)和公式(5.9)：

$$K=|S-B|/B \tag{5.8}$$

式中：K——水生态服务功能的受损害程度；

B——水生态服务功能的基线水平；

S——损害发生后水生态服务功能的水平。

$$K'=|S'-B'| \tag{5.9}$$

式中：K'——水生态服务功能的受损量；

B'——水生态服务功能量的基线水平；

S'——损害发生后水生态服务功能量。

5.1.5 损害空间范围

根据各采样点位地表水和沉积物、水生生物、水生态损害确认和损害程度量化的结果，分析地表水和沉积物环境质量、水生生物、水生态服务功能等不同类型损害的空间范围。

5.2 恢复方案的制定与期间损害计算

5.2.1 恢复方案的确定原则

通过文献调研、专家咨询、专项研究、现场实验等方法，评价受损地表水生态环境及其服务功能恢复至基线的经济、技术和操作的可行性。

自生态环境损害发生到恢复至基线的持续时间大于1年的，应计算期间损害，制定基本恢复方案和补偿性恢复方案；小于或等于1年的，仅制定基本恢复方案。需要实施补偿性恢复的，同时需要评价补偿性恢复的可行性。

对于突发水环境污染事件，如果地表水和沉积物中的污染物浓度不能在应急处置阶段恢复至基线水平，或者能观测或监测到水生生物种类、形态、质量和数量以及水生态服务功能明显改变，对于能够恢复的，制定基本恢复方案，恢复周期超过1年的，需要制定补偿性恢复方案。当不具备经济、技术和操作可行性时，地表水和沉积物及其生态服务功能应恢复至维持其基线功能的可接受风险水平，可接受风险水平与基线之间不可恢复的部分，可以采取适合的替代性恢复方案，或采用环境价值评估方法进行价值量化。

基本恢复方案和补偿性恢复方案的实施时间与成本相互影响，应考虑损害的程度与范围、不同恢复技术和方案的难易程度、恢复时间和成本等因素，确定备选基本和补偿性恢复方案。参照《生态环境损害鉴定评估技术指南 总纲和关键环节 第1部分：总纲》(GB/T 39791.1—2020)中恢复方案制定的相关内容，统筹考虑地表水和沉积物环境质量、水生生物资源以及其他水生态服务功能的恢复，根据不同方案的社会效益、经济效益和公众满意度等因素对备选综合恢复方案进行筛选，确定最佳的综合恢复方案。

5.2.2 基本恢复方案

1. 基本恢复目标的确定

基本恢复目标是将受损的地表水生态环境恢复至基线水平。对于受现场条件或技术可达性等原因限制的，地表水和沉积物生态环境不能完全恢复至基线水平，根据水功能规划，结合经济、技术可行性，确定基本恢复目标。

2. 制定原则

(1) 对于突发水环境污染事件，应急处置方案为基本恢复方案。

(2) 对于累积水环境污染事件以及污染在应急处置阶段没有消除或存在二次污染的突发水环境污染事件，根据污染物的生物毒性、生物富集性、生物致畸性等特性，分析受损地表水和沉积物生态环境自然恢复至基线的可能性，并估计“无行动自然恢复”的时间，对于不能自然恢复的，制定水环境治理、水生态恢复基本方案。

(3) 对于水生态破坏事件，分析受损水生态服务功能自然恢复至基线的可能性，并估计“无行动自然恢复”的时间，对于不能自然恢复的，制定水生态恢复基本方案。

5.2.3 损害时间范围确定

基本恢复方案达到预期恢复目标的持续时间为地表水生态环境损害持续时间。没有适合的基本恢复方案时，为永久性生态环境损害。

5.2.4 期间损害计算

利用等值分析法对地表水生态环境损害开始发生到恢复到基线水平的期间损害进行量化，计算补偿性恢复的规模。期间损害的计算一般选择基本恢复方案中表征损害范围或损害程度时间最长的指标，根据地表水生态环境损害的特点，可以选择资源类指标(如指示性水生生物物种数量或密度、水产品产量、水资源供给量、采砂量等)或者服务类指标(如河流或湖库的长度或面积、航运量、休闲旅游人次、洪水调蓄量等)计算期间损害:如果实物量指标不可得或没有适合的补偿性恢复方案，可以选择损害价值量作为量化指标(如旅游收入等)计算期间损害。

5.2.5 补偿性恢复方案

1. 补偿性恢复目标确定

补偿性恢复目标是补偿受损地表水和沉积物生态环境恢复至基线水平期间的损害。当采用资源类指标表征期间损害时，原则上补偿性恢复目标与基本恢复目标采用相同的表征指标；当采用服务类指标表征期间损害时，利用服务指标表征补偿性恢复规模，并根据实际需要选择其他资源类指标表征服务水平。

2. 制定原则

补偿性恢复方案可以与基本恢复方案在不同或相同区域实施，包括恢复具有与评估水域类似水生生物资源或服务功能水平的异位恢复，或使受损水域具有更多资源或更高服务功能水平的原位恢复。比如，对于受污染沉积物经风险评估无须修复，可以异位修复另外一条工程量相同的被污染河流沉积物，或通过原位修建孵化场培育较基线种群数量更多的水生生物，或通过修建公共污水处理设施替代受污染的地表水自然恢复损失等资源对等或服务对等、因地制宜的水环境、水生生物或水生态恢复方案。

5.2.6 备选方案

基本恢复的规模根据生态环境损害的范围和程度确定。补偿性恢复的规模受基本恢复的实施时间、恢复效果等因素的影响，应根据基本恢复方案的实施时间、恢复效果等信息，采用等值分析方法，量化期间损害，确定补偿性恢复的规模。

应同时制定多个备选的基本恢复方案及其相应的补偿性恢复方案，并确定各备选恢复方案组合的恢复目标、恢复策略、恢复技术、恢复规模、工程量、实施时间、预期效果等信息，估计备选恢复方案的实施费用。

5.2.7 比选恢复方案

采用专家咨询、成本-效果分析、层次分析法等对备选恢复方案的目标可达性、合法性、公众可接受性、可持续性以及经济、社会和生态效益等进行分析，筛选确定最佳恢复方案。筛选备选恢复方案应考虑的因素如表 3.17 所示。

表 3.17 生态环境恢复方案比选考虑因素

指标名称	指标说明
合法合规性	工程项目是否遵守相关的法律法规和标准。
目标可达性	生态恢复方案实施后预计能够达到的效果，能否达到预期的恢复目标。
公众可接受性	公众对实施方案的接受程度以及方案实施后能否达到公众可接受风险水平。
实施费用	生态恢复方案设计和编制费用，实施过程中产生的设备采购费、设备租赁费、药剂采购费、耗材采购费、燃料使用费、人员费用等，以及实施后发生的后续监测和维护费用等。
实施效益	方案实施后可以带来哪些社会、经济和额外的环境效益。
可持续性	被恢复的生态环境是否具有稳定性和自我维持能力。

5.3 恢复技术筛选

基本恢复方案和补偿性恢复方案可以是一种或多种地表水和沉积物恢复技术的组合。

地表水和沉积物损害的恢复技术包括地表水治理技术、沉积物修复技术、水生生物恢复技术、水生态服务功能修复与恢复技术。在掌握不同恢复技术的原理、适用条件、费用、成熟度、可靠性、恢复时间、二次污染和破坏、技术功能、恢复的可持续性等要素的基础上，参照类似案例经验，结合地表水和沉积物污染特征、水生生物和水生态服务功能的损害程度、范围和特征，从主要技术指标、经济指标、环境指标等方面对各项恢复技术进行全面分析和比较，确定备选技术；或采用专家评分的方法，通过设置评价指标体系和权重，对不同恢复技术进行评分，确定备选技术。提出一种或多种备选恢复技术，通过实验室小试、现场中试、应用案例分析等方式对备选恢复技术进行可行性评估。基于恢复技术比选和可行性评估结果，选择和确定恢复技术。

常用地表水生态环境修复和恢复技术适用条件与技术性能如表 3.18 所示。

表 3.18 常用地表水生态环境修复和恢复技术适用条件与技术性能表

修复和恢复技术	技术功能	目标污染物	适用性	成本	成熟度	可靠性	二次污染和破坏
曝气增氧技术	向处于缺氧（或厌氧）状态的河道进行人工充氧，增强河道的自净能力，净化水质、改善或恢复河道的生态环境。	有机污染物	在污水截流管道和污水处理厂建成之前，为解决河道水体的有机污染问题而进行人工充氧；在已治理的河道中设立人工曝气装置作为应对突发性河道污染的应急措施。	设备简单、机动灵活、安全可靠、见效快、操作便利、适应性广，但河流曝气增氧-复氧成本较大。	该技术在国外应用已经非常成熟。国内除了在北京、上海等地的小河道治理中使用过外，尚未在大规模河道综合治理中应用。	非常适合于城市景观河道和微污染源水的治理。	对水生态不产生二次污染和破坏。

（续表）

修复和恢复技术	技术功能	目标污染物	适用性	成本	成熟度	可靠性	二次污染和破坏
生态浮床技术	将植物种植于浮于水面的床体上，利用植物根系直接吸收和植物根系附着微生物的降解作用有效进行水体修复。	总磷、氨氮、有机物等	适用于富营养化水体的原位修复，受植物的季节性影响严重。	投资成本低，运营成本高。	技术相对成熟，国内有一定的应用案例。	技术可靠。	部分植物有造成生物入侵的风险。
引水冲污/换水稀释技术	通过加强沉积物-水体界面物质交换，缩短污染物滞留时间，从而降低污染物浓度指标，死水区、非主流区重污染河水得到置换，改善河道水质。	无机和有机污染物	适用于水资源丰富的地区。通常作为应急措施或者辅助方法。	需要耗费大量优质水资源。引水工程量较大，费用较高。	在国内外湖泊富营养化治理中有所应用，对于污染严重且流动缓慢的河流也可考虑采用。	技术可靠。	没有从根本上去除污染物，增加了河道的水体，对下游会造成一定的冲击，污染物随着水流进入下游，将影响下游的水质和负荷。
底泥疏浚技术	去除底泥所含的污染物，消除污染水体的内源，减少底泥污染物向水体的稀释。	氮、磷、重金属、有毒有害有机物	实施的基础和前提条件是湖泊和河流外源必须得到有效控制和治理，否则无法保证疏浚效果的持续，也就无法达到改善水质与水生态的目的；疏浚的重要原则之一是局部区域重点疏浚，优先在底泥污染重、释放量大的河段与湖区开展底泥疏浚；需与生态重建有机结合才能达到良好的效果。	工程量大、成本高。	成熟度高，在国内外已经得到广泛的工程应用。	技术可靠。	疏浚过深将破坏原有生态系统；对于清除的底泥要进行后续处理，处理不当易引起二次污染。
化学絮凝技术	通过投加化学药剂去除水中污染物以达到改善水质的目的。	磷、重金属等	适用于突发水环境事件临时应急措施。	工程量大、成本高。	成熟度较高，国内多次应用在突发环境事件应急处置中，如镉污染、锑污染等。	技术可靠、快速高效。	处理效果易受水体环境变化的影响，且必须顾及化学药剂对水生生物的毒性及对生态系统的二次污染，应用具有很大的局限性。

（续表）

修复和恢复技术	技术功能	目标污染物	适用性	成本	成熟度	可靠性	二次污染和破坏
生物膜技术	结合河道污染特点及土著微生物类型和生长特点，培养适宜的条件使微生物固定生长或附着生长在固体填料载体的表面，生成胶质相连的生物膜。通过水的流动和空气的搅动，生物膜表面不断和水接触，污水中的有机污染物和溶解氧为生物膜所吸收从而使生物膜上的微生物生长壮大。	溶解性的和胶体状的有机污染物	微生物群体通过摄取有机物，在一定范围内繁殖并培养出菌群，能持续去除水中污染物。生物膜法的适应能力很强，可根据水质、水文、水量的变化发生变化，消化能力与处理能力较好。	投资运营费用较大，实施时需要大量的投资及一定的管理技术。	用于河流净化的生物膜技术在国外研究较多，尤其是日本，已在工程实践中运用多种生物膜技术对污染严重的中小河流进行净化。	能有效去除污染水体中的氨氮和有机物，可以大大改善水质。	该技术未改变地表水体原有的生态系统，不会造成二次污染和破坏。
人工湿地技术	湿地修建在河道周边，利用地势高低或机械动力将部分河水引入生长有芦苇、香蒲等水生植物的湿地上，污水在沿一定方向流动过程中，经过水生植物和土壤的作用净化后回到原水体。	氮、磷、重金属等污染物	污水处理系统的组合具有多样性和针对性，减少或减缓外界因素对处理效果的影响；可以和城市景观建设紧密结合，起到美化环境的作用。受气候条件限制较大；设计、运行参数不精确；占地面积较大，容易产生淤积、饱和现象；对恶劣气候条件防御能力弱；净化能力受作物生长成熟程度的影响大。	投资费用低，建设、运行成本低，处理过程能耗低。	该技术已经非常成熟，在国内外有广泛的工程应用。	污水处理效果稳定、可靠。	位置选择不当或处理能力不满足实际需求时，会污染周围土壤和地下水。
微生物直投法净化技术	利用微生物唤醒或激活河道、污水中原本存在的可以净化水体但被抑制不能发挥功效的微生物，从而降解水体中的污染物。	氮、磷、重金属等污染物	当河流污染严重而又缺乏有效微生物作用时，投加微生物能有效促进有机污染物降解。适合湖库水体在藻类大量爆发前使用，可弥补微生物制剂见效时间较长的缺点。	工程量小，投资成本高。	技术相对成熟，国内外有一定应用。	受限于微生物适应性和水体特点，修复效果不一。	所投加的微生物若含病原菌等有害微生物，会破坏水体原生生态系统。
砾间接触氧化技术	通过在河流中放置一定量的砾石做充填层，增加河流断面上微生物的附着膜层数，水中污染物在砾间流动过程中与砾石上附着的生物膜接触沉淀。		适用于污染物浓度较低的河流，当水体生化需氧量高于 30 mg/L 时，应增加曝气系统。	投资和运行成本低。	该技术在国外应用已经非常成熟，在日本和韩国有成熟的工程应用案例。	技术可靠。	对水生态不产生二次污染和破坏。

（续表）

修复和恢复技术	技术功能	目标污染物	适用性	成本	成熟度	可靠性	二次污染和破坏
河道稳定塘技术	利用植被的天然净化能力处理污水，实现水体净化。		可利用河边的洼地构建稳定塘，对于中小河流（不通航、不泄洪）可直接在河道上筑坝拦水构建河道滞留塘。江南地区可利用氧化塘的水面种植多种水生植物，养殖鱼、贝、虾等，建立复杂的多级稳定塘系统。	投资较少。	成熟度高，国内外已经得到广泛工程应用。	具有统一和调和微生物水生植物的功能，修复效果好。	对水生态不产生二次污染和破坏。
河床生态构建技术	通过埋石法、抛石法、固床工法、粗柴沉床法或巨石固定法等方式将石头或柴等材料置于河床上，营造水生生物和微生物生长的河床，改善水体生态系统。		一般用于水流湍急且河床基础坚固的地区。	投资费用低，运行过程能耗低。	成熟度高，国内外已得到工程应用。	能有效改善水体生物和微生物的生长环境。	重构水生态系统，对水生态不产生二次污染和破坏。
增殖放流技术	增加水生生物数量。		地表水体中鱼虾类等水生生物数量因受到损害而减少，可采用增殖放流的措施进行恢复。具体方法参考 SC/T 9401。	对水域条件、苗种来源、亲体来源、苗种培育等有严格要求，技术要求较高，成本较大。	该技术在国内应用成熟，具有相关技术规程。	适合鱼虾类等水生生物数量严重受损，且适合进行恢复的情况。	对水生态不产生二次污染和破坏。
河道整治	按照河道演变规律，恢复河道稳定结构，改善河道边界条件、水流流态和生态环境的治理活动。		因非法采砂等生态破坏行为造成河岸、河床、河滩地等结构受损，威胁水文情势安全及水生生物栖息与生存环境，可采用河道整治措施进行恢复。具体方法参考 GB 50707。	操作较简单，成本较高。	该技术在国内应用成熟，具有相关技术规程。	适合河道结构遭受破坏，需要通过工程措施，如回填等恢复到河道稳定结构状态。	有产生二次污染和破坏的风险。
物种孵化技术	采用人工孵化技术，对受损水生生物物种进行恢复，增加物种数量。		适用于受损物种的数量恢复，孵化技术措施包括饲养场选择、布局，笼舍、孵化室、育雏室的建设等。	需要一定的场地空间，并进行笼舍建设等，成本较高。技术水平及环境条件要求较高。	该技术在国内应用成熟，具有相关技术规程。	非常适合动物物种数量及种群的恢复。	无产生二次污染和破坏的风险。

(续表)

修复和恢复技术	技术功能	目标污染物	适用性	成本	成熟度	可靠性	二次污染和破坏
洄游通道	通过恢复河道自然连通，增设鱼道等措施构建洄游性鱼类洄游通道，恢复其繁殖栖息环境和条件。		适用于因非法违规水利工程建设堵塞鱼类洄游通道，导致洄游性鱼类减少或消失的情况。通过恢复或构建鱼类洄游通道，保证其自然洄游路线畅通，促进其自然繁殖、栖息。	需通过河道整治、在水利工程处补建洄游通道、保证水体质量等措施，重建洄游通道，成本较高。	综合了多方面的技术措施，成本较高。	适合鱼类洄游通道恢复。	无产生二次污染和破坏的风险。
营建人工繁殖岛(栖息地建设)	针对部分水生生物、集群营巢的鸟类(如鸥、燕鸥和一些水禽)、水生哺乳动物等，可以通过岸滩修复、修建岛屿、渔业资源增殖放流等来帮助创造营巢地、栖息地，改善水域生态状况，创造适宜动物栖息的空间。		适用于水生生物、水禽栖息地受到破坏导致物种和种群数量减少的情况。通过营建人工繁殖岛，促进物种种群数量增长与恢复。	需要一定的场地空间，并建立适宜的栖息环境，且需要适当的监测维护措施，成本较高。	针对不同物种栖息地建设，国内外均有一定数量的成功案例。但针对不同物种，栖息地建设的成熟度及发展水平不一。部分鸟类物种栖息地建设发展较为成熟，而针对地表水体的水生生物，栖息地建设缺少成熟的技术规范。	适合水禽和水生哺乳动物等物种数量和种群的恢复。	无产生二次污染和破坏的风险。
自然衰减+监测技术	利用地表水体的自净、污染物的自然衰减以及水生态系统的自然恢复等能力，实现地表水生态环境的修复和恢复，同时对地表水、沉积物以及水生生物等进行定期监测和监控。		适用范围较窄，一般仅适用于污染程度较低、污染物自然衰减能力较强的区域，且不适用于对地表水生态环境恢复时间要求较短的情况。	主要为地表水、沉积物和水生生物监测产生的费用，成本较低。	作为一种有效的方法在世界范围内得到应用。	取决于污染程度、污染物自然衰减能力以及生态系统自我修复能力。	一般不会对水生态产生二次污染和破坏。

5.4 案例分析

5.4.1 环境损害程度量化

通过生态环境损害调查确认，可以得知：2021 年 10 月，从涉事水域采集的地表水样品中检测出了特征污染因子群，对比基线水平调查中确定的基线水平，采集的地表水样品中氟化物、铜、化学需氧量、总磷、氨氮、BOD_5、石油类、挥发酚、溶解氧存在超过基线水平的情况，其受损害程度如表 3.15 所示。

5.4.2 环境损害空间范围量化

基于本次太湖湖体内倾倒固体废物事件的实际情况以及因果关系分析结果可知，当事人存在明确的污染环境行为，且未对涉事水域采取相关污染防治措施。污染源中的有毒有害物质含量高于环境中相应物质的标准限值时，污染物中的有毒有害成分会在湖水流动中持续不断地扩散到周边沉积物和水体中，持续时间越长则污染范围越大。

本次鉴定评估确定的涉事水域地表水环境损害面积采用克里金插值法绘制损害范围模型。克里金插值法是当前常见的一种空间插值方法，其在生态学、环境学、地质学等领域应用广泛。克里金插值法的核心技术就是用半方差函数模型代表空间中随距离变化的函数，再在无偏估计与最小估计变异数的条件下决定各采样点的权重系数，最后再以各采样点与已求得的权重线性组合，来求空间任意点的内插估计值。

本次太湖湖体内倾倒固体废物事件中地表水环境超基线因子损害范围模型如图 3.11 所示。

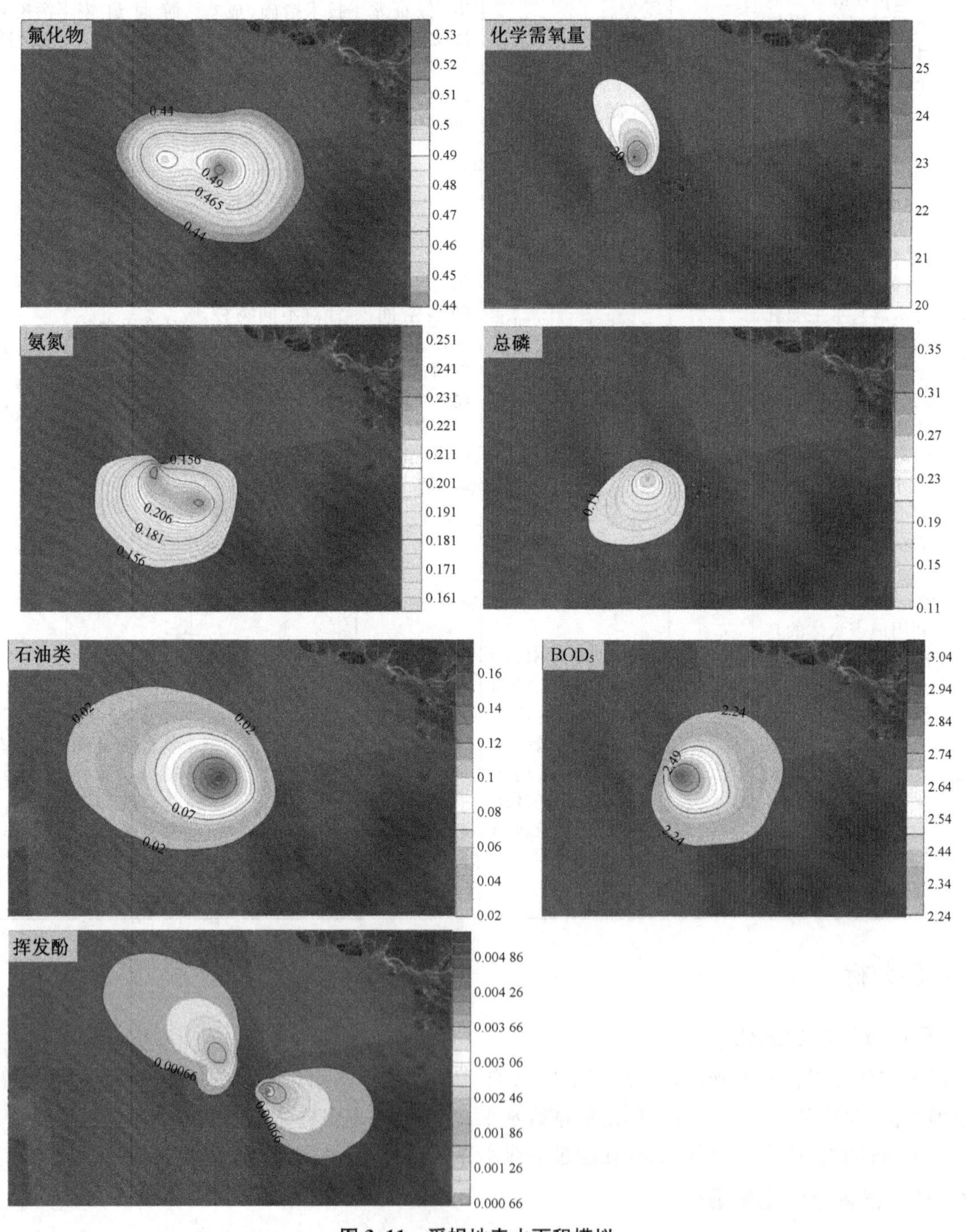

图 3.11　受损地表水面积模拟

根据地表水环境超基线因子损害范围模型计算可得，2021 年 10 月太湖湖体内固体废物倾倒区域各超基线因子损害面积如表 3.19 所示。以损害范围最大的石油类物质的损害面积计算，事发地地表水损害面积为 31 589 616 m^2。

表 3.19　各检测因子污染物损害范围(2021 年 10 月)

序号	污染物因子	损害面积/m^2
1	氟化物	21 321 175
2	铜	—
3	化学需氧量	4 450 771
4	总磷	7 358 205
5	氨氮	14 842 462
6	BOD_5	16 526 373
7	石油类	31 589 616
8	挥发酚	26 043 045

注：其中污染物因子铜暂不具备损害模拟条件。

5.4.3　恢复方案选择

从涉事水域采集的地表水样品中检测出的氟化物、铜、化学需氧量、总磷、氨氮、BOD_5、石油类、挥发酚、溶解氧均超过了基线水平，本次太湖湖体内倾倒固体废物事件以基线为恢复目标，对现状污染水平与基线水平之间的损害量化，并制定恢复方案。

根据表 3.18 中各技术的目标污染物和适用条件等因素，常见的如底泥疏浚技术，主要是通过去除底泥所含的污染物，消除污染水体的内源，减少底泥污染物向水体的稀释。该技术工程量大，成本高，且疏浚过深将导致原有生态系统的破坏，容易引起二次污染；曝气增氧技术主要是对缺氧状态的河道进行人工充氧，增强河道的自净能力，主要适用于有机物的污染；生物膜技术通过培养适宜的条件使微生物固定生长或附着生长在固体填充载体的表面，生成胶质相连的生物膜，并通过微生物群体摄取有机物，持续去除水中污染物，该项技术需要大量投资及一定的管理技术。

结合本次太湖湖体倾倒固体废物事件的实际情况，涉事水域经清挖后仍存在一定程度上的生态环境损害，该部分损害宜选用自然衰减＋监测技术，自然衰减＋监测技术适用于污染程度较低、污染物自然衰减能力较强的区域，一般不会对水生态产生二次污染和破坏。

本次评估选择自然衰减＋监测技术作为恢复方案，监测因子选择本次鉴定评估中的超基线因子。

第六章　生态环境损害价值量化

6.1　价值量化方法选择原则

生态环境损害的价值量化应遵循以下原则：

(1) 污染环境或破坏生态行为发生后，为减轻或消除污染或破坏对生态环境的危害而发生的污染清除费用，以实际发生费用为准，并对实际发生费用的必要性和合理性进行判断。

(2) 当受损生态环境及其服务功能可恢复或部分恢复时，应制定生态环境恢复方案，采用恢复费用法量化生态环境损害价值。

(3) 当受损生态环境及其服务功能不可恢复、或只能部分恢复、或无法补偿期间损害时，选择适合的其他环境价值评估方法量化未恢复部分的生态环境损害价值。

(4) 当污染环境或破坏生态行为事实明确,但损害事实不明确或无法以合理的成本确定生态环境损害范围和程度时,采用虚拟治理成本法量化生态环境损害价值,不再计算期间损害。

6.2 实际治理成本法

对于突发水环境污染事件,如果地表水和沉积物中的污染物浓度在应急处置阶段内恢复至基线水平,水生生物种类、形态和数量以及水生态服务功能未观测到明显改变的,采用实际治理成本法统计应急处置费用。应急处置费用按照直接市场价值法评估。下面列举几项常见的费用计算方法。

6.2.1 污染控制费用

污染控制包括从源头控制或减少污染物的排放,以及为防止污染物继续扩散而采取的措施,如投加药剂、筑坝截污等。费用计算见公式(6.1):

污染控制费用=材料和药剂费+设备或房屋租赁费+行政支出费用+应急设备维修或重置费用+专家技术咨询费 (6.1)

其中应急设备维修或重置费用指在应急处置过程中应急设备损坏后发生的维修成本或重置成本。其中维修成本按实际发生的维修费用计算,重置成本的计算见公式(6.2)和(6.3):

$$\text{重置成本}=\text{重置价值(元)}\times(1-\text{年均折旧率}\times\text{已使用年限})\times\text{损坏率} \tag{6.2}$$

其中:

$$\text{年均折旧率}=(1-\text{预计净残值率})\times 100/\text{总使用年限} \tag{6.3}$$

重置价值指重新购买设备的费用。

6.2.2 污染清理费用

污染清理费用指对污染物进行清除、处理和处置的应急处置措施,包括清除、处理和处置被污染的环境介质与污染物以及回收应急物资等产生的费用。计算项目与方法参照 6.2.1 节。

6.2.3 应急监测费用

应急监测费用指在突发环境事件应急处置期间,为发现和查明环境污染情况和污染损害范围而进行的采样、监测与检测分析活动所发生的费用。可以按照以下两种方法计算:

方法一:按照应急监测发生的费用项计算,具体费用项以及计算方法参照 6.2.1 节。

方法二:按照事件发生所在地区物价部门核定的环境监测、卫生疾控、农林渔业等部门监测项目收费标准和相关规定计算费用,见公式(6.4):

应急监测费用=样品数量(单样/项)×样品检测单价+样品数量(点/个/项)×样品采样单价+交通运输等其他费用 (6.4)

6.2.4 人员转移安置费用

人员转移安置费用指应急处置阶段,对受影响和威胁的人员进行疏散、转移和安置所发生的费用。计算项目与方法参照 6.2.1 节。

6.3 恢复费用法

按照地表水和沉积物生态环境基本恢复和补偿性恢复方案,采用费用明细法、指南和手册参考法、承包商报价法、案例比对法等方法,计算恢复方案实施所需要的费用。

恢复方案的实施费用,包括直接费用和间接费用。其中,直接费用包括生态环境恢复工程主体设备、材料、工程实施等费用,间接费用包括恢复工程监测、工程监理、质量控制、安全防护、二次污染或破坏防治等费用。

按照下列优先级顺序选择恢复费用计算方法，相关成本和费用以恢复方案实施地的实际调查数据为准。

(1) 费用明细法。适用于恢复方案比较明确，各项具体工程措施及其规模比较具体，所需要的设施、材料、设备、人工等比较明确，且鉴定评估机构对恢复方案各要素的成本比较清楚的情况。费用明细法应列出恢复方案的各项具体工程措施、各项措施的规模，明确需要的设施以及需要用到的材料和设备的数量和规格、能耗等内容，根据各种设施、材料、设备、能耗的单价，列出恢复工程费用明细。

(2) 指南或手册参考法。适用于恢复方案有确定的工程投资手册可以参照的情况，根据确定的恢复工程量，参照相关指南或手册，计算恢复工程费用。

(3) 承包商报价法。适用于恢复方案比较明确，各项具体工程措施及其规模比较具体，所需要的设施、材料、设备等比较确切，但鉴定评估机构对方案各要素的成本不清楚或不确定的情况。承包商报价法应选择 3 家或 3 家以上符合要求的承包商，由承包商根据恢复目标和恢复方案提出报价，对报价进行综合比较，确定合理的恢复工程费用。

(4) 案例比对法。适用于恢复技术不明确的情况，通过调研与本项目规模、损害特征、生态环境条件相类似且时间较为接近的案例，基于类似案例的恢复费用，计算恢复工程费用。

6.4 环境资源价值量化方法

对于受损地表水和沉积物生态环境不能通过实施恢复措施进行恢复或完全恢复到基线水平，或不能通过补偿性恢复措施补偿期间损害的，基于等值分析原则，采用环境资源价值评估方法对未予恢复的地表水和沉积物生态环境损害进行计算。具体如下：

(1) 对于以水产品生产为主要服务功能的水域，建议采用市场价值法计算水产品生产服务损失。

(2) 对于以水资源供给为主要服务功能的水域，建议采用水资源影子价格法计算水资源功能损失。

(3) 对于以生物多样性和自然人文遗产维护为主要服务功能的水域，建议采用恢复费用法计算支持功能损失，当恢复方案不可行时，建议采用支付意愿法、物种保育法计算。

(4) 对于砂石开采影响地形地貌和岸带稳定的情形，建议采用恢复费用(实际工程)法计算岸带稳定支持功能损失。

(5) 对于航运支持功能的影响，建议采用市场价值法计算航运支持功能损失。

(6) 对于洪水调蓄、水质净化、气候调节、土壤保持等调节功能的影响，建议采用恢复费用法计算调节功能损失，当恢复方案不可行时，建议采用替代成本法计算。

(7) 对于以休闲娱乐、景观科研为主要服务功能的水域，建议采用旅行费用法计算文化服务损失，当旅行费用法不可行时，建议采用支付意愿法计算。

(8) 对于采用非指南推荐的方法进行环境资源价值量化评估的，需要详细阐述方法的合理性。

对于超过地表水环境质量基线，但没有超过地表水环境质量标准并影响水生态功能的情况，根据损害发生地的水资源非使用基准价值和根据超过基线倍数确定的水资源非使用基准价值调整系数计算水资源受损价值，调整系数如表 3.20 所示。

表 3.20　水资源非使用基准价值调整系数

地表水环境质量超基线的倍数(x)	调整系数
$x \leqslant 5$	0.2
$5 < x \leqslant 20$	0.4
$20 < x \leqslant 100$	0.6
$100 < x \leqslant 1\,000$	0.8
$x > 1\,000$	1.0

6.5 虚拟治理成本法

对于向水体排放污染物的事实存在,但由于生态环境损害观测或应急监测不及时等原因导致损害事实不明确或无法以合理的成本确认地表水生态环境损害范围和程度量化生态环境损害数额的情形,采用虚拟治理成本法计算生态环境损害。根据《生态环境损害鉴定评估技术指南 基础方法 第2部分:水污染虚拟治理成本法》(GB/T 39793.2—2020),地表水污染虚拟治理成本法工作程序主要包括方法适用性分析、确定排放数量、确定单位治理成本、确定调整系数、计算地表水生态环境损害数额。

◆专家讲评◆

虚拟治理成本法是一种用于评估环境资源治理效益的分析方法,是在环境资源治理领域中常用的一种方法,用于估计环境资源的非市场化价值和治理成本。它通过模拟和估计环境资源治理的成本以及未治理情况下可能产生的损失,来评估治理措施的经济效益。

具体而言,虚拟治理成本法通常包括以下步骤:

1. 确定环境资源治理目标:明确将要治理的环境资源,并确定治理的目标和效益。

2. 评估治理成本:对所需的治理措施进行分析,估计实施这些措施需要的成本,包括人力、物力、资金等。

3. 评估环境资源未治理情况下的损失:通过模拟和估计得出未治理情况下可能产生的经济、社会和环境损失,以及对人类健康、生态系统和生物多样性等的影响。

4. 比较治理成本和未治理损失:将治理成本与未治理情况下的损失进行比较,评估治理的经济效益。

虚拟治理成本法在环境决策中具有一定的应用价值。它可以对环境治理措施的成本与效益进行综合分析,帮助决策者进行决策和资源配置。同时,还可以为环境保护和可持续发展提供经济支持,引导政策制定和规划实施。

然而,值得注意的是,虚拟治理成本法在实际应用中存在一些挑战和限制。例如,评估环境资源未治理情况下的损失往往需要依赖一系列的假设和模型,误差可能较大;同时,不同利益相关者对治理成本和效益的评估可能存在差异。

因此,在使用虚拟治理成本法时,需要进行充分的数据收集和分析,并结合专家和利益相关者的意见,以提高评估结果的准确性和可信度。此外,还需要定期进行效果评估和修正,以确保治理措施的实施和效果达到预期目标。

(1) 方法适用性分析。通过现场勘察、资料核实、卷宗调阅等,明确废水或固体废物的排放或倾倒的事实,掌握废水或固体废物的来源或所属行业、特征污染物、排放规律、排放去向、排放地点、排放数量、排放浓度和排入水体环境功能等,分析虚拟治理成本法的适用性。

(2) 确定排放数量。根据现场勘察、询问笔录、生产记录等资料,确定污染物超标排放量或者废水、固体废物排放或倾倒的质量或体积,根据需要测算废水中的特征污染物含量。

(3) 确定单位治理成本。采用实际调查法、成本函数法等方法,确定废水或废水中的特征污染物或固体废物的单位治理成本。

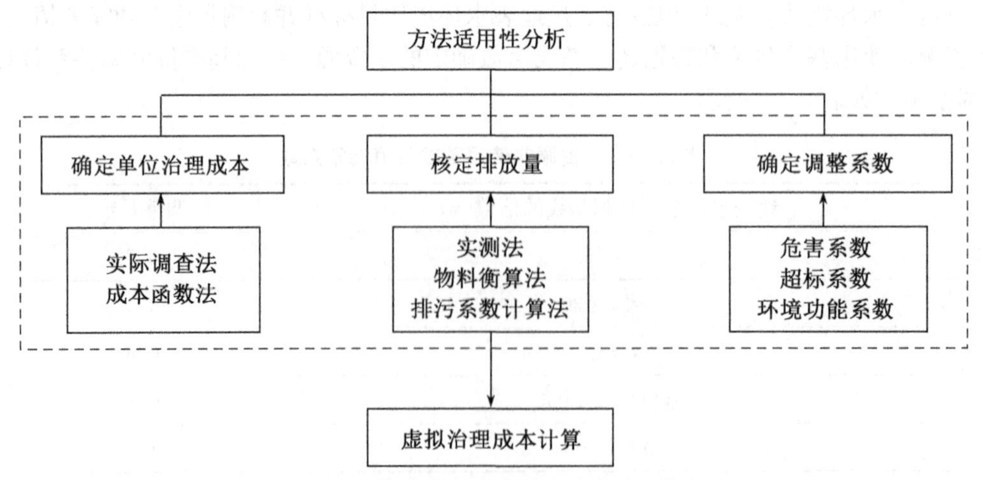

图 3.12 水污染虚拟治理成本法鉴定评估程序

(4) 确定调整系数。根据废水或固体废物的危害类别和受纳水体的现状环境功能，确定调整系数，包括危害系数、超标系数和环境功能系数。

(5) 计算地表水生态环境损害数额。根据排放量、单位治理成本、调整系数等，采用虚拟治理成本法计算公式，计算地表水生态环境损害数额。

6.6 案例分析

6.6.1 环境损害价值量化

本次太湖湖体内倾倒固体废物事件中，恢复方案及恢复项目较为明确，因此采用费用明细法。从涉事水域采集的地表水样品中检出的氟化物、铜、化学需氧量、总磷、氨氮、BOD_5、石油类、挥发酚、溶解氧存在超过基线水平的情况；沉积物样品中，挥发酚、高锰酸盐指数、氟化物检测值超过基线。因此，需要对涉事水域地表水及沉积物进行定期监测，监测因子为上述超基线因子。

本次太湖湖体内倾倒固体废物事件以 4 年为监测周期，每季度监测一次。单次地表水监测费用以本次鉴定评估中地表水污染调查与监测收费单价为准。单次地表水及沉积物监测费用合计 19 350 元，明细如表 3.21 所示。

表 3.21 监测费用统计表

<table>
<tr><td colspan="4">1. 地表水监测费用</td></tr>
<tr><td>监测项目</td><td>单价/元</td><td>样品数量</td><td>金额/元</td></tr>
<tr><td>氟化物</td><td>100</td><td>10</td><td>1 000</td></tr>
<tr><td>铜</td><td>300</td><td>10</td><td>3 000</td></tr>
<tr><td>化学需氧量</td><td>80</td><td>10</td><td>800</td></tr>
<tr><td>总磷</td><td>80</td><td>10</td><td>800</td></tr>
<tr><td>氨氮</td><td>80</td><td>10</td><td>800</td></tr>
<tr><td>BOD_5</td><td>100</td><td>10</td><td>1 000</td></tr>
<tr><td>石油类</td><td>100</td><td>10</td><td>1 000</td></tr>
<tr><td>挥发酚</td><td>80</td><td>10</td><td>800</td></tr>
<tr><td colspan="3">单次地表水监测费用合计</td><td>9 200</td></tr>
<tr><td colspan="4">2. 沉积物监测费用</td></tr>
<tr><td>监测项目</td><td>单价/元</td><td>样品数量</td><td>金额/元</td></tr>
<tr><td>挥发酚</td><td>300</td><td>10</td><td>3 000</td></tr>
<tr><td>高锰酸盐指数</td><td>380</td><td>10</td><td>3 800</td></tr>
<tr><td>氟化物</td><td>190</td><td>10</td><td>1 900</td></tr>
<tr><td colspan="3">单次沉积物监测费用合计</td><td>8 700</td></tr>
<tr><td colspan="4">3. 采样人工费用</td></tr>
<tr><td>项目</td><td>单价/(元/天)</td><td>天数</td><td>金额/元</td></tr>
<tr><td>车辆费</td><td>650</td><td>1</td><td>650</td></tr>
<tr><td>工程师费用(2 人)</td><td>800</td><td>1</td><td>800</td></tr>
<tr><td colspan="3">单次太湖监测费用合计:(1+2+3)</td><td>19 350</td></tr>
</table>

本次鉴定评估以连续4年为监测周期，以每季度一次为监测频率来计算，则地表水及沉积物监测次数为16次。本次评估涉及的地表水及沉积物恢复费用计算如下：

地表水环境损害数额＝自然衰减＋环境监测恢复费用
＝单次监测费用×监测次数
＝19 350元/次×16次
＝309 600元

6.6.2 生态服务功能损失价值量化

本次太湖湖体内倾倒固体废物事件造成的生态服务功能损失价值仅对渔业资源损失数额进行价值量化评估。

根据《太湖渣土倾倒区域渔业损失评估》，渔业资源损失包括鱼类及饵料资源损失以及仔幼鱼资源损失两个部分。渣土覆盖时期，一个评估周期内，鱼类成体资源损失量约为1 405.5kg。仔幼鱼资源损失量为396 918.1尾，目前太湖处于全面禁渔时期，其成鱼整体价格无法实际获得，本次以20元/kg估算，加上仔幼鱼价格估算，总计一个评估周期的损失金额为43 985.8元(此数据以15天为一个评估周期)。从发现倾倒渣土时间至2021年11月，按7个月估算，约为14个评估周期，估算总损失为615 801.7元，如表3.22所示。

表3.22 渔业资源损失数额统计表

类别	损失量	单价	金额/元
鱼类及饵料资源损失价值	1 405.455 kg	20元/kg	28 109.1
仔幼鱼资源损失价值	396 918.1尾	400元/万尾	15 876.7
合计			43 985.8

第七章 鉴定评估报告编制

地表水生态环境损害鉴定评估报告的格式和内容参照《生态环境损害鉴定评估技术指南 总纲和关键环节 第1部分：总纲》(GB/T 39791.1—2020)的编制要求。鉴定评估机构应根据鉴定委托方要求，依据相关法律法规的规定，编制司法鉴定意见书或鉴定评估报告书。司法鉴定意见书的编制应执行《司法部关于印发司法鉴定文书格式的通知》中要求的司法鉴定意见书文书格式，应突出生态环境损害确定、因果关系分析、生态环境损害价值量化的鉴定过程和分析说明。

7.1 基本情况

写明生态环境损害鉴定评估委托方、委托鉴定评估事项和生态环境损害鉴定评估机构；写明生态环境损害鉴定评估的背景，包括损害发生的时间、地点、起因和经过；简要说明生态环境损害发生地的社会经济背景、环境敏感点、造成潜在生态环境损害的污染源、污染物等基本情况。

7.2 鉴定评估方案

1. 鉴定评估目标

依据委托方委托鉴定评估事项，详细写明开展生态环境损害鉴定评估的工作目标。

2. 鉴定评估依据

写明开展本次生态环境损害鉴定评估所依据的法律法规、标准和技术规范等。

3. 鉴定评估范围

写明开展本次鉴定评估工作确定的生态环境损害的时间范围和空间范围，以及确定时空范围的依据。

生态环境损害鉴定评估的时间范围以污染环境或破坏生态行为发生为起点，以受损生态环境及其服务功能恢复至基线为终点；空间范围应综合利用现场调查、环境监测、遥感分析和模型预测等方法，根据污染物迁移扩散范围或破坏生态行为的影响范围确定。

4. 鉴定评估内容

写明本次鉴定评估工作的主要内容，包括生态环境损害鉴定评估的对象和生态环境损害鉴定评估内容。生态环境损害鉴定评估的内容包括：

(1) 调查污染环境或破坏生态行为的事实。

(2) 确定生态环境损害的事实和类型。

(3) 分析污染环境或破坏生态行为与生态环境损害间的因果关系。

(4) 确定生态环境损害的时空范围和程度。

(5) 评估生态环境恢复的可能性，制定恢复方案。

(6) 量化生态环境损害价值。

(7) 评估生态环境恢复效果。

5. 鉴定评估方法

详细阐明开展本次生态环境损害鉴定评估工作的技术路线及每一项鉴定评估工作所使用的技术方法。

7.3 鉴定评估过程与分析

1. 生态环境损害调查确定

详细介绍污染环境或破坏生态行为调查和生态环境损害调查方案，包括资料收集、现场踏勘、座谈走访、采样方案、检测分析、质量控制等过程，写明调查结果，包括是否存在污染环境或破坏生态行为以及行为方式，是否存在生态环境损害及损害类型等。

2. 因果关系分析

详细阐明本次生态环境损害鉴定评估中鉴定污染环境或破坏生态行为与生态环境损害间因果关系所依据的标准或条件，以及分析因果关系所采用的技术方法；详细介绍因果关系分析过程中所依据的证明材料，现场踏勘、监测分析、实验模拟、数值模拟的过程和结果；写明因果关系分析的结论。

3. 生态环境损害实物量化

详细阐明本次生态环境损害鉴定评估中生态环境损害实物量化所依据的标准和条件，以及量化生态环境损害所采用的技术方法。给出生态环境损害实物量化的结果，即生态环境损害的类型、时空范围及损害程度。

4. 生态环境损害恢复方案筛选

开展生态环境损害恢复可行性评估，写明确定备选生态环境恢复方案的原则、依据与思路，介绍各方案的有效性、合法性、技术可行性、实施成本、公众可接受性、环境安全性和可持续性，开展备选恢复方案比选，确定最终的生态环境恢复方案。

5. 生态环境损害价值量化

详细阐明本次生态环境损害鉴定评估中生态环境损害价值量化所依据的标准、规范，所采用的评估方法，以及相应的证明材料。明确界定生态环境损害价值量化的范围，包括需要价值量化的生态环境损害以及每种类型损害量化的方法、计算依据和结果，此外，应分析生态环境损害价值量化结果的不确定性。

采用恢复费用法量化生态环境损害价值时，应详细阐述恢复方案的工作量、持续时间、实施成本，提供数据来源与依据。对于实际已经发生的污染清除费用，应详细阐述数据的来源，对各项费用的完整性、规范性、逻辑合理性进行审核，提供纳入实际治理费用计算的原始费用单据。采用虚拟治理成本法量化生态环境损害时，应详细阐述污染物排放量、单位治理成本的确定依据，以及适用虚拟治理成本法的原因。

7.4 鉴定评估结论

针对生态环境损害鉴定评估委托事项，写明每一项生态环境损害的鉴定评估结论，包括生态环境损害确定结论、因果关系分析结论和生态环境损害量化结论。

7.5 签字盖章

生态环境损害鉴定评估报告书应当由鉴定人签名，并加盖鉴定评估机构公章。

7.6 特别事项说明

阐明报告的真实性、合法性、科学性。明确报告的所有权、使用目的和使用范围。阐明报告编制过程及结果中可能存在的不确定性。

7.7 附件

附件包括生态环境损害鉴定评估工作过程中依据的各种证明材料、现场调查监测方案、现场调查监测报告、实验方案与分析报告等。

第八章　生态环境恢复效果评估(地表水和沉积物、生态环境系统)

8.1 工作内容

制定恢复效果评估计划，通过采样分析、现场观测、问卷调查等方式，定期跟踪地表水和沉积物生态环境恢复情况，全面评估恢复效果是否达到预期目标；如果未达到预期目标，应进一步采取相应措施，直到达到预期目标为止。

8.2 评估时间

恢复方案实施完成后，地表水和沉积物的物理、化学和生物学状态以及水生态服务功能基本达到稳定时，对恢复效果进行评估。

地表水恢复效果通常采用一次评估，沉积物与水生态服务功能恢复效果通常需要结合污染物特征、恢复方案实施进度、水生态服务功能恢复进展进行多次评估，直到沉积物环境质量与水生态服务功能完全恢复至基线水平，至少持续跟踪监测 12 个月。

8.3 评估内容和标准

恢复过程合规性，即恢复方案实施过程需满足相关标准规范要求，无二次污染或二次破坏。

恢复效果达标性，即根据基本恢复、补偿性恢复中设定的恢复目标，分别对基本恢复和补偿性恢复的效果进行评估。

恢复效果评估标准参照 5.2 中确定的恢复目标。

8.4 评估方法

1. 现场踏勘

通过现场踏勘，了解地表水生态环境恢复进展，判断地表水和沉积物是否仍有异常气味或颜色，观察关键水生态服务功能指标的恢复情况，确定监测、观测与调查时间、周期和频次。

2. 监测分析

根据恢复效果评估计划，对恢复后的地表水和沉积物进行采样监测，分析地表水和沉积物污染物浓度等指标，开展生物调查以及水生态服务功能调查。调查应覆盖全部恢复区域，并基于恢复方案的特点制定分别针对地表水和沉积物环境以及水生态服务功能的差异化监测调查方案。基于监测调查结果，采用逐个比对法或统计分析法分析恢复效果。

3. 分析比对

采用分析比对法，对照地表水和沉积物环境治理与水生态恢复方案，以及相关的标准规范，分析地表水和沉积物环境治理以及水生态服务功能恢复过程中各项措施与方案的一致性、合规性；分析治理和恢复过程中的相关监测、观测数据，判断有无二次污染和其他生态影响产生；综合评价治理恢复过程的合规性。

4. 问卷调查

通过设计调查表或调查问卷，调查基本恢复、补偿性恢复措施所提供的生态服务功能类型和服务量，判断恢复效果；此外，调查公众与其他相关方对于恢复过程和结果的满意度。

8.5 补充性恢复方案的制定

由于现场条件或技术可达性等限制原因，地表水和沉积物生态环境基本恢复方案实施后未达到基本恢复目标或补偿性恢复方案未达到补偿期间损害的目标，需要进一步制定补充性恢复方案，使受损的地表水和沉积物生态环境实现既定的基本恢复和补偿性恢复目标。对于补充性恢复方案不可行或无法达到预期效果的，采用环境资源价值量化方法计算相应的损失。

8.6 工作程序

恢复效果评估的程序包括前期准备、恢复达标评估和效果评估报告编制，根据需要开展恢复过程评估。

前期准备包括开展资料收集、人员访谈和现场踏勘，收集应急处置、环境修复、生态恢复工程实施、监理监测相关方案、数据、报告、图件等资料。

恢复过程评估的程序包括基于所收集的资料，梳理受损生态环境恢复过程，分析是否按照恢复方案实施了所有工程，分析恢复过程是否造成了二次污染或破坏。结合损害鉴定评估结果、损害赔偿磋商结果、诉讼判决结果等，确定恢复效果评估指标和恢复目标。开展数据分析，初步判断相关指标是否达到恢复目标或是否达到了稳定状态，数据不足以开展分析时，要求开展补充监测。

恢复达标评估阶段需构建概念模型，为最终效果调查监测计划制定提供依据。制定恢复达标评估调查监测计划，明确恢复达标评估阶段的调查对象、时间、点位、数量以及分析指标等。开展现场调查监测，对调查所获取的数据进行必要的分析，判断相关指标是否达到了生态环境损害恢复方案中设定的目标。若未达到恢复目标，则继续开展补充性恢复或实施货币化赔偿；若达到恢复目标，则结束评估。

经达标评估达到恢复目标后，编制生态环境损害恢复效果评估报告。

8.6.1 前期准备

1. 资料收集

在效果评估工作开展之前，从责任方、相关管理部门、参与前期工作的相关单位处收集受损区域生态环境恢复过程相关资料，具体包括调查报告、监测数据、损害鉴定评估报告、风险评估报告、风险管控与治理修复方案、工程实施方案、工程设计资料、施工组织设计资料、工程环境影响评价及其批复、施工与运行过程中的监测数据、监理报告和相关资料、工程竣工报告、实施方案变更协议、运输与接收的协议和记录、施工管理文件、后期管护相关记录等。

2. 人员访谈

开展人员访谈，对受损区域调查评估情况、生态环境恢复的工程方案编制和实施情况、环境保护措施落实情况、恢复系统运行维护情况等进行全面了解。访谈对象包括相关管理部门、责任人，以及调查、风险评估、风险管控与治理修复方案编制、生态恢复方案编制、施工、监理等单位参与人员。

3. 现场踏勘

开展现场踏勘，了解受损区域生态环境恢复工程的实施情况和环境保护措施的落实情况，包括工程进度，处理设施运行情况，污染源清理情况，污染土壤、水体、沉积物暂存、外运或处置情况，植被种植养护、动物孵化保育措施实施情况，施工管理情况，恢复效果等。可通过照片、视频、录音、文字等方式，记录现场踏勘情况。

8.6.2 恢复过程评估

1. 恢复过程总结

基于资料收集、人员访谈、现场踏勘所获取的信息，全面梳理生态环境损害调查评估、恢复方案制定、恢复工程实施等过程，分析是否按照恢复方案实施了恢复工程。如果存在恢复工程未覆盖恢复方案确定的建设内容或对象、恢复工程量不满足方案设计要求、恢复的范围与设计文件不一致等情况，且未经过合理的设计变更，应及时要求相关责任单位开展补充恢复。如果存在药剂类型、注入流量、种植养护方式、灌溉方式、孵化保育方式等技术指标与技术方案不一致的情况，应要求施工方提供合理的变更说明。

分析施工方是否采取了必要的固体废弃物、废水、废气、噪声等二次污染防治措施，是否按要求采取了必要的土壤资源、生物群落、生态系统的二次破坏防控措施；如果没有，应分析是否可能产生二次污染或二次破坏、可能的二次污染或二次破坏类型以及可能产生二次污染或二次破坏的区域等。

2. 过程监测数据分析

基于资料收集、人员访谈、现场踏勘所获取的监测数据，分析施工单位和相关管理部门是否按照恢复方案和相关标准规范要求开展了必要的监测。如果监测数据不足，要求相关责任单位开展补充监测，监测应满足下面的地表水和沉积物过程监测要求。如果监测数据充分，按照 8.6.3 节中的“3. 达标分析”要求初步分析是否达标或达到稳定状态。

3. 地表水和沉积物过程监测要求

(1) 监测指标

根据恢复方案中确定的恢复目标，对相关指标进行监测。

(2) 监测点位

(a) 地表水

优先根据水体功能区、所采用的环境修复技术特点等布设河流恢复过程监测断面。如果没有特定要求，应在恢复工程涉及的监测断面选择代表性断面进行监测，同一水体功能区至少设置 1 个监测断面。如果存在死水区、回水区、排污口等薄弱区，应综合考虑恢复工程的实施效果布设代表性的采样点。

优先根据湖(库)功能区、所采用的环境修复技术特点等布设湖(库)恢复过程监测垂线。湖(库)区的不同水域，如进水区、出水区、深水区、浅水区、湖心区、岸边区，分别设置代表性监测垂线。如果无明显功能区别或环境修复技术对布点没有特定要求，在环境修复区域内按照网格均匀布设原则，选择代表性垂线进行监测，同时兼顾环境修复薄弱区。

同一监测断面设置的采样垂线与各垂线上的采样点数参照《地表水和污水监测技术规范》(HJ/T 91—2002)、《地表水环境质量监测技术规范》(HJ 91.2—2022)和《水质采样方案设计技术指导》(HJ495—2009)中的要求执行。

采用异位或原地异位方式进行环境修复的，应根据批次处理水量进行采样监测，原则上每批次至少采集 1 个样品。

(b) 沉积物

采用原位恢复方式对沉积物进行处理的，在恢复区域内按照均匀分布原则，结合地表水点位进行布设，通常布设在水质采样垂线正下方，当正下方无法采样时，可在附近区域采样，点位布设应具有代表性。

同时，按照均匀分布原则结合沉积物垂向分层特征进行分层采样。

对沉积物进行异位或原地异位处理的，优先按照堆体大小设置采样点数量，如表 3.23 所示。按批次处理的，每批次至少采集 1 个样品。

表 3.23　根据堆体大小进行布点的要求

恢复区域体积	采样点
体积≤100 m^3	≥2
100 m^3＜体积≤300 m^3	≥3
300 m^3＜体积≤500 m^3	≥4
500 m^3＜体积≤1 000 m^3	≥5
每增加 500 m^3	增加 1 个点位

采用异位或原地异位方式进行沉积物处理的，具备条件的情况下应同时对清挖区进行系统布点采样。

(3) 监测频次和时间

根据监测指标类型、介质类型和恢复技术类型等，确定监测频次，采样频次应有足够的代表性。对于连续式处置过程的监测，可根据污染物转化降解速率开展定期监测。

4. 生物与生态服务功能过程监测要求

根据恢复方案中设定的目标指标，选择相应指标开展过程监测，具体监测指标、监测方法、监测频次、监测时间和参照标准如表 3.24 和表 3.25 所示。对于具有迁徙性或周期性特点的动物，应根据观测目标和观测区域野生动物的繁殖、迁徙及其出现的季节规律等确定调查时间。对于植物，应当根据各类型植物物候特征确定调查时间。

表 3.24　生态系统恢复过程监测

生态系统类型	监测指标		监测方法	监测频次	监测时间	参照标准
林地、草地、农田(旱地)	植物	植被覆盖度	样方法或遥感监测	一年一次	植物生长旺盛期，一般为 7～9 月	HJ710.1
		植物种类	样方法	一年一次		HJ710.1
		种群密度	样方法	一年一次		HJ710.1
		生物量	遥感监测或收获法	林地五年一次、灌丛三年一次、草地(旱地)一年一次		HJ710.1
	土壤	土壤 pH	电位法	一年一次		NY/T1377
		有机质	重铬酸钾氧化法	一年一次		NY/T1121.6
		含水率	烘干法	一年一次		HJ1168
		容重	环刀法	五年一次		NY/T1121.4
		渗透性	环刀法	一年一次		HJ1169
		含盐量	重量法	一年一次		NY/T1121.16
		全氮	半微量凯氏法	一年一次		NY/T1121.24
		全磷	高氯酸-硫酸法	一年一次		NY/T88
		全钾	碱熔法	一年一次		NY/T87
		污染物浓度	—	一年一次		GB15618、GB36600

（续表）

生态系统类型	监测指标		监测方法	监测频次	监测时间	参照标准
林地、草地、农田（旱地）	动物	有害生物种类	地面监测或遥感监测	一年一次	根据有害生物生活周期，在其发生高峰期或数量最大、危害最重、最易发现的时间	GB/T27618
		动物种类	样方法或样线法等	一年一次	根据动物习性确定，具体参照相关标准	HJ710.3、HJ710.4、HJ710.5、HJ710.13、HJ710.9、HJ710.10
		种群数量	样方法或样线法等	一年一次		HJ710.3、HJ710.4、HJ710.5、HJ710.13、HJ710.9、HJ710.10
		栖息地面积	地面监测或遥感监测	一年一次		HJ710.3、HJ710.4、HJ710.5、HJ710.13、HJ710.9、HJ710.10
湿地/农田（水田）	植被	植被类型	目测法	一年一次	植物生长旺盛期，一般为7～9月	HJ1169
		面积	遥感监测或测绘法	一年一次		—
		植物种类	样方法	一年一次		HJ710.1、HJ710.12
		密度	样方法	一年一次		HJ710.1、HJ710.12
		植被覆盖度	样方法或遥感监测	一年一次		HJ710.1、HJ710.12
		生物量	遥感监测或收获法	林地五年一次、灌丛三年一次、草地（旱地）一年一次		HJ710.1、HJ710.12
	动物	湿地动物种类	样方法或样线法等	一年一次	根据动物习性确定，具体参照相关标准	HJ710.4、HJ710.7、HJ710.6、HJ710.8
		湿地动物数量	样方法或样线法等	一年一次		HJ710.4、HJ710.7、HJ710.6、HJ710.8
		物种入侵及其扩散状况	遥感监测或样线法等	一年一次	根据入侵物种生活周期，在其发生高峰期或数量最大、危害最重、最易发现的时间	—
	水文	水量、水位、水深	流速仪、测深杆、测深锤	连续一周/平水期	1～12月	—
		径流量	自动观测仪器设备	根据恢复方案确定		HJ1169
		积水水深	自动观测仪器设备	根据恢复方案确定		HJ1169
	水质	pH	玻璃电极法	根据恢复方案确定		GB3838
		溶解氧	碘量法/电化学探头法	根据恢复方案确定		GB3838
		水体污染物含量	—	一年一次		GB3838

（续表）

生态系统类型	监测指标		监测方法	监测频次	监测时间	参照标准
湿地/农田（水田）	土壤或沉积物	土壤有机碳密度	重铬酸钾氧化-分光光度法	一年一次		HJ1169
		土壤湿度	水分传感器	一年一次		HJ1169
		底泥的理化性质	样方法	一年一次		HJ1169
		土壤的渗透性	环刀法	一年一次		HJ1169
		土壤或沉积物污染物含量	—	一年一次		GB15618、GB36600

表 3.25 生态系统服务功能达标监测

指标类型	生态系统服务功能		监测指标	监测方法	监测频次	监测时间	参照标准
核心指标	支持	生物多样性维持	动物种类和数量	样方法或样线法等	一年一次	根据动物习性确定，具体参照相关标准	HJ710.3、HJ710.4、HJ710.5、HJ710.13、HJ710.9、HJ710.10
			植物种类和数量	样方法	一年一次	植物生长旺季，一般为7～9月	HJ710.1、HJ710.12
		土壤保持	土壤机械组成	环刀法	一年一次	1～12月	NY/T1121.3
			数字高程	地形测绘或雷达遥感	一年一次		GB50026、CH/T1026
			植被覆盖度	样方法或遥感监测	一年一次	植物生长旺季，一般为7～9月	HJ710.1、HJ710.12
		地质稳定维持	坡岸及水工构筑物稳定性	调查计算	一年一次	1～12月	GB50286、GB50330
		航运支持	航道里程、客运量、货运量	统计调查	一年一次		—
	供给	产品供给	农业产品、林业产品、畜牧业产品、渔业产品、供水量、生态能源、其他产品	统计调查	一年一次		—
参考指标	调节	生态固碳	植被生物量	样方法或遥感监测	一年一次	植物生长旺季，一般为7～9月	HJ710.1、HJ710.12
			土壤碳密度	样方法	一年一次		HJ1167、HJ1168、HJ1169
		气候调节	夏季连续72小时植被区内外温度差	监测调查	一年一次	一般温度大于26摄氏度	—
		空气净化	植被生物量	样方法或遥感监测	一年一次	植物生长旺季，一般为7～9月	HJ710.1、HJ710.12
			植被面积	实地测量或遥感监测	一年一次		TD/T1055、HJ1166

（续表）

指标类型	生态系统服务功能		监测指标	监测方法	监测频次	监测时间	参照标准
参考指标	调节	水质净化	净流量	统计调查或自动观测仪器设备	年均值	1～12月	GB50179
			库容量	统计调查或自动观测仪器设备	年均值		SL44
		水源涵养	植被类型	目测法	一年一次		HJ710.1、HJ710.12
			植被面积	实地测量或遥感监测	一年一次		TD/T1055、HJ1166
		洪水调蓄	湿地面积	实地测量或遥感监测	一年一次	丰水期	TD/T1055、HJ1166
			土壤厚度、土壤非毛细孔隙度、最大滞水高度	样方法或遥感监测	一年一次	1～12月	GB/T27648、HJ1169
		防风固沙	数字高程	地形测绘或雷达遥感	一年一次		GB50026、CH/T1026
			植被覆盖率	样方法或遥感监测	一年一次	植物生长旺季，一般为7～9月	HJ710.1、HJ710.12
			土壤机械组成	环刀法	一年一次	1～12月	NY/T1121.3
	文化	休闲旅游	自然景点旅游人次、自然景点旅游收入	统计调查	一年一次	—	—

8.6.3 恢复达标评估

1. 概念模型构建

基于上述资料收集、人员访谈、现场踏勘等过程掌握的信息以及恢复过程总结、监测数据分析结果，用文字、图、表等形式构建概念模型，为恢复达标评估阶段调查监测计划的制定提供依据。

概念模型包含：

（1）风险管控与治理修复、生态恢复概况：风险管控与治理修复、生态恢复起始时间、范围、目标、主要技术和工艺参数及其变化情况，废气、废水、固废产生和排放情况；对于环境修复，涉及药剂添加时包括药剂添加量等情况；对于生态恢复，涉及植被种植时包括覆土量、植被类型、覆盖度、养护等情况，涉及动物恢复时包括动物类型、数量、活动范围等情况。

（2）自然环境条件：对于环境修复案例，主要包括地质和水文地质条件及其变化情况，水体和沉积物理化性质及其变化情况，周边敏感受体及相关暴露途径等；对于湿地生态恢复，主要包括水体相关物理、化学、生物条件及其变化情况；对于林地、草地、农田等生态恢复，主要包括气候、地形地貌、土壤等条件及其变化情况。

（3）目标指标情况：对于环境修复，主要包括目标污染物原始浓度以及环境修复过程中浓度的时空变化，二次污染物产生及其浓度和分布情况；对于生态恢复，主要关注原始以及恢复过程中的地形地貌、土壤、水文、植被、生物变化情况，二次破坏情况。

2. 恢复达标评估调查与监测

（1）制定恢复达标评估调查与监测计划

基于概念模型中有关损害恢复过程和评估区现状的相关信息，结合损害恢复目标，制定恢复达标评估调查与监测计划，明确恢复达标评估阶段的调查与监测内容、区域、指标、点位布设、采样频次和时间等，指导后续调查与监测过程。

(2) 地表水和沉积物环境修复达标评估调查与监测

(A) 评估内容和区域

评估主要针对原位、原地异位或异位环境修复后的地表水、沉积物环境质量状况,以及环境修复过程中可能产生的二次污染。如果涉及沉积物清挖,就要对清挖效果进行评估。如果涉及阻隔等风险管控措施,就要对风险管控措施的性能进行评估。具体区域如表 3.26 所示。

表 3.26　环境修复效果调查与监测区域

受损介质	风险管控与治理修复模式	效果评估	二次污染评价
地表水	原位环境修复	环境修复区域	周边地表水、沉积物 化学生物试剂堆放区 环境修复过程中试剂可能影响的其他区域 环境修复过程中污染物迁移扩散可能影响的其他区域
	原地异位环境修复	处理后水质	水体和沉积物暂存区 环境修复区或临时处置区 待检区 化学生物试剂堆放区 运输车辆临时道路(运输试剂、待处理水体) 固体废物或危险废物堆存区、废水暂存处理区
	异位环境修复	处理后水质	运输车辆临时道路(运输待处理水体)
沉积物	原地环境修复	环境修复区域	周边地表水、沉积物 化学生物试剂堆放区 环境修复过程中试剂可能影响的其他区域 环境修复过程中污染物迁移扩散可能影响的其他区域
	原地异位环境修复	清挖区 环境修复区域	水体和沉积物暂存区 环境修复区或临时处置区 待检区 化学生物试剂堆放区 运输车辆临时道路(运输试剂、待处理沉积物) 固体废物或危险废物堆存区、废水暂存处理区
	异位环境修复	清挖区 环境修复区域	运输车辆临时道路(运输待处理沉积物)
	风险管控	风险管控措施性能	周边地表水、沉积物

(B) 指标

根据恢复方案中确定的恢复目标,对相关指标进行监测。如恢复目标中未考虑二次污染,应在效果评估时对二次污染相关指标进行监测评估,具体如表 3.27 所示。

表 3.27　二次污染区调查监测指标

序号	二次污染区	指标	备注
1	周边地表水、沉积物	目标污染物和反应过程中的二次产物	—
2	污染水体和沉积物暂存区、环境修复区、临时处置区、待检区	目标污染物和反应过程中的二次产物	如有机物氧化还原产物、硝酸盐、氨氮转化产物等
3	化学生物试剂堆放区、环境修复过程中试剂可能影响的其他区域	试剂中可能涉及的污染物	如过硫酸盐氧化引入的硫酸根离子、酸碱调节剂导致的 pH 变化等

（续表）

序号	二次污染区	指标	备注
4	固体废物或危险废物堆存区、废水暂存处理区	固废、危废、废水中可能涉及的污染物	分析原辅材料、生产工艺进行判断
5	运输车辆临时道路	运输材料可能涉及的污染物	污染物或者药剂中可能存在的污染物
6	环境修复过程中污染物迁移扩散可能影响的其他区域	目标污染物和反应过程中的二次产物	开挖、药剂投加等过程可能导致的污染物扩散

(C) 点位布设

地表水和沉积物效果评估布点数量和位置同 8.6.2 节中的“3. 地表水和沉积物过程监测要求”。

(D) 采样频次和时间

地表水和沉积物恢复效果通常采用 1 次评估。通常在环境修复完成且环境修复介质的物理、化学、生物学状态及生态服务功能达到稳定后以及受到其他扰动前进行。

对于采用序批式方式进行环境修复的，通常在每批次处置完成后开展评估。

如果涉及沉积物清挖，应在清挖之后、回填之前对清挖区域进行采样。

对于采用覆盖等风险管控方式控制沉积物污染风险的，应在风险管控措施实施完成后，至少对上覆水中的目标污染物监测 4 次，每次间隔时间不少于 1 个月，确保稳定达标。

(3) 生态恢复达标评估调查与监测

(A) 调查内容和区域

针对恢复区的生态系统恢复情况进行调查监测，包含恢复区域（流域）、周边区域（流域），并对恢复过程中可能产生的二次破坏进行调查评价，如表 3.28 所示。

表 3.28　生态恢复效果调查与监测区域

恢复模式	效果评估	二次破坏评价
人工恢复	恢复区域（流域）	周边区域（流域）
自然恢复（监测）	恢复区域（流域）	—

(B) 指标

根据恢复方案中设定的目标，选取适当的指标开展生态恢复效果调查与监测，其中，核心指标至少选择一项，参考指标根据需要选择。二次破坏调查与监测指标如表 3.29 所示。

表 3.29　二次破坏调查与监测指标

序号	二次破坏情形	调查监测指标
1	污染物引流占用土地	土壤污染物含量、土壤理化性质
2	恢复施工过程碾压导致土地植被破坏	植被面积、覆盖度
3	河流、水体恢复措施，如清淤、药剂使用等，对水生生物的影响	生物体污染物残留浓度、物种数量及其密度
4	恢复区域植被由于较高的土壤水分、养分等需求导致当地生境条件恶化	地下水位、土壤含水率、土壤养分含量等
5	恢复过程可能导致恢复区域有害生物发生	有害生物物种数量及其密度
6	引入的物种扩张侵占周边植被群落，导致有害生物发生或生物多样性降低	物种数量及其密度、多样性

(C) 样方、样线、样点布设

样方、样线、样点布设方法参照表 3.24 和表 3.25。

(D) 监测频次和时间

在生态恢复工程竣工后 1～3 年左右开展初步效果评估，并在竣工后 3～5 年或更长时间开展最终效果评估。

不同生态要素的监测频次和时间要求参照表 3.24，生态服务功能的监测频次和时间要求参照表 3.25。

(E) 调查监测方法

调查监测方法参照表 3.24 和表 3.25。

3. 达标分析

根据恢复工程特点和监测数据的情况，选择适当方法进行达标评估，达到恢复目标，即可停止恢复；未达到恢复目标，应按照《生态环境损害鉴定评估技术指南 总纲和关键环节 第 1 部分：总纲》(GB/T 39791.1—2020)采取补充恢复措施或者进行生态环境损失量化；若只有部分区域未达到恢复目标，对未达到恢复目标的区域进行补充恢复或生态环境损失量化。

对于恢复目标为降低土壤、地表水、沉积物中污染物浓度的情形，以及采取原地异位或异位方式修复地下水的情形，根据监测数据数量，从逐一比对法和统计分析法中选择相应的方法进行达标分析；对于林地恢复工程实施后 1～3 年开展的初步效果评估，按照造林质量评估法进行；对于其他类型生态恢复工程实施后 1～3 年开展的初步效果评估，按照趋势分析法进行；对于生态恢复工程实施后 3～5 年或更长时间开展的最终效果评估，按照综合指数评估法进行。

(1) 逐一比对法

当样品数量＜8 个(不含平行样)时，将调查监测数据与恢复目标值逐个对比，判断是否达标。当平行样数量≥4 个时，可参照《污染地块风险管控与土壤修复效果评估技术导则(试行)》(HJ 25.5—2018)，结合 t 检验确定数据与恢复目标值的差异，差异不显著，表明达到恢复目标；差异显著，表明未达到恢复目标。

(2) 统计分析法

当样品数量≥8 个时，将数据均值的 95％置信上限(或下限)与恢复目标值进行比较，符合以下条件时，可认为达到恢复目标：

(A) 对于目标为降低指标数值的情况，数据均值的 95％置信上限≤恢复目标值；对于目标为提高指标数值的情况，数据均值的 95％置信下限≥恢复目标值。

(B) 对于目标为降低指标数值的情况，数据最大值不超过恢复目标值的 2 倍；对于目标为提高指标数值的情况，数据最大值不低于恢复目标值的 2 倍。

低于报告限的数据，用报告限数值进行统计分析。

(3) 趋势分析法

对于生态恢复工程，利用至少 3 期(每期间隔时间≥1 年)监测数据，采用趋势分析法判断是否达到初步恢复目标。在 95％置信水平下，趋势线斜率显著大于 0，说明达到初步恢复目标；在 95％置信水平下，趋势线斜率显著大于 0 或与 0 没有显著差异，说明未达到初步恢复目标。

(4) 造林质量评估法

对于林地，参照《造林技术规程》(GB/T 15776)，如果达到造林合格标准，也可判定其达到恢复目标。

(5) 综合指数评估法

(A) 如果生态恢复目标中涉及多个指标，其他指标可采用综合指数评估法判断是否达标。

(a) 评价指标归一化处理

$$R_i = \frac{R_{ii}}{R_{ick}} \tag{8.1}$$

式中：R_i——第 i 个指标的归一化值，$R_i \in \lfloor 0,1 \rfloor$，若 $R_i > 1$，统一取 $R_i = 1$；

R_{ii}——评估指标；

R_{ick}——评估指标对应的目标值。

(b) 恢复效果综合指数计算方法

$$E = \sum_{i=1}^{n} R_i \times W_i \tag{8.2}$$

$$W_1 + W_2 + \cdots + W_n = 1 \tag{8.3}$$

式中：E——恢复效果指数测算值；

n——计算综合指数的指标数量；

W_i——各指标相对权重，具体确定方法如表 3.30 所示。

表 3.30　各指标的相对权重

类型	相对权重*	评价指标	权重
植物	0.3	覆盖度	0.4
		丰富度	0.3
		生物量	0.2
		其他	0.1
土壤	0.2	土壤养分	0.3
		有机质	0.3
		孔隙度	0.3
		其他	0.1
野生动物	0.2	单一物种数量	0.4
		丰富度	0.3
		栖息地面积	0.3
水体	0.2	水文	0.4
		水质	0.4
		沉积物质量	0.2

注：计算时类型指标的相对权重可以根据实际情况等比例调整，使参与计算的几个类型指标相对权重的和为 1。

(c) 生态恢复状况分级

根据恢复效果指数(E)，将生态恢复效果划分为四个等级，即优、良、中、差，具体划分方法如表 3.31 所示。

表 3.31　生态恢复效果评估等级划分

生态恢复效果综合指数(E)	等级
$E \geqslant 0.75$	优
$0.5 \leqslant E < 0.75$	良
$0.25 \leqslant E < 0.5$	中
$E < 0.25$	差

当评估等级为优时，可认为达到恢复目标；当评估等级为良时，应继续恢复；当评估等级为中及以下时，应分析是否需要实施补充恢复措施或者调整恢复策略。

8.6.4 恢复效果评估报告编制

应编制独立的地表水生态环境恢复效果评估报告，主要内容和要求包括：地表水和沉积物及水生态服务功能恢复效果评估内容、标准、效果评估过程所采用的方法及评估结果；地表水和沉积物生态环境恢复过程规范性评价所依据的标准和评估结果；效果评估点位布设方案和依据，调查方法（包含样品采集、保存和流转方法，分析测试方法，质量控制措施），以及调查结果；对于采用调查问卷或调查表对恢复效果和公众满意度进行调查的，应详细介绍主要调查内容和结果。

1. 项目背景

写明项目名称、效果评估委托方、损害鉴定评估单位（如有）、恢复设计单位（如有）、恢复施工单位（如有）、恢复工程监理单位（如有）、效果评估单位、评估事项和目的；写明项目基本信息，包括项目场地所在位置，损害原因、调查评估及恢复的时间节点与概况。

2. 评估工作方案

（1）评估目标

写明本次恢复效果评估工作的目标。

（2）评估依据

写明开展本次恢复效果评估工作所依据的法律法规、标准、技术规范以及项目相关文件等。

（3）评估内容和标准

写明本次恢复效果评估工作针对的对象和评估的主要内容（包括恢复过程评估、恢复达标评估等），明确每项评估内容的标准。

（4）评估范围

写明本次恢复效果评估工作的空间范围，以及确定该范围的依据。

（5）技术路线和方法

阐明开展本次恢复效果评估工作的技术路线及每一项评估工作所使用的技术方法。

3. 恢复过程评估

（1）恢复过程总结

汇总资料收集、人员访谈、现场踏勘所获取的信息，写明生态环境损害调查评估、恢复方案制定、恢复工程实施等过程，分析是否按照恢复方案实施了恢复工程，变更是否合理，是否采取了必要的二次污染防治或二次破坏防控措施，识别可能产生二次污染或二次破坏的类型和区域，写明分析过程和结果。

（2）过程监测数据分析

详细阐述过程监测数据获取过程，包括监测指标、点位分布、深度、监测时间等，选取符合条件的数据开展分析，判断是否具备启动达标评估的条件，写明分析和判断结果。

4. 恢复达标评估

（1）概念模型

以文字、图、表等形式给出概念模型，包括环境修复或生态恢复概况、影响环境修复或生态恢复的自然环境条件、目标指标随时间的变化情况等。

（2）恢复达标评估调查与检测

详细阐述恢复达标评估监测数据获取过程，包括监测指标、点位分布、深度、监测时间，对于涉及采样的情况，还应给出样品采集、保存、流转、检测以及相关的质量控制方法，对于现场监测的情况，还应给出监测方法等。

（3）达标分析

写明达标分析的方法、标准和结果。

5. 结论

针对每类评估对象，写明恢复效果评估结论。

6. 附件

对于环境修复效果评估项目，附件应包含环境修复范围图、监测样点分布图、环境修复区域平面布置图、采样记录、检测报告等，如果涉及水文地质调查，还应包含柱状图、剖面图、地下水流向图等图件，如果涉及地下水监测，还应包含建井结构图、洗井记录单等。

对于生态恢复效果评估项目，附件应包含生态恢复范围图、调查样方分布图、恢复区域平面布置图、样方调查记录、生物调查报告等。

第九章　评估结论

根据国家规定的环境损害鉴定评估标准和方法，结合委托方提供的鉴定相关材料，以及分析样品的检测结果，可以判定：

(1) 苏州市吴中区太湖湖体内倾倒固体废物中清挖出来的固体废物属于《中华人民共和国刑法》第三百三十八条中规定的“有害物质”。

(2) 苏州市吴中区太湖湖体内倾倒固体废物事件涉及的应急监测费用为人民币伍拾伍万捌仟陆佰玖拾贰元整(￥558 692.00)，该费用应纳入《最高人民法院、最高人民检察院关于办理环境污染刑事案件适用法律若干问题的解释》(法释〔2016〕29 号)第十七条中规定的“公私财产损失”统计范围。

(3) 苏州市吴中区太湖湖体内倾倒固体废物事件造成了涉事水域(大沙山附近)地表水及沉积物环境的生态环境损害。

(4) 苏州市吴中区太湖湖体内倾倒固体废物事件环境损害评估数额为人民币壹佰捌拾万伍仟壹佰壹拾元柒角(￥1 805 110.70)。其中生态环境损害数额为人民币玖拾贰万伍仟肆佰零壹元柒角(￥925 401.70)，其中地表水环境损害数额为人民币叁拾万玖仟陆佰元整(￥309 600.00)，渔业资源损失数额为人民币陆拾壹万伍仟捌佰零壹元柒角(￥615 801.70)；应急处置费用为人民币伍拾伍万捌仟陆佰玖拾贰元整(￥558 692.00)；事物性费用为人民币叁拾贰万壹仟零壹拾柒元整(￥321 017.00)。

第十章　评价与体会

10.1　提前介入和互动

检方提前介入是指案件审理部门在正式受理本级纪检监察机关检查部门调查的案件之前，于案件检查阶段对案件的事实、证据进行初步审核的一个工作程序。即刑事案件在侦查阶段，尚未按法定程序进入到检察环节，而检察机关应侦查机关要求或认为必要，参加或参与侦查机关正在侦查中的一些案件方面的相关工作、发表意见，指派人员在侦查尚未终结时即开展刑检工作。

以本次案件为例，苏州市吴中区太湖湖体内倾倒固体废物事件属于突发性重大环境污染事件，该案件污染范围大，倾倒固体废物成分复杂，污染行为造成的环境损害影响恶劣。根据苏州市吴中生态环境局提供的由中国水产科学研究院淡水渔业研究中心出具的《太湖渣土倾倒区域渔业损失评估》(2021 年 11 月)，“渣土倾倒覆盖水底后，水生生物资源发生明显变化，特别是水深、底栖动物、仔鱼等相关资源，变化较为显著”。根据南京大学环境规划设计研究院集团股份公司司法鉴定所出具的“鉴定意见”，苏州市吴中生态环境局执法人员和南京大学环境规划设计研究院集团股份公司司法鉴定所司法鉴定人员已经对案件事实进行详细了解，并对填埋现场进行了采样检测取证。

综上所述，在本次案例中，苏州市吴中区太湖湖体内倾倒固体废物事件满足“需要尽快处理的大案要案或疑难案件;案件检查部门对案件的调查取证工作已基本结束,有关案件材料基本形成"的基本条件,属于检察机关可提前介入的案件范畴。

10.2 合理的项目组织结构和深入的工作背景

10.2.1 项目组织结构

项目组织结构视企业具体情况而定,大致可以分为三类:职能型、项目型和矩阵型。针对不同的项目组织结构,在项目进行过程中会产生不同的效果。

合理的组织架构可以提高项目团队的工作效率,有利于各种资源的优化配置与利用,有利于项目目标的完成,同时使项目目标得到合理的分解,使各组织单元的目标与项目总体目标之间相互有机协调,保障项目最终目标的实现。本次介绍的案例中,司法鉴定机构的组织结构属于第二类"项目型组织结构"。项目型组织结构有非常明显的优势。首先,可以有效地控制资源,项目经理对其管理的项目全权负责,可以完全支配项目内的所有资源,集中力量办大事,一切为项目交付负责。相比于职能型组织少了很多不同职能部门间的交流障碍,负责不同职能工作的人员可以更高效地交流合作。其次,项目的团队内部成员直接将自己的工作状况报告到项目经理处,以避免多人带队或者领导不明确的尴尬。同时,项目权力的集中提高了项目面对各种突发情况的决策速度,能够对外部项目、外部相关方作出更快的响应和反馈。最后,项目的成功是项目成员的最重要工作目标,由于目标明确,大家会为了这一共同目标在工作时更加集中精力。近年来出现的敏捷项目管理更是注重尽快且持续地将有价值的产品交付给客户来满足其需求,迎合适应变化的外界环境和客户的变更。强调团队自组织,以可交付成果、团队互动、客户合作以及应对变更,交付周期更短,响应更快。

10.2.2 工作背景

2018 年 11 月,南京大学环境规划设计研究院集团股份公司司法鉴定所经江苏省司法厅批准,依法成立了专业司法鉴定机构,是独立于公检法系统之外的第三方鉴定机构,鉴定结果具有法律效力,核定开展的鉴定业务有:环境污染物理化性质鉴定(危险废物鉴定、有毒物质鉴定,以及污染物其他物理、化学等性质的鉴定)、地表水和沉积物环境损害鉴定、土壤与地下水环境损害鉴定。成立以来,多次完成省内外重大环境污染案件的固体废物性质鉴定及生态环境损害鉴定评估等项目,广受委托方好评。现有执业鉴定人十多名,同时邀请全国环保系统、检察院、高等院校、科研院所、行业团体中具有影响力的专家、教授和学者组成了院内生态环境损害司法鉴定专家委员会,定期举办研讨会议,为鉴定评估业务的技术及规划指明发展方向。

10.3 广泛地交流和调查

环境损害司法鉴定是指在诉讼活动中鉴定人运用环境科学的技术或者专门知识,采用监测、检测、现场勘察、实验模拟或者综合分析等技术方法,对环境污染或者生态破坏诉讼涉及的专门性问题进行鉴别和判断并提供鉴定意见的活动。在这项鉴定活动中,要求司法鉴定从业人员通过现场勘察和交流,实地采样检测,并根据具备检测资质的第三方机构出具的检测报告和调查到的环境污染行为事实,出具具有法律效力的司法鉴定意见书。

以本次苏州市吴中区太湖湖体内倾倒固体废物事件环境损害评估司法鉴定项目为例,在广泛地交流和调查基础上开展司法鉴定活动。南京大学环境规划设计研究院集团股份公司司法鉴定所司法鉴定人员通过电话、微信等方式与委托方沟通,根据委托方提供的相关材料及委托事项,在充分掌握案件前期发展脉络后,对倾倒填埋现场,即苏州太湖管辖区域进行现场踏勘和采样。

10.4 合理的方法体系

生态环境损害鉴定评估技术方法体系的构建是生态环境损害赔偿制度和环境公益诉讼制度改革实施

的基础性工作，随着生态环境损害赔偿制度与环境公益诉讼制度的相继建立，我国生态环境损害鉴定评估工作得到较快发展，各地因生态环境损害引起的侵权赔偿纠纷不断增多，生态环境损害鉴定评估成为环境司法审判的一个热点和难点问题。现实中评估机构使用的生态环境损害鉴定评估方法不一，鉴定技术水平参差不齐，导致鉴定结果存在一定的不确定性，难以为生态环境损害赔偿磋商和司法审判工作的顺利开展提供有效支撑和可靠依据。生态环境损害鉴定评估技术方法体系的建立健全成为推动生态环境损害赔偿磋商开展与环境公益诉讼和环境资源犯罪审判司法实践的客观需要。一套合理且行之有效的方法体系对于环境类司法鉴定工作非常重要。

根据生态环境损害鉴定评估工作需要，结合环境损害司法鉴定执业类别划分，建议生态环境损害鉴定评估技术方法体系包括生态环境损害鉴定评估总纲和关键环节、环境要素生态环境损害鉴定评估、生态要素生态环境损害鉴定评估、生态环境损害鉴定评估基础方法、污染物性质鉴定五类。近年来，我国根据实际需求陆续发布了《生态环境损害鉴定评估技术指南 总纲和关键环节 第1部分：总纲》(GB/T 39791.1—2020)、《生态环境损害鉴定评估技术指南 总纲和关键环节 第2部分：损害调查》(GB/T 39791.2—2020)、《生态环境损害鉴定评估技术指南 环境要素 第1部分：土壤和地下水》(GB/T 39792.1—2020)等技术指南，这些技术指南规范的出台符合当下环境司法鉴定工作对于方法体系的迫切需求。

本次案例分析中，南京大学环境规划设计研究院集团股份公司司法鉴定所工作人员也是基于以上标准开展苏州市吴中区太湖湖体内倾倒固体废物事件环境损害评估司法鉴定的工作。

10.5 建议

第一，检察机关可以根据案件的重大程度、取证是否完成等实际情况，建立提前介入机制，有利于加快案件的审理进度，避免案件往不可预料的方向发展。

第二，司法鉴定机构要构建合理的项目组织架构，以项目考核为价值导向，确保集中资源，机构领导将任务分配给项目经理，项目经理将任务分解给各个司法鉴定工作人员。

第三，司法鉴定工作人员在进行司法鉴定工作过程中要实事求是，广泛与委托方交流，尽可能全面、充分、详细地了解案件发展情况，并亲自前往案发地现场进行现场踏勘和采样工作，确保鉴定工作真实准确有效。

第四，建立生态环境损害司法鉴定技术标准体系，参与国际生态环境损害赔偿标准制定，科学、公正、高效地开展环境损害司法鉴定意义重大、责任深远。要加快建设统一、规范、全链条的生态环境损害司法鉴定标准体系，加大生态环境损害司法鉴定相关科研力量的投入和专业人才的培养，加强生态环境损害鉴定业务的国际化程度，以提高生态环境损害鉴定的评估精度和业务规范化，建立起一套合理且行之有效的方法体系。

参考文献：

[1] 李海生，李鸣晓，邹天森，等. 持续创新，打造我国生态环境科技 2.0[J]. 环境科学研究，2021，34(9)：2035－2043.
[2] 廖华，潘佳宇. 美国路易斯安那州自然资源损害评估制度及其启示[J]. 中国环境管理，2019，11(3)：107－113.
[3] 张红振，曹东，於方，等. 环境损害评估：国际制度及对中国的启示[J]. 环境科学，2013，34(5)：1653－1666.
[4] 张红振，王金南，牛坤玉，等. 环境损害评估：构建中国制度框架[J]. 环境科学，2014，35(10)：4015－4030.
[5] 李清，文国云. 检视与破局：生态环境损害司法鉴定评估制度研究：基于全国19个环境民事公益诉讼典型案件的实证分析[J]. 中国司法鉴定，2019(6)：1－9.
[6] 刘钰. 基于普通克里金插值法的加州土壤铅含量空间分布研究[J]. 农业技术与装备，2022(3)：41－43.
[7] 叶发茂. 普通克里金插值法在建设用地土壤污染范围预测中的应用：以某金属加工厂为例[J]. 海峡科学，2020(3)：37－39.

第三篇
土壤及地下水环境评估及治理修复

某特钢厂地块土壤修复治理工程

该钢铁厂地块总占地面积为 1 392 亩，于 1964 年建厂，2015 年由于产能及政策调整进行整体关停，2020 年 5 月起，地块内构筑物及设备开始拆迁。至土壤污染状况调查采样期间，地块内历史构筑物及设施均已拆除，场地闲置待开发。经过土壤初步调查、详细调查，在一类规划用地情景下，该钢铁厂部分区域土壤存在超标情况，并于 2022 年启动土壤修复工作。截至目前土壤修复工作已完成，待验收评审。

第一章 总 论

1.1 工程背景

1.1.1 项目基本情况

无锡某钢铁厂地块总占地面积为 1 392 亩。地块历史上主要为无锡某钢铁厂有限公司厂址，2015 年由于产能及政策调整进行整体关停，之后地块处于闲置状态；2020 年 5 月起，地块内构筑物及设备开始拆迁。至土壤污染状况调查采样期间，地块内历史构筑物及设施均已拆除，场地闲置待开发。

根据计划，无锡某钢铁厂地块未来主要规划为 RB 商住混合用地、B1 商业用地、B2 商务用地、R2 二类居住用地、A33 中小学用地、G1 公园绿地。为了进一步做好无锡某钢铁厂待开发地块的出让开发工作，规划部门对地块进行了统一规划，并结合地块招商的需求将其切分成 A1、A2、A3、B、C、D、E、F、G、H、I 共计 11 个地块开展土壤污染状况调查。

土壤污染状况初步调查于 2020 年 12 月完成，初步采样检测结果显示，无锡某钢铁厂 11 个地块中，A2、D～I 这七个地块的调查结果均满足地块规划使用用途，A1、A3、B、C 地块内存在土壤、地下水部分点位监测结果超标，土壤超过了《土壤环境质量建设用地土壤污染风险管控标准（试行）》(GB 36600—2018) 规定的第一类用地筛选值，不满足规划用地土壤环境质量要求，需要开展进一步详细调查工作。

2021 年 4 月至 8 月，无锡某钢铁厂 A1、A3、B、C 地块完成了土壤污染状况调查，根据调查报告，无锡某钢铁厂四个地块均属于污染地块，须开展下一阶段土壤污染风险评估工作。2022 年 1 月，完成了 A1、A3、B、C 地块土壤污染风险评估报告；2022 年 5 月，完成了土壤污染修复技术方案；2022 年 9 月 17 日，修复工程正式启动施工；截至 2023 年 4 月 13 日，已完成全部修复工作并开展了效果评估工作。

1.1.2 工程概况

修复规模：无锡某钢铁厂 A1、A3、B、C 地块作为整体进行施工，占地面积分别为 71 034 m^2、68 305.2 m^2、61 340 m^2、64 301 m^2，修复前地块内原企业已拆除完毕，闲置待开发，未来主要用作居住用地（A1、A3 地块）和商住混合用地（B、C 地块）使用。根据地块污染状况调查及风险评估报告，地块土壤污染物包括砷、铅、镉、铜、锌、镍、铊、氟化物、石油烃（C_{10}-C_{40}）、苯并[a]蒽、苯并[b]荧蒽、苯并[a]芘、二苯并[a，h]蒽。地块污染土壤修复总量约为 57 059 m^3。地下水中氟化物、石油烃（C_{10}-C_{40}）超过地下水 IV 类标准，但未导致人体健康风险，无须进行修复。

修复技术：水泥窑协同处置。

1.2 工作框架

1.2.1 工作程序

根据国家及地方要求，对于拟关停搬迁和正在关停搬迁的工业企业场地，关停搬迁的工业企业应组织开展原址场地的环境调查评估工作。经场地环境调查评估认定为污染场地的，场地责任主体应落实治理修复责任并编制治理修复方案。对于开展治理修复的场地，场地责任主体应委托专业机构对治理修复工程实施环境监理。在治理修复工作完成后，场地责任主体应组织开展场地修复验收工作，必要时应开展后期管理工作，委托专业机构进行第三方验收和后期管理。

本项目涉及地块历史为钢铁企业，经调查后确认为污染地块，因此依次开展了调查、风险评估、修复治理、验收等工作。

1.2.2 土壤污染调查

土壤污染调查分成三个阶段开展。

第一阶段土壤污染状况调查是以资料收集、现场踏勘和人员访谈为主的污染识别阶段。若第一阶段调查确认地块内及周围区域当前和历史上均无可能的污染源，则认为地块的环境状况可以接受，调查活动可以结束。本地块通过第一阶段调查识别，认为可能存在污染。

第二阶段土壤污染状况调查是以采样与分析为主的污染证实阶段。本项目进行了第二阶段土壤污染状况调查，确定了污染物种类、浓度(程度)和空间分布。

第三阶段土壤污染状况调查以补充采样和测试为主，获得满足风险评估及土壤和地下水修复所需的参数。本阶段的调查工作可与第二阶段调查工作同时开展。

1.2.3 风险评估

地块风险评估工作内容包括危害识别、暴露评估、毒性评估、风险表征，以及土壤和地下水风险控制值的计算。

危害识别，收集土壤污染状况调查阶段获得的相关资料和数据，掌握地块土壤和地下水中关注污染物的浓度分布，明确规划土地利用方式，分析可能的敏感受体，如儿童、成人、地下水体等。

暴露评估，在危害识别的基础上，分析地块内关注污染物迁移和危害敏感受体的可能性，确定地块土壤和地下水污染物的主要暴露途径和暴露评估模型，确定评估模型参数取值，计算敏感人群对土壤和地下水中污染物的暴露量。

毒性评估，在危害识别的基础上，分析关注污染物对人体健康的危害效应，包括致癌效应和非致癌效应，确定与关注污染物相关的参数，包括参考剂量、参考浓度、致癌斜率因子和呼吸吸入单位致癌因子等。

风险表征，在暴露评估和毒性评估的基础上，采用风险评估模型计算土壤和地下水中单一污染物经单一途径的致癌风险和危害商，计算单一污染物的总致癌风险和危害指数，进行不确定性分析。

1.2.4 土壤治理修复

在分析前期土壤污染状况调查和风险评估资料的基础上，根据地块的特征条件、目标污染物、修复目标、修复范围和修复时间长短，确定地块修复的总体思路。

筛选修复技术，根据地块的具体情况，按照确定的修复模式，筛选实用的土壤修复技术，开展必要的实验室小试和现场中试，或对土壤修复技术应用案例进行分析，从适用条件、对地块土壤修复效果、成本和环境安全性等方面进行评估。

制定修复方案，根据确定的修复技术，制定土壤修复技术路线，确定土壤修复技术的工艺参数，估算地块土壤修复的工程量，提出初步修复方案。从主要技术指标、修复工程费用以及二次污染防治措施等方面进行方案可行性比选，确定经济、实用和可行的修复方案。

修复实施，按照修复方案确定的要求编制施工组织设计方案，并依据施工组织设计方案开展修复施工，过程中环境监理进行监理，修复完成后开展效果评估工作。

本项目考虑污染因子、修复深度、经费和工期等因素，最后采用异地修复，修复技术为水泥窑协同处置。

第二章　地块基本情况

2.1　地块位置及周边环境

无锡某钢铁厂地块总占地面积为 1 392 亩。本案例地块为无锡某钢铁厂中存在污染超标的 A1、A3、B、C 共 4 个区域，分别位于无锡某钢铁厂地块内西北侧、西南侧、东北侧和东南侧，主要包括部分高炉炼铁

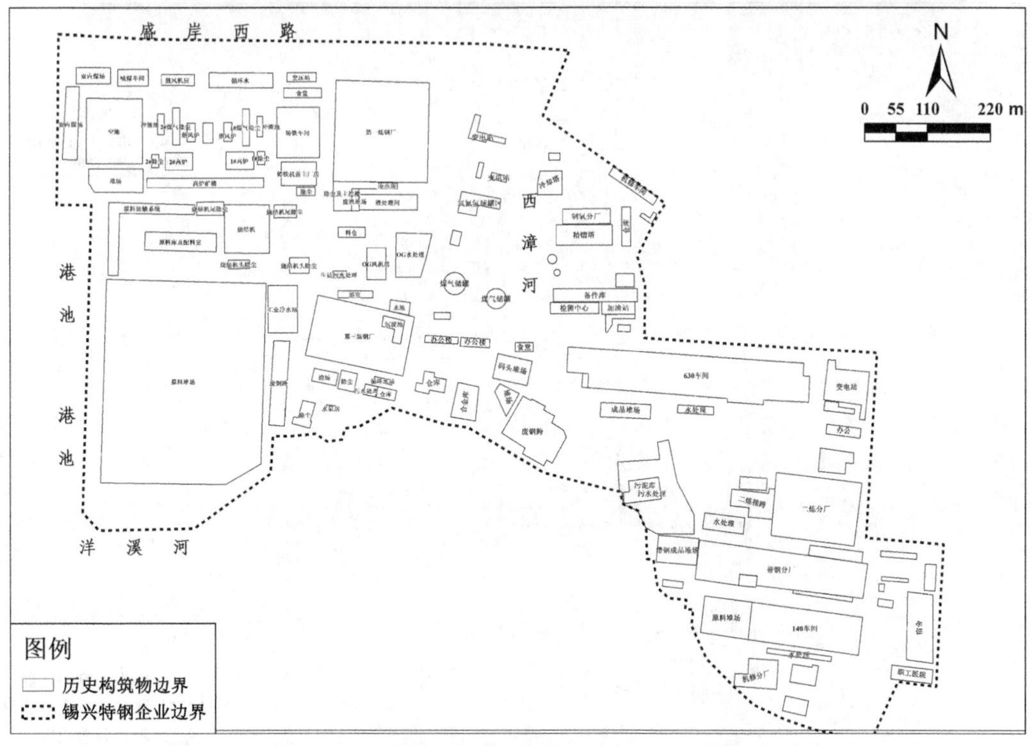

图 4.1　项目涉及的历史企业及历史平面布置情况

工段、部分烧结工段、料场、炼钢区域等，总占地面积约 404 亩。地块东侧毗邻西津河，西侧隔河毗邻无锡市长三角二手车交易市场，南侧毗邻洋溪河，北侧毗邻 D 地块(无污染)和盛岸西路。

根据规划类型无锡某钢铁厂地块完成拆除工作后，将分为 A1、A2、A3、B、C、D、E、F、G、H、I 共 11 个地块进行开发利用。本项目涉及区域为 A1、A3、B、C 四个地块。

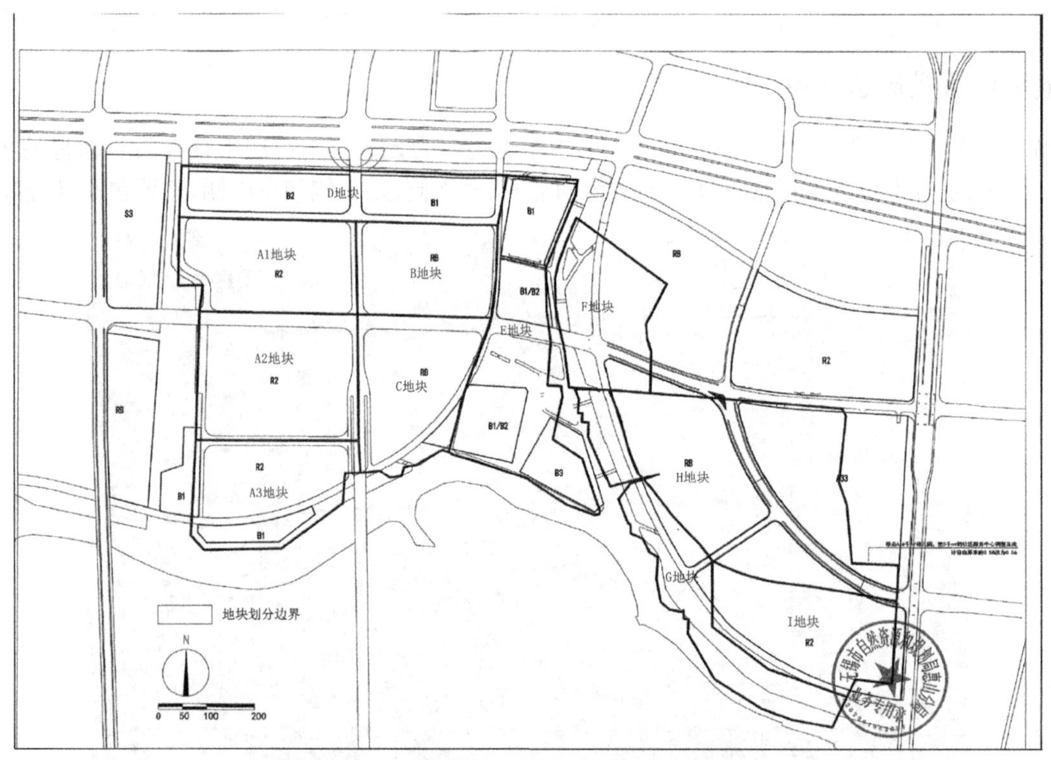

图 4.2　无锡某钢铁厂 11 个地块分布及规划情况

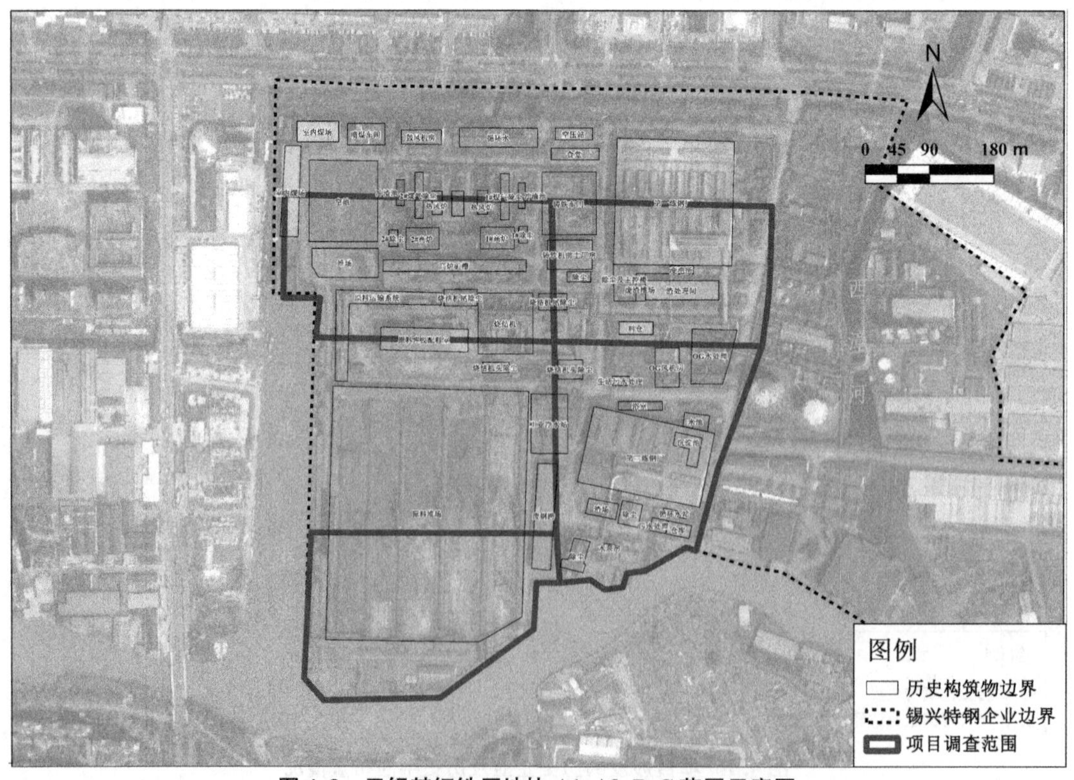

图 4.3　无锡某钢铁厂地块 A1、A3、B、C 范围示意图

2.2 地块水文地质条件

根据《无锡某钢铁厂地块土壤详细调查及风险评估项目水文地质勘察报告》,对无锡某钢铁厂 A1、A3、B、C 四个地块整体进行了水文地质调查,共设置了 22 个勘察点(3 个控制性钻孔孔深 40.00～40.30 m,6 个一般性钻孔孔深 20.00～20.45 m,6 个静力触探孔孔深 20.00 m,7 个潜水位观测孔孔深 4.00 m),在勘察深度范围内,地块内土层可分为 11 层,各土层分布厚度及土质特性如下：

①-1 层杂填土:色较杂,灰色-灰褐色、棕灰色为主,不均匀,松散为主、局部压密,主要由混凝土地坪、碎石、碎砖、混凝土块和粉质黏土组成。地块内分布较普遍,厚度:0.30～1.80 m,平均 1.04 m;层底标高:1.43～2.96 m,平均 2.14 m;层底埋深:0.30～1.80 m,平均 1.04 m。

①-2 层素填土:灰色-灰褐色,不均匀,较松散,主要由可塑-软塑粉质黏土组成,局部夹少量碎石和腐殖质。地块内普遍分布,厚度:0.50～4.10 m,平均 1.69 m;层底标高:－1.31～1.85 m,平均 0.74 m;层底埋深:1.40～4.10 m,平均 2.38 m。

②-1 层粉质黏土夹粉土:褐灰色-灰色,中高压缩性,具层理,互层状,层厚比:粉质黏土∶粉土约 3∶1～4∶1。粉质黏土,软塑-流塑,局部为淤泥质粉质黏土,稍有光泽,中等干强度,中等韧性,无摇振反应;粉土,很湿,稍密,含云母碎片,黏粒含量较高,无光泽反应,低干强度,低韧性,摇振反应中等。地块内自西北角向东南角弧带状分布,厚度:2.70～7.40 m,平均 4.62 m;层底标高:－7.29～－1.59 m,平均－3.96 m;层底埋深:4.80～10.50 m,平均 7.18 m。

②-2 层黏土:深灰色-黑色,可塑,高压缩性,含较多腐殖质,稍有-有光泽,中等干强度,中等韧性,无摇振反应。分布于②-1 层深厚区底部,见于 J4、J7 号孔,厚度:2.10～6.20 m,平均 4.15 m;层底标高:－11.49～－9.39 m,平均－10.44 m;层底埋深:12.60～14.80 m,平均 13.70 m。

③-1 层粉质黏土:灰褐色-黄褐色,可塑-硬塑,中压缩性,含铁锰质氧化物和高岭土,稍有光泽,中等干强度,中等韧性,无摇振反应。地块内局部缺失,厚度:1.70～6.50 m,平均 3.93 m;层底标高:－4.94～－1.85 m,平均－3.58 m;层底埋深:5.10～8.10 m,平均 6.69 m。

③-2 层粉质黏土:黄褐色,软塑-可塑,中压缩性,夹少量粉土薄层,含氧化铁,稍有光泽,中等干强度,中等韧性,无摇振反应。地块内分布较普遍,厚度:1.50～5.20 m,平均 2.91 m;层底标高:－8.15～－4.85 m,平均－6.49 m;层底埋深:8.10～11.50 m,平均 9.59 m。

④ 层粉土:黄褐色-黄灰色,湿-很湿,中密-稍密,中压缩性,含云母碎片,黏粒含量中等,无光泽反应,低干强度,低韧性,摇振反应较迅速。地块内局部缺失,厚度:0.50～8.50 m,平均 2.78 m;层底标高:－14.44～－7.01 m,平均－9.00 m;层底埋深:9.80～17.90 m,平均 12.05 m。

⑤ 层粉质黏土:黄褐色-褐灰色,硬塑为主、局部可塑,中压缩性,局部为黏土,含铁锰质氧化物和高岭土,稍有光泽,中等干强度,中等韧性,无摇振反应。地块内普遍分布,厚度:14.10～15.80 m,平均 14.97 m;层底标高:－24.58～－23.95 m,平均－24.31 m;层底埋深:27.30～27.60 m,平均 27.50 m。

⑥ 层粉土:灰色,湿为主、局部很湿,中密-密实,中压缩性,含云母碎片,黏粒含量中等-较高,无光泽反应,低干强度,低韧性,摇振反应较迅速。地块内普遍分布,厚度:3.50～9.90 m,平均 5.90 m;层底标高:－33.85～－28.08 m,平均－30.21 m;层底埋深:31.10～37.20 m,平均 33.40 m。

⑦-1 层粉质黏土:灰色-灰褐色,软塑-可塑,中压缩性,含氧化铁斑点,稍有光泽,中等干强度,中等韧性,无摇振反应。地块内普遍分布,厚度:1.80～7.40 m,平均 4.27 m;层底标高:－35.65～－32.29 m,平均－34.47 m;层底埋深:35.50～39.00 m,平均 37.67 m。

⑦-2 层黏土:灰色-灰褐色,可塑-硬塑,中压缩性,局部为粉质黏土,含氧化铁斑点,有光泽,高干强度,高韧性,无摇振反应。地块内普遍分布,该层未穿透。

表 4.1 地块土质特性简表

单位:m

层号	厚度最小值	厚度最大值	厚度平均值	层底标高最小值	层底标高最大值	层底标高平均值	埋深最小值	埋深最大值	埋深平均值
①-1层杂填土	0.3	1.8	1.04	1.43	2.96	2.14	0.3	1.8	1.04
①-2层素填土	0.5	4.1	1.69	−1.31	1.85	0.74	1.4	4.1	2.38
②-1层粉质黏土夹粉土	2.7	7.4	4.62	−7.29	−1.59	−3.96	4.8	10.5	7.18
②-2层黏土	2.1	6.2	4.15	−11.49	−9.39	−10.44	12.6	14.8	13.7
③-1层粉质黏土	1.7	6.5	3.93	−4.94	−1.85	−3.58	5.1	8.1	6.69
③-2层粉质黏土	1.5	5.2	2.91	−8.15	−4.85	−6.49	8.1	11.5	9.59
④层粉土	0.5	8.5	2.78	−14.44	−7.01	−9	9.8	17.9	12.05
⑤层粉质黏土	14.1	15.8	14.97	−24.58	−23.95	−24.31	27.3	27.6	27.5
⑥层粉土	3.5	9.9	5.9	−33.85	−28.08	−30.21	31.1	37.2	33.4
⑦-1层粉质黏土	1.8	7.4	4.27	−35.65	−32.29	−34.47	35.5	39	37.67
⑦-2层黏土	A1地块内最大勘察深度为40.3m,该层未揭穿。								

根据本次勘察成果,勘察深度范围内的地下水类型分为潜水、第I承压水和第II承压水,均为孔隙水。

(1) 潜水

本项目区域潜水主要分布于地下水位以下的①-1层杂填土、①-2层素填土、②-1层粉质黏土夹粉土和②-2层黏土中。②-2层土腐殖质含量高,根据塑性指数定名为黏土,但腐殖质较疏松、土样孔隙比大,渗透系数相对较大。潜水以③-1层粉质黏土为隔水底板;在②-1层和②-2层较深厚部位,③-1层粉质黏土缺失,潜水以③-2层或⑤层粉质黏土为隔水底板层,局部与④层粉土中的第I承压水贯通。地块内潜水主要接受大气降水和地表水补给,排泄方式主要为侧向渗流、自然蒸发。2021年4月现场勘察期间,利用潜水位观测孔(深度为4 m)测得潜水的初见水位埋深为1.10~2.00 m,标高为1.16~1.82 m;稳定水位埋深为0.76~1.20 m,标高为2.01~2.30 m。潜水受大气降水、地表水、渗流、蒸发、地形等影响较为明显,潜水水位的年变化幅度约为1.0~1.5 m。

① 潜水层和第I承压层贯通区域范围估算

根据所有地勘点位信息,结合所有土壤钻探的土层分布情况,绘制得到③-1层和③-2层厚度等值线图如图4.4所示,将厚度为0的区域作为潜水层和第I承压层贯通区域范围进行估算,发现贯通区域主要位于A1、B、C地块内,A3地块并未涉及。

② 潜水层流场图

项目组于2021年7月、12月分别对无锡某钢铁厂A1、A3、B、C四个地块内监测井统一进行了水位及高程的测量工作,根据获取的水位高程数据,本报告利用克里金插值绘制得到本项目区域7月、12月的浅层地下水流场。根据两期流场情况,地块内潜水受东侧西漳河影响,丰水期(7月)地块内潜水受西漳河补给,并向西侧、南侧流向洋溪河;枯水期(12月)地块内潜水向东、西两侧分别补给洋溪河及西漳河。

本项目区域属于河间地块,地下水受地面和河流影响,在河间地块中部形成分水岭,根据7月份流场图,地块内地下水总体流向是由东向西、西南方向流动,地块内潜水接受东侧西漳河补给,并向西侧和南侧洋溪河排泄,在地块内天窗处形成局部漏斗,天窗区域潜水通过天窗补给第I承压层地下水。

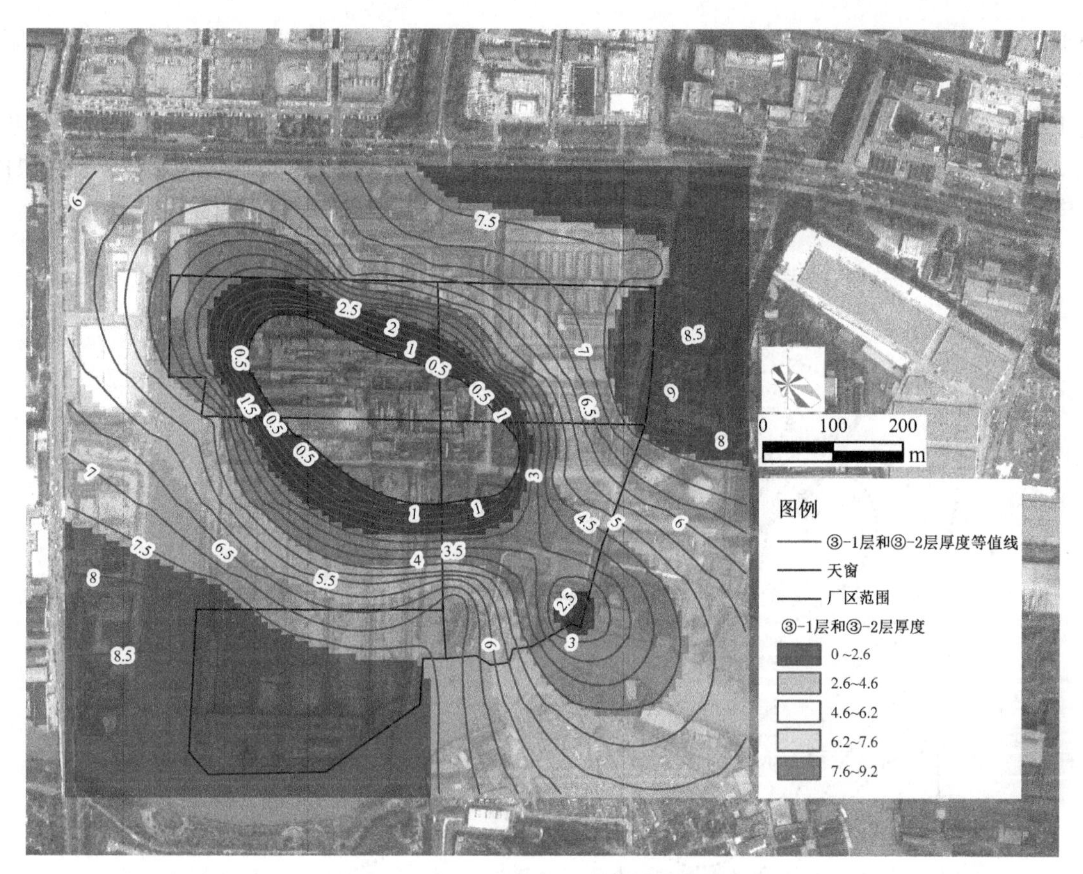

图 4.4　③-1 层和③-2 层厚度等值线图

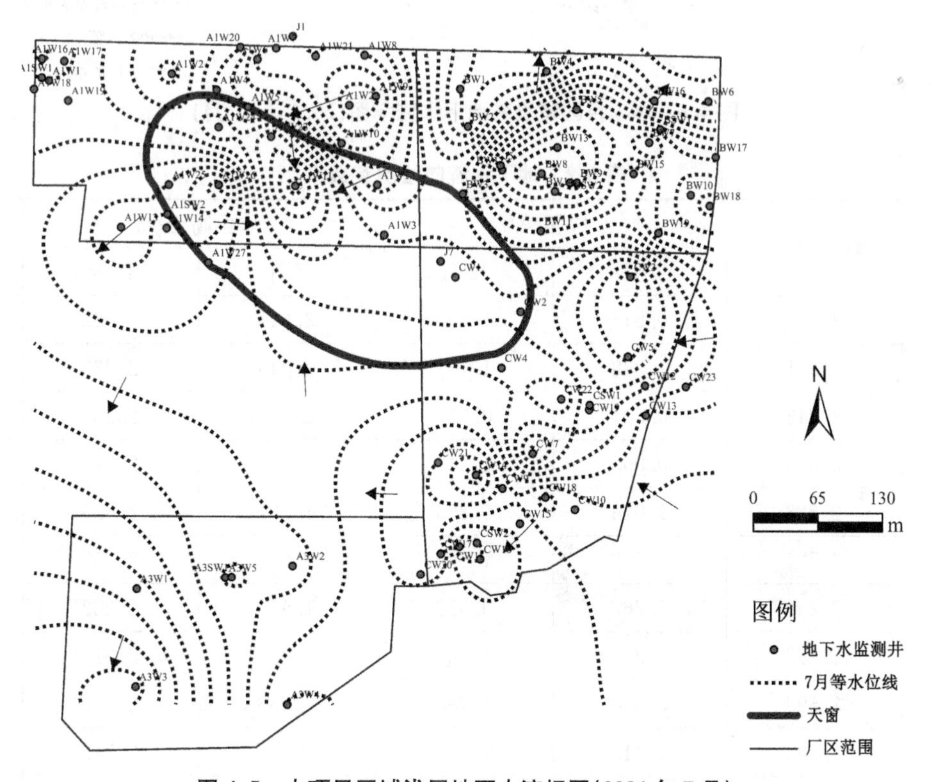

图 4.5　本项目区域浅层地下水流场图(2021 年 7 月)

根据12月份流场图，分水岭西侧地下水整体向西南方向流动，并汇入港池及洋溪河中，天窗附近，地下水汇入天窗中，形成漏斗，东侧地下水向东流动，汇入西漳河中。

由于项目地块地下水流场较为复杂，受季节影响会发生一定变化，受降雨影响明显，地块容易积水，本项目主要考虑调查采样期间(4～8月)地块内的整体流向，结合地勘报告中潜水流场图，判断地块内潜水流向整体为自东北向西南流向。

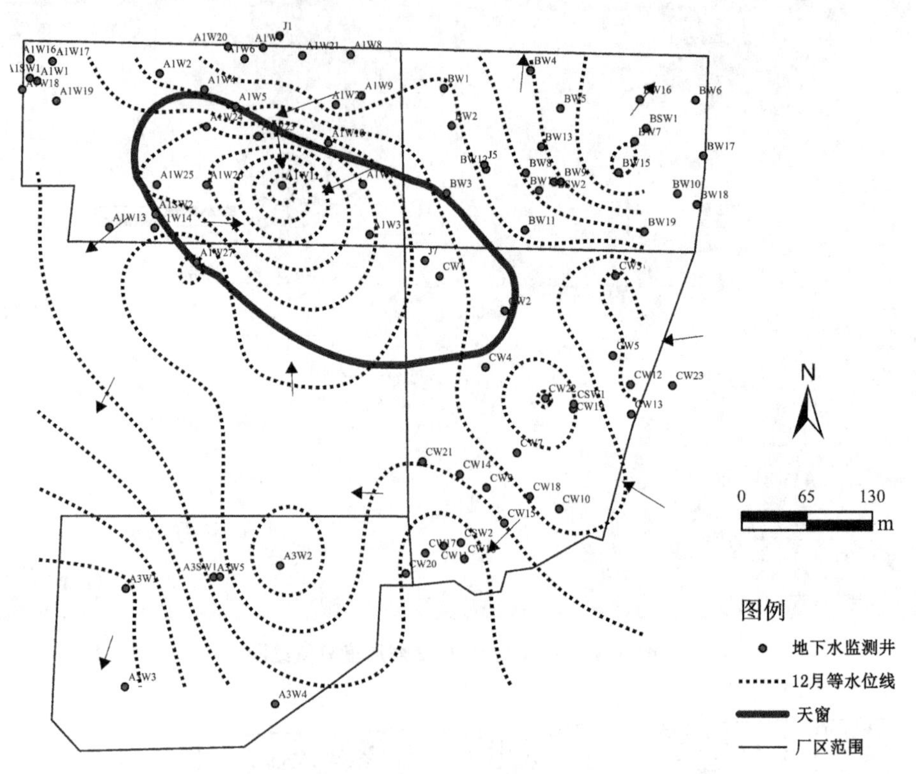

图4.6 本项目区域浅层地下水流场图(2021年12月)

表4.2 地下水流向绘制参数表

编号	地面高程/m	水位埋深/m		水位高程/m		备注
		7月	12月	7月	12月	
A1W1	3.891	0.545	1.865	3.346	2.022	潜水
A1W2	3.381	1.333	1.153	2.048	2.233	潜水
A1W6	3.246	0.501	0.911	2.745	2.339	潜水
A1W8	3.619	0.908	1.248	2.711	2.375	潜水
A1W17	2.883	1.016	0.856	1.867	2.025	潜水
A1W22	3.524	0.542	1.162	2.982	2.359	潜水
BW1	3.251	1.262	0.972	1.989	2.282	潜水
BW11	3.482	1.271	1.161	2.211	2.319	潜水
BW12	3.595	0.640	1.280	2.955	2.316	潜水
BW15	3.592	1.112	0.882	2.48	2.713	潜水
BW19	3.511	0.813	1.113	2.698	2.402	潜水

(续表)

编号	地面高程/m	水位埋深/m		水位高程/m		备注
		7月	12月	7月	12月	
CW3	3.198	1.377	1.117	1.821	2.082	潜水
CW4	3.180	1.397	0.947	1.783	2.238	潜水
CW7	2.921	0.890	0.670	2.031	2.255	潜水
CW10	3.242	1.015	0.995	2.227	2.249	潜水
CW11	3.491	1.203	1.593	2.288	1.899	潜水
CW12	2.736	0.518	0.668	2.218	2.072	潜水
CW22	3.356	0.830	0.940	2.526	2.418	潜水
A3W1	3.256	1.199	1.579	2.057	1.675	潜水
A3W2	3.208	0.875	0.905	2.333	2.299	潜水
A3W3	2.804	1.046	1.136	1.758	1.670	潜水
A1W4	3.182	0.741	0.951	2.441	2.231	混层水
A1W5	3.309	0.798	1.078	2.511	2.232	混层水
A1W11	2.821	1.125	1.295	1.696	1.527	混层水
A1W14	2.981	0.421	0.901	2.56	2.076	混层水
A1W23	3.302	1.296	1.296	2.006	2.005	混层水
A1W24	2.986	0.921	0.991	2.065	1.991	混层水
A1W25	3.267	0.664	1.284	2.603	1.982	混层水
A1W27	3.268	0.702	1.052	2.566	2.218	混层水
BW3	3.014	0.658	0.778	2.356	2.233	混层水
CW2	3.146	0.860	0.910	2.286	2.236	混层水

注:水位测量日期分别为2021年7月和2021年12月;地下水流向为当天的实际情况;高程数据为85高程,水位埋深为地面至水面距离,水位高程为地面高程减去水位埋深的差值。

(2) 第I承压水

本项目区域第I承压水主要分布于④层粉土中,以③-1层和③-2层粉质黏土为隔水顶板,以⑤层粉质黏土为隔水底板。在②-1层和②-2层较深厚,③-1层和③-2层缺失部位,④层粉土中的地下水与潜水贯通,表现为一定的潜水特性。

本次勘察期间测得第I承压水稳定水位埋深为2.70～2.98 m,标高为0.18～0.76 m。第I承压水的补排方式主要为径流,因局部与潜水之间隔水层缺失,同时也接受潜水补给。

(3) 第II承压水

本项目区域承压水主要分布于⑥层粉土中,以⑤层粉质黏土为隔水顶板,以⑦-1层粉质黏土和⑦-2层黏土为隔水底板,勘察时隔水底板未被钻穿。⑥层粉土埋藏较深,埋深约在27.30～27.60 m。承压水的补给、排泄方式主要为径流。

第三章　土壤污染调查

3.1　第一阶段土壤污染状况调查

3.1.1　地块历史变迁情况

无锡某钢铁厂于2005年左右才开始逐渐建成投产，2015年由于产能及政策调整进行整体关停，之后地块处于闲置状态；2020年5月起，地块内构筑物及设备开始拆除，至土壤污染状况调查期间，地块内构筑物均已拆除。

表4.3　原无锡某钢铁厂有限公司变更历程情况表

序号	时间	企业历史情况
1	1964年之前	农田
2	1964年	县钢铁厂成立
3	1988年11月	与某信托投资公司下属的兴业公司合资组建成联营企业
4	1994年1月	改组设立股份有限公司
5	1994年6月	以原县钢铁厂为核心，将下属及周边企业共21家合并组建集团公司
6	2015年	企业整体关停
7	2015年至今	地块闲置不再生产
8	2020年3月	开展土壤污染状况初步调查，调查结果为7个不属于污染地块，4个为污染地块(A1、A3、B、C地块)
9	2021年3月至2021年10月	在初步调查基础上开展详细调查(仅对4个污染地块开展调查)，地块内构筑物及生产设备开始拆迁，至详细调查采样开展前完成全部拆除工作
10	2021年10月至2022年5月	A1、A3、B、C地块开展风险评估工作
11	2022年8月至2023年4月	开展修复工程和验收

3.1.2　主要原辅料及工艺流程

1. 主要原辅料

表4.4　主要原辅材料消耗(2007年度)

编号	名称	年用量/万吨	备注
1	含铁原料	128.6	烧结车间用料
2	高炉返矿	32.3	
3	焦粉	6.86	
4	烧结辅料	21.8	
5	球团矿	60.5	高炉用料
6	块矿	7.1	
7	高炉辅料	1	
8	焦炭	52.1	
9	洗精煤	15.9	

（续表）

编号	名称	年用量/万吨	备注
10	废钢	8.86	一炼分厂用料
11	生铁	9.13	
12	铁水	80.13	
13	辅料	8.87	
14	合金	1.47	
15	废钢	19.09	二炼分厂用料
16	生铁	4.325	
17	铁水	6.2	
18	辅料	1.23	
19	合金	1.47	
20	废钢	28.97	三炼分厂用料
21	生铁	5.5	
22	铁水	7.21	
23	辅料	2.13	
24	合金	0.5	
25	连铸坯	34.73	带钢分厂用料

2. 平面布置

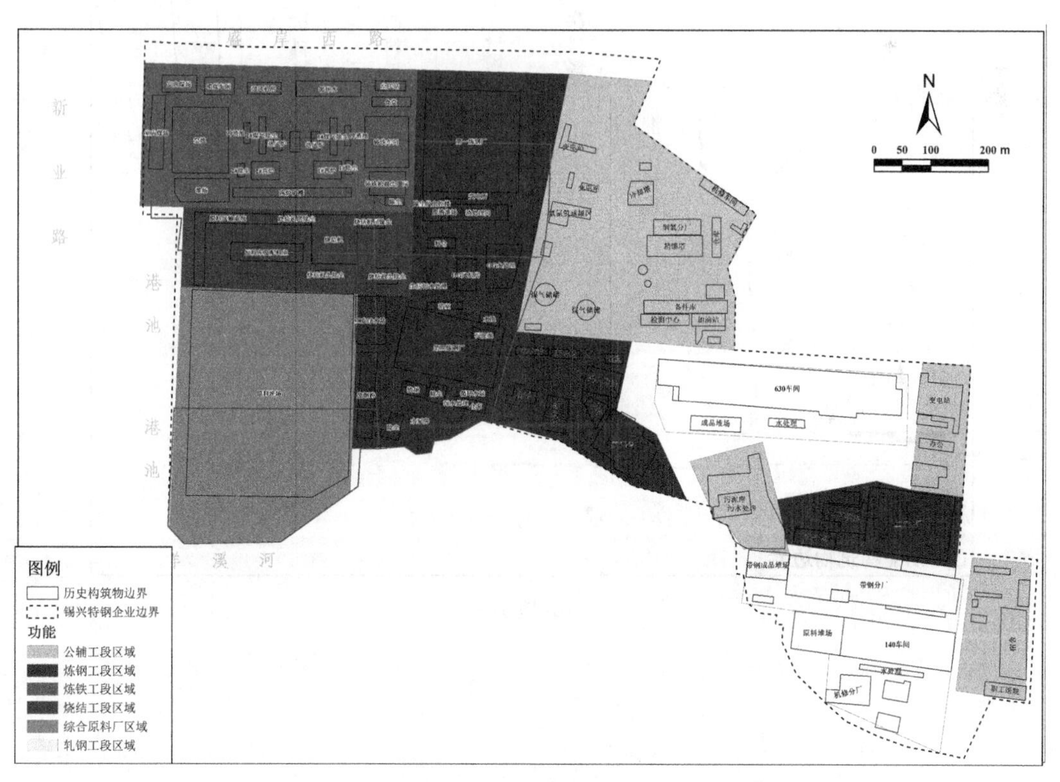

图 4.7　钢铁厂全厂区平面布置及功能区分布图

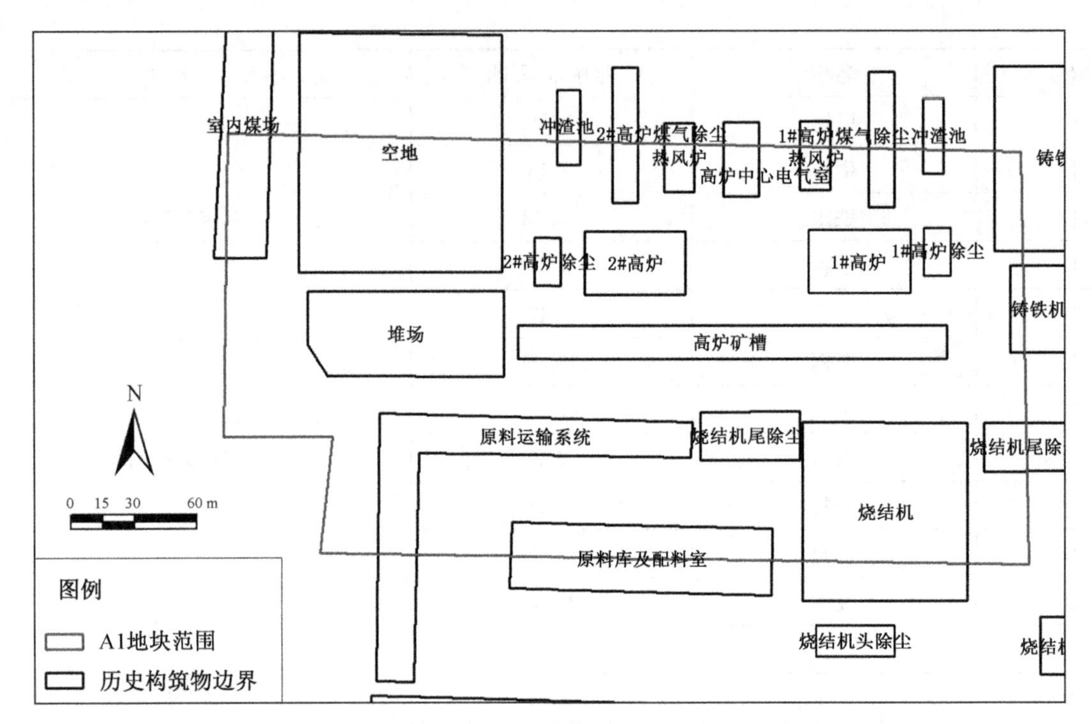
室内煤场
空地
冲渣池
2#高炉煤气除尘
热风炉
高炉中心电气室
1#高炉煤气除尘
热风炉
冲渣池
2#高炉除尘
2#高炉
1#高炉
1#高炉除尘
堆场
高炉矿槽
铸铁机
原料运输系统
烧结机尾除尘
烧结机
原料库及配料室
烧结机头除尘
N
0 15 30 60 m
图例
A1地块范围
历史构筑物边界

A1 地块

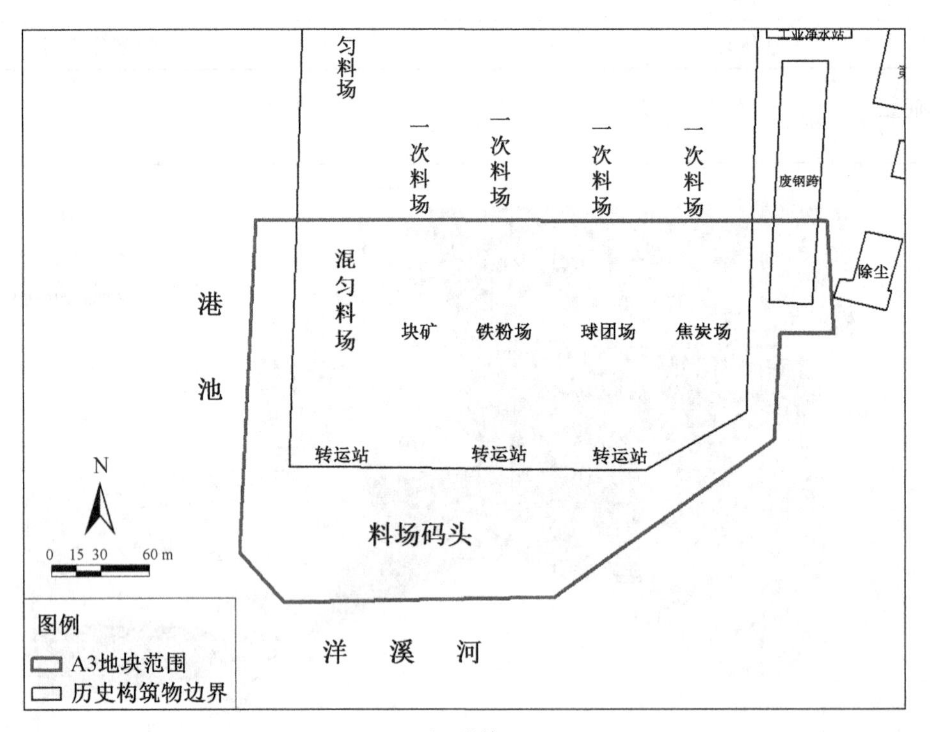
匀料场
一次料场
一次料场
一次料场
一次料场
废钢跨
除尘
港池
混匀料场
块矿
铁粉场
球团场
焦炭场
转运站
转运站
转运站
料场码头
洋溪河
N
0 15 30 60 m
图例
A3地块范围
历史构筑物边界

A3 地块

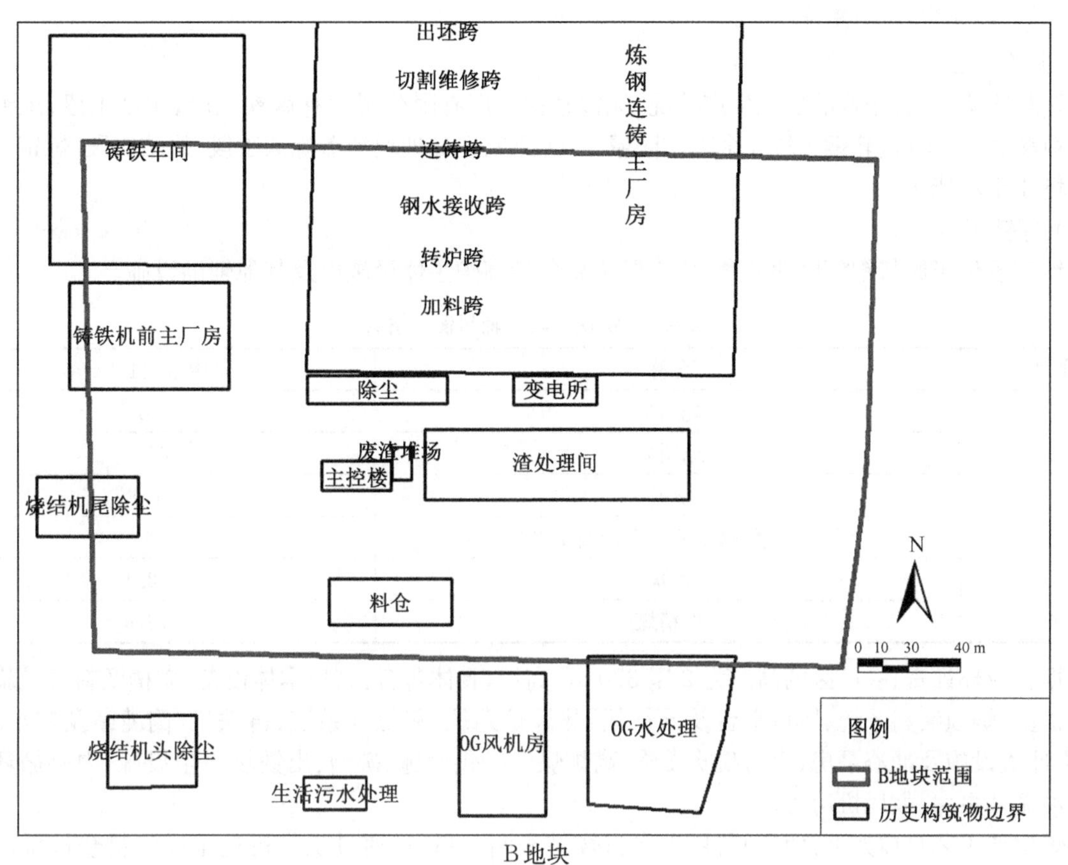

B 地块

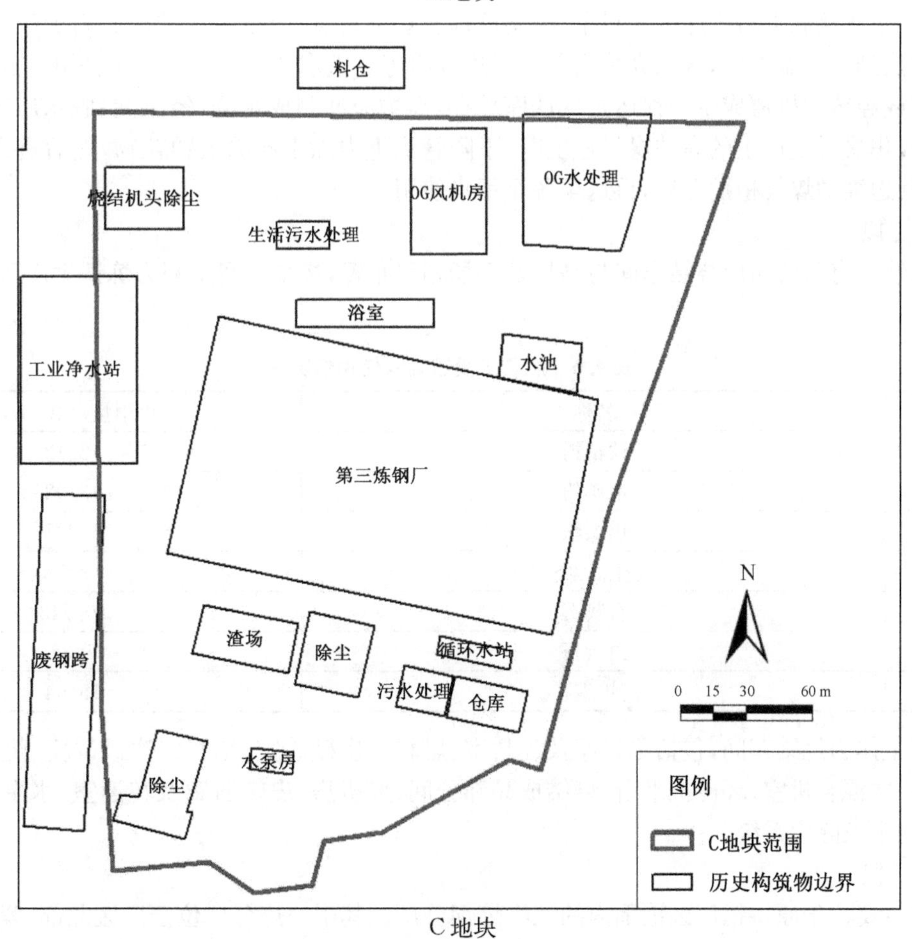

C 地块

图 4.8　各地块平面布置放大图

3. 生产工艺

经资料收集，结合企业的实际生产状况，无锡某钢铁厂有限公司共有炼铁工段、烧结工段、炼钢工段、综合原料场、公辅工段、轧钢工段6个工作区域。A1、A3、B、C地块涵盖炼铁工段、烧结工段、炼钢工段、综合原料场4个功能区。

(1) 炼铁工段

炼铁工段位于原特钢厂区西北角，该工段主要包括高炉主体设施以及其他辅助设施。

表4.5 炼铁工段原辅料使用情况

序号	名称	年用量/(10^4 t/a)
1	烧结矿	81
2	球团矿	60.5
3	块矿	7.1
4	高炉辅料(主要为石灰石溶剂)	1
5	焦炭	52.1
6	洗精煤	15.9

根据企业环评资料，厂区的高炉为2座380 m^3 高炉，具体包含：高炉本体设备、矿槽及料坑设施、斜桥及卷扬机室、炉顶装料系统、风口平台及出铁场、热风炉系统、粗煤气系统、铸铁机/倒灌站及铁水罐修理库、水力冲渣设施及冲渣泵房、煤粉喷吹设施、高炉煤气净化设施、矿槽、出铁场除尘设施、中心循环泵房、铸铁机浊循环泵房、鼓风机房等。

高炉生产工艺具体如下：使用原料、焦炭自烧结车间、原料场通过皮带机运至高炉料仓栈桥，经过筛分、称量按照一定比例和上料程序装入料车，经斜桥运至炉顶设备，分批装入炉内。高炉鼓风机送出的冷风经热风炉加热到一定温度后，送入高炉内部进行连续冶炼。铁水和炉渣定期由出铁口、渣口放出。铁水运往炼钢车间或经铸铁机铸成生铁锭运至生铁库贮存，高炉渣冲制成水渣，经沉淀、脱水后装车外运。高炉炼铁过程中，焦炭燃烧产生的高炉煤气经上升、下降管到重力除尘器除去颗粒物，然后进入布袋除尘设施，净化后煤气送高炉煤气柜贮存后，再送至各个用户使用。

(2) 烧结工段

无锡某钢铁厂有限公司内烧结车间与高炉及料场相邻布置，烧结车间东侧为炼铁生产区，西侧为原料厂和港池。

表4.6 烧结工段原辅料使用情况

序号	名称	年用量/(10^4 t/a)
1	铁精粉	42.12
2	富矿粉	43.02
3	焦煤粉	5.377
4	生石灰	2.7
5	石灰石	10.743
6	白云石	5.38
7	高炉返矿	15.64

烧结工段主体为烧结车间，包括原料库及配料室、燃料一次破碎室、燃料二次破碎室、烧结主厂房、烧结抽风系统、一次混合机室、环冷机平台、烧结成品筛分间、风机房、皮带通廊及转运室、水泵房、水处理设施、高低压配电室及除尘系统。

(3) 炼钢工段

炼钢工段主要位于原特钢厂区范围内的三个炼钢分厂。其中一炼分厂位于厂区北部，紧邻炼铁工段；

二炼分厂位于厂区东南侧，紧邻轧钢车间；三炼分厂位于厂区南侧，紧邻料场。

表 4.7　炼钢工段原辅料使用情况

序号	名称	年用量/(10^4 t/a)	备注
1	废钢	8.86	一炼分厂用料
2	生铁	9.13	
3	铁水	80.13	
4	辅料(石灰、白云石、萤石)	8.87	
5	合金	1.47	
6	废钢	19.09	二炼分厂用料
7	生铁	4.325	
8	铁水	6.2	
9	辅料(石灰、白云石、萤石)	1.23	
10	合金	1.47	
11	废钢	28.97	三炼分厂用料
12	生铁	5.5	
13	铁水	7.21	
14	辅料(石灰、白云石、萤石)	2.13	

炼钢工段共包含三个分厂，每个区域由主厂房、公用系统和辅助设施等组成。炼钢主厂房由炉渣跨、加料跨、转炉跨、精炼跨、连铸跨以及精整出坯跨等组成。

① 加料跨：东西两端分别为废钢输入和铁水输入，西端内侧设置了铁水预处理设备，东端内侧为废钢存放区。加料跨中央区域布置了转炉操作平台，平台上布置了转炉操作室和检验室。

② 转炉跨：转炉跨为多层厂房，内设 60t 转炉、氧枪、原辅料上料和加料系统、铁合金系统、转炉汽化冷却烟罩、烟道及热力设施等。

③ 精炼跨：精炼跨内设置了 60t LF 精炼炉一套(含 LF 钢包车、铁合金料仓等)、RH 真空精炼设施一套、钢包烘烤器 5 套，还布置了钢包维修区和一条钢包过跨线。

④ 连铸跨：内设五机五流方坯连铸机、火焰切割机、连铸操作室、维修区和备件堆放区等。

⑤ 精整出胚跨：内设连铸机出坯冷床和铸坯堆放区。

⑥ 主要工艺流程：来自炼铁车间的高炉铁水经称量后运至炼钢车间加料跨铁水预处理装置，进行脱硫预处理后，用起重机将铁水罐内铁水兑入转炉，存放在加料跨废钢工段废钢料槽的合格废钢和生铁块以及贮存在高位料仓中的合格原辅料随着供氧吹炼开始分批加入转炉。钢水合格后，倾动转炉倒入装于钢水罐车上的钢水罐内，并由布置在炉后的铁合金旋转溜管将铁合金加入钢水罐内后，立刻加入顶渣料，以减少回磷。然后送往吹氩站吹氩或送往精炼炉(LF 炉、VD 炉)进行精炼处理。出钢结束，转炉渣倒入渣罐后，由渣罐车运至炉渣跨，用起重机将渣罐吊运至渣罐座上冷却，将炉渣倒在地坪上，向热渣喷水冷却、粉化，用电磁抓斗将渣中废钢拣出，分拣后的其余炉渣由汽车运到综合处理场进行处理。合格的钢水由吊车吊至方坯连铸机进行回转浇铸。首先将引锭杆头送入结晶器并把已烘好的中间包送到浇铸位。当结晶器内钢水位达到规定高度时，启动结晶器振动装置和拉矫机。在结晶器内冷却成形的铸坯，被拉矫机矫直后，再经火焰切割机按设定尺寸进行切割。切割后的铸坯通过运输辊道移动至钢机、步进冷床、收集床后由起重机吊下装车直接送至轧钢车间。

(4) 综合原料场

综合原料场主要负担高炉原、燃料的贮存、运输和混合矿粉的均化作业，主要包括受卸系统、一次料场、混匀料场、供料设施以及料场码头。

表 4.8　综合原料场区域原辅料情况

序号	名称	年用量/(10^4 t/a)	来源	运输方式
1	含铁矿粉	85	进口	水运
2	烧结返矿	4.5	厂内	汽车
3	球团返矿	2.73	厂内	汽车
4	高炉灰	2.7	厂内	汽车
5	熔剂(白云石、石灰石)	4.0	国内	水运
6	碎焦	2.53	厂内	汽车
7	原煤	13.5	国内	水运
8	焦炭	36.2	国内	水运
9	球团矿	49	进口	水运
10	块矿	14.4	进口/国内	水运

(1) 受卸系统承担厂内、厂外进场的原、燃料的卸车及转运任务，主要包括水运进料和陆运进料两部分。厂区生产以水运进料为主，少量汽车进料直接进场自卸，水运进料通过专用码头进行卸料，采用带式输送机转运进场。

(2) 一次料场主要贮存高炉和烧结所需的各种原、燃料，一次料场由南、北两个料场组成，北料场主要堆存铁矿粉和高炉返回的碎矿粉、高炉灰、碎焦；南料场主要堆存球团矿、块矿、焦炭。水运进料自码头卸料后由皮带机直接输送进场，另有原料和熔剂堆场，由汽车从码头转驳进场。

(3) 混匀料场由混匀配料槽和混匀矿堆场组成。

(4) 供料设施均采用带式运输机进行连接输送。

3.1.3　污染识别结果

根据调查报告第一阶段调查结果，本地块需关注的特征污染物包括：重金属(铅、镉、汞、砷、铜、镍、锰、六价铬、锌、铊、银、锡、锑)、多环芳烃(PAHs)、酚类、挥发性有机化合物(VOCs，含 BTEX)、石油烃、氟化物、氰化物、二噁英、多氯联苯(PCBs)，对应检测因子为 pH、重金属(铅、镉、汞、砷、铜、镍、锰、六价铬、锌、铊、银、锡、锑)、氰化物、氟化物、VOCs、SVOCs(含 PAHs、酚类)、石油烃(C_{10}- C_{40})、二噁英、PCBs。

3.2　第二阶段土壤污染状况调查

3.2.1　初步调查

无锡某钢铁厂地块土壤污染状况初步调查于 2020 年 12 月完成(初步调查时地块内构筑物未拆除，初步调查报告已经过专家评审，详细调查仅引用初步调查结果)。初步调查阶段以原无锡某钢铁厂有限公司作为整体考虑，采用系统布点法与判断布点法相结合的方式，根据水文地质特征和采样设备实际可进入状况，在无锡某钢铁厂地块内共布设了 186 个土壤采样点，53 口地下水监测井，共采集了 1 440 个土壤样品，53 个地下水样品。其余监测点位，包括对照点、底泥、地表水、二噁英以及多氯联苯采样点位均按照原无锡某钢铁厂有限公司整体考虑布设。本报告引用初步调查的主要工作内容及成果如下：

初步采样检测结果显示，A1 地块土壤中铅、砷、苯并[a]芘超过了《土壤环境质量建设用地土壤污染风险管控标准(试行)》(GB 36600—2018)中第一类用地筛选值；地下水水质为《地下水质量标准》(GB/T 14848—2017)Ⅴ类，影响水质评价的指标为氨氮、氟化物、耗氧量，石油烃(C_{10}- C_{40})超过了《上海市建设用地地下水污染风险管控筛选值补充指标》中的第一类用地筛选值，除以上因子外其他检测指标均满足

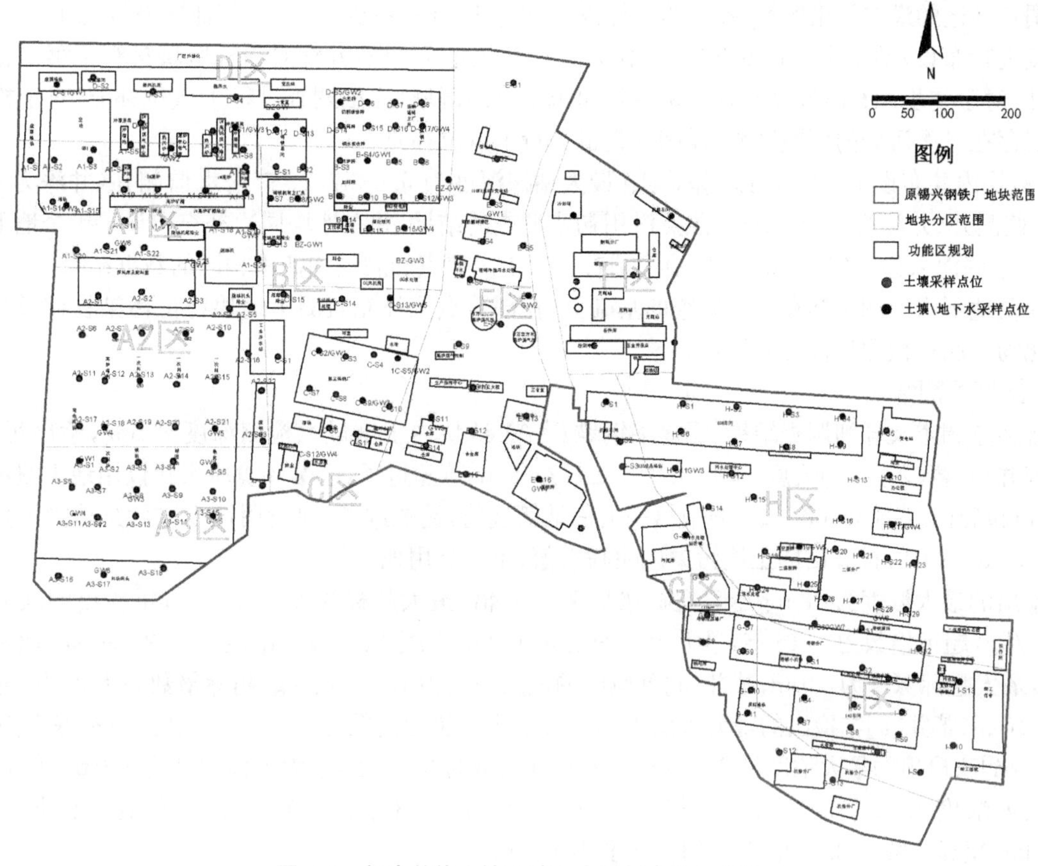

图 4.9 初步整体土壤及地下水采样点位示意图

《地下水质量标准》(GB/T 14848—2017)IV 标准。

A3 地块土壤中镍、砷超过了《土壤环境质量建设用地土壤污染风险管控标准(试行)》(GB 36600—2018)中第一类用地筛选值;地下水水质为《地下水质量标准》(GB/T 14848—2017)V 类,影响水质评价的指标为氨氮和耗氧量,其余指标均满足地下水 IV 类标准,石油烃(C_{10}- C_{40})满足《上海市建设用地地下水污染风险管控筛选值补充指标》中的第一类用地筛选值。

B 地块土壤中砷、苯并[a]芘、二苯并[a,h]蒽、苯并[b]荧蒽超过了《土壤环境质量建设用地土壤污染风险管控标准(试行)》(GB 36600—2018)中第一类用地筛选值;地下水水质为《地下水质量标准》(GB/T 14848—2017)V 类,影响水质评价的指标为氟化物、锰,其余指标均满足地下水 IV 类标准,石油烃(C_{10}- C_{40})满足《上海市建设用地地下水污染风险管控筛选值补充指标》中的第一类用地筛选值。

C 地块土壤中镍、砷、苯并[a]芘超过了《土壤环境质量建设用地土壤污染风险管控标准(试行)》(GB 36600—2018)中第一类用地筛选值;地下水水质为《地下水质量标准》(GB/T 14848—2017)V 类,影响水质评价的指标为 pH 值、氟化物、氨氮,其余指标均满足地下水 IV 类标准,石油烃(C_{10}- C_{40})满足《上海市建设用地地下水污染风险管控筛选值补充指标》中的第一类用地筛选值。

地块周边底泥样品检出污染物浓度均未超过《土壤环境质量建设用地土壤污染风险管控标准(试行)》(GB 36600—2018)中第一类用地筛选值;地表水水质为《地表水环境质量标准》(GB 3838—2002)V 类,影响水质评价的指标为氨氮和化学需氧量,其他检测指标均满足《地表水环境质量标准》(GB 3838—2002)IV 类标准。

3.2.2 详细调查

1. A1 地块详细调查结果

2021 年 6 月至 8 月,在初步调查结论的基础上开展了详细的调查现场采样工作,对于根据污染识别和初步调查筛选的潜在污染区域，按土壤采样点位数每 400 m^2 不少于 1 个，其他区域按每 1 600 m^2 不少于 1 个点进行布设；地下水按每 6 400 m^2 不少于 1 个点进行布设，并针对超标区域进行了第二轮加密布点。此外，对于初步调查阶段因构筑物未拆除而未布点的区域，详细调查进行了点位补充；对于构筑物拆除后可能存在二次污染的可疑区域，详细调查也进行了点位补充。

A1 地块内共布设了 129 个土壤采样点(最大钻探深度为 6.0 m)，27 口潜水监测井(井深为 6.0 m)，3 口深层监测井(井深为 11.5 m)；对照点沿用初步调查的结果，并在地块周边补充布设了 1 个地下水对照采样点，1 个底泥采样点(A1、A3、B、C 地块调查报告中对照点和底泥均使用相同的数据结果)。

土壤及地下水检测指标在初步调查的基础上，在部分点位补充监测了地块特征污染物铊、锌、银、锡、锑和氰化物。底泥检测指标补充了铊。

(1) 土壤检测结果

综合初步调查及详细调查结果，无锡某钢铁厂 A1 地块内土壤最大检测深度至 6 m，检出污染物砷、铅、镍、苯并[a]蒽、苯并[b]荧蒽、苯并[a]芘、二苯并[a，h]蒽超过了《土壤环境质量建设用地土壤污染风险管控标准(试行)》(GB 36600—2018)中第一类用地筛选值，铊超过了《建设用地土壤污染风险评估技术导则》(HJ 25.3—2019)推导出的土壤污染风险筛选值(第一类用地)。

砷检出的最大浓度为 48 mg/kg，超标倍数为 1.4 倍，最大超标深度为 4.0 m；铅检出的最大浓度为 2 060 mg/kg，超标倍数为 4.15 倍，最大超标深度为 4.0 m；镍检出的最大浓度为 352 mg/kg，超标倍数为 1.35 倍，最大超标深度为 3.0m；苯并[a]蒽检出的最大浓度为 12.8 mg/kg，超标倍数为 1.33 倍，最大超标深度为 3.0 m；苯并[a]芘检出的最大浓度为 9.38 mg/kg，超标倍数为 16.05 倍，最大超标深度为 3.0 m；二苯并[a，h]蒽检出的最大浓度为 2.65 mg/kg，超标倍数为 3.82 倍，最大超标深度为 3.0 m；苯并[b]荧蒽检出的最大浓度为 8.1 mg/kg，超标倍数为 0.47 倍，最大超标深度为 3.0 m；铊检出的最大浓度为 2.3 mg/kg，超标倍数为 3.6 倍，最大超标深度为 1.5 m。

表 4.9　A1 地块土壤超筛选值污染物分布情况汇总表

调查阶段	超标污染物	超标点位(最大检测深度)	超标土层/m	检出浓度/(mg/kg)	筛选值/(mg/kg)	超标倍数
初调	砷	A1 - S1(6 m)	0～0.5	27.60	20.00	0.38
		A1 - S14(6 m)	3.0～4.0	27.50		0.38
详调		A11 - S4(6 m)	0～0.5	21.79		0.09
		A11 - S9(6 m)	0～0.5	28.93		0.45
			1.0～1.5	31.10		0.56
		A11 - S23(4.5 m)	0～0.5	36.45		0.82
		A11 - S24(6 m)	0～0.5	29.05		0.45
		A11 - S30(3 m)	0～0.5	39.76		0.99
		A11 - S32(3 m)	1.0～1.5	38.05		0.90
		A12 - S5(6 m)	1.0～1.5	22.65		0.13
		A12 - S13(6 m)	0～0.5	25.78		0.29
		A13 - S4(6 m)	2.0～3.0	20.73		0.04
		A13 - S10(6 m)	0～0.5	39.14		0.96
		A13 - S22(3 m)	0～0.5	22.00		0.10
		A13 - S27(3 m)	0～0.5	48.00		1.40

（续表）

调查阶段	超标污染物	超标点位（最大检测深度）	超标土层/m	检出浓度/(mg/kg)	筛选值/(mg/kg)	超标倍数
初调	铅	A1 - S1(6 m)	0～0.5	1 660	400	3.15
		A1 - S14(6 m)	3.0～4.0	2 060		4.15
详调	镍	A13 - S4(6 m)	2.0～3.0	352	150	1.35
详调	铊 *	A13 - S17(6 m)	0～0.5	2.3	0.5	3.60
		A13 - S18(6 m)	1.0～1.5	0.7		0.40
初调	苯并[a]芘	A1 - S20(6 m)	1.0～1.5	3.70	0.55	5.73
详调		A11 - S1(6 m)	2.0～3.0	0.70		0.27
		A11 - S3(6 m)	0～0.5	0.80		0.45
		A12 - S1(6 m)	0～0.5	1.30		1.36
		A12 - S15(6 m)	1.0～1.5	1.90		2.45
		A12 - S24(3 m)	1.0～1.5	2.02		2.67
		A12 - S26(6 m)	2.0～3.0	9.38		16.05
详调	二苯并[a,h]蒽	A12 - S15(6 m)	1.0～1.5	0.60	0.55	0.09
		A12 - S26(6 m)	2.0～3.0	2.65		3.82
	苯并[a]蒽	A12 - S26(6 m)	2.0～3.0	12.8	5.5	1.33
	苯并[b]荧蒽	A12 - S26(6 m)	2.0～3.0	8.1	5.5	0.47

注：本项目土壤筛选值参照《土壤环境质量建设用地土壤污染风险管控标准（试行）》（GB 36600—2018）中第一类用地筛选值；“ * ”表示参考依据《建设用地土壤污染风险评估技术导则》（HJ 25.3—2019）推导出的土壤污染风险筛选值；最大检测深度表示为污染物检出浓度满足参考标准的最大检测深度。

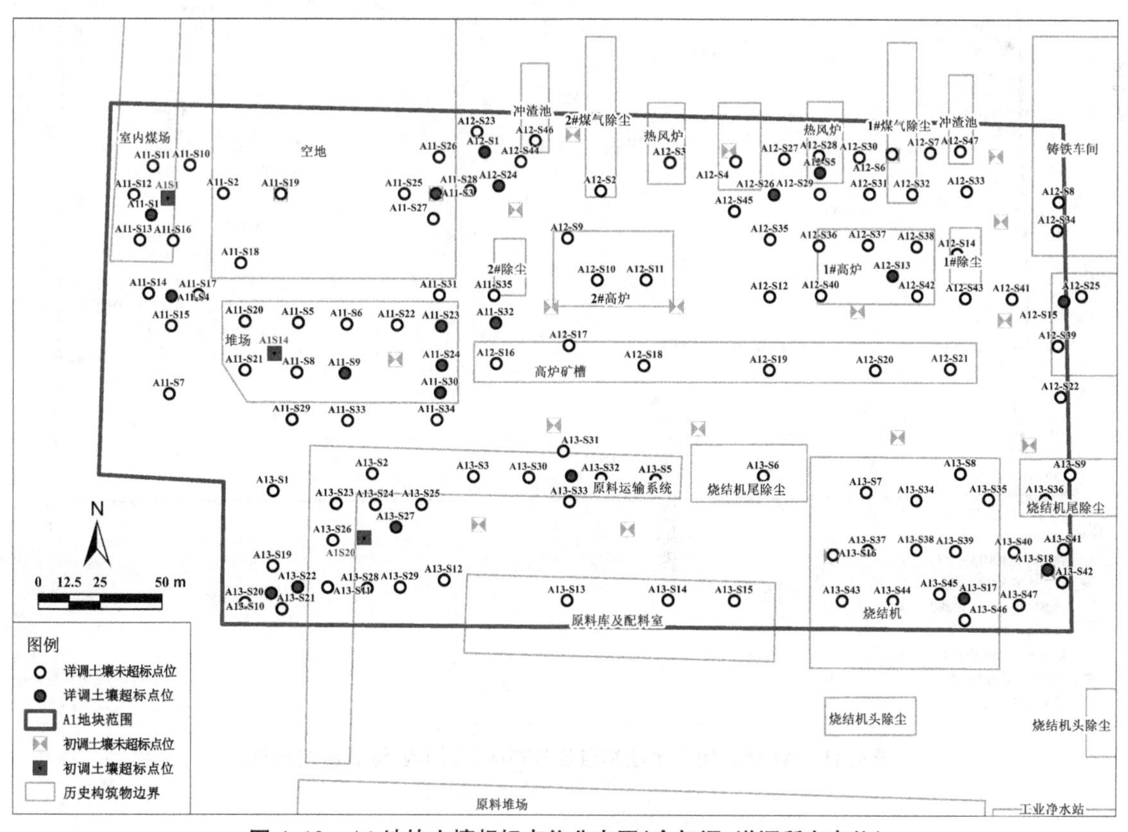

图 4.10　A1 地块土壤超标点位分布图（含初调、详调所有点位）

(2) 地下水检测结果

本项目参考《地下水质量标准》(GB/T 14848—2017)对地下水质量进行评价:无锡某钢铁厂 A1 地块内地下水水质为Ⅴ类,影响水质评价的指标为 pH、氨氮、氟化物和耗氧量,其中毒理学指标氟化物超过了《地下水质量标准》(GB/T 14848—2017)中Ⅳ类标准,石油烃(C_{10}-C_{40})超过了《上海市建设用地地下水污染风险管控筛选值补充指标》中的第一类用地筛选值。氟化物检出的最大浓度为 2.550 mg/L,超标倍数为 0.28 倍;石油烃(C_{10}-C_{40})检出的最大浓度为 1.32 mg/L,超标倍数为 1.20 倍,超标水层为潜水层。

表 4.10　A1 地块所有地下水超标污染物汇总表

调查阶段	超标污染物	超标点位	污染深度/m	污染物浓度/(mg/L)	参考标准/(mg/L)	超标倍数
初调	氟化物	A1GW2	6.0	2.550	2.000	0.28
详调		A1W1	6.0	2.251		0.13
		A1W5	6.0	2.286		0.14
		A1W6	6.0	2.266		0.13
		A1W22	6.0	2.463		0.23
初调	石油烃 * (C_{10}-C_{40})	A1GW6	6.0	1.32	0.60	1.20

注:本项目地下水指标采用《地下水质量标准》(GB/T14848—2017)中Ⅳ类标准限值进行评价,“ * ”表示参考《上海市建设用地地下水污染风险管控筛选值补充指标》中的第一类用地筛选值。

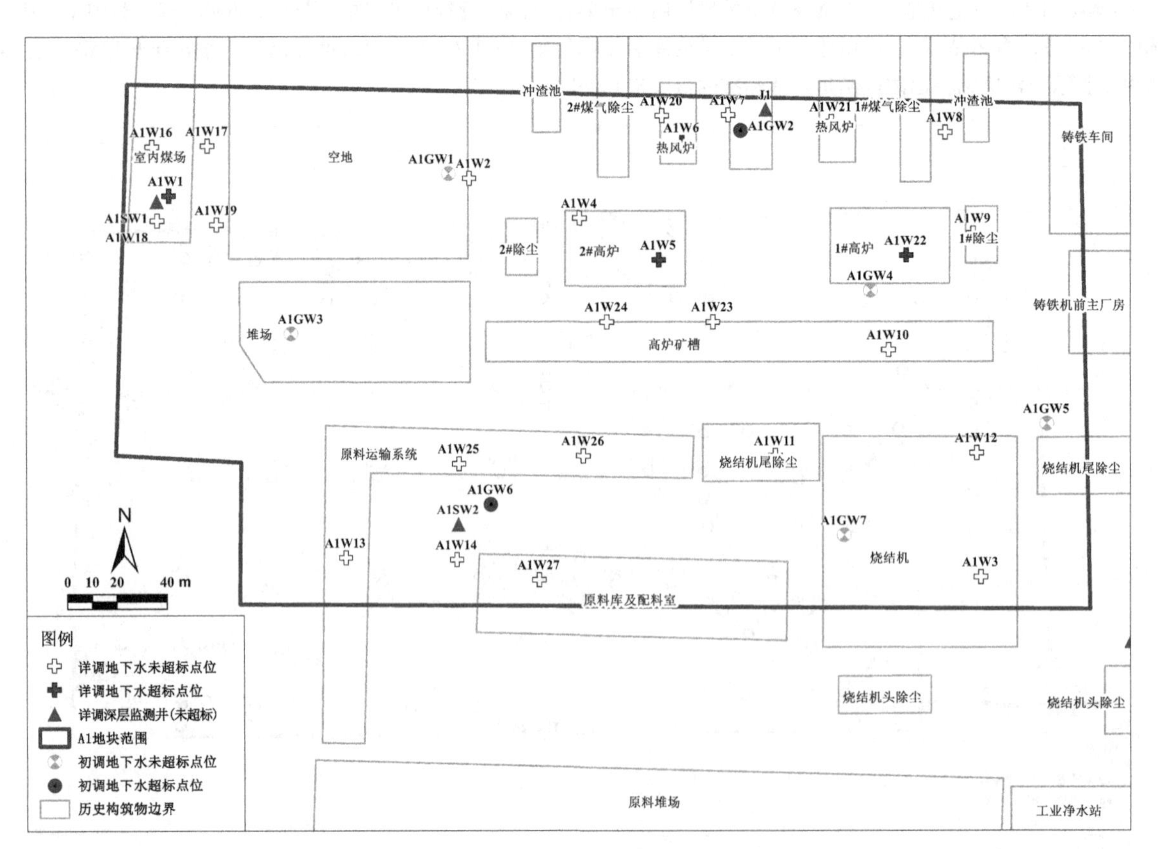

图 4.11　A1 地块地下水超标点位分布图(含初调、详调所有点位)

(3) 土壤与地下水 pH 检测结果

由于土壤 pH 在《土壤环境质量建设用地土壤污染风险管控标准(试行)》(GB 36600—2018)并无对应参考标准,本项目参考《环境影响评价技术导则土壤环境(试行)》(HJ 964—2018)中土壤碱化分级标准,将 pH≥10.0 的点位列为极重度碱化点位。A1 地块内所有土壤样品中仅 2 个点位存在 pH≥10.0:A12-S20-1(0～0.5 m)样品 pH 为 10.09,位于高炉矿槽区域;A11-S19-1(0～0.5 m)样品 pH 最高,数值为 11.30,该点位位于空地区域,现状主要为绿化并堆有少量生活垃圾,根据现场记录,该点位 0～1.6 m 为杂填土,灰色,土层无异味,含碎石。由于以上点位所在区域及周边其他区域土壤点位 pH 均无明显异常,且仅表层偏高,判断与地块历史生产无明显关联,可能为表层杂填土中存在的杂质影响。

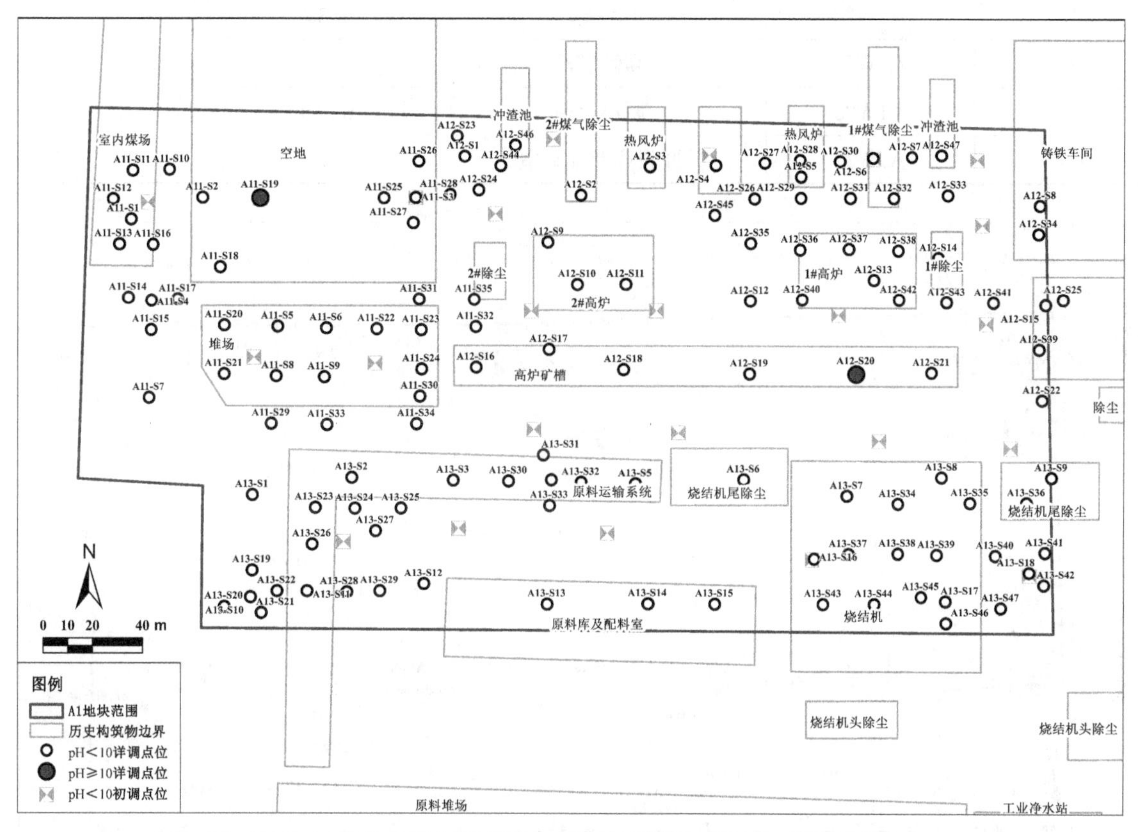

图 4.12 A1 地块土壤极重度碱化点位分布情况(含初调、详调所有点位)

本项目地块内地下水 pH 整体偏碱性,部分潜水监测点 pH>9,属于异常偏高,主要分布在煤堆场、高炉区域和原料运输区域。地块历史生产中会使用到白云石、石灰石等碱性物质作为辅料,可能造成局部区域地下水 pH 受到了一定影响,后续地块修复及开发利用过程中应加强对地块内土壤和地下水的监管,防止地下水随意排入周边环境,以及防止人员皮肤直接接触地下水。

表 4.11 A1 地块地下水 pH 异常点位汇总表

序号	点位编号	点位位置	pH	参考标准
1	A1W1	室内煤场	10.20	5.5≤pH<6.5 8.5<pH≤9.0
2	A1W4	2#高炉	9.70	
3	A1W5		9.90	
4	A1W6	2#热风炉	9.40	
5	A1W9	1#高炉除尘	10.10	

（续表）

序号	点位编号	点位位置	pH	参考标准
6	A1W10	高炉矿槽	11.10	5.5≤pH<6.5 8.5<pH≤9.0
7	A1W12	烧结机	9.90	
8	A1W16	室内煤场	11.40	
9	A1W17		11.10	
10	A1W18		9.40	
11	A1W22	1#高炉	9.30	
12	A1W23	高炉矿槽	11.20	
13	A1W25	原料运输	10.80	
14	A1W27	原料库及配料室	9.70	

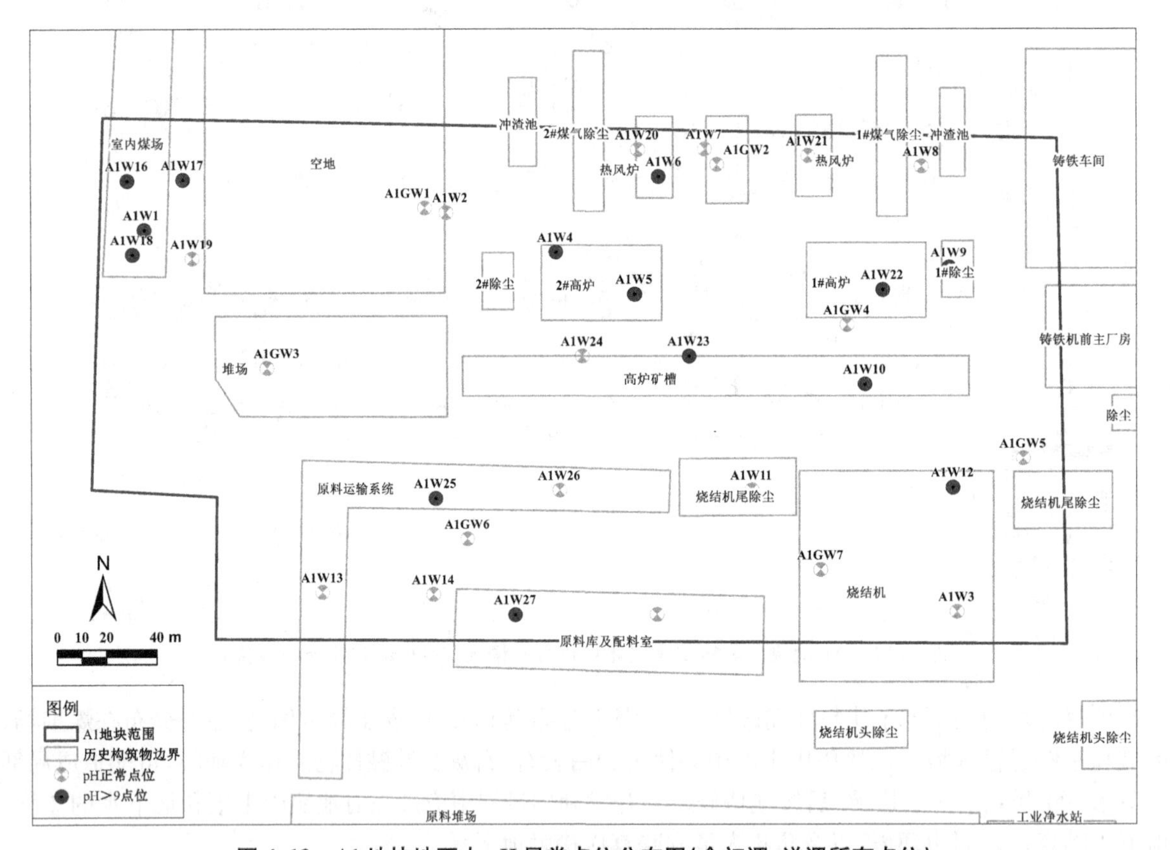

图 4.13　A1 地块地下水 pH 异常点位分布图（含初调、详调所有点位）

参考《岩土工程勘察规范》(GB 50021—2001)中土壤和地下水对于建筑材料的腐蚀性评价，本地块涉及 pH 异常土层为黏性土，当土壤 pH>5.5 时，土壤对混凝土结构的腐蚀性等级为微、对钢结构的腐蚀性等级为弱，本地块土壤 pH 范围在 6.43～11.30 时，对混凝土结构和钢结构的腐蚀强度均不大；本地块关注地下水为弱透水层中的潜水，当 pH>5.0 时，弱透水层中的地下水和土壤对混凝土结构的腐蚀性等级为微，本地块地下水 pH 范围在 6.87～11.40 时，对混凝土结构的腐蚀强度不大。因此判断地块内土壤及地下水 pH 异常情况对于后期地块开发过程中构筑物的腐蚀性影响较小。

(4) 地表水与底泥检测结果

本项目在地块周边共采集了 7 个地表水样品和 2 个底泥样品。

其中，地表水检测了 pH、重金属（铅、镉、汞、砷、铜、镍、六价铬）、常规因子（化学需氧量、氨氮、硫酸盐）、石油类、BTEX、PAHs。参考《地表水环境质量标准》（GB 3838—2002）对地块周边地表水质量进行评价：周边地表水水质为 V 类，影响水质评价的指标为氨氮和化学需氧量，其余检测指标均满足《地表水环境质量标准》（GB 3838—2002）IV 类标准。

底泥检测了包括 pH、重金属（铅、镉、汞、砷、铜、镍、六价铬、铊）、VOCs、SVOCs。所有底泥样品检测指标均未超过《土壤环境质量建设用地土壤污染风险管控标准（试行）》（GB 36600—2018）中第一类用地筛选值，铊未超过《建设用地土壤污染风险评估技术导则》（HJ 25.3—2019）推导出的土壤污染风险筛选值（第一类用地）。地块周边地下水和底泥样品中所有与地块相关的特征污染物均未超过相应标准。

（5）石油烃分段检测结果

由于初调阶段 A1GW6 监测井石油烃浓度超过了《上海市建设用地地下水污染风险管控筛选值补充指标》中的第一类用地筛选值，检出最高浓度为 1.32 mg/L。详调阶段对 A1GW6 点位进行了重新取样，并分段检测了地下水石油烃浓度，同时对 A1GW6 周边加密监测井进行了石油烃分段检测，结果如表 4.12 所示。各地下水监测井中高碳链成分（C>16）的占比范围在 76.2%～100%，且同碳段中脂肪烃与芳香烃相比浓度更高。参考《上海市建设用地土壤污染状况调查、风险评估、风险管控与修复方案编制、风险管控与修复效果评估工作的补充规定（试行）》（沪环土〔2020〕62 号）中“附表 2 典型行业石油烃（C_{10}-C_{40}）各碳段推荐分配比例”，高碳链成分（C>16）占比较大的石油烃类污染物主要来自润滑油类。结合地块生产历史判断，地块内历史生产企业属于钢铁行业（不涉及焦化工段），比较相符的石油烃类污染物可能主要来源于运输车辆以及设备机械用到的燃料油和润滑油。

表 4.12　石油烃（C_{10}-C_{40}）各碳段占比情况统计

<table>
<tr><th rowspan="2">分段名称</th><th colspan="5">监测井编号</th></tr>
<tr><th>A1GW6 *</th><th>A1W14</th><th>A1W25</th><th>A1W26</th><th>A1W27</th></tr>
<tr><td>脂肪烃 C_{10}-C_{12}</td><td>ND</td><td rowspan="2">ND</td><td rowspan="2">ND</td><td rowspan="2">9.52%</td><td rowspan="2">ND</td></tr>
<tr><td>芳香烃 C_{10}-C_{12}</td><td>ND</td></tr>
<tr><td>脂肪烃 C_{13}-C_{16}</td><td>2.57%</td><td rowspan="2">3.57%</td><td rowspan="2">ND</td><td rowspan="2">14.29%</td><td rowspan="2">2.33%</td></tr>
<tr><td>芳香烃 C_{13}-C_{16}</td><td>ND</td></tr>
<tr><td>脂肪烃 C_{17}-C_{21}</td><td>4.67%</td><td rowspan="2">7.14%</td><td rowspan="2">20.45%</td><td rowspan="2">19.05%</td><td rowspan="2">9.30%</td></tr>
<tr><td>芳香烃 C_{17}-C_{21}</td><td>3.04%</td></tr>
<tr><td>脂肪烃 C_{22}-C_{40}</td><td>75.47%</td><td rowspan="2">89.29%</td><td rowspan="2">79.55%</td><td rowspan="2">57.15%</td><td rowspan="2">88.37%</td></tr>
<tr><td>芳香烃 C_{22}-C_{40}</td><td>14.25%</td></tr>
</table>

注：ND 表示该碳段的石油烃浓度低于实验室检出限 10 μg/L；* 为实验室检测结果，其余均为光质检测结果。

2. A3 地块详细调查结果

2021 年 6 月至 8 月，在初步调查结论的基础上开展了详细调查现场采样工作，对于根据污染识别和初步调查筛选的潜在污染区域，按土壤采样点位数每 400 m^2 不少于 1 个，其他区域按每 1 600 m^2 不少于 1 个点进行布设；地下水按每 6 400 m^2 不少于 1 个点进行布设，并针对超标区域进行了第二轮加密布点。此外，对于初步调查阶段因构筑物未拆除而未布点的区域，详细调查进行了点位补充；对于构筑物拆除后可能存在二次污染的可疑区域，详细调查也进行了点位补充。

A3 地块内共布设了 96 个土壤采样点（最大钻探深度为 6.0 m），5 口潜水监测井（井深为 6.0 m），1 口深层监测井（井深为 12 m）；对照点沿用初步调查的结果，并在地块周边补充布设了 1 个地下水对照采样点，1 个底泥采样点（A1、A3、B、C 地块调查报告中对照点和底泥均使用相同的数据结果）。

土壤及地下水检测指标在初步调查的基础上，在部分点位补充监测了地块特征污染物铊、锌、银、锡、锑和氰化物。底泥检测指标补充了铊。

（1）土壤检测结果

综合初步调查及详细调查结果，无锡某钢铁厂 A3 地块内土壤最大检测深度至 6.0 m，检出污染物砷、镍超过了《土壤环境质量建设用地土壤污染风险管控标准（试行）》(GB 36600—2018)中第一类用地筛选值，铊超过了《建设用地土壤污染风险评估技术导则》(HJ 25.3—2019)推导出的土壤污染风险筛选值(第一类用地)。

砷检出的最大浓度为 154.91 mg/kg，超标倍数为 6.75 倍，最大超标深度为 3.0 m；镍检出的最大浓度为 306 mg/kg，超标倍数为 1.04 倍，最大超标深度为 1.5 m；铊检出的最大浓度为 2.3 mg/kg，超标倍数为 3.60 倍，最大超标深度为 4.5 m。

表 4.13 A3 地块土壤超筛选值污染物分布情况汇总表

调查阶段	超标污染物	超标点位（最大检测深度）	超标土层/m	检出浓度/(mg/kg)	筛选值/(mg/kg)	超标倍数
初调	砷	A3 - S6(6 m)	0～0.5	87.50	20.00	3.38
		A3 - S7(6 m)	1.0～1.5	71.80		2.59
		A3 - S18(6 m)	0～0.5	30.50		0.53
详调		A31 - S4(6 m)	0～0.5	44.47		1.22
		A31 - S5(6 m)	0～0.5	29.81		0.49
			1.0～1.5	82.84		3.14
			2.0～3.0	21.41		0.07
		A31 - S13(3 m)	0～0.5	45.47		1.27
		A31 - S20(4.5 m)	0～0.5	40.91		1.05
		A31 - S21(4.5 m)	0～0.5	62.89		2.14
		A31 - S24(4.5 m)	1.0～1.5	60.56		2.03
		A32 - S2(6 m)	0～0.5	21.38		0.07
		A32 - S5(6 m)	0～0.5	30.45		0.52
		A32 - S10(6 m)	0～0.5	29.03		0.45
		A32 - S11(6 m)	0～0.5	38.47		0.92
		A32 - S20(6 m)	0～0.5	96.99		3.85
			2.0～3.0	23.79		0.19
		A32 - S36(3 m)	0～0.5	39.34		0.97
		A32 - S37(3 m)	0～0.5	48.60		1.43
			1.0～1.5	27.41		0.37
		A32 - S38(3 m)	0～0.5	25.67		0.28
		A32 - S40(4.5 m)	0～0.5	60.3		2.02
			1.0～1.5	23.46		0.17
		A32 - S41(6 m)	0～0.5	21.6		0.08
			1.0～1.5	44.54		1.23

（续表）

调查阶段	超标污染物	超标点位 （最大检测深度）	超标土层/m	检出浓度/ （mg/kg）	筛选值/ （mg/kg）	超标倍数
		A32－S48（6 m）	0～0.5	72.04		2.60
			1.0～1.5	154.91		6.75
			2.0～3.0	25.16		0.26
		A33－S3（6 m）	0～0.5	94.39		3.72
初调	镍	A3－S7（6 m）	1.0～1.5	161	150	0.07
详调		A31－S5（6 m）	0～0.5	275		0.83
			1.0～1.5	258		0.72
		A32－S20（6 m）	0～0.5	241		0.61
		A32－S43（6 m）	1.0～1.5	271		0.81
		A33－S3（6 m）	0～0.5	306		1.04
详调	铊＊	A32－S7（6 m）	2.0～3.0	0.6	0.5	0.20
		A32－S31（6 m）	4.0～4.5	0.6		0.20
		A32－S32（4.5 m）	1.0～1.5	0.7		0.40
		A32－S33（4.5 m）	2.0～3.0	0.8		0.60
		A32－S40（4.5 m）	0～0.5	1.0		1.00
		A32－S41（6 m）	1.0～1.5	1.2		1.40
			2.0～3.0	0.8		0.60
			4.0～4.5	0.7		0.40
		A32－S42（4.5 m）	0～0.5	0.7		0.40
			2.0～3.0	0.7		0.40
		A32－S43（6 m）	0～0.5	0.6		0.20
			1.0～1.5	0.7		0.40
		A33－S11（6 m）	1.0～1.5	2.3		3.60

注：本项目土壤筛选值参照《土壤环境质量建设用地土壤污染风险管控标准（试行）》（GB 36600—2018）中第一类用地筛选值；“＊”表示参考依据《建设用地土壤污染风险评估技术导则》（HJ 25.3—2019）推导出的土壤污染风险筛选值；最大检测深度表示为污染物检出浓度满足参考标准的最大检测深度。

（2）地下水检测结果

本项目参考《地下水质量标准》（GB/T 14848—2017）对地下水质量进行评价：无锡某钢铁厂 A3 地块内地下水水质为Ⅴ类，影响水质评价的指标为 pH、氨氮、耗氧量，其他点位检出指标浓度均满足《地下水质量标准》（GB/T 14848—2017）中的Ⅳ类标准，石油烃（C_{10}－C_{40}）满足《上海市建设用地地下水污染风险管控筛选值补充指标》中的第一类用地筛选值。

地块内潜水及第Ⅰ承压水均未受到明显污染。

参考《岩土工程勘察规范》（GB 50021—2001）中土壤和地下水对于建筑材料的腐蚀性评价，本地块关注地下水为弱透水层中的潜水，地下水 pH 范围在 7.12～11.27，对混凝土结构的腐蚀性等级为微。因此判断地块内地下水 pH 异常情况对于后期地块开发过程中构筑物的腐蚀性影响较小。

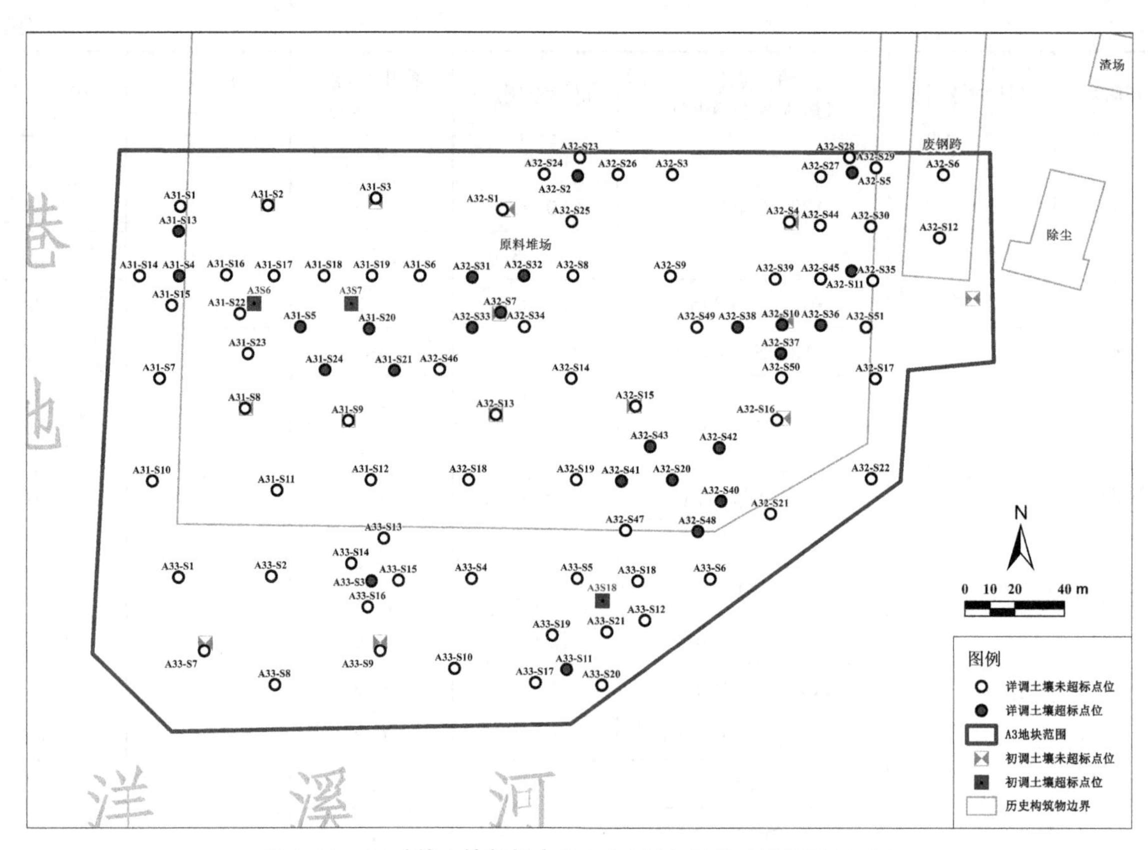

图 4.14　A3 地块土壤超标点位分布图(含初调、详调所有点位)

3. B 地块详细调查结果

2021 年 6 月至 8 月,在初步调查结论的基础上开展了详细调查现场采样工作,对于根据污染识别和初步调查筛选的潜在污染区域,按土壤采样点位数每 400 m² 不少于 1 个,其他区域按每 1 600 m² 不少于 1 个点进行布设;地下水按每 6 400 m² 不少于 1 个点进行布设,并针对超标区域进行了第二轮加密布点。此外,对于初步调查阶段因构筑物未拆除而未布点的区域,详细调查进行了点位补充;对于构筑物拆除后可能存在二次污染的可疑区域,详细调查也进行了点位补充。

B 地块内共布设了 90 个土壤采样点(最大钻探深度为 6.0 m),19 口潜水监测井(井深为 6.0 m),3 口深层监测井(井深为 13.0 m);对照点沿用初步调查的结果,并在地块周边补充布设了 1 个地下水对照采样点,1 个底泥采样点(A1、A3、B、C 地块调查报告中对照点和底泥均使用相同的数据结果)。

土壤及地下水检测指标在初步调查的基础上,在部分点位补充监测了地块特征污染物铊、锌、银、锡、锑和氰化物。底泥检测指标补充了铊。

(1) 土壤检测结果

综合初步调查及详细调查结果,无锡某钢铁厂 B 地块内土壤最大检测深度至 6 m,检出污染物砷、镉、铜、铅、镍、苯并[a]蒽、苯并[a]芘、苯并[b]荧蒽、二苯并[a,h]蒽超过了《土壤环境质量建设用地土壤污染风险管控标准(试行)》(GB 36600—2018)中第一类用地筛选值,锌、氟化物超过了《建设用地土壤污染风险评估技术导则》(HJ 25.3—2019)推导出的土壤污染风险筛选值(第一类用地)。

砷检出的最大浓度为 101.93 mg/kg,超标倍数为 4.10 倍,最大超标深度为 1.5 m;镉检出的最大浓度为 23.3 mg/kg,超标倍数为 0.17 倍,最大超标深度为 0.5 m;铜检出的最大浓度为 2 150 mg/kg,超标倍数为 0.08 倍,最大超标深度为 0.5 m;铅检出的最大浓度为 5 740 mg/kg,超标倍数为 13.35 倍,最大超标深度为 1.5 m;镍检出的最大浓度为 157 mg/kg,超标倍数为 0.05 倍,最大超标深度为 0.5 m;锌检出的最大浓度为 174 000 mg/kg，超标倍数为 10.92 倍，最大超标深度为 0.5 m；苯并[a]蒽检出的最大浓度为 6.1 mg/kg，超标倍数为 0.11 倍，最大超标深度为 0.5 m；苯并[a]芘检出的最大浓度为 5.5 mg/kg，超标倍数为 9.00 倍，最大超标深度为 1.5 m；二苯并[a,h]蒽检出的最大浓度为 0.8 mg/kg，超标倍数为 0.45 倍，最大超标深度为 0.5 m；苯并[b]荧蒽检出的最大浓度为 6.4 mg/kg，超标倍数为 0.16 倍，最大超标深度为 0.5 m；氟化物检出的最大浓度为 6 630 mg/kg，超标倍数为 2.42 倍，最大超标深度为 1.5 m。

表 4.14　B 地块土壤超筛选值污染物分布情况汇总表

调查阶段	超标污染物	超标点位（最大检测深度）	超标土层/m	检出浓度/(mg/kg)	筛选值/(mg/kg)	超标倍数
初调	砷	BS10(6 m)	1.0～1.5	42.70	20.00	1.14
		BS14(6 m)	0～0.5	28.70		0.44
详调		B1 - S8(6 m)	0～0.5	28.85		0.44
		B1 - S9(6 m)	0～0.5	45.37		1.27
		B2 - S18(6 m)	0～0.5	56.26		1.81
		B2 - S27(6 m)	0～0.5	101.93		4.10
		B1 - S29(3 m)	0～0.5	50.70		1.54
		B1 - S30(3 m)	0～0.5	25.03		0.25
		B2 - S29(3 m)	1.0～1.5	21.09		0.05
		B2 - S31(3 m)	0～0.5	23.82		0.19
		B2 - S36(3 m)	0～0.5	37.57		0.88
		B2 - S37(3 m)	0～0.5	29.75		0.49
		B2 - S41(3 m)	1.0～1.5	21.86		0.09
详调	铅	B2 - S27(6 m)	0～0.5	5 740	400	13.35
		B2 - S27(6 m)	1.0～1.5	1 230		2.08
		B1 - S24(3 m)	0～0.5	428.8		0.07
详调	镉	B2 - S27(6 m)	0～0.5	23.3	20.0	0.17
	铜		0～0.5	2 150	2 000	0.08
	锌 *		0～0.5	174 000	14 601	10.92
	镍		0～0.5	157	150	0.05
初调	苯并[a]芘	BS1(6 m)	0～0.5	1.2	0.55	1.18
		BS2(6 m)	0～0.5	2.2		3.00
		BS10(6 m)	0～0.5	4.6		7.36
详调		B1 - S12(6 m)	0～0.5	0.6		0.09
		B2 - S17(6 m)	0～0.5	0.9		0.64
		B1 - S16(3 m)	1.0～1.5	0.6		0.09
		B1 - S18(3 m)	0～0.5	5.5		9.00
		B1 - S26(3 m)	1.0～1.5	1.4		1.55
		B2 - S50(3 m)	0～0.5	2.1		2.82

（续表）

调查阶段	超标污染物	超标点位（最大检测深度）	超标土层/m	检出浓度/（mg/kg）	筛选值/（mg/kg）	超标倍数
初调	二苯并[a,h]蒽	BS2(6 m)	0～0.5	0.6	0.55	0.09
		BS10(6 m)	0～0.5	0.8		0.45
详调		B2－S50(3 m)	0～0.5	0.6		0.09
详调	苯并[a]蒽	B1－S18(3 m)	0～0.5	6.1	5.5	0.11
初调	苯并[b]荧蒽	BS10(6 m)	0～0.5	6.4	5.5	0.16
初调	氟化物	BS15(6 m)	0～0.5	6 630	1 941	2.42
详调		B2－S41(3 m)	0～0.5	2 408		0.24
			1.0～1.5	1 977		0.02

注：本项目土壤筛选值参照《土壤环境质量建设用地土壤污染风险管控标准（试行）》（GB 36600—2018）中第一类用地筛选值；“＊”表示参考依据《建设用地土壤污染风险评估技术导则》（HJ 25.3—2019）推导出的土壤污染风险筛选值；最大检测深度表示为污染物检出浓度满足参考标准的最大检测深度。

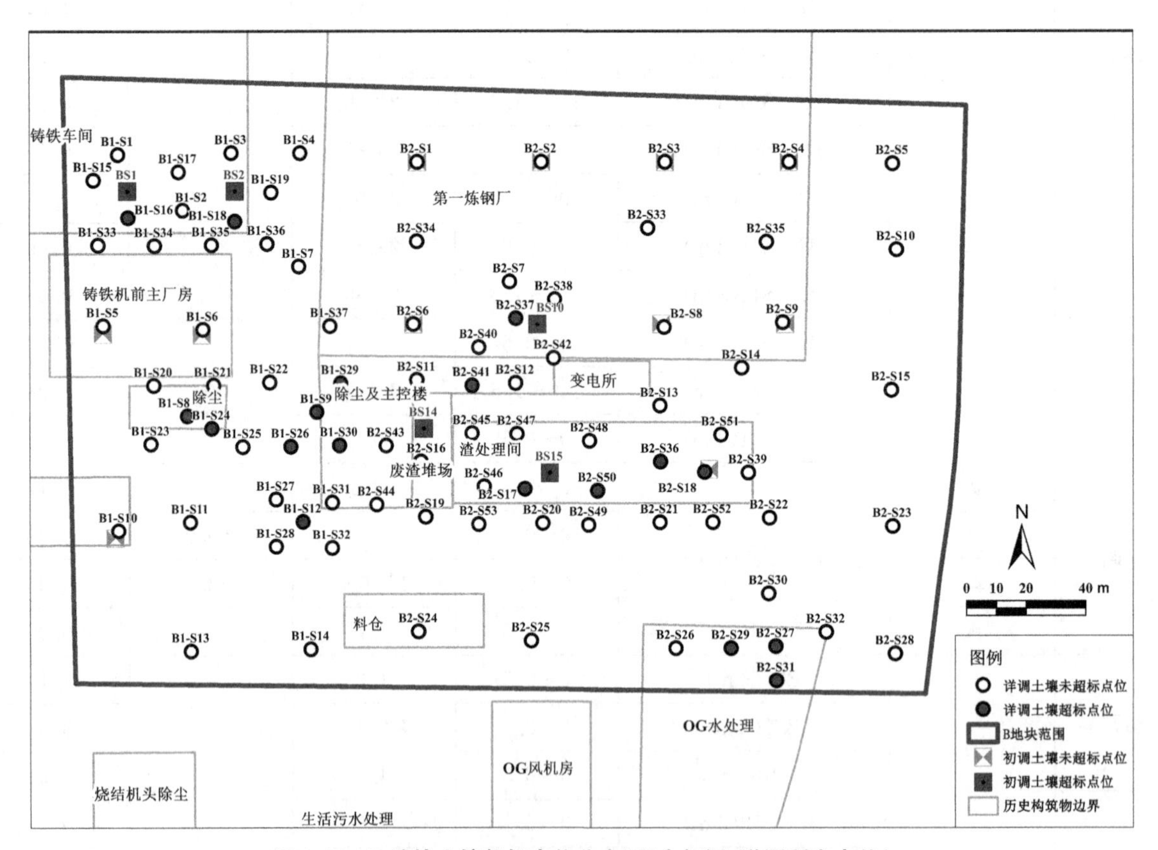

图 4.15　B 地块土壤超标点位分布图（含初调、详调所有点位）

（2）地下水检测结果

本项目参考《地下水质量标准》（GB/T 14848—2017）对地下水质量进行评价：无锡钢铁厂 B 地块内地下水水质为 V 类，影响水质评价的指标为 pH、氟化物、锰，其中毒理学指标氟化物超过《地下水质量标准》（GB/T 14848—2017）IV 类标准，检出最大浓度为 8.293 mg/L，超标倍数为 3.15 倍，最大超标深度为

6.0 m，超标水层为潜水层。其他检出指标浓度均满足《地下水质量标准》(GB/T 14848—2017)中的Ⅳ类水标准，石油烃(C_{10}-C_{40})满足《上海市建设用地地下水污染风险管控筛选值补充指标》中的第一类用地筛选值。

表 4.15　B 地块所有地下水超标污染物汇总表

调查阶段	超标污染物	超标点位	污染深度/m	污染物浓度/(mg/L)	参考标准/(mg/L)	超标倍数
初调	氟化物	BGW3	6.0	2.520	2.000	0.26
详调		BW6	6.0	3.072		0.54
		BW8	6.0	8.293		3.15
		BW9	6.0	3.621		0.81
		BW10	6.0	2.769		0.38
		BW11	6.0	2.647		0.32
		BW13	6.0	3.160		0.58
		BW14	6.0	4.190		1.10
		BW15	6.0	3.630		0.82

注：本项目地下水评价标准参考《地下水质量标准》(GB/T14848—2017)Ⅳ类标准。

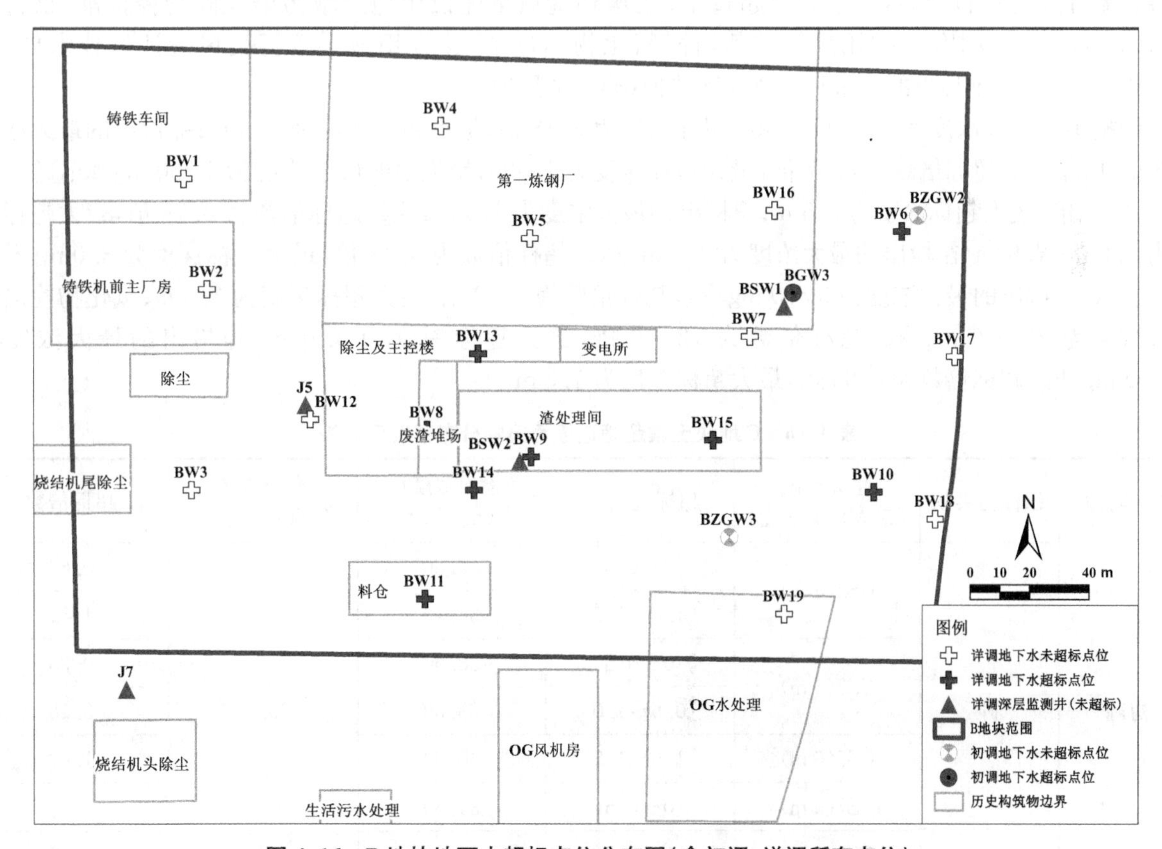

图 4.16　B 地块地下水超标点位分布图(含初调、详调所有点位)

(3) 土壤与地下水 pH 检测结果

参考《岩土工程勘察规范》(GB 50021—2001)中土壤和地下水对于建筑材料的腐蚀性评价，本地块涉及 pH 异常土层为黏性土，土壤 pH 范围在 6.87～11.15，对混凝土结构的腐蚀性等级为微、对钢结构的腐蚀性等级为弱；本地块关注地下水为弱透水层中的潜水，地下水 pH 范围在 7.13～11.4，对混凝土结构的腐蚀性等级为微。因此判断地块内土壤及地下水 pH 异常情况对于后期地块开发过程中构筑物的腐蚀性影响较小。

4. C 地块详细调查结果

2021 年 6 月至 8 月，在初步调查结论的基础上开展了详细调查现场采样工作，对于根据污染识别和初步调查筛选的潜在污染区域，按土壤采样点位数每 400 m^2 不少于 1 个，其他区域按每 1 600 m^2 不少于 1 个点进行布设；地下水按每 6 400 m^2 不少于 1 个点进行布设，并针对超标区域进行了第二轮加密布点。此外，对于初步调查阶段因构筑物未拆除而未布点的区域，详细调查进行了点位补充；对于构筑物拆除后可能存在二次污染的可疑区域，详细调查也进行了点位补充。

C 地块内共布设了 118 个土壤采样点(最大钻探深度为 6.0 m)，24 口潜水监测井(最大建井深度为 9.0 m)，2 口微承压监测井(建井深度为 13.0 m)，1 个二噁英采样点位(采样深度为 0.5 m)；对照点沿用初步调查的结果，并在地块周边补充布设了 1 个地下水对照采样点，1 个底泥采样点(A1、A3、B、C 地块调查报告中对照点和底泥均使用相同的数据结果)。

土壤及地下水检测指标在初步调查的基础上，在部分点位补充监测了地块特征污染物铊、锌、银、锡、锑和氰化物。底泥检测指标补充了铊。

(1) 土壤检测结果

综合初步调查及详细调查结果，无锡某钢铁厂 C 地块内土壤最大检测深度至 6 m，检出污染物砷、镉、铅、镍、苯并[a]芘、石油烃(C_{10}－C_{40})超过了《土壤环境质量建设用地土壤污染风险管控标准(试行)》(GB 36600—2018)中第一类用地筛选值，锌、氟化物超过了《建设用地土壤污染风险评估技术导则》(HJ 25.3—2019)推导出的土壤污染风险筛选值(第一类用地)。

砷检出的最大浓度为 83.50 mg/kg，超标倍数为 3.18 倍，最大超标深度为 3.0 m；镉检出的最大浓度为 39.44 mg/kg，超标倍数为 0.97 倍，最大超标深度为 1.5 m；铅检出的最大浓度为 1 760 mg/kg，超标倍数为 3.40 倍，最大超标深度为 1.5 m；镍检出的最大浓度为 179 mg/kg，超标倍数为 0.19 倍，最大超标深度为 1.0 m；苯并[a]芘检出的最大浓度为 2.3 mg/kg，超标倍数为 3.18 倍，最大超标深度为 3.0 m；石油烃(C_{10}－C_{40})检出的最大浓度为 3 570 mg/kg，超标倍数为 3.32 倍，最大超标深度为 3.0 m；氟化物检出的最大浓度为 26 000 mg/kg，超标倍数为 12.40 倍，最大超标深度为 3.0 m；锌检出的最大浓度为 24 200 mg/kg，超标倍数为 0.66 倍，最大超标深度为 1.5 m。

表 4.16　C 地块土壤超筛选值污染物分布情况汇总表

调查阶段	超标污染物	超标点位(最大检测深度)	超标土层/m	检出浓度/(mg/kg)	筛选值/(mg/kg)	超标倍数
初调	砷	CS2(6 m)	0～0.5	32.60	20.00	0.63
			1.0～1.5	56.10		1.81
		CS3(6 m)	0～0.5	38.90		0.95
			0.5～1.0	83.50		3.18
		CS5(6 m)	1.0～1.5	40.60		1.03
		CS7(6 m)	0～0.5	34.60		0.73
		CS8(6 m)	0～0.5	36.30		0.82

（续表）

调查阶段	超标污染物	超标点位（最大检测深度）	超标土层/m	检出浓度/（mg/kg）	筛选值/（mg/kg）	超标倍数
初调	砷	CS10(6 m)	1.0～1.5	35.40	20.00	0.77
		CS11(6 m)	0～0.5	32.10		0.61
详调		C1 - S7(6 m)	0～0.5	23.41		0.17
		C1 - S11(3 m)	1.0～1.5	21.16		0.06
		C1 - S14(3 m)	0～0.5	20.94		0.05
		C2 - S9(6 m)	0～0.5	23.42		0.17
		C2 - S10(6 m)	0～0.5	33.11		0.66
		C2 - S12(6 m)	1.0～1.5	26.75		0.34
		C2 - S17(6 m)	0～0.5	33.47		0.67
		C2 - S29(6 m)	0～0.5	21.46		0.07
			1.0～1.5	32.83		0.64
		C2 - S35(3 m)	1.0～1.5	24.60		0.23
		C2 - S36(3 m)	0～0.5	20.40		0.02
			1.0～1.5	21.05		0.05
		C2 - S38(3 m)	0～0.5	76.08		2.80
		C2 - S40(3 m)	0～0.5	24.97		0.25
			1.0～1.5	45.95		1.30
		C2 - S41(3 m)	1.0～1.5	25.04		0.25
		C2 - S42(3 m)	0～0.5	33.13		0.66
			1.0～1.5	22.57		0.13
		C2 - S43(3 m)	0～0.5	24.61		0.23
			1.0～1.5	43.75		1.19
		C2 - S44(3 m)	1.0～1.5	23.02		0.15
		C2 - S45(3 m)	0～0.5	24.05		0.20
			1.0～1.5	22.26		0.11
		C2 - S47(3 m)	0～0.5	20.89		0.04
			1.0～1.5	22.73		0.14
		C2 - S49(6 m)	0～0.5	27.21		0.36
			1.0～1.5	27.22		0.36
			2.0～3.0	22.35		0.12
		C2 - S54(3 m)	1.0～1.5	21.42		0.07
		C2 - S57(3 m)	0～0.5	28.76		0.44
		C2 - S58(3 m)	1.0～1.5	24.22		0.21
		C2 - S52(3 m)	0～0.5	23.09		0.15

（续表）

调查阶段	超标污染物	超标点位（最大检测深度）	超标土层/m	检出浓度/（mg/kg）	筛选值/（mg/kg）	超标倍数
详调	砷	C2－S62(3 m)	0～0.5	25.27	20.00	0.26
		C2－S65(6 m)	0～0.5	29.51		0.48
		C2－T2(6 m)	1.0～1.5	38.56		0.93
		C2－T7(6 m)	0～0.5	44.91		1.25
			2.0～3.0	24.18		0.21
		C2－T8(6 m)	0～0.5	32.52		0.63
			1.0～1.5	29.06		0.45
		C2－T9(6 m)	0～0.5	41.44		1.07
			1.0～1.5	24.39		0.22
			2.0～3.0	21.44		0.07
		C2－T12(6 m)	0～0.5	33.32		0.67
			1.0～1.5	75.44		2.77
			2.0～3.0	51.74		1.59
		C3－S7(3 m)	1.0～1.5	38.44		0.92
		C3－S8(3 m)	0～0.5	21.26		0.06
详调	铅	C1－S7(6 m)	0～0.5	642.2	400	0.61
		C1－S11(3 m)	0～0.5	1 310		2.28
			1.0～1.5	1 300		2.25
		C1－S14(3 m)	0～0.5	1 450		2.63
		C2－S5(6 m)	0～0.5	687.6		0.72
		C2－S9(6 m)	0～0.5	514.1		0.29
		C2－S35(3 m)	1.0～1.5	1 110		1.78
		C3－S4(6 m)	0～0.5	1 760		3.40
		C3－S8(3 m)	0～0.5	1 120		1.80
初调	镍	CS3(6 m)	0.5～1.0	160	150	0.07
详调		C2－S10(6m)	0～0.5	167		0.11
		C2－T9(6 m)	0～0.5	179		0.19
详调	镉	C1－S11(3 m)	0～0.5	35.49	20.00	0.77
			1.0～1.5	39.44		0.97
		C1－S14(3 m)	0～0.5	25.33		0.27
详调	锌*	C1－S11(3 m)	0～0.5	22 200	14 601	0.52
			1.0～1.5	22 200		0.52
		C1－S14(3 m)	0～0.5	24 200		0.66

（续表）

调查阶段	超标污染物	超标点位（最大检测深度）	超标土层/m	检出浓度/（mg/kg）	筛选值/（mg/kg）	超标倍数
初调	苯并[a]芘	CS8(6 m)	0～0.5	2.3	0.55	3.18
详调		C1-S14(3 m)	0～0.5	0.6		0.09
		C2-S34(3 m)	0～0.5	0.6		0.09
		C2-S57(3 m)	1.0～1.5	0.8		0.45
		C2-S64(3 m)	1.0～1.5	1.0		0.82
		C2-S65(6 m)	2.0～3.0	1.7		2.09
初调	氟化物 *	CS10(6 m)	0～0.5	26 000	1 941	12.40
详调		C2-S57(3 m)	0～0.5	5 390		1.78
		C2-S59(3 m)	0～0.5	2 300		0.18
		C2-S71(6 m)	2.0～3.0	6 273		2.23
		C3-S7(3 m)	1.0～1.5	2 070		0.07
		C3-S8(3 m)	0～0.5	4 080		1.10
详调	石油烃（C_{10}-C_{40}）	C1-S14(3 m)	0～0.5	1 060	826	0.28
		C2-S47(3 m)	0～0.5	3 570		3.32
		C2-S49(6 m)	2.0～3.0	2 750		2.33
		C2-S54(3 m)	0～0.5	1 040		0.26
		C2-S70(3 m)	0～0.5	1 120		0.36
		C2-S72(3 m)	0～0.5	1 780		1.15
		C2-S75(3 m)	1.0～1.5	2 820		2.41

注：本项目土壤筛选值参照《土壤环境质量建设用地土壤污染风险管控标准（试行）》（GB 36600—2018）中第一类用地筛选值；“*”表示参考依据《建设用地土壤污染风险评估技术导则》（HJ 25.3—2019）推导出的土壤污染风险筛选值；最大检测深度表示为污染物检出浓度满足参考标准的最大检测深度。

（2）地下水调查结果

本项目参考《地下水质量标准》（GB/T 14848—2017）对地下水质量进行评价：C 地块内地下水水质为Ⅴ类，影响水质评价的指标为 pH、氟化物、氨氮，其中毒理学指标氟化物超过《地下水质量标准》（GB/T 14848—2017）中Ⅳ类标准，检出的最大浓度为 4.908 mg/L，超标倍数为 1.45 倍；石油烃（C_{10}-C_{40}）超过了《上海市建设用地地下水污染风险管控筛选值补充指标》中的第一类用地筛选值，检出的最大浓度为 4.00 mg/L，超标倍数为 5.68 倍，超标水层为潜水层。

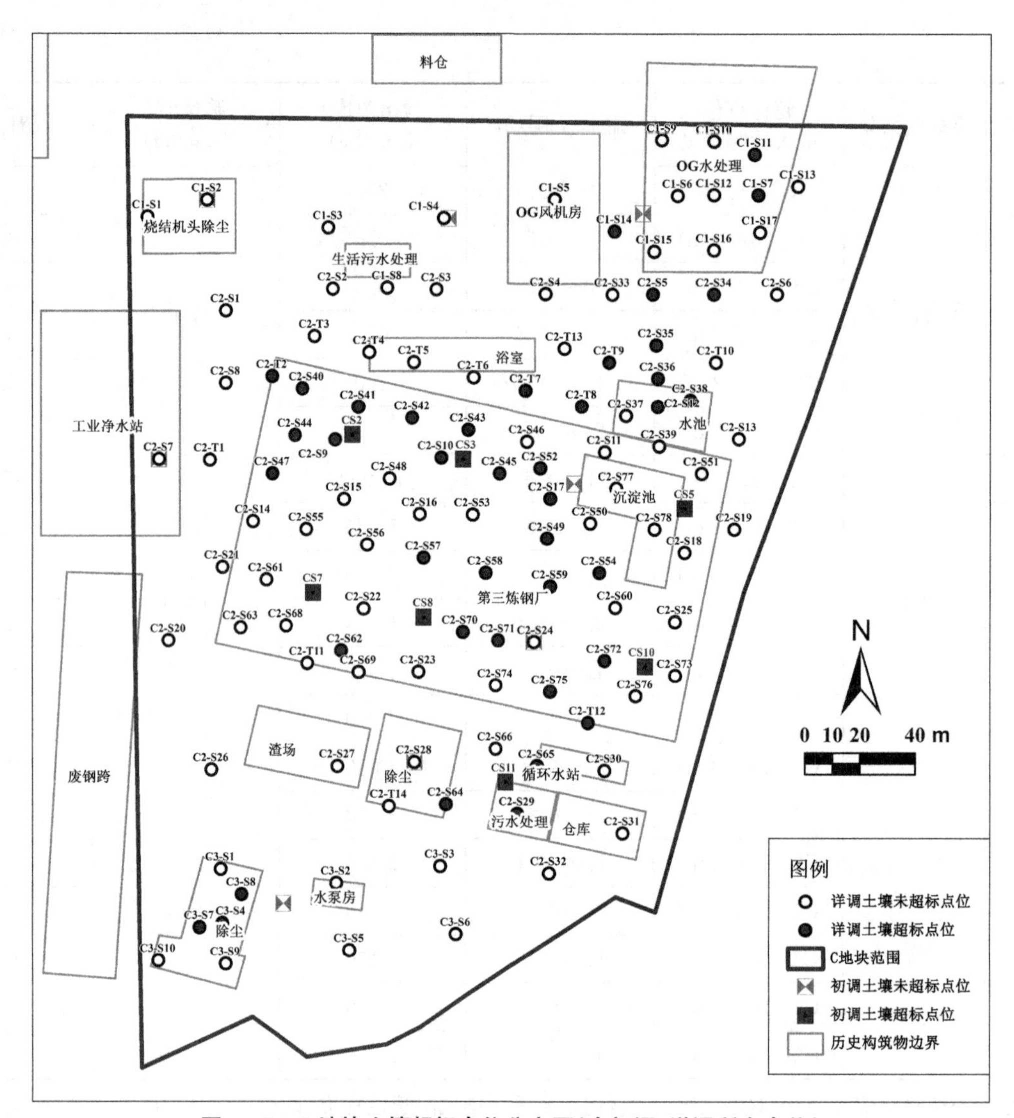

图 4.17　C 地块土壤超标点位分布图(含初调、详调所有点位)

表 4.17　C 地块所有地下水超标汇总表

调查阶段	超标污染物	超标点位	污染深度/m	污染物浓度/(mg/L)	参考标准/(mg/L)	超标倍数
初调	氟化物	CGW2	6	2.780	2.000	0.39
		CGW4		4.160		1.08
详调		CW5		2.760		0.38
		CW7		2.401		0.20
		CW8		2.480		0.24
		CW9		2.165		0.08
		CW10		2.586		0.29
		CW11		4.152		1.08
		CW12		3.772		0.89
		CW14		3.903		0.95

(续表)

调查阶段	超标污染物	超标点位	污染深度/m	污染物浓度/(mg/L)	参考标准/(mg/L)	超标倍数
详调	氟化物	CW17		4.908	2.000	1.45
		CW19		3.678		0.84
		CW22		3.330		0.67
	石油烃 * (C_{10} - C_{40})	CW10		0.68	0.60	0.13
		CW12		4.00		5.67
		CW14		0.92		0.53
		CW16		0.75		0.25
		CW17		0.72		0.20
		CW19		1.77		1.95

注:本项目地下水指标采用《地下水质量标准》(GB/T14848—2017)中 IV 类标准限值进行评价,"*"表示参考《上海市建设用地地下水污染风险管控筛选值补充指标》中的第一类用地筛选值。

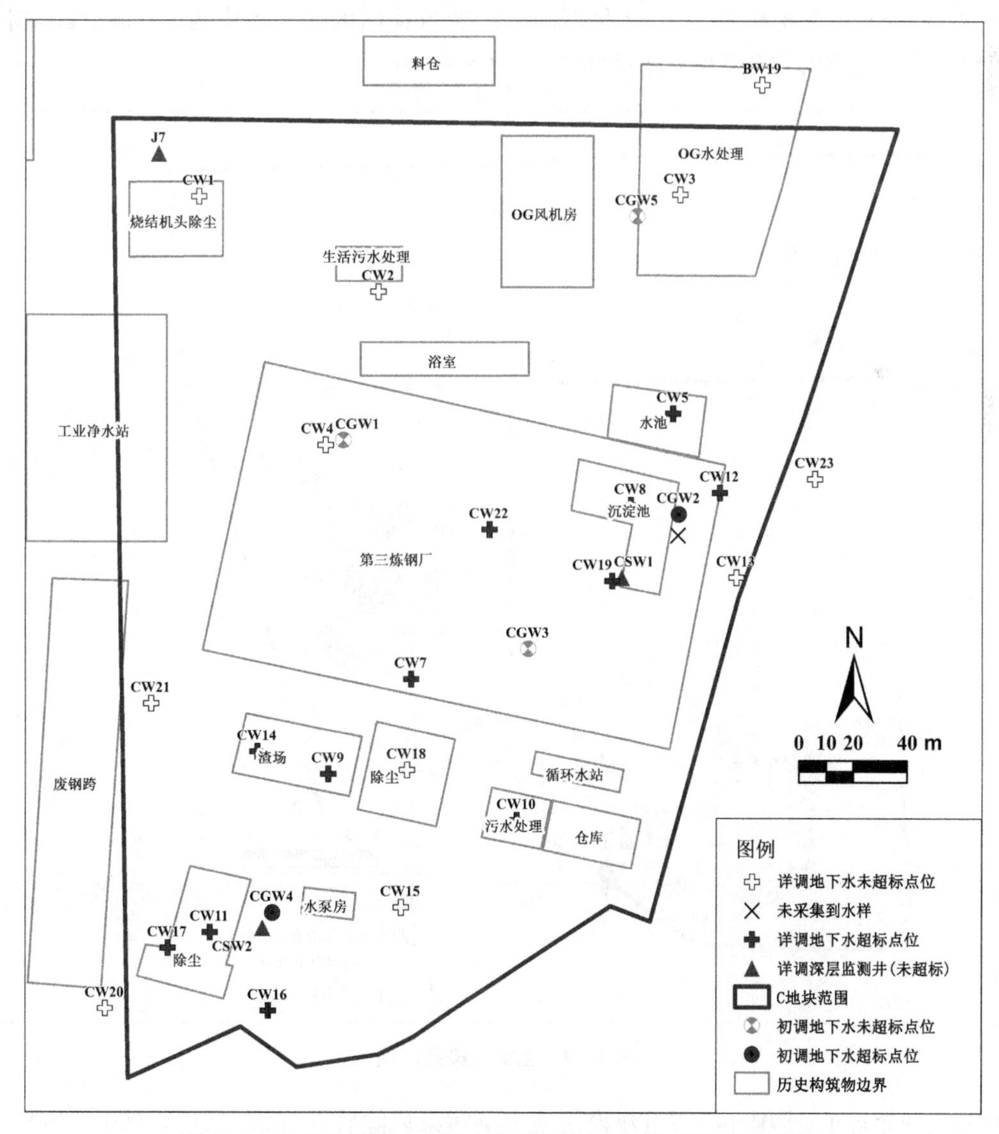

图 4.18　C 地块地下水超标点位分布图(含初调、详调所有点位)

(3) 土壤与地下水 pH 检测结果

参考《岩土工程勘察规范》(GB 50021—2001)中土壤和地下水对于建筑材料的腐蚀性评价，本地块涉及 pH 异常土层为黏性土，土壤 pH 范围在 6.47～11.09，对混凝土结构的腐蚀性等级为微、对钢结构的腐蚀性等级为弱；本地块关注地下水为弱透水层中的潜水，地下水 pH 范围在 7.10～11.80，对混凝土结构的腐蚀性等级为微。因此判断地块内土壤及地下水 pH 异常情况对于后期地块开发过程中构筑物的腐蚀性影响较小。

3.2.3 调查结果汇总

1. 地块内土壤受到了重金属和多环芳烃污染

无锡某钢铁厂 A1 地块内砷、铅、镍、苯并[a]蒽、苯并[b]荧蒽、苯并[a]芘、二苯并[a,h]蒽超过了《土壤环境质量建设用地土壤污染风险管控标准(试行)》(GB 36600—2018)中第一类用地筛选值，铊超过了《建设用地土壤污染风险评估技术导则》(HJ 25.3—2019)推导出的土壤污染风险筛选值(第一类用地)。砷检出的最大浓度为 48 mg/kg，超标倍数为 1.40 倍；铅检出的最大浓度为 2 060 mg/kg，超标倍数为 4.15 倍；镍检出的最大浓度为 352 mg/kg，超标倍数为 1.35 倍；苯并[a]蒽检出的最大浓度为 12.8 mg/kg，超标倍数为 1.33 倍；苯并[a]芘检出的最大浓度为 9.38 mg/kg，超标倍数为 16.05 倍；二苯并[a,h]蒽检出的最大浓度为 2.65 mg/kg，超标倍数为 3.82 倍；苯并[b]荧蒽检出的最大浓度为 8.1 mg/kg，超标倍数为 0.47 倍；铊检出的最大浓度为 2.3 mg/kg，超标倍数为 3.60 倍。

图 4.19 土壤污染范围图

A3 地块砷、镍超过了《土壤环境质量建设用地土壤污染风险管控标准(试行)》(GB 36600—2018)中第一类用地筛选值，铊超过了《建设用地土壤污染风险评估技术导则》(HJ 25.3—2019)推导出的土壤污染风险筛选值(第一类用地)。砷检出的最大浓度为154.91 mg/kg，超标倍数为6.75倍；镍检出的最大浓度为306 mg/kg，超标倍数为1.04倍；铊检出的最大浓度为2.3 mg/kg，超标倍数为3.60倍。

B地块砷、镉、铜、铅、镍、苯并[a]蒽、苯并[a]芘、二苯并[a,h]蒽、苯并[b]荧蒽超过了《土壤环境质量 建设用地土壤污染风险管控标准(试行)》(GB 36600—2018)中第一类用地筛选值，锌、氟化物超过了《建设用地土壤污染风险评估技术导则》(HJ 25.3—2019)推导出的土壤污染风险筛选值(第一类用地)。砷检出的最大浓度为101.93 mg/kg，超标倍数为4.10倍；镉检出的最大浓度为23.3 mg/kg，超标倍数为0.17倍；铜检出的最大浓度为2 150 mg/kg，超标倍数为0.08倍；铅检出的最大浓度为5 740 mg/kg，超标倍数为13.35倍；镍检出的最大浓度为157 mg/kg，超标倍数为0.05倍；锌检出的最大浓度为174 000 mg/kg，超标倍数为10.92倍；苯并[a]蒽检出的最大浓度为6.1 mg/kg，超标倍数为0.11倍；苯并[a]芘检出的最大浓度为5.5 mg/kg，超标倍数为9.00倍；二苯并[a,h]蒽检出的最大浓度为0.8 mg/kg，超标倍数为0.45倍；苯并[b]荧蒽检出的最大浓度为6.4 mg/kg，超标倍数为0.16倍；氟化物检出的最大浓度为6 630 mg/kg，超标倍数为2.42倍。

C地块砷、镉、铅、镍、苯并[a]芘、石油烃(C_{10}-C_{40})超过了《土壤环境质量建设用地土壤污染风险管控标准(试行)》(GB 36600—2018)中第一类用地筛选值，氟化物、锌超过了《建设用地土壤污染风险评估技术导则》(HJ 25.3—2019)推导出的土壤污染风险筛选值(第一类用地)。砷检出的最大浓度为83.50 mg/kg，超标倍数为3.18倍；镉检出的最大浓度为39.44 mg/kg，超标倍数为0.97倍；铅检出的最大浓度为1 760 mg/kg，超标倍数为3.40倍；镍检出的最大浓度为179 mg/kg，超标倍数为0.19倍；苯并[a]芘检出的最大浓度为2.3 mg/kg，超标倍数为3.18倍；石油烃(C_{10}-C_{40})检出的最大浓度为3 570 mg/kg，超标倍数为3.32倍；氟化物检出的最大浓度为26 000 mg/kg，超标倍数为12.40倍；锌检出的最大浓度为24 200 mg/kg，超标倍数为0.66倍。

2. 地块内地下水受到了氟化物和石油烃污染

无锡某钢铁厂地下水总体为Ⅴ类水，影响水质的指标为pH、氨氮、氟化物、耗氧量、锰、石油烃，其中石油烃(C_{10}-C_{40})超过了《上海市建设用地地下水污染风险管控筛选值补充指标》中的第一类用地筛选值。

图 4.20 地下水污染范围图

◆专家讲评◆

地块调查程序与方法符合国家相关标准规范要求，报告包括了地块基本信息、土壤是否受到污染、污染物含量是否超过土壤污染风险管控标准等内容。报告分析显示，污染物含量超过土壤污染风险管控标准第一类用地标准限值，需开展下一阶段土壤污染风险评估工作。钢铁厂地块涉及工段不同，污染程度相差很大，本项目不涉及焦化工段，污染初判和实际调查结果相符，对该类型企业的日常土壤和地下水管理及退出后地块污染预判具有很高的参考价值。

第四章 健康风险评估

4.1 危害识别

危害识别即根据地块环境调查获取的资料，结合地块土地的规划利用方式，确定污染地块的关注污染物、地块内污染物的空间分布等。

根据《建设用地土壤污染风险评估技术导则》(HJ 25.3—2019)，将对人群等敏感受体具有潜在风险需要进行风险评估的污染物，确定为关注污染物。结合本地块土壤污染状况调查报告，应以无锡某钢铁厂地块土壤和地下水超标点位的超标指标砷、铅、镍、镉、铜、锌、苯并[a]蒽、苯并[b]荧蒽、苯并[a]芘、二苯并

[a,h]蒽、铊、氟化物、石油烃(C_{10}-C_{40})为关注污染物。考虑四个地块关注因子及污染程度大体一致,因此风险评估阶段以A1地块为例进行分析说明。

4.2 毒性评估

有毒污染物可能造成两种不良健康影响:致癌或非致癌效果。致癌化学物的毒性是通过检测化学物浓度与致癌风险关系曲线斜率因子确定;对于非致癌化合物,其毒性是利用有害指数加以检测,它是被检测化学物的浓度与无不良健康影响参考浓度之比。

4.2.1 毒性效应及致癌毒性判定

1. 砷

2017年10月27日,世界卫生组织国际癌症研究机构公布的致癌物清单初步整理参考,砷和无机砷化合物在一类致癌物清单中。2019年7月23日,砷及砷化合物被列入有毒有害水污染物名录(第一批)。

砷,俗称砒,是一种非金属元素,单质以灰砷、黑砷和黄砷这三种同素异形体的形式存在。元素砷基本无毒,但其氧化物及砷酸盐毒性较大,三价砷毒性较五价砷强。三氧化二砷的小鼠经口LD50(半数致死剂量)为42.9 mg/kg;兔为20 mg/kg。猫吸入0.04 mg/L三氧化二砷超过15分钟即可发生急性中毒。

2. 铅

2019年7月23日,铅及铅化合物被列入有毒有害水污染物名录(第一批)。铅是一种有光泽的银色金属,熔点327.5 ℃,沸点1 740 ℃,相对密度11.3437,溶于硝酸、热浓硫酸,不溶于水,高毒,LDLo(最低致死剂量):430 mg/kg(大鼠腹腔);LD50:217 mg/kg(小鼠腹腔)。

3. 镍

2017年10月27日,世界卫生组织国际癌症研究机构公布的致癌物清单初步整理参考,镍化合物在一类致癌物清单中。

镍是略带黄色的银白色金属,质坚硬,易抛光,具有磁性(不如铁和钴)和良好的可塑性。密度为8.902 g/cm^3,熔点为1 453 ℃,沸点为2 732 ℃。化学性质较活泼。有较好的耐腐蚀性,室温时在空气中难氧化,不易与浓硝酸反应,能耐碱腐蚀。金属镍几乎没有急性毒性,一般的镍盐毒性也较低,但羰基镍却能产生很强的毒性。大鼠经口最低中毒剂量(TDLo):158 mg/kg(多代用),胚胎中毒,胎鼠死亡。

4. 铊

铊在自然环境中含量很低,是一种伴生元素。铊在盐酸和稀硫酸中溶解缓慢,在硝酸中溶解迅速。其主要的化合物有氧化物、硫化物、卤化物、硫酸盐等。铊盐一般为无色、无味的结晶,溶于水后形成亚铊化物。保存在水中或石蜡中较空气中稳定。

铊对人体的毒性超过了铅和汞,近似于砷。铊是人体非必需的微量元素,可以通过饮水、食物、呼吸而进入人体并富集起来,铊的化合物具有诱变性、致癌性和致畸性,导致食道癌、肝癌、大肠癌等多种疾病的发生,使人类健康受到极大的威胁。LDLo:30 mg/kg(大鼠经口)。

5. 镉

镉是银白色有光泽的金属,熔点为320.9 ℃,沸点为765 ℃,相对密度为8.65。溶于热硫酸、稀硝酸、硝酸铵溶液,在热盐酸中溶解缓慢,不溶于水。镉对肾脏、骨骼和呼吸系统具有毒性作用,被列为人类致癌物。高毒,LD50:225 mg/kg(大鼠经口);LD50:890 mg/kg(小鼠经口)。

6. 铜

铜的离子(铜质)对生物而言,不论是动物或植物,是必需的元素。人体缺乏铜会引起贫血,毛发异常,骨和动脉异常,以致脑障碍。但若过剩,则会引起肝硬化、腹泻、呕吐、运动障碍和知觉神经障碍。铜作为重金属,摄入过量也会有危害。铜离子会使蛋白质变性。如硫酸铜对胃肠道有刺激作用,误服会引起恶心、呕吐、口内有铜性味、胃有烧灼感。严重者还会有腹绞痛、呕血、黑便。可造成严重肾损害和溶血,出现黄疸、贫血、肝大、血红蛋白尿、急性肾功能衰竭和尿毒症。对眼和皮肤有刺激性。长期接触可发生接触性皮炎和鼻、眼黏膜刺激并出现胃肠道症状。

7. 锌

锌是一种银白色略带淡蓝色的金属，密度为 7.14 g/cm^3，熔点为 419.5 ℃。吸入会引起口渴、干咳、头痛、头晕、高热、寒战等。粉尘对眼有刺激性。口服会刺激胃肠道。长期反复接触对皮肤有刺激性。

8. 苯并[a]蒽

2017 年 10 月 27 日，世界卫生组织国际癌症研究机构公布的致癌物清单初步整理参考，苯并[a]蒽在 2B 类致癌物清单中。

苯并[a]蒽是白色或浅黄色片状结晶，有黄绿色荧光。熔点为 157 ℃～159 ℃，沸点为 437.6 ℃，相对密度为 1.274，溶于多数有机溶剂，难溶于乙酸、热乙醇，不溶于水。属高毒物质，LDLo：10 mg/kg（小鼠静脉）。燃烧产生刺激烟雾。

9. 苯并[b]荧蒽

2017 年 10 月 27 日，世界卫生组织国际癌症研究机构公布的致癌物清单初步整理参考，苯并[b]荧蒽在 2B 类致癌物清单中。

无色晶体，熔点为 163～165 ℃，沸点为 481 ℃，相对密度为 1.154 9，微溶于水，易溶于多数有机溶剂。属中毒物质，LC50：3 600 mg/kg。燃烧产生刺激性烟雾。

10. 苯并[a]芘

无色至淡黄色、针状、晶体（纯品），熔点为 179 ℃，沸点为 495 ℃，相对密度 1.35，不溶于水，微溶于乙醇、甲醇，溶于苯、甲苯、二甲苯、氯仿、乙醚、丙酮等。对眼睛、皮肤有刺激作用。是致癌物和诱变剂，属于高毒物质。LD50：50 mg/kg（大鼠皮下），LDLo：500 mg/kg（小鼠腹腔）。遇明火、高热可燃。受高热分解放出有毒的气体。

11. 二苯并[a，h]蒽

2017 年 10 月 27 日，世界卫生组织国际癌症研究机构公布的致癌物清单初步整理参考，二苯并[a，h]蒽在 2A 类致癌物清单中。熔点为 262 ℃～265 ℃，沸点为 524 ℃，相对密度为 1.282，可溶于石油醚、苯、甲苯、二甲苯和油。属高毒物质，LD50：10 mg/kg（大鼠静脉）。

12. 氟化物

2017 年 10 月 27 日，世界卫生组织国际癌症研究机构公布的致癌物清单初步整理参考，氟化物（饮用水中添加的无机物）在 3 类致癌物清单中。

氟化物指含负价氟的有机或无机化合物，从难溶的氟化钙到反应性很强的四氟化硫都属于氟化物的范畴。含氟化合物在结构上可以有很大差异，因此很难概括出氟化物的一般毒性。氟化物的毒性与其反应活性和结构有关，对盐而言，则是离解出氟离子的能力。

13. 石油烃（C_{10}－C_{40}）

石油烃是广泛存在的有机污染物之一，包括汽油、煤油、柴油、润滑油、石蜡和沥青等，是多种烃类（正烷烃、支链烷烃、环烷烃、芳烃）和少量其他有机物，如硫化物、氮化物、环烷酸类等的混合物。石油烃中低分子烃的毒性要大于高分子烃，在各种烃类中，其毒性一般按芳香烃、烯烃、环烃、链烃的顺序而依次下降。石油烃对生物的毒害，主要是破坏细胞膜的正常结构和透性，干扰生物体的酶系，进而影响生物体的正常生理、生化过程。如油污能降低浮游植物的光合作用强度，阻碍细胞的分裂、繁殖，使许多动物的胚胎和幼体发育异常、生长迟缓。油污还能使一些动物致病，如鱼鳃坏死、皮肤糜烂、患胃病以至致癌。石油烃污染对土壤微生物生态系统所造成的生态破坏效应十分广泛，包括扰乱土壤生态学功能、改变土壤微生物群落多样性和机构组成及影响土壤酶活性等。石油烃具有不同的毒性和致癌性，被动物吸收后可能通过食物链危害人体健康。

4.2.2 毒性参数设定

地块关注污染物毒性参数选取自《建设用地土壤污染风险评估技术导则》（HJ 25.3—2019）中相应的

物理化参数与毒性参数推荐参数，以及美国环保局区域办公室“区域筛选值(Regional Screening Levels)总表”污染物毒性数据(2021 年 5 月发布)。其他未规定的参数主要通过参考国外权威机构建立的数据库获取。

石油烃为一类混合烃类物质，组成极为复杂，不同物质的毒性和物理化学性质也存在较大差异。本项目对 A1 地块地下水石油烃超标点位(A1GW6)及其周边点位(A1W14、A1W25、A1W26、A1W27)进行了石油烃分段检测，结果显示地下水中高碳链成分(C>16)的占比范围在 76.2%～100%，且同碳段中脂肪烃与芳香烃相比浓度更高。参考美国环保局区域办公室“区域筛选值(Regional Screening Levels)总表”污染物毒性数据(2021 年 5 月发布)中 Total Petroleum Hydrocarbons (Aromatic High，C17－C32)的相关参数，目前尚无研究表明高碳链石油烃具有呼吸吸入参考浓度(RfCi)、呼吸吸入单位致癌风险(IUR)。另外参考《上海市建设用地土壤污染状况调查、风险评估、风险管控与修复方案编制、风险管控与修复效果评估工作的补充规定(试行)》的通知(沪环土〔2020〕62 号)附件 3 和附件 4：石油烃(C_{10}－C_{40})中各碳段的理化参数和毒性参数，高碳链石油烃(C>16)均无呼吸吸入参考浓度(RfCi)，基本不会形成挥发性的气态污染物，无吸入室内空气中来自地下水的气态污染物、吸入室外空气中来自地下水的气态污染物的暴露途径。

故本书基于保守考虑，地下水石油烃(C_{10}－C_{40})的理化和毒性参数参考《上海市建设用地土壤污染状况调查、风险评估、风险管控与修复方案编制、风险管控与修复效果评估工作的补充规定(试行)》中石油烃各碳段参数，分段计算对人体的健康风险。

毒性评估的主要工作内容包括分析关注污染物的健康效应(致癌和非致癌效应)，确认污染物的毒性参数。

表 4.18 污染物理化性质参数表

编号	污染物	水溶解度		亨利常数		空气中扩散系数		水中扩散系数		土壤有机碳-水分配系数	
		S		H'		D_a		D_w		K_{oc}	
		mg/L	数据来源	—	数据来源	cm^2/s	数据来源	cm^2/s	数据来源	cm^3/g	数据来源
1	砷	0.00E+00	TX18	—	—	—	—	—	—	—	—
2	铅	0.00E+00	TX18	—	—	—	—	—	—	—	—
3	镍	0.00E+00	TX18	—	—	—	—	—	—	—	—
4	铊	0.00E+00	TX18	—	—	—	—	—	—	—	—
5	苯并[a]蒽	9.40E-03	EPI	4.91E-04	EPI	2.61E-02	WATER 9	6.75E-06	WATER 9	1.77E+05	EPI
6	苯并[b]荧蒽	1.50E-03	EPI	2.69E-05	EPI	4.76E-02	WATER 9	5.56E-06	WATER 9	5.99E+05	EPI
7	苯并[a]芘	1.62E-03	EPI	1.87E-05	EPI	4.76E-02	WATER 9	5.56E-06	WATER 9	5.87E+05	EPI
8	二苯并[a,h]蒽	2.49E-03	EPI	5.76E-06	EPI	4.46E-02	WATER 9	5.21E-06	WATER 9	1.91E+06	EPI

（续表）

编号	污染物	水溶解度		亨利常数		空气中扩散系数		水中扩散系数		土壤有机碳-水分配系数	
		S		H'		D_a		D_W		K_{oc}	
		mg/L	数据来源	—	数据来源	cm^2/s	数据来源	cm^2/s	数据来源	cm^3/g	数据来源
9	氟化物	1.69E+00	EPI	—	—	—	—	—	—	1.50E+02	TX18
10	脂肪烃 C_{10}-C_{12}	3.40E−02	上海	1.20E+02	上海	1.00E−01	上海	1.00E−05	上海	2.51E+05	上海
11	脂肪烃 C_{13}-C_{16}	7.60E−04	上海	5.20E+02	上海	1.00E−01	上海	1.00E−05	上海	5.01E+06	上海
12	脂肪烃 C_{17}-C_{21}	2.50E−06	上海	4.90E+03	上海	1.00E−01	上海	1.00E−05	上海	6.31E+08	上海
13	脂肪烃 C_{22}-C_{40}	2.50E−06	上海	4.90E+03	上海	1.00E−01	上海	1.00E−05	上海	6.31E+08	上海
14	芳香烃 C_{10}-C_{12}	2.50E+01	上海	1.40E−01	上海	1.00E−01	上海	1.00E−05	上海	2.51E+03	上海
15	芳香烃 C_{13}-C_{16}	5.80E+00	上海	5.30E−02	上海	1.00E−01	上海	1.00E−05	上海	5.01E+03	上海
16	芳香烃 C_{17}-C_{21}	6.50E−01	上海	1.30E−02	上海	1.00E−01	上海	1.00E−05	上海	1.58E+04	上海
17	芳香烃 C_{22}-C_{40}	6.60E−03	上海	6.70E−04	上海	1.00E−01	上海	1.00E−05	上海	1.26E+05	上海

备注：地下水石油烃（C_{10}-C_{40}）参数参考《上海市建设用地土壤污染状况调查、风险评估、风险管控与修复方案编制、风险管控与修复效果评估工作的补充规定（试行）》中石油烃各碳段参数；“WATER 9”代表美国环保局“废水处理模型（the wastewater treatment model）”数据；“TX18”代表数据来自德州风险消减项目：保护浓度值（Texas Risk Reduction Program: Protective Concentration Levels）附表（2018 年 4 月发布）；“—”表示尚无研究表明有对应理化参数；本表中无量纲亨利常数等理化性质参数为常温条件下的参数值。

表 4.19　污染物毒性参数表

编号	污染物（中文）	经口摄入致癌斜率因子		呼吸吸入单位致癌风险		经口摄入参考剂量		呼吸吸入参考浓度		消化道吸收因子		皮肤吸收效率因子	
		SF_o		IUR		RfD_o		RfC_i		ABS_{gi}		ABS_d	
		1/(mg/kg/d)	参考文献	$1/(mg/m^3)$	参考文献	mg/kg/d	参考文献	mg/m^3	参考文献	—	参考文献	—	参考文献
1	砷	1.50E+00	I	4.30E+00	I	3.00E−04	I	1.50E−05	RSL	1.00E+00	RSL	3.00E−02	RSL
2	铅	—	—	—	—	—	—	—	—	1.00E+00	RSL	1.00E−02	TX18
3	镍	—	—	2.60E−01	RSL	2.00E−02	I	9.00E−05	RSL	4.00E−02	RSL	1.00E−02	TX18

(续表)

编号	污染物(中文)	经口摄入致癌斜率因子		呼吸吸入单位致癌风险		经口摄入参考剂量		呼吸吸入参考浓度		消化道吸收因子		皮肤吸收效率因子	
		SF_o		IUR		RfD_o		RfC_i		ABS_{gi}		ABS_d	
		1/(mg/kg/d)	参考文献	1/(mg/m³)	参考文献	mg/kg/d	参考文献	mg/m³	参考文献	—	参考文献	—	参考文献
4	铊	—	—	—	—	1.00E−05	X	—	—	1.00E+00	RSL	1.00E−02	TX18
5	苯并[a]蒽	1.00E−01	RSL	6.00E−02	RSL	—	—	—	—	1.00E+00	RSL	1.30E−01	RSL
6	苯并[b]荧蒽	1.00E−01	RSL	6.00E−02	RSL	—	—	—	—	1.00E+00	RSL	1.30E−01	RSL
7	苯并[a]芘	1.00E+00	I	6.00E−01	RSL	3.00E−04	I	2.00E−06	I	1.00E+00	RSL	1.30E−01	RSL
8	二苯并[a,h]蒽	1.00E+00	RSL	6.00E−01	RSL	—	—	—	—	1.00E+00	RSL	1.30E−01	RSL
9	氰化物	—	—	—	—	4.00E−02	RSL	1.30E−02	RSL	1.00E+00	RSL	1.00E−02	TX18
10	脂肪烃 C_{10}-C_{12}	—	—	—	—	1.00E−01	上海	5.00E−01	上海	5.00E−01	上海	1.00E−01	上海
11	脂肪烃 C_{13}-C_{16}	—	—	—	—	1.00E−01	上海	5.00E−01	上海	5.00E−01	上海	1.00E−01	上海
12	脂肪烃 C_{17}-C_{21}	—	—	—	—	2.00E+00	上海	—	—	5.00E−01	上海	1.00E−01	上海
13	脂肪烃 C_{22}-C_{40}	—	—	—	—	2.00E+00	上海	—	—	5.00E−01	上海	1.00E−01	上海
14	芳香烃 C_{10}-C_{12}	—	—	—	—	4.00E−02	上海	2.00E−01	上海	5.00E−01	上海	1.00E−01	上海
15	芳香烃 C_{13}-C_{16}	—	—	—	—	4.00E−02	上海	2.00E−01	上海	5.00E−01	上海	1.00E−01	上海
16	芳香烃 C_{17}-C_{21}	—	—	—	—	3.00E−02	上海	—	—	5.00E−01	上海	1.00E−01	上海
17	芳香烃 C_{22}-C_{40}	—	—	—	—	3.00E−02	上海	—	—	5.00E−01	上海	1.00E−01	上海

备注:地下水石油烃(C_{10}-C_{40})参数参考《上海市建设用地土壤污染状况调查、风险评估、风险管控与修复方案编制、风险管控与修复效果评估工作的补充规定(试行)》中石油烃各碳段参数;"I"代表数据来自美国环保局"综合风险信息系统(US EPA Integrated Risk Information System)";"P"代表数据来自美国环保局"临时性同行审定毒性数据(The Provisional Peer Reviewed Toxicity Values)";"RSL"代表数据来自美国环保局"区域筛选值(Regional Screening Levels)总表"污染物毒性数据;"TX18"代表数据来自德州风险消减项目:保护浓度值(Texas Risk Reduction Program:Protective Concentration Levels)附表(2018年4月发布);"—"表示尚无研究表明有对应毒性参数。

4.3 暴露评估

4.3.1 暴露情景分析

暴露情景是指特定土地利用方式下,地块污染物经由不同暴露路径迁移和到达受体人群的情况。

本文结合地块规划情景考虑污染物的暴露情景。

第一类用地。参考《土壤环境质量建设用地土壤污染风险管控标准(试行)》(GB 36600—2018),根据保护对象暴露情况的不同,第一类用地包括《城市用地分类与规划 建设用地标准》(GB 50137—2019)规定的城市建设用地中的居住用地(R),公共管理与公共服务用地中的中小学用地(A33)、医疗卫生用地(A5)和社会福利设施用地(A6),以及公园绿地(G1)中的社区公园或儿童公园用地等。

第二类用地。参考《土壤环境质量建设用地土壤污染风险管控标准(试行)》(GB 36600—2018),根据保护对象暴露情况的不同,第二类用地包括《城市用地分类与规划 建设用地标准》(GB 50137—2019)规定的城市建设用地中的工业用地(M),物流仓储用地(W),商业服务业设施用地(B),道路与交通设施用地(S),公用设施用地(U),公共管理与公共服务用地(A)(A33、A5、A6 除外),以及绿地与广场用地(G)(G1中的社区公园或儿童公园用地除外)等。

(1) 规划情景下的暴露情景分析

本地块后期主要规划包括二类居住用地(R2)、商务设施用地(B2)和公园绿地(G1),报告基于保守考虑,整体参考《土壤环境质量建设用地土壤污染风险管控标准(试行)》(GB 36600—2018)中第一类用地情景进行评价。

(2) 非铅重金属和有机物的暴露情景分析

根据《建设用地土壤污染风险评估技术导则》(HJ 25.3—2019),依据不同土地利用方式下人群的活动模式,规定了居住和工业用地暴露情景下对应的用地方式和敏感人群。本项目第一类用地考虑敏感受体为成人和儿童。

表 4.20　污染地块内关注污染物对人群的暴露情景

评价介质	暴露情景	用地方式描述	敏感人群
土壤	规划情景中的第一类用地	二类居住用地(R2)、商务用地(B2)和公园绿地(G1)	成人和儿童(致癌风险)、儿童(非致癌风险)
地下水	规划情景中的第一类用地		成人和儿童(致癌风险)、儿童(非致癌风险)

(3) 重金属铅的暴露情景分析

对于土壤中的铅,现有研究、调查资料表明即使人体暴露于很低浓度的铅,仍然会产生不利影响(如在低铅暴露剂量条件下观察到会对儿童产生微弱的神经影响),尤其是对儿童。因此,认为铅不存在安全阈值,即不存在参考浓度。对于铅的风险评估与其他污染物不同,不采用参考浓度进行评估。美国 EPA 和疾病控制与预防中心根据铅浓度来制定铅的相关法规与标准。

针对环境铅污染对人体危害的评估,EPA 规定以活动频次较多的儿童为最敏感受体,计算儿童暴露铅污染环境时体内血铅的含量。血铅浓度采用受体铅暴露和毒理动力学的模型[儿童(IEUBK 模型)或成人(ALM 模型)],在给定的多介质暴露情景下预测血铅浓度,推测土壤中铅的环境风险控制值。

本次地块健康风险评估采用综合暴露吸收生物动力学模型(IEUBK)计算儿童体内血铅含量。IEUBK 模型主要用于预测儿童环境铅暴露后的血铅含量。

4.3.2 暴露途径

1. 土壤中关注污染物暴露途径

(1) 非铅重金属和有机物

根据《建设用地土壤污染风险评估技术导则》(HJ 25.3—2019),土壤中污染物主要考虑经口摄入土壤、皮肤接触土壤、吸入土壤颗粒物、吸入室外空气中来自表层土壤的气态污染物、吸入室外空气中来自下层土壤的气态污染物、吸入室内空气中来自下层土壤的气态污染物共 6 种暴露途径。

① 本项目地块内土壤重金属污染物最大超标深度为 4.0 m,地块后续开发可能涉及地下室开发,下层土壤可能因开挖暴露于空气中,且重金属污染物(砷、镍、铊)无挥发性,无吸入室外空气中来自表层土壤的

气态污染物、吸入室外空气中来自下层土壤的气态污染物、吸入室内空气中来自下层土壤的气态污染物的途径，因此重金属砷、镍、铊仅考虑经口摄入土壤、皮肤接触土壤、吸入土壤颗粒物共3种暴露途径下的风险。

② 本项目地块内土壤有机污染物最大超标深度为3.0 m，地块后续开发可能涉及地下室开发，下层土壤可能因开挖暴露于空气中。本报告从最大风险角度出发，有机污染物(苯并[a]蒽、苯并[b]荧蒽、苯并[a]芘、二苯并[a,h]蒽)考虑经口摄入土壤、皮肤接触土壤、吸入土壤颗粒物、吸入室外空气中来自表层土壤的气态污染物、吸入室外空气中来自下层土壤的气态污染物、吸入室内空气中来自下层土壤的气态污染物共6种全暴露途径下的风险。

(2) 重金属铅

IEUBK模型包括4个子模块：暴露模块、吸收模块、生物动力学模块、概率分布模块，采用机制模型与统计相结合的方法，将不同途径和来源的环境铅暴露于儿童群体血铅水平关联起来。IEUBK模型中铅的来源包括土壤、室内/外灰尘、饮用水、空气和饮食。

2. 地下水中关注污染物暴露途径

根据《建设用地土壤污染风险评估技术导则》(HJ 25.3—2019)，地下水中污染物主要考虑吸入室内、室外空气中来自地下水的气态污染物以及饮用地下水3种暴露途径。此外，结合《地下水污染健康风险评估工作指南》(环办土壤函〔2019〕770号)，还需考虑皮肤接触地下水的暴露途径。

(1) 规划情景下的暴露途径分析

无锡某钢铁厂地块地下水中关注污染物为氰化物、石油烃(C_{10}-C_{40})，项目地块不涉及地下水饮用水源补给径流区和保护区，且周边无地下水饮用水源地及补给径流区和保护区，本地块的地下水不作为饮用水，故饮用地下水的暴露途径不纳入本次风险评估。氰化物由于缺少亨利常数(H')、空气中扩散系数(D_a)、水中扩散系数(D_W)、呼吸吸入单位致癌风险(IUR)等相关理化和毒性参数，不具有吸入室内空气中来自地下水的气态污染物、吸入室外空气中来自地下水的气态污染物的暴露途径。因此本项目地块在第一类用地情景下，地下水中关注污染物石油烃(C_{10}-C_{40})主要考虑吸入室内空气中来自地下水的气态污染物、吸入室外空气中来自地下水的气态污染物2种暴露途径；氰化物无相关暴露途径。

(2) 意外接触情况下的暴露途径分析

本地块地下水不做开发利用，因此不存在《地下水污染健康风险评估工作指南》(环办土壤函〔2019〕770号)中使用污染地下水进行日常洗澡或者清洗的皮肤暴露途径。但考虑本地块地下水埋深较浅(平均埋深为0.74 m)，后续开发过程中可能存在意外接触污染地下水的可能。因此本报告分析所有关注污染物通过意外皮肤接触污染地下水的暴露途径。

4.3.3 暴露概念模型及特征参数

1. 暴露概念模型

根据《建设用地土壤污染风险评估技术导则》(HJ 25.3—2019)中的评价方法，建立暴露途径概念模型，即“污染源—污染物运移途径—暴露点—暴露人群”的暴露途径物理模型。综合地块初步风险评估范围、受体、可能的暴露场景及暴露途径，考虑用地方式并结合地块地质与水文地质条件，建立地块概念模型。

根据《建设用地土壤污染风险评估技术导则》(HJ 25.3—2019)，本地块规划主要为二类居住用地(R2)、商务设施用地(B2)和公园绿地(G1)，基于保守考虑，整体以第一类用地情景评价，土壤污染物为砷、铅、镍、苯并[a]蒽、苯并[b]荧蒽、苯并[a]芘、二苯并[a,h]蒽、铊，其中砷、镍、铊只考虑经口摄入土壤、皮肤接触土壤、吸入土壤颗粒物3种土壤污染物暴露途径；苯并[a]蒽、苯并[b]荧蒽、苯并[a]芘、二苯并[a,h]蒽考虑经口摄入土壤、皮肤接触土壤、吸入土壤颗粒物、吸入室外空气中来自表层土壤的气态污染物、吸入室外空气中来自下层土壤的气态污染物、吸入室内空气中来自下层土壤的气态污染物共6种土壤污染物暴露途径，敏感受体为成人和儿童；铅采用IEUBK模型进行计算。

地下水污染物为氰化物、石油烃(C_{10}-C_{40})，其中氰化物暴露途径为皮肤接触暴露途径，石油烃(C_{10}-C_{40})暴露途径为吸入室内空气中来自地下水的气态污染物、吸入室外空气中来自地下水的气态污染物和皮肤接触暴露途径，敏感受体为成人和儿童。地块土壤与地下水概念模型示意图如图 4.21 所示。

土壤中重金属污染物(砷、铅、镍、铊)的暴露概念模型：地块后续开发可能涉及地下室开发，下层土壤可能因开挖暴露于空气中，且考虑重金属不具有挥发性，土壤考虑经口摄入土壤、皮肤接触土壤、吸入土壤颗粒物 3 种土壤污染物暴露途径。

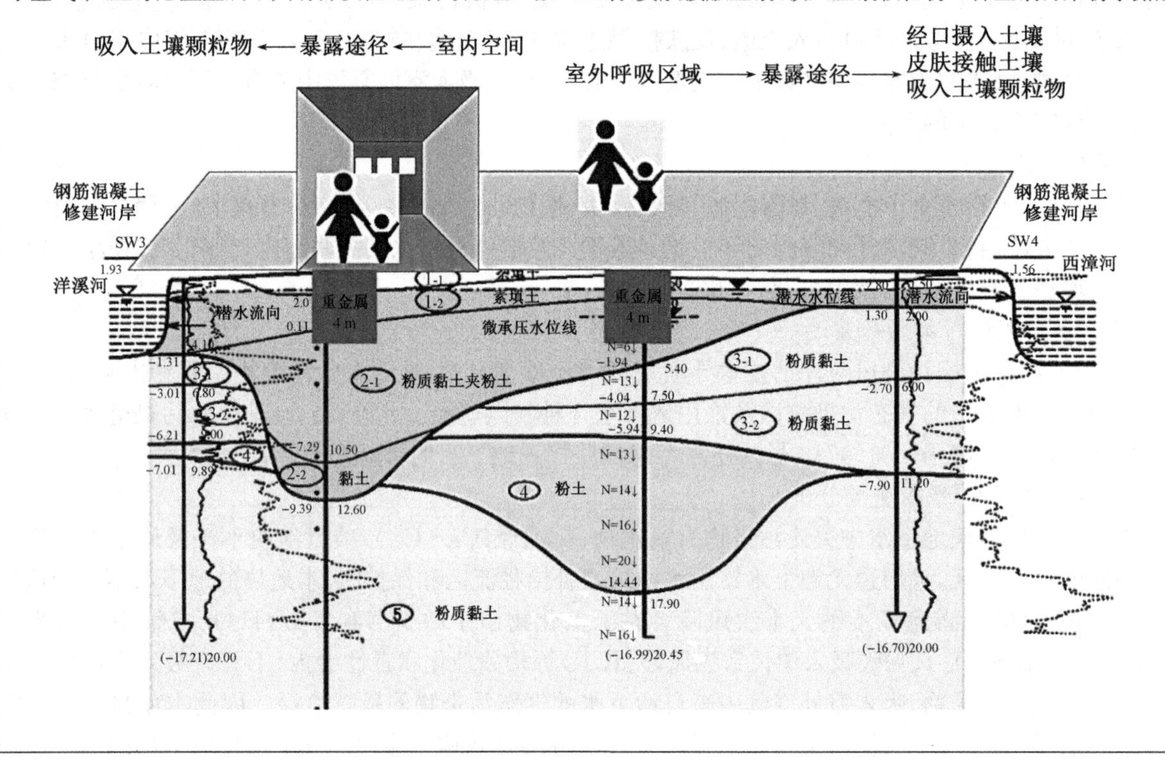

土壤中有机污染物(苯并[a]蒽、苯并[b]荧蒽、苯并[a]芘、二苯并[a,h]蒽)的暴露概念模型：地块后续开发可能涉及地下室开发，下层土壤可能因开挖暴露于空气中，土壤考虑 6 种全暴露途径。

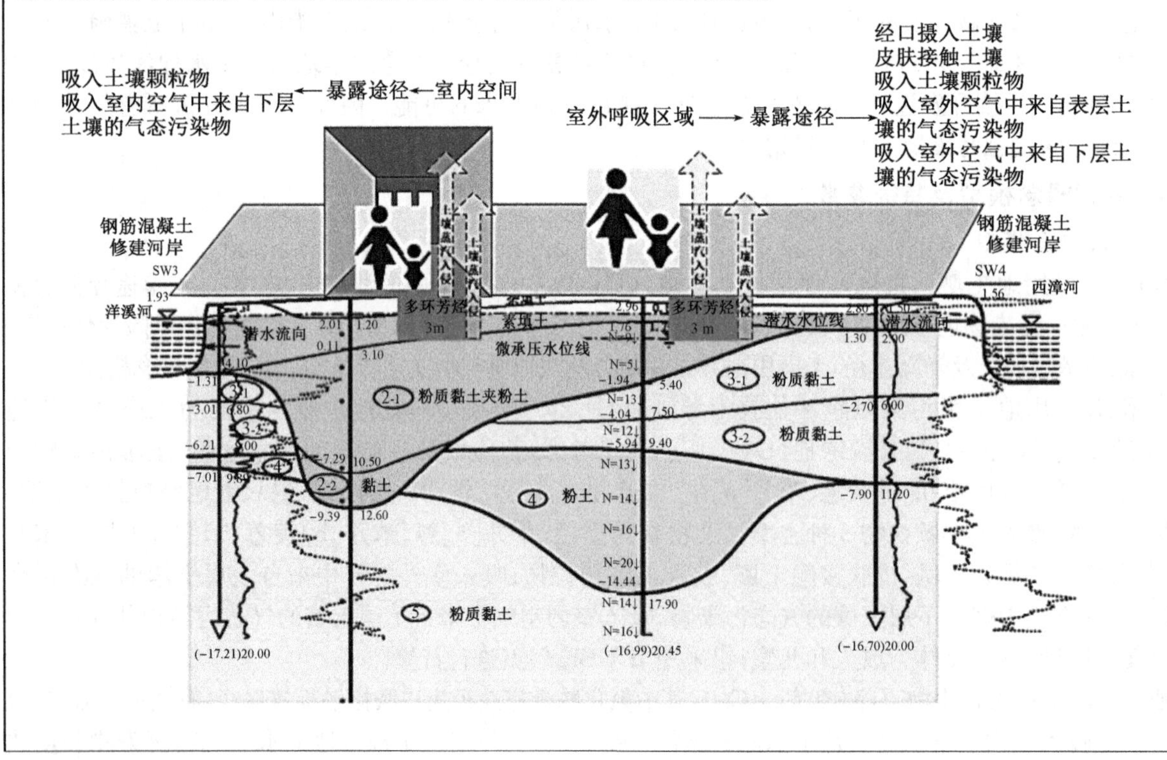

潜水层(6 m)中的暴露概念模型：地块内地下水不涉及饮用，地下水石油烃(C_{10}-C_{40})考虑吸入室内空气中来自地下水的气态污染物、吸入室外空气中来自地下水的气态污染物、皮肤接触共3种暴露途径；氟化物不存在挥发性，仅考虑皮肤接触暴露途径。

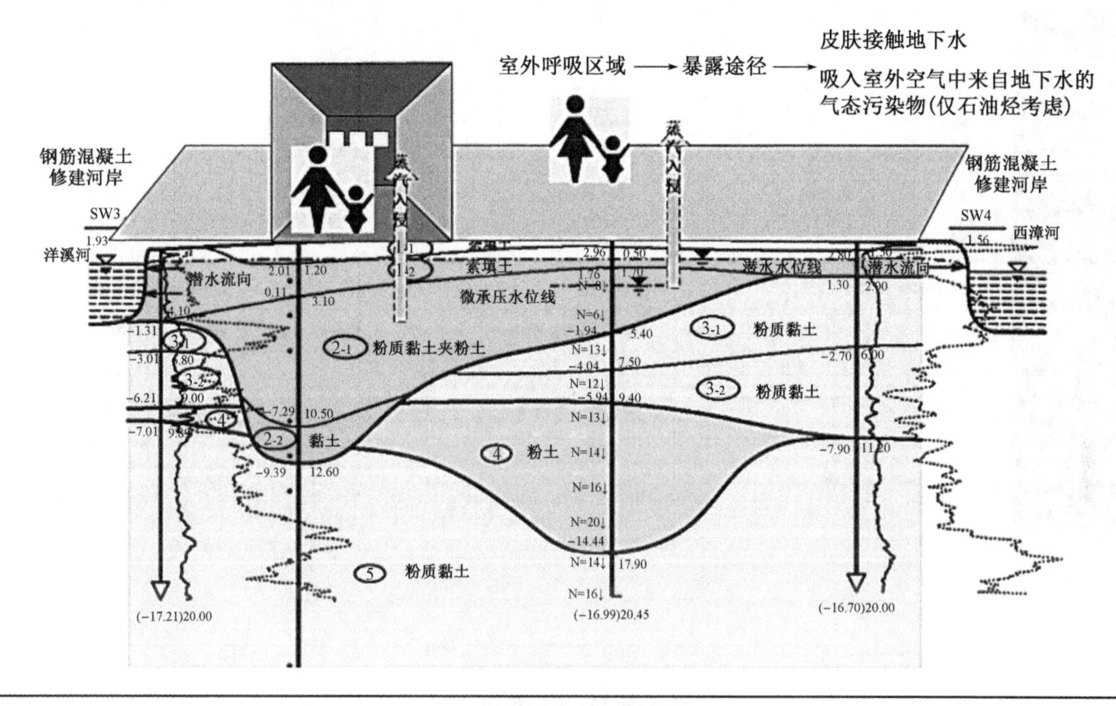

图 4.21　地块概念模型图

2. 地块特征参数

本次健康风险评估参数选取自《建设用地土壤污染风险评估技术导则》(HJ 25.3—2019)中相应的推荐参数，地块特征参数采用实测值。

HERA++计算软件界面截图

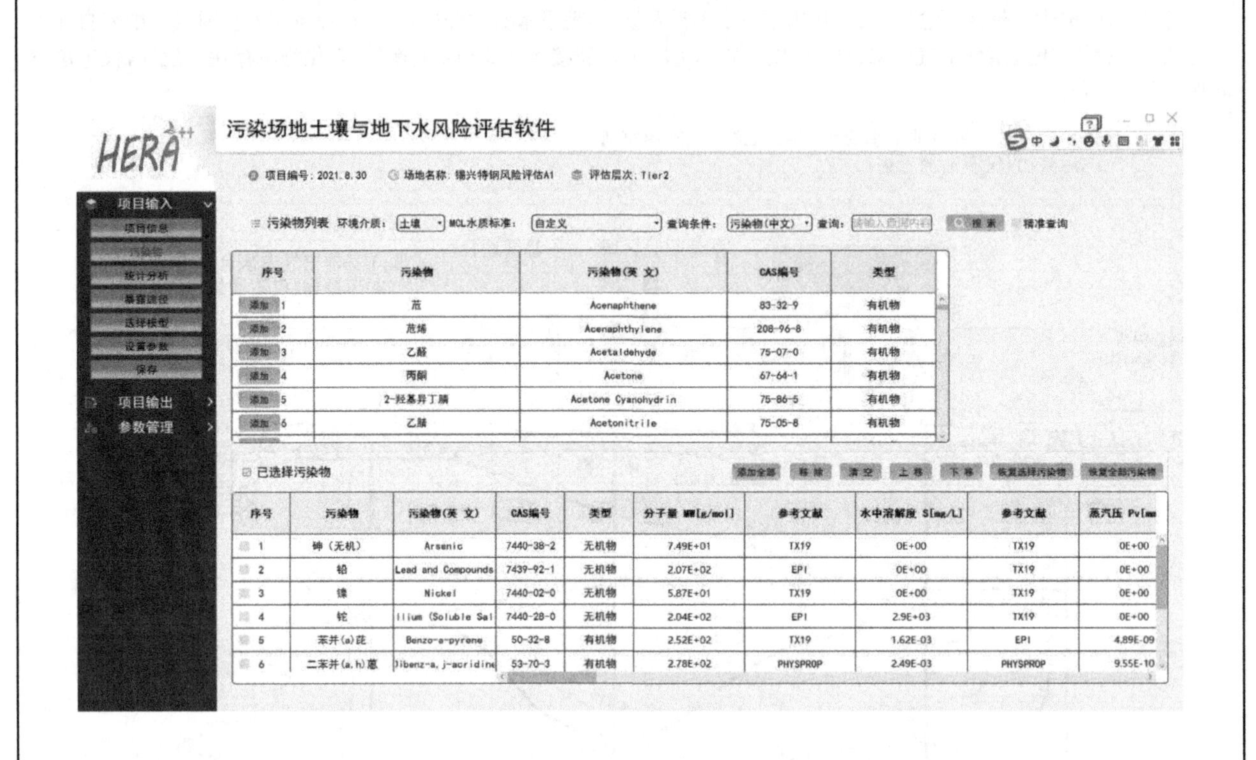
HERA
污染场地土壤与地下水风险评估软件
项目编号：2021.8.30
场地名称：锡兴特钢风险评估A1
评估层次：Tier2
项目输入
项目输出
参数管理
污染物列表
已选择污染物
序号
污染物
污染物(英文)
CAS编号
类型
苊
Acenaphthene
83-32-9
有机物
苊烯
Acenaphthylene
208-96-8
乙醛
Acetaldehyde
75-07-0
丙酮
Acetone
67-64-1
2-羟基异丁腈
Acetone Cyanohydrin
75-86-5
乙腈
Acetonitrile
75-05-8
砷（无机）
Arsenic
7440-38-2
无机物
铅
Lead and Compounds
7439-92-1
镍
Nickel
7440-02-0
苯并(a)芘
Benzo-a-pyrene
50-32-8
53-70-3

电子表格计算界面截图

污染场地风险评估电子表格
检查更新
Yao's spreadsheet of risk assessments for contaminated sites
更新日期：2021-12-15
作者：尧一骏 维护：陈樯
开始评估

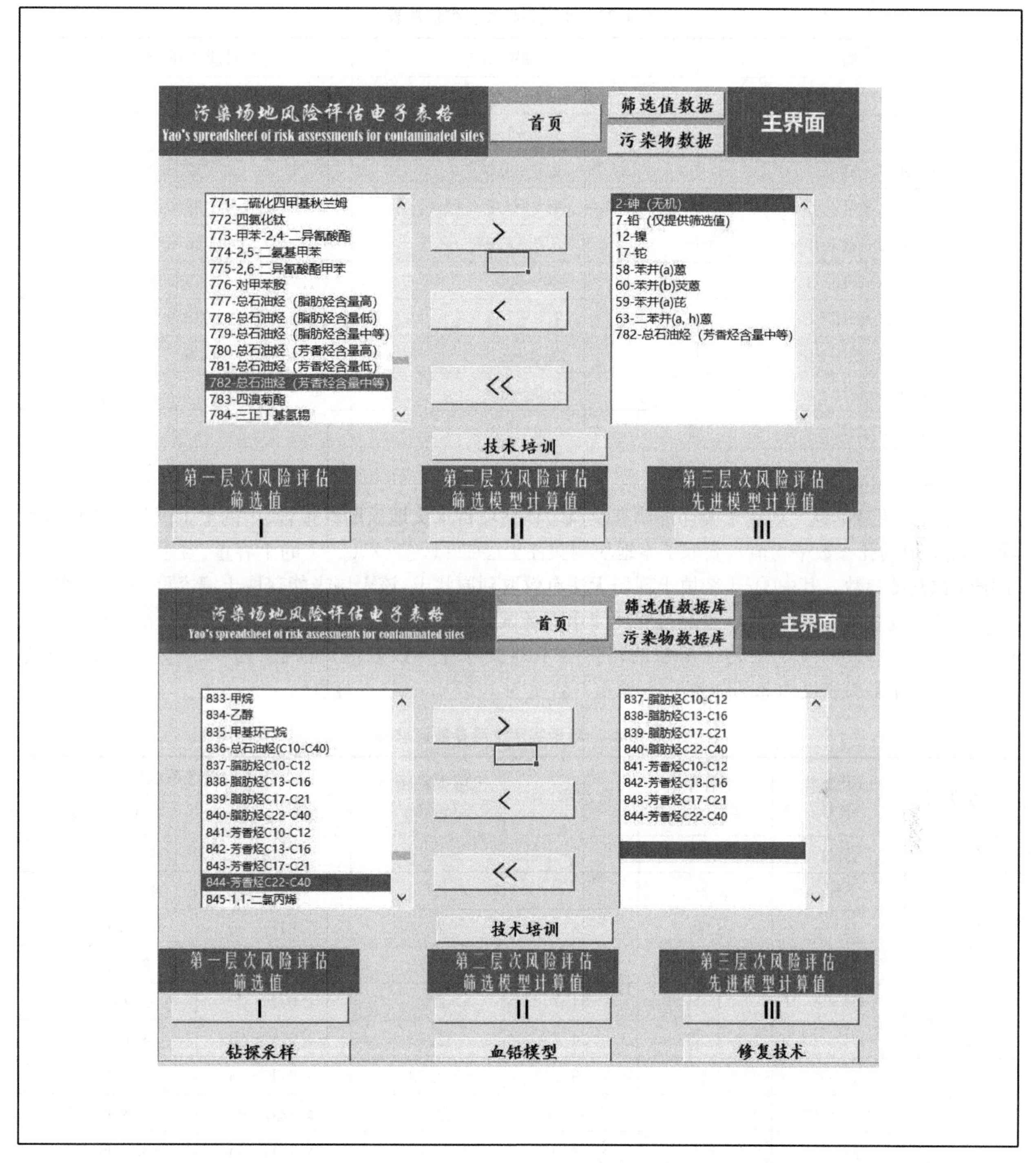

(1) 关注区域土层特征

通过对关注区域土层结构的分析，关注土层包括杂填土、素填土、粉质黏土夹粉土、粉质黏土，需获取的土壤特征参数包括土壤有机质含量、容重、含水率、土壤孔隙率、渗透系数、土壤颗粒密度等。

本地块有机质含量参数来源于光质检测对地块内样品有机质含量的检测结果，检测方法为《森林土壤有机质的测定及碳氮比的计算》(LY/T 1237—1999)中的重铬酸钾氧化-外加热法，根据检测报告(编号GZ21111414)，各样品检测结果如表 4.21 所示。

表 4.21 土壤有机质参数汇总表

点位编号	土层位置(m)	有机质含量(g/kg)
A13-S17-1	0~0.5	19.2
A13-S17-3	1.0~1.5	24.7
A13-S17-5	2.0~3.0	52.6
A13-S17-7	4.0~4.5	29.0
A13-S17-9	5.0~6.0	20.5
A13-S15-1	0~0.5	19.5
A13-S15-3	1.0~1.5	33.9
A13-S15-5	2.0~3.0	26.8
A13-S15-7	4.0~4.5	21.2
A13-S15-9	5.0~6.0	20.6
平均值		26.8

根据《无锡某钢铁厂地块土壤详细调查及风险评估项目水文地质勘察报告》中的土工试验成果报告表(取J4、J7地勘孔参数平均值),获取了本地块内关注土层①-1、①-2、②-1的干容重、含水率、渗透系数、土壤颗粒密度参数。其中①-1杂填土现场无法有效取到原状土,该土层未能获取土壤容重、土壤含水率、土壤颗粒密度相关参数实测值,仅通过双环注水现场试验获取了杂填土层的渗透系数现场试验值。本项目取①-1、①-2、②-1土层特征参数的均值为本地块计算参数取值,有机质为26.8 g/kg,含水率为34.03%,土壤颗粒密度为2.73 kg/dm^3(比重),容重为1.37 g/cm^3(干容重)。

表 4.22 场地实测土层参数汇总表

土层编号	地勘取样编号	干容重/(g/cm^3)	含水率/%	土壤颗粒密度/(kg/dm^3)	渗透系数	
					Kv/(cm/s)	Kh/(cm/s)
①-1	SH1	—	—	—	1.13E-04*	
①-1	SH2	—	—	—	5.60E-04*	
①-2	J4-1	1.44	28.8	2.74	5.81E-06	9.38E-06
①-2	J7-1	1.43	29.4	2.75	1.66E-05	3.49E-05
②-1	J4-2	1.34	34.7	2.71	1.07E-05	2.30E-05
②-1	J4-3	1.38	34.7	2.73	3.01E-06	8.76E-06
②-1	J4-4	1.38	33.0	2.73	5.97E-06	1.04E-05
②-1	J7-2	1.2	44.7	2.75	2.92E-06	5.37E-06
②-1	J7-3	1.4	32.9	2.73	3.12E-06	5.95E-06
平均值		1.37	34.03	2.73	—	—

注:*①-1杂填土渗透系数为双环注水现场试验值。

(2) 污染区和土壤相关参数

(a) 表层污染土壤层厚度(d,cm)、下层污染土壤层厚度(d,cm)

污染物在土壤中的深度不同,风险也不一样。根据《土壤环境质量建设用地土壤污染风险管控标准(试行)》(GB 36600—2018)编制说明,绝大多数国家在推导筛选值均不考虑表层土壤和深层土壤的区分,由于地块后续开发涉及地下室开挖,即下层污染物有暴露于表层的风险。因此本报告对深层和表层土壤也未予以区分，并基于保守考虑将土壤最大超标深度设置为本地块表层污染土层厚度，设为 400 cm；下层污染土壤厚度设为 100 cm。

(b) 下层污染土壤层顶部埋深(L_S,cm)

调查区域下层污染土壤层顶部埋深设为 400 cm。

(c) 土壤有机质含量(f_{om},g・kg^{-1})、土壤容重(ρ_b,kg・dm^{-3})、土壤含水率(ρ_{ws},kg・kg^{-1})、土壤颗粒密度(ρ_s,kg・dm^{-3})

均采用地块实测参数，选择①-1、①-2、②-1 土层实测平均值。此外，HERA^{++}软件直接录入所需参数包括包气带孔隙水体积比(θ_{ws})、包气带孔隙空气体积比(θ_{as})、包气带土壤有机碳质量分数(f_{oc})均由以下公式换算获得：

土壤总孔隙度(θ)：

$$\theta=1-\frac{\rho_b}{\rho_s}$$

包气带孔隙水体积比(θ_{ws})：

$$\theta_{ws}=\frac{\rho_b \times P_{ws}}{\rho_w}$$

包气带孔隙空气体积比(θ_{as})：

$$\theta_{as}=\theta-\theta_{ws}$$

包气带土壤有机碳质量分数(f_{oc})：

$$f_{oc}=\frac{f_{om}}{1.7\times 1\,000}$$

最终得到本地块土壤总孔隙度为 0.498，包气带孔隙水体积比为 0.466，包气带孔隙空气体积比为 0.032，包气带土壤有机碳质量分数为 0.015 8。

(d) 空气中可吸入颗粒物含量(PM_{10},mg・m^{-3})

本参数参考《2020 年度无锡市环境状况公报》中全市环境空气中 PM_{10}的年均浓度 0.056 mg・m^{-3}。

(e) 混合区大气流速风速(U_{air},cm・s^{-1})

采用 HJ 25.3—2019 第一类用地推荐值 200。

(f) 混合区高度(δ_{air},cm)

采用 HJ 25.3—2019 第一类用地推荐值 200。

(g) 污染源区宽度(W,cm)

根据本项目土壤污染状况调查，污染区域面积按 20 m×20 m 网格布点，因此该值设置为 2 000。

(h) 毛细管层孔隙空气体积比(θ_{acap},无量纲)

采用 HJ 25.3—2019 第一类用地推荐值 0.038。

(i) 毛细管层孔隙水体积比(θ_{wcap},无量纲)

采用 HJ 25.3—2019 第一类用地推荐值 0.342。

(j) 土壤透性系数(Kv,cm^2)

本地块污染水层为潜水层，其渗透系数取杂填土层双环注水现场试验值，K=3.37E−04 cm/s，计算得到其土壤透性系数 Kv=3.98E−09 cm^2，土壤透性系数 Kv，即为渗透率 k。渗透系数与渗透率的计算公式为：

$$K=\frac{\rho g}{\mu}k=\frac{g}{v}k$$

式中：K——渗透系数，单位：cm/s

ρ——地下水密度，单位：g/cm^3

μ——动力黏度

g——重力加速度，单位：m/s^2

k——渗透率，单位：cm^2

v——动力黏滞度，当水温为 15 ℃时，运动黏滞度 v=0.1 m^2/d。

(2) 建筑物参数

(a) 地基裂隙中空气体积比(θ_{acrack}，无量纲)

采用 HJ 25.3—2019 第一类用地推荐值 0.26。

(b) 地基裂隙中水体积比(θ_{wcrack}，无量纲)

采用 HJ 25.3—2019 第一类用地推荐值 0.12。

(c) 室内地基厚度(L_{crack}，cm)

根据《地下工程防水技术规范》(GB 50108—2008)中要求防水混凝土结构的混凝土垫层厚度不应小于 100 mm，混凝土结构厚度不应小于 250 mm，按照最低要求计算，总计 35 cm。据此确定室内地基或墙体厚度参数值为 35。

(d) 室内空间体积与气态污染物入渗面积之比(L_B，cm)

根据《住宅设计规范》(GB 50096—2011)规定，普通住宅层高宜为 2.8 m，卧室、起居室的室内净高不应低于 2.4 m。地下室作为车库，根据《车库建筑设计规范》，净高不小于 2.2 m；地下室作为人防建筑，根据《民用建筑设计通则》，净高不小于 3.6 m。综上所述，第一类用地方式下，确定室内空间体积与气态污染物入渗面积之比参数取 220。

(e) 室内空气交换速率(ER，次/d)

采用 HJ 25.3—2019 第一类用地推荐值 12。

(f) 地基和墙体裂隙表面积所占比例(η，无量纲)

根据《地下工程防水技术规范》(GB 50108—2008)中要求地下防水混凝土结构的裂缝宽度不得大于 0.2 mm，并不得贯通。保守考虑 0.2 mm 的贯穿裂缝，假设参考建筑为 3 m×3 m，可得该比例为 0.000 27。该理论值与《Users Guide for Evaluating VI into Buildings》(USEPA 2002)中引用的 Nazaroff (1992)，Revzan et al. (1991)，and Nazaroff et al. (1985)基于蒸气入侵率反算的范围一致(在 0.000 1 到 0.001 之间)。综上所述，考虑一定的保守性，推荐该参数取值 0.000 5。

(g) 气态污染物入侵持续时间(τ，a)和室内外气压差(dP，g·cm^{-1}·s^2)

采用 HJ 25.3—2019 第一类用地推荐值 30 和 0。

(h) 室内地板周长(X_{crack}，cm)

采用 HJ 25.3—2019 第一类用地推荐值 3 400。

(i) 室内地板面积(A_b，cm^2)

采用 HJ 25.3—2019 第一类用地推荐值 700 000。

(j) 室内地面到地板底部厚度(Z_{crack}，cm)

采用 HJ 25.3—2019 第一类用地推荐值 35。

(3) 暴露人群相关参数

按第一类用地类型评价，暴露人群考虑成人、儿童。

(a) 暴露期(a)和暴露频率(d/a)

第一类用地方式下，根据 HJ 25.3—2019，选取成人暴露期(ED_a，a)、儿童暴露期(ED_c，a)、成人暴露频率(EF_a，d/a)、儿童暴露频率(EF_c，d/a)分别为 24、6、350、350。

通过分析人群活动特征，假设成人和儿童 75%的时间在室内活动，25%的时间在室外活动。第一类用地方式下，成人室内暴露频率(EFI_a，d/a)和儿童室内暴露频率(EFI_c，d/a)均为 350×0.75=262.5。

成人室外暴露频率(EFO_a,d/a)和儿童室外暴露频率(EFO_c,d/a)均为 350×0.25=87.5。

(b) 身高(cm)和体重(kg)

根据《中国居民营养与健康状况调查报告(2013)》,成人平均体重(BW_a,kg)、儿童平均体重(BW_c,kg)、成人平均身高(H_a,cm)、儿童平均身高(H_c,cm)参数分别为 61.8、19.2、161.5、113.15。

(4) 暴露途径相关参数

(a) 空气呼吸量

采用 HJ 25.3—2019 第一类用地推荐值,成人每日空气呼吸量($DAIR_a$,m^3/d)和儿童每日空气呼吸量($DAIR_c$,m^3/d)分别为 14.5 和 7.5。

(b) 摄入土壤量

采用 HJ25.3—2019 第一类用地推荐值,成人每日摄入土壤量($OSIR_a$,mg/d)和儿童每日摄入土壤量($OSIR_c$,mg/d)分别为 100 和 200。

(c) 室内空气中来自土壤的颗粒物所占比例($fspi$,无量纲)

采用 HJ 25.3—2019 第一类用地推荐值 0.8。

(d) 室外空气中来自土壤的颗粒物所占比例($fspo$,无量纲)

采用 HJ 25.3—2019 第一类用地推荐值 0.5。

(e) 暴露皮肤所占体表面积比

成人暴露皮肤所占体表面积比(SER_a,无量纲)采用 HJ 25.3—2019 第一类用地推荐值 0.32。

儿童暴露皮肤所占体表面积比(SER_c,无量纲)采用 HJ 25.3—2019 第一类用地推荐值 0.36。

(f) 皮肤表面土壤黏附系数

成人皮肤表面土壤黏附系数($SSAR_a$,mg/cm^2)采用 HJ 25.3—2019 第一类用地推荐值 0.07。

儿童皮肤表面土壤黏附系数($SSAR_c$,mg/cm^2)采用 HJ25.3—2019 第一类用地推荐值 0.2。

(g) 吸入土壤颗粒物在体内滞留比例($PIAF$,无量纲)

采用 HJ 25.3—2019 第一类用地推荐值 0.75。

(h) 致癌效应平均时间(AT_{ca},d)

根据世界卫生组织(WHO)公布的《2017 年世界卫生统计报告》,中国平均寿命为 76 岁,按照 76 年计算致癌效应平均时间,即 AT_{ca}=365d/a×76a=27 740d,据此确定致癌效应平均时间参数取值 27 740。

(i) 非致癌效应平均时间(AT_{nc},d)

对于非致癌效应平均时间,在第一类用地方式下,按照儿童的暴露周期(6a)计算非致癌效应平均时间,即 AT_{nc}=6a×365d/a=2 190d。

(j) 暴露于土壤和地下水的参考剂量分配比例

挥发性有机污染物采用 0.33,其他污染物采用 0.5。

(k) 每日皮肤接触事件频率(Ev,次·d^{-1})

本报告分析意外接触污染地下水的暴露情景,每日皮肤接触事件频率考虑为地块开发施工期间的意外接触污染地下水的频率,参考第一类用地方式采用推荐值 1。

表 4.23 本地块计算参数汇总

符号	含义	单位	数值	备注
污染区相关参数				
d *	表层污染土壤层厚度	cm	400	考虑地块后续开发涉及地下室开挖,将最大超标深度 4 m 设置为本地块表层污染土层厚度。
L_S *	下层污染土壤顶层埋深	cm	400	根据表层污染土壤层厚度参数设置。

（续表）

符号	含义	单位	数值	备注
d_{sub}	下层污染土壤层厚度	cm	100	选用第一类用地推荐值。
C_{sur} *	表层土壤中污染物浓度	mg/kg	实测	基于保守原则，本报告全部以表层土计算，表层及下层土壤污染物浓度均选用各土壤点位关注土层范围内的最大污染物检出浓度计算。
C_{sub} *	下层土壤中污染物浓度	mg/kg		
C_{gw} *	地下水中污染物浓度	mg/L	实测	选用对应含水层中各关注污染物的最大检出浓度计算。
L_{gw} *	地下水埋深	m	0.74	选用地块内所有地下水点位7月份、12月份实测平均值，作为年均地下水位埋深进行计算。
δ_{gw}	地下水混合区厚度	m	2	选用第一类用地推荐值。
f_{om} *	土壤有机质含量	$g \cdot kg^{-1}$	26.8	选用A1地块内土壤点位各土层有机质含量平均值。
ρ_b *	土壤容重	$kg \cdot dm^{-3}$	1.37	选用J4、J7地勘点土壤各土层实测平均值。
P_{ws} *	土壤含水率	$kg \cdot kg^{-1}$	0.340 3	
ρ_s *	土壤颗粒密度	$kg \cdot dm^{-3}$	2.73	
θ_{ws} *	包气带孔隙水体积比	无量纲	0.466	根据关注土层容重和含水率的实测平均值进行换算。
θ_{as} *	包气带孔隙空气体积比	无量纲	0.032	根据关注土层容重、含水率和颗粒密度的实测平均值进行换算。
f_{oc} *	包气带土壤有机碳质量分数	无量纲	0.015 8	根据关注土层有机质含量实测平均值进行换算。
W *	污染源区宽度	cm	2 000	依据本地块污染区域面积按20 m×20 m网格布点，设为20 m。
θ_{acap}	毛细管层孔隙空气体积比	无量纲	0.038	选用第一类用地推荐值。
θ_{wcap}	毛细管层孔隙水体积比	无量纲	0.342	选用第一类用地推荐值。
I	土壤中水的入渗速率	cm/a	30	选用第一类用地推荐值。
PM_{10} *	空气中可吸入颗粒物含量	$mg \cdot m^{-3}$	0.056	选用《2020年度无锡市环境状况公报》中全市环境空气中PM_{10}的年均浓度。
Kv *	土壤透性系数	cm^2	3.98E-09	基于保守原则，依据地块杂填土层双环注水现场试验值计算得到。
建筑物参数				
θ_{acrack}	地基裂隙中空气体积比	无量纲	0.26	选用第一类用地推荐值。
θ_{wcrack}	地基裂隙中水体积比	无量纲	0.12	选用第一类用地推荐值。
L_{crack}	室内地基厚度	cm	35	选用第一类用地推荐值。
L_B	室内空间体积与气态污染物入渗面积之比	cm	220	选用第一类用地推荐值。
ER	室内空气交换速率	次$\cdot d^{-1}$	12	选用第一类用地推荐值。
η	地基和墙体裂隙表面积所占比例	无量纲	0.000 5	选用第一类用地推荐值。

（续表）

符号	含义	单位	数值	备注
τ	气态污染物入侵持续时间	a	30	选用第一类用地推荐值。
dP	室内室外气压差	$g \cdot cm^{-1} \cdot s^2$	0	选用第一类用地推荐值。
Z_{crack}	室内地面到地板底部厚度	cm	35	选用第一类用地推荐值。
X_{crack}	室内地板周长	cm	3 400	选用第一类用地推荐值。
A_b	室内地板面积	cm^2	700 000	选用第一类用地推荐值。
暴露参数				
ED_a	成人暴露期	a	24	选用第一类用地推荐值。
ED_c	儿童暴露期	a	6	选用第一类用地推荐值。
EF_a	成人暴露频率	$d \cdot a^{-1}$	350	选用第一类用地推荐值。
EF_c	儿童暴露频率	$d \cdot a^{-1}$	350	选用第一类用地推荐值。
EFI_a	成人室内暴露频率	$d \cdot a^{-1}$	262.5	选用第一类用地推荐值。
EFI_c	儿童室内暴露频率	$d \cdot a^{-1}$	262.5	选用第一类用地推荐值。
EFO_a	成人室外暴露频率	$d \cdot a^{-1}$	87.5	选用第一类用地推荐值。
EFO_c	儿童室外暴露频率	$d \cdot a^{-1}$	87.5	选用第一类用地推荐值。
BW_a	成人平均体重	kg	61.8	选用第一类用地推荐值。
BW_c	儿童平均体重	kg	19.2	选用第一类用地推荐值。
H_a	成人平均身高	cm	161.5	选用第一类用地推荐值。
H_c	儿童平均身高	cm	113.15	选用第一类用地推荐值。
$OSIR_a$	成人每日摄入土壤量	$mg \cdot d^{-1}$	100	选用第一类用地推荐值。
$OSIR_c$	儿童每日摄入土壤量	$mg \cdot d^{-1}$	200	选用第一类用地推荐值。
E_v	每日皮肤接触事件频率	次 $\cdot d^{-1}$	1	选用第一类用地推荐值。
$DAIR_a$	成人每日空气呼吸量	$m^3 \cdot d^{-1}$	14.5	选用第一类用地推荐值。
$DAIR_c$	儿童每日空气呼吸量	$m^3 \cdot d^{-1}$	7.5	选用第一类用地推荐值。
$fspi$	室内空气中来自土壤的颗粒物所占比例	无量纲	0.8	选用第一类用地推荐值。
$fspo$	室外空气中来自土壤的颗粒物所占比例	无量纲	0.5	选用第一类用地推荐值。
SAF	暴露于土壤的参考剂量分配比例	无量纲	0.5	选用第一类用地推荐值。
WAF	暴露于地下水的参考剂量分配比例	无量纲	0.5	选用第一类用地推荐值。
t_a	成人次经皮肤接触的时间	h	0.5	选用第一类用地推荐值。
T_c	儿童次经皮肤接触的时间	h	0.5	选用第一类用地推荐值。
SER_a	成人暴露皮肤所占体表面积比	无量纲	0.32	选用第一类用地推荐值。
SER_c	儿童暴露皮肤所占体表面积比	无量纲	0.36	选用第一类用地推荐值。
$SSAR_a$	成人皮肤表面土壤黏附系数	$mg \cdot cm^{-2}$	0.07	选用第一类用地推荐值。

（续表）

符号	含义	单位	数值	备注
$SSAR_c$	儿童皮肤表面土壤黏附系数	$mg \cdot cm^{-2}$	0.2	选用第一类用地推荐值。
$PIAF$	吸入土壤颗粒物在体内滞留比例	无量纲	0.75	选用第一类用地推荐值。
ABS_o	经口摄入吸收因子	无量纲	1	选用第一类用地推荐值。
δ_{air}	混合区高度	m	2	选用第一类用地推荐值。
U_{air}	混合区大气流速风速	m/s	2	选用第一类用地推荐值。
AT_{ca}	致癌效应平均时间	d	27 740	选用第一类用地推荐值。
AT_{nc}	非致癌效应平均时间	d	2 190	选用第一类用地推荐值。

备注：* 表示采用地块实际值，详细说明见本表格备注及上面文字说明；其余参数均参考《建设用地土壤污染风险评估技术导则》（HJ 25.3—2019）中第一类用地推荐值。

3. 暴露量的计算

（1）土壤中污染物暴露量计算

（a）土壤中污染物暴露量计算公式

根据《建设用地土壤污染风险评估技术导则》（HJ 25.3—2019）中的推荐模型，计算土壤中污染物暴露量。

经口摄入土壤途径：

$$OISER_{ca}=\frac{\left(\frac{OSIR_c\times ED_c\times EF_c}{BW_c}+\frac{OSIR_a\times ED_a\times EF_a}{BW_o}\right)\times ABS_o}{AT_{ca}}\times 10^{-6}$$

$$OISER_{nc}=\frac{OSIR_c\times ED_c\times EF_c\times ABS_o}{BW_c\times AT_{nc}}\times 10^{-6}$$

式中：$OISER_{ca}$——经口摄入土壤暴露量（致癌效应），kg 土壤 · kg^{-1}体重 · d^{-1}；

$OISER_{nc}$——经口摄入土壤暴露量（非致癌效应），kg 土壤 · kg^{-1}体重 · d^{-1}。

皮肤接触土壤途径：

$$DCSER_{ca}=\frac{SAE_c\times SSAR_c\times EF_c\times ED_c\times E_v\times ABS_d}{BW_c\times AT_{ca}}\times 10^{-6}+\frac{SAE_a\times SSAR_a\times EF_a\times ED_a\times E_v\times ABS_d}{BW_a\times AT_{ca}}\times 10^{-6}$$

$$DCSER_{nc}=\frac{SAE_c\times SSAR_c\times EF_c\times ED_c\times E_v\times ABS_d}{BW_c\times AT_{nc}}\times 10^{-6}$$

式中：$DCSER_{ca}$——皮肤接触途径的土壤暴露量（致癌效应），kg 土壤 · kg^{-1}体重 · d^{-1}；

$DCSER_{nc}$——皮肤接触途径的土壤暴露量（非致癌效应），kg 土壤 · kg^{-1}体重 · d^{-1}。

吸入土壤颗粒物途径：

$$PISER_{ca}=\frac{PM_{10}\times DAIR_c\times ED_c\times PIAF\times (fspo\times EFO_c+fspi\times EFI_c)}{BW_c\times AT_{ca}}\times 10^{-6}+\frac{PM_{10}\times DAIR_a\times ED_a\times PIAF\times (fspo\times EFO_a+fspi\times EFI_a)}{BW_a\times AT_{ca}}\times 10^{-6}$$

$$PISER_{nc}=\frac{PM_{10}\times DAIR_c\times ED_c\times PIAF\times (fspo\times EFO_c+fspi\times EFI_c)}{BW_c\times AT_{nc}}\times 10^{-6}$$

式中：$PISER_{ca}$——吸入土壤颗粒物的土壤暴露量(致癌效应)，kg 土壤·kg^{-1}体重·d^{-1}；

$PISER_{nc}$——吸入土壤颗粒物的土壤暴露量(非致癌效应)，kg 土壤·kg^{-1}体重·d^{-1}。

吸入室外空气中来自表层土壤的气态污染物途径：

$$IOVER_{ca1}=VF_{suroa}\times\left(\frac{DAIR_c\times EFO_c\times ED_c}{BW_c\times AT_{ca}}+\frac{DAIR_a\times EFO_a\times ED_a}{BW_a\times AT_{ca}}\right)$$

$$IOVER_{nc1}=VF_{suroa}\times\frac{DAIR_c\times EFO_c\times ED_c}{BW_c\times AT_{nc}}$$

式中：$IOVER_{ca1}$——吸入室外空气中来自表层土壤的气态污染物对应的土壤暴露量(致癌效应)，kg 土壤·kg^{-1}体重·d^{-1}；

$IOVER_{nc1}$——吸入室外空气中来自表层土壤的气态污染物对应的土壤暴露量(非致癌效应)，kg 土壤·kg^{-1}体重·d^{-1}；

VF_{suroa}——表层土壤中污染物扩散进入室外空气的挥发因子，kg·m^{-3}。

其中：

$$VF_{suroa}=\mathrm{MIN}(VF_{suroa1},VF_{suroa2})$$

$$VF_{suroa1}=\frac{\rho_b}{DF_{oa}}\times\sqrt{\frac{4\times D_s^{eff}\times H'}{\pi\times\tau\times 31\,536\,000\times K_{sw}\times\rho_b}}\times10^3$$

$$VF_{suroa2}=\frac{d\times\rho_b}{DF_{oa}\times\tau\times 31\,536\,000}\times10^3$$

式中：VF_{suroa1}——表层土壤中污染物扩散进入室外空气的挥发因子(算法一)，kg·m^{-3}；

VF_{suroa2}——表层土壤中污染物扩散进入室外空气的挥发因子(算法二)，kg·m^{-3}。

吸入室外空气中来自下层土壤的气态污染物途径：

$$IOVER_{ca2}=VF_{suboa}\times\left(\frac{DAIR_c\times EFO_c\times ED_c}{BW_c\times AT_{ca}}+\frac{DAIR_a\times EFO_a\times ED_a}{BW_a\times AT_{ca}}\right)$$

$$IOVER_{nc2}=VF_{suboa}\times\frac{DAIR_c\times EFO_c\times ED_c}{BW_c\times AT_{nc}}$$

式中：$IOVER_{ca2}$——吸入室外空气中来自下层土壤的气态污染物对应的土壤暴露量(致癌效应)，kg 土壤·kg^{-1}体重·d^{-1}；

$IOVER_{nc2}$——吸入室外空气中来自下层土壤的气态污染物对应的土壤暴露量(非致癌效应)，kg 土壤·kg^{-1}体重·d^{-1}；

VF_{suboa}——下层土壤中污染物扩散进入室外空气的挥发因子，kg·m^{-3}。

其中：

$$VF_{suboa}=\mathrm{MIN}(VF_{suboa1},VF_{suboa2})$$

$$VF_{suboa1}=\frac{1}{\left(1+\frac{DF_{oa}\times L_s}{D_s^{eff}}\right)\times\frac{K_{sw}}{H'}}\times10^3$$

$$VF_{suboa2}=\frac{d_{sub}\times\rho_b}{DF_{oa}\times\tau\times 31\,536\,000}\times10^3$$

式中，VF_{suboa1}——下层土壤中污染物扩散进入室外空气的挥发因子(算法一)，kg·m^{-3}；

VF_{suboa2}——下层土壤中污染物扩散进入室外空气的挥发因子(算法二)，kg·m^{-3}。

吸入室内空气中来自下层土壤的气态污染物途径：

$$IIVER_{ca1}=VF_{subia}\times\left(\frac{DAIR_c\times EFI_c\times ED_c}{BW_c\times AT_{ca}}+\frac{DAIR_a\times EFI_a\times ED_a}{BW_a\times AT_{ca}}\right)$$

$$IIVER_{nc1}=VF_{subia}\times\frac{DAIR_c\times EFI_c\times ED_c}{BW_c\times AT_{nc}}$$

式中：$IIVER_{ca1}$——吸入室内空气中来自下层土壤的气态污染物对应的土壤暴露量(致癌效应)，kg 土壤·kg^{-1}体重·d^{-1}；

$IIVER_{nc1}$——吸入室内空气中来自下层土壤的气态污染物对应的土壤暴露量(非致癌效应)，kg 土壤·kg^{-1}体重·d^{-1}；

VF_{subia}——下层土壤中污染物扩散进入室外空气的挥发因子，kg·m^{-3}。

其中：

$$VF_{subia}=\mathrm{MIN}(VF_{subia1},VF_{subia2})$$

$$Q_s=0\text{ 时},VF_{subia1}=\frac{1}{\frac{K_{sw}}{H'}\times\left(1+\frac{D_s^{eff}}{DF_{ia}\times L_s}+\frac{D_s^{eff}\times L_{crack}}{D_{crack}^{eff}\times L_s\times\eta}\right)\times\frac{DF_{ia}}{D_s^{eff}}\times L_s}\times10^3$$

$$Q_s>0\text{ 时},VF_{subia1}=\frac{1}{\frac{K_{sw}}{H'}\times\left[e^{\xi}+\frac{D_s^{eff}}{DF_{ia}\times L_s}+\frac{D_s^{eff}\times A_b}{Q_s\times L_s}\times(e^{\xi}-1)\right]\times\frac{DF_{ia}\times L_s}{D_s^{eff}\times e^{\xi}}}\times10^3$$

$$\xi=\frac{Q_s\times L_{crack}}{A_b\times D_{crack}^{eff}\times\eta}$$

$$Q_s=\frac{2\times\pi\times dP\times K_v\times X_{crack}}{\mu_{air}\times\ln\left(\frac{2\times Z_{crack}}{R_{crack}}\right)}$$

$$R_{crack}=\frac{A_b\times\eta}{X_{crack}}\quad D_{crack}^{eff}=D_a\times\frac{\theta_{acrack}^{3.33}}{\theta^2}+D_w\times\frac{\theta_{wcrack}^{3.33}}{H'\times\theta^2}$$

$$VF_{subia2}=\frac{d_{sub}\times\rho_b}{DF_{ia}\times\tau\times31\,536\,000}\times10^3$$

$$DF_{ia}=L_B\times ER\times\frac{1}{86\,400}$$

式中：VF_{subia1}——下层土壤中污染物扩散进入室内空气的挥发因子，kg·m^{-3}；

VF_{subia2}——下层土壤中污染物扩散进入室内空气的挥发因子，kg·m^{-3}。

(b) 土壤中污染物暴露量计算结果

土壤中砷、镍、铊只考虑经口摄入土壤、皮肤接触土壤、吸入土壤颗粒物 3 种土壤污染物暴露途径；苯并[a]蒽、苯并[b]荧蒽、苯并[a]芘、二苯并[a,h]蒽考虑经口摄入土壤、皮肤接触土壤、吸入土壤颗粒物、吸入室外空气中来自表层土壤的气态污染物、吸入室外空气中来自下层土壤的气态污染物、吸入室内空气中来自下层土壤的气态污染物共 6 种土壤污染物暴露途径。土壤中污染物经单一途径的暴露量如表 4.24 所示。

表 4.24 第一类用地土壤中关注污染物经单一途径的暴露量(kg 土壤·kg^{-1}体重·d^{-1})

关注污染物	致癌						非致癌					
	经口摄入土壤	皮肤接触土壤	吸入土壤颗粒物	吸入室外空气中来自表层土壤的气态污染物	吸入室外空气中来自下层土壤的气态污染物	吸入室内空气中来自下层土壤的气态污染物	经口摄入土壤	皮肤接触土壤	吸入土壤颗粒物	吸入室外空气中来自表层土壤的气态污染物	吸入室外空气中来自下层土壤的气态污染物	吸入室内空气中来自下层土壤的气态污染物
砷	1.28E—06	1.23E—07	3.06E—09	/	/	/	9.99E—06	8.53E—07	1.14E—08	/	/	/
镍	1.28E—06	—	3.06E—09	/	/	/	9.99E—06	—	1.14E—08	/	/	/
铊	1.28E—06	—	3.06E—09	/	/	/	9.99E—06	—	1.14E—08	/	/	/
苯并[a]蒽	1.28E—06	5.32E—07	3.06E—09	1.50E—09	2.41E—12	1.31E—11	9.99E—06	3.70E—06	1.14E—08	5.57E—09	8.99E—12	4.88E—11
苯并[b]荧蒽	1.28E—06	5.32E—07	3.06E—09	7.38E—10	5.88E—13	4.97E—13	9.99E—06	3.70E—06	1.14E—08	2.75E—09	2.19E—12	1.85E—12
苯并[a]芘	1.28E—06	5.32E—07	3.06E—09	7.46E—10	6.00E—13	3.91E—13	9.99E—06	3.70E—06	1.14E—08	2.78E—09	2.23E—12	1.45E—12
二苯并[a,h]蒽	1.28E—06	5.32E—07	3.06E—09	4.00E—10	1.73E—13	5.98E—14	9.99E—06	3.70E—06	1.14E—08	1.49E—09	6.43E—13	2.22E—13

注:本表为以杂填土层参数带入得到的暴露量计算结果;"/"表示污染因子不涉及该暴露途径;"—"表示尚无资料显示该污染物具有该途径下的致癌风险或非致癌风险。

(2) 地下水中污染物暴露量计算

(a) 地下水中污染物暴露量计算公式

地下水中污染物暴露量计算参考《建设用地土壤污染风险评估技术导则》(HJ 25.3—2019)推荐公式以及《地下水污染健康风险评估工作指南》(环办土壤函〔2019〕770 号)中的皮肤暴露评估推荐模型。

吸入室外空气中来自地下水的气态污染物途径:

$$IOVER_{ca3}=VF_{gwoa}\times\left(\frac{DAIR_c\times EFO_c\times ED_c}{BW_c\times AT_{ca}}+\frac{DAIR_a\times EFO_a\times ED_a}{BW_a\times AT_{ca}}\right)$$

$$IOVER_{nc3}=VF_{gwoa}\times\frac{DAIR_c\times EFO_c\times ED_c}{BW_c\times AT_{nc}}$$

式中:$IOVER_{ca3}$——吸入室外空气中来自地下水的气态污染物对应的地下水暴露量(致癌效应),L 地下水·kg^{-1}体重·d^{-1};

$IOVER_{nc3}$——吸入室外空气中来自地下水的气态污染物对应的地下水暴露量(非致癌效应),L 地下水·kg^{-1}体重·d^{-1};

VF_{gwoa}——地下水中污染物扩散进入室外空气的挥发因子,L·m^{-3}。

吸入室内空气中来自地下水的气态污染物途径:

$$IIVER_{ca2}=VF_{gwia}\times\left(\frac{DAIR_c\times EFI_c\times ED_c}{BW_c\times AT_{ca}}+\frac{DAIR_a\times EFI_a\times ED_a}{BW_a\times AT_{ca}}\right)$$

$$IIVER_{nc2}=VF_{gwia}\times\frac{DAIR_c\times EFI_c\times ED_c}{BW_c\times AT_{nc}}$$

式中：$IIVER_{ca2}$——吸入室内空气中来自地下水的气态污染物对应的地下水暴露量（致癌效应），L地下水·kg^{-1}体重·d^{-1}；

$IIVER_{nc2}$——吸入室内空气中来自地下水的气态污染物对应的地下水暴露量（非致癌效应），L地下水·kg^{-1}体重·d^{-1}；

VF_{gwia}——地下水中污染物扩散进入室内空气的挥发因子，L·m^{-3}。

皮肤接触地下水的暴露途径：

$$DGWER_{ca}=\frac{SAE_c\times EF_c\times ED_c\times E_V\times DA_{ec}}{BW_c\times AT_{ca}}\times10^{-6}+\frac{SAE_a\times EF_a\times ED_a\times E_V\times DA_{ea}}{BW_a\times AT_{ca}}\times10^{-6}$$

$$DGWER_{nc}=\frac{SAE_c\times EF_c\times ED_c\times E_V\times DA_{ec}}{BW_c\times AT_{nc}}\times10^{-6}$$

式中：$DGWER_{ca}$——皮肤接触的地下水暴露剂量（致癌效应），mg污染物·kg^{-1}体重·d^{-1}；

$DGWER_{nc}$——皮肤接触的地下水暴露剂量（非致癌效应），mg污染物·kg^{-1}体重·d^{-1}。

(b) 地下水中污染物暴露量计算结果

氟化物、石油烃(C_{10}-C_{40})经吸入室外空气中来自地下水的气态污染物、吸入室内空气中来自地下水的气态污染物、皮肤接触地下水的暴露量如表4.25表示。

表4.25 地下水中关注污染物经单一途径的暴露量(L地下水·kg^{-1}体重·d^{-1})

关注污染物	致癌			非致癌		
	吸入室外空气中来自地下水的气态污染物	吸入室内空气中来自地下水的气态污染物	皮肤接触地下水	吸入室外空气中来自地下水的气态污染物	吸入室内空气中来自地下水的气态污染物	皮肤接触地下水
氟化物	—	—	4.79E−11	—	—	1.81E−10
脂肪烃 C_{10}-C_{12}	4.89E−06	7.44E−03	1.11E−09	1.82E−05	2.77E−02	1.33E−08
脂肪烃 C_{13}-C_{16}	2.10E−05	3.20E−02	1.66E−09	7.82E−05	1.19E−01	2.00E−08
脂肪烃 C_{17}-C_{21}	1.97E−04	3.01E−01	3.04E−09	7.35E−04	1.12E+00	3.67E−08
脂肪烃 C_{22}-C_{40}	1.97E−04	3.01E−01	3.26E−08	7.35E−04	1.12E+00	3.94E−07
芳香烃 C_{10}-C_{12}	6.32E−08	2.94E−05	1.11E−09	2.35E−07	1.10E−04	1.33E−08
芳香烃 C_{13}-C_{16}	5.85E−08	1.30E−05	1.66E−09	2.18E−07	4.82E−05	2.00E−08
芳香烃 C_{17}-C_{21}	5.60E−08	3.47E−06	3.04E−09	2.08E−07	1.29E−05	3.67E−08
芳香烃 C_{22}-C_{40}	5.51E−08	1.86E−07	3.26E−08	2.05E−07	6.93E−07	3.94E−07

4.4 风险表征

在暴露评估和毒性评估的基础上，采用风险评估模型计算单一污染物经单一暴露途径的致癌风险和危害商、单一污染物经所有暴露途径的总致癌风险和危害指数。进行不确定性分析，包括对关注污染物经不同暴露途径产生健康风险的贡献率。

根据每个采样点样品中关注污染物的检测数据，通过计算污染物的致癌风险和非致癌危害商进行风险表征，计算得到单一污染物的致癌风险值超过10^{-6}或者危害商超过1的采样点，其代表的地块区域为风险不可接受。

计算公式详见《建设用地土壤污染风险评估技术导则》(HJ 25.3—2019)。

4.4.1 土壤中关注污染物的风险计算结果

根据建立的暴露概念模型、确定的暴露途径和模型参数，在第一类用地情景下，分别计算风险评估关注污染物在各关注土层中的最大检出浓度对人体健康产生的致癌风险和危害商，从而确定地块内修复目标污染物。计算得到土壤中各污染物在各种暴露途径下的致癌风险和非致癌危害商如表 4.26 所示。

表 4.26 第一类用地情景下土壤中关注污染物经各种暴露途径的风险

关注污染物	致癌						非致癌					
	经口摄入土壤	皮肤接触土壤	吸入土壤颗粒物	吸入室外空气中来自表层土壤的气态污染物	吸入室外空气中来自下层土壤的气态污染物	吸入室内空气中来自下层土壤的气态污染物	经口摄入土壤	皮肤接触土壤	吸入土壤颗粒物	吸入室外空气中来自表层土壤的气态污染物	吸入室外空气中来自下层土壤的气态污染物	吸入室内空气中来自下层土壤的气态污染物
砷	9.21E—05	8.83E—06	2.70E—06	/	/	/	3.20E+00	2.73E—01	3.11E—01	/	/	/
镍	—	—	1.26E—06	/	/	/	2.06E+00	—	2.23E+00	/	/	/
铊	—	—	—	/	/	/	9.59E+01	—	—	/	/	/
苯并[a]蒽	1.64E—06	6.80E—07	1.00E—08	4.90E—09	7.90E—12	4.29E—11	—	—	—	—	—	—
苯并[b]荧蒽	1.04E—06	4.31E—07	6.35E—09	1.53E—09	1.22E—12	1.03E—12	—	—	—	—	—	—
苯并[a]芘	1.20E—05	4.99E—06	7.35E—08	1.79E—08	1.44E—11	9.37E—12	6.25E—01	2.31E—01	4.56E—01	1.11E—01	8.92E—05	5.81E—05
二苯并[a,h]蒽	3.39E—06	1.41E—06	2.08E—08	2.71E—09	1.17E—12	4.05E—13	—	—	—	—	—	—

注："—"表示尚无资料显示该污染物具有该途径下的致癌风险或非致癌风险；"/"表示未考虑该途径下的致癌风险或非致癌风险。

对于重金属铅，EPA 与疾控中心规定儿童血液中铅浓度超过 10 μg/dL(血清，下同)时会对儿童产生危害。EPA 对污染场地中血铅的风险削减目标确定为：对场地进行清理修复后保证儿童血铅浓度超过 10 μg/dL的可能性低于 5%或更低。

因此，本次场地风险评估按照 IEUBK 模型，以 0～84 个月儿童为敏感受体、儿童血铅超过 10 μg/dL 的比例低于 5%作为评价标准，来评估本地块的土壤铅风险。

本次计算中，其他介质中铅的含量设置情况如下：以《环境空气质量标准》(GB3095—2012)中的季平均铅浓度 1.0 $\mu g/m^3$ 作为模型中空气铅浓度取值，以《生活饮用水卫生标准》(GB5749—2006)表 1 中铅的浓度限值 0.01 mg/L 作为模型中饮用水铅浓度取值，其余参数均采用 IEUBK 模型默认值。

IEUBK 模型计算得到，本地块土壤铅的儿童血铅浓度高于 10 μg/dL 的比例超过 5%，因此，该地块土壤铅对敏感受体(儿童)产生的风险处于不可接受水平。

由表 4.27 可知，关注污染物中砷、镍、苯并[a]蒽、苯并[b]荧蒽、苯并[a]芘、二苯并[a,h]蒽的总致癌

风险大于 10^{-6}，砷、镍、铊、苯并[a]芘的危害指数大于 1，其代表的地块区域为风险不可接受。人体健康风险评估程序不适用于铅，根据 IEUBK 模型计算结果，将铅列为超风险污染物。

表 4.27　地块土壤中关注污染物的总风险

序号	关注污染物	最大计算浓度 (mg/kg)	管制值 (mg/kg)	总致癌风险	危害指数	是否超过人体健康风险
1	砷	48.00	120.00	1.04E−04	3.78E+00	是
2	铅	2 060	800	/	/	是
3	镍	352	600	6.99E−06	4.28E+00	是
4	铊 *	2.3	—	—	9.59E+01	是
5	苯并[a]蒽	12.8	55.0	2.33E−06	—	是
6	苯并[b]荧蒽	8.1	55.0	1.47E−06	—	是
7	苯并[a]芘	9.38	5.50	1.71E−05	1.42E+00	是
8	二苯并[a,h]蒽	2.65	5.50	4.82E−06	—	是

备注："*"表示筛选值参考依据《建设用地土壤污染风险评估技术导则》(HJ 25.3—2019)推导出的土壤污染风险筛选值，无对应管制值；"—"表示尚无资料显示该污染物具有致癌风险或非致癌风险；"/"表示人体健康风险评估程序不适用于铅，根据 IEUBK 模型计算结果，将铅列为超风险污染物。

4.4.2　土壤中关注污染物的风险计算结果

根据建立的暴露概念模型及确定的暴露途径和模型参数，本着从严原则，在第一类用地情景下，分别计算本地块地下水中各关注污染物的最大检出浓度对人体健康产生的致癌风险和非致癌危害商，从而确定地块内修复目标污染物。计算得到地下水各污染物在多种暴露途径的致癌风险和非致癌风险结果如表 4.28 所示。

表 4.28　地下水关注污染物经各种暴露途径的风险

关注污染物	致癌			非致癌		
	吸入室外空气中来自地下水的气态污染物	吸入室内空气中来自地下水的气态污染物	皮肤接触地下水	吸入室外空气中来自地下水的气态污染物	吸入室内空气中来自地下水的气态污染物	皮肤接触地下水
氰化物	—	—	—	—	—	1.06E−08
脂肪烃 C_{10} - C_{12}	—	—	—	1.24E−05	1.89E−02	3.34E−06
脂肪烃 C_{13} - C_{16}	—	—	—	8.00E−05	1.22E−01	5.00E−06
脂肪烃 C_{17} - C_{21}	—	—	—	—	—	9.17E−06
脂肪烃 C_{22} - C_{40}	—	—	—	—	—	9.84E−05
芳香烃 C_{10} - C_{12}	—	—	—	4.01E−07	1.87E−04	3.34E−06
芳香烃 C_{13} - C_{16}	—	—	—	5.57E−07	1.23E−04	5.00E−06
芳香烃 C_{17} - C_{21}	—	—	—	—	—	9.17E−06
芳香烃 C_{22} - C_{40}	—	—	—	—	—	9.84E−05

备注："—"表示缺少参数无法计算或尚无资料显示该污染物具有致癌风险或非致癌风险。

结果显示潜水层(6 m)中关注污染物石油烃(C_{10} - C_{40})、氰化物在第一类用地情景下人体健康风险均可接受。

表 4.29　地下水中关注污染物的总风险

序号	关注污染物		最大计算浓度(mg/L)	总致癌风险	危害指数	是否超过人体健康风险
1	氟化物		2.550	—	1.06E−08	否
2	石油烃(C_{10}-C_{40})	脂肪烃 C_{10}-C_{12}	0.04	—	1.89E−02	否
		脂肪烃 C_{13}-C_{16}	0.06	—	1.22E−01	否
		脂肪烃 C_{17}-C_{21}	0.11	—	9.17E−06	否
		脂肪烃 C_{22}-C_{40}	1.18	—	9.84E−05	否
		芳香烃 C_{10}-C_{12}	0.04	—	1.91E−04	否
		芳香烃 C_{13}-C_{16}	0.06	—	1.29E−04	否
		芳香烃 C_{17}-C_{21}	0.11	—	9.17E−06	否
		芳香烃 C_{22}-C_{40}	1.18	—	9.84E−05	否

备注:“—”表示缺少参数无法计算或尚无资料显示该污染物具有致癌风险或非致癌风险;石油烃浓度以各碳段检出最大浓度分段计算。

4.5　修复目标值

本地块土壤中关注污染物砷、镍、苯并[a]蒽、苯并[b]荧蒽、苯并[a]芘、二苯并[a,h]蒽的总致癌风险大于 10^{-6},砷、镍、铊、苯并[a]芘的危害指数大于 1,即本地块土壤中砷、镍、苯并[a]蒽、苯并[b]荧蒽、苯并[a]芘、二苯并[a,h]蒽的致癌风险为不可接受,砷、镍、铊、苯并[a]芘的非致癌风险为不可接受。人体健康风险评估程序不适用于铅,根据 IEUBK 模型计算结果,将铅列为超风险污染物。地块土壤风险控制目标可以应用健康风险评估的方法来建立基于地块特征的风险控制目标。本地块整体以第一类用地的暴露场景来推导基于健康风险的风险控制值,分别以 1 和 10^{-6} 作为非致癌风险和致癌风险的可接受水平来推导风险控制值。

本地块根据污染物毒性特性等,计算土壤污染考虑的暴露途径包括:经口摄入土壤、皮肤接触土壤、吸入土壤颗粒物、吸入室外空气中来自表层土壤的气态污染物、吸入室外空气中来自下层土壤的气态污染物、吸入室内空气中来自下层土壤的气态污染物。对于土壤中修复目标污染物最终风险控制值,是综合以上暴露途径得出的风险控制值。

本地块超过人体健康可接受风险土壤污染物的风险控制值如表 4.30 所示,对于同时推导了基于非致癌风险和致癌风险的风险控制值,根据《建设用地土壤污染风险评估技术导则》(HJ 25.3—2019)选择数值较低的作为风险控制值。

EPA 与疾控中心规定儿童血液中铅浓度超过 10 μg/dL(血清,下同)时会对儿童产生危害。EPA 对污染地块中血铅的风险削减目标定为:对地块进行清理修复后保证儿童血铅浓度超过 10 μg/dL 的可能性低于 5%或更低。

因此,本次地块风险评估按照 IEUBK 模型,以 0～84 个月儿童为敏感受体、儿童血铅超过 10 μg/dL 的比例低于 5%来推算土壤中铅的风险控制值。以儿童血铅为准反推土壤中铅风险控制值时,其他介质中铅的含量设置情况如下:假设该地块建设规划后饮用水中的铅浓度达到生活饮用水标准限值 10 μg/L、空气中的铅浓度达到环境空气质量标准中年平均浓度限值 1 $\mu g/m^3$,推算得到土壤中铅应达到的标准为 239.56 mg/kg。

表 4.30　土壤中关注污染物的风险控制计算值　　单位:mg/kg

关注污染物	基于致癌风险土壤控制值	基于非致癌风险土壤控制值	土壤风险控制计算值
砷	0.415	12.2	0.415
铅	/	/	239.56
镍	295	347	295
铊	—	0.5	0.5
苯并[a]蒽	5.5	—	5.5
苯并[b]荧蒽	5.5	—	5.5
苯并[a]芘	0.55	6.59	0.55
二苯并[a,h]蒽	0.55	—	0.55

备注:"—"表示尚无资料显示该污染物具有致癌风险或非致癌风险;铅风险控制值按照 IEUBK 模型计算得到。

通过风险计算,本地块土壤中砷、镍、苯并[a]蒽、苯并[b]荧蒽、苯并[a]芘、二苯并(a,h)蒽的致癌风险为不可接受,砷、镍、铊、苯并[a]芘的非致癌风险为不可接受。故本文推导砷、镍、铊、苯并[a]蒽、苯并[b]荧蒽、苯并[a]芘、二苯并(a,h)蒽相应的风险控制值,铅根据 IEUBK 模型计算得到相应的风险控制值。

根据《建设用地土壤修复技术导则》(HJ 25.4—2019),分析比较按照本报告计算的土壤风险控制值、《土壤环境质量建设用地土壤污染风险管控标准(试行)》(GB36600—2018)规定的筛选值和管制值、地块所在区域土壤中目标污染物的背景含量以及国家和地方有关标准中规定的限值,结合目标污染物形态及迁移转化规律等,合理提出土壤目标污染物的修复目标值。

1. 本报告在第一类用地情景下通过《建设用地土壤污染风险评估技术导则》(HJ 25.3—2019)计算得到砷的土壤控制值为 0.415 mg/kg,远远小于第一类用地筛选值 20 mg/kg。参考《土壤环境质量建设用地土壤污染风险管控标准(试行)》编制说明,重金属砷在自然界中广泛存在,在我国部分地区砷的背景值可能高于计算获取的筛选值,将计算获得的筛选值直接作为标准,可能造成大量没有受到工业污染地块被纳入污染地块进行管理。因此在《土壤环境质量建设用地土壤污染风险管控标准(试行)》(GB36600—2018)中,砷的第一类用地筛选值为 20 mg/kg,且建议参考附录 A 的土壤环境背景值(砷的最小的背景值为 20 mg/kg)。因此本报告直接将第一类用地筛选值 20 mg/kg 作为本地块土壤中砷的建议修复目标值。

2. 本报告根据 IEUBK 模型计算得到铅的土壤控制值为 239.56 mg/kg。参考《土壤环境质量建设用地土壤污染风险管控标准(试行)》(GB 36600—2018)编制说明,国际通常基于血铅模型评估土壤中铅的健康风险,在调研国外铅的土壤相关标准后,《土壤环境质量建设用地土壤污染风险管控标准(试行)》(GB36600—2018)中铅的第一类土壤筛选值设置为 400 mg/kg。考虑铅不存在无效应剂量,即人体暴露于很低浓度的铅,仍然会产生不利影响,尤其对于儿童认知能力和神经系统的强烈毒性,人们认为不存在允许铅暴露量最低限值的安全水平。因此本报告直接将第一类用地筛选值 400 mg/kg 作为本地块土壤中铅的建议修复目标值。

3. 地块后期主要规划包括二类居住用地(R2)、商务设施用地(B2)和公园绿地(G1),后续地块主要规划为住宅用地,且规划为住宅用地的占地面积较大,较为敏感,故本报告中,镍、铊、苯并[a]蒽、苯并[b]荧蒽、苯并[a]芘、二苯并[a,h]蒽均选用第一类用地筛选值和风险控制计算值中的较小值作为本项目的建议修复目标值。

4. 本项目地块内重金属污染土壤如后续采用固化稳定化等以降低迁移活性的技术进行修复管控,浸出标准建议参考《地下水质量标准》(GB/T14848—2017)中 IV 类标准限值作为浸出控制限值。

第一类用地情景下,土壤中超过人体健康风险的污染物建议修复目标值如表 4.31 所示。

表 4.31 土壤中关注污染物的建议修复目标值

污染物	第一类用地筛选值	第一类用地管制值	风险控制计算值	本报告建议修复目标	
				修复目标值/(mg/kg)	浸出浓度/(mg/L)
砷	20.00	120.0	0.415	20.00	0.05
铅	400	800	239.56	400	0.10
镍	150	600	295	150	0.10
铊 *	0.5	—	0.5	0.5	0.001
苯并[a]蒽	5.5	55.0	5.5	5.5	—
苯并[b]荧蒽	5.5	55.0	5.5	5.5	—
苯并[a]芘	0.55	5.50	0.55	0.55	—
二苯并[a,h]蒽	0.55	5.50	0.55	0.55	—

◆专家讲评◆

根据风险评估报告，一类规划情境下，土壤中部分污染物对潜在暴露人群的健康风险不可接受，需开展地块土壤修复工作。钢铁厂地块往往涉及污染，本地块历史不涉及焦化等重污染工段，但在第一类用地条件下，污染物对人体健康的风险仍不可接受，这为钢铁厂退役地块再开发利用提供了借鉴，可用于预估同类项目的修复工程量及修复费用，也可给同类项目后期土地规划类型及用途提供参考。

第五章 修复方案

5.1 修复总体思路

根据项目地块具体用地规划，本地块所在区域拟规划为居住用地。本地块污染地块修复方案的选择，是依据地块环境调查阶段取得的污染物数据资料，确定修复目标，以及综合考虑地块的环境风险控制要求、修复周期与费用等各方面的因素，具体从以下几方面考虑。

1. 本地块土壤修复目标因子为重金属及无机物：砷、铅、镍、铊、镉、铜、锌；有机物：苯并[a]蒽、苯并[b]荧蒽、苯并[a]芘、二苯并[a,h]蒽。

2. 地块距离河流、居民区和学校等敏感目标较近，修复过程中需关注污染物的二次污染危害，尽可能避免对周边环境造成影响。

3. 由于地块需尽快投入开发，故在同等条件和效果下，优先选用修复周期短，污染去除高的修复方案。

4. 污染地块修复工程可考虑的基本修复模式主要包括三种：原位处理、原地异位处理、异地处理或处置。

5.2 修复模式确定

原位处理是指对地块内的污染土壤不进行挖掘或清理，采用化学或生物方法对污染土壤中的有机污染物进行处理，或采用物理方法对污染区域进行隔离工程处理。修复工程基本在地块范围内完成，污染土壤在修复过程中以及修复结束后都不离开地块，可有效避免污染土壤转移处理可能造成的二次污染。

原地异位处理是指将地块内的污染土壤进行清理，在地块范围内对土壤中的污染物进行处理后，并在地块内资源化利用。修复工程基本在地块范围内完成，污染土壤在修复过程中以及修复结束后都不离开地块，可有效避免污染土壤转移处理可能造成的二次污染。

异地处理或处置是指将地块内的污染土壤进行挖掘清理后，运至地块外的专门场所处理处置。与原位处理或原地异位处理相比，因涉及污染土壤的运输和处理，容易造成二次污染，必须在污染土壤转运、处理、处置的全过程进行严格监督，对管理上的要求较高。

以上污染土壤和地下水的三种修复模式的主要因素比较及利弊分析如表 4.32 所示。

表 4.32　三种污染土壤修复模式的影响因素分析

因素	原位处理	原地异位处理	异地处理或处置
地块清理时间	—	较短	短
地块清理风险	较低	较高	较高
对客土的要求	不需要	—	可能需要
运输费用	无	低	较高
运输过程风险	无	低	较高
堆置费用	无	低	较高
堆置过程风险	—	低	较高
土壤修复费用	较高	较低	较低
土壤修复时间	较长	较短	较短
工程实施风险	较大	较小	较小
工程费用	低	较高	中
工程实施时间	部分较长	较短	短

综合考虑业主实际需求、环境管理要求、工程实施时间成本、地块施工条件、地块规划用地方式、施工过程中的风险、对周边环境影响及场所在区域配套设施条件（如填埋场、焚烧炉等）的需求，同时结合地块修复区域污染物分布特征，本方案建议土壤采用原地异位处理的修复模式。

表 4.33　地块修复模式选择

序号	考虑因素	本项目条件	修复模式选择
1	环境管理要求	土壤法、“土十条”等文件规定，污染地块需开展修复后才可开发利用	选择修复技术可行、满足工期要求的修复方式
2	工程实施时间要求	根据业主要求，需要尽快完成地块修复及销号工作	选择时间最短的修复模式
3	周边环境敏感目标	地块周边距离较近的环境敏感目标：洋溪河、西漳河、居民区、钱桥中学等	应尽量选择二次污染较少的修复方式
4	地块施工条件	地块构筑物已基本拆除，施工条件便利	可选择开挖的修复方式
5	规划用地方式	住宅用地	可选择开挖的修复方式
6	土壤污染特征	主要污染物为：砷、铅、镍、铊、苯并[a]蒽、苯并[b]荧蒽、苯并[a]芘、二苯并[a,h]蒽	部分区域污染深度较深，原位修复难以保证修复效果

5.3　修复技术确定

修复方案可采用单一修复技术或多种修复技术进行优化组合集成。需从技术成熟度、适合的目标污染物和土壤类型、修复的效果、时间和成本等方面进行比选，最后确定最佳修复方案。

5.3.1 异位热脱附技术

异位热脱附技术适用于修复被挥发性有机物、半挥发性有机物或汞污染的土壤。该技术是通过直接或间接加热，将污染土壤加热至目标污染物的沸点以上，通过控制系统温度和物料停留时间有选择地促使污染物气化挥发，使目标污染物与土壤颗粒分离、去除。

热脱附是将污染物从一相转化为另一相的物理分离过程，在修复过程中并不会对有机污染物造成破坏。通过控制热脱附系统的温度和污染土壤停留时间有选择地使污染物得以挥发，并不发生氧化、分解等化学反应。异位热脱附技术具有污染物处理范围宽、设备可移动、修复后土壤可再利用等优点；特别对含氯有机物，非氧化燃烧的处理方式可以显著减少二噁英生成。

异位热脱附技术发展成熟，国外已广泛应用于工程实践上。1982～2004 年约有 70 个美国超级基金项目采用该技术，国内也有少量工程应用案例。该技术可用于地块内浅层土壤的修复，以去除挥发性有机物、氯代挥发性有机物、半挥发性有机物和农药。

5.3.2 水泥窑协同处置技术

水泥窑协同处置技术是将满足或经过预处理后满足入窑要求的土壤投入水泥窑，在进行水泥熟料生产的同时实现对污染土壤无害化处置的技术。

水泥窑协同处置技术通常是异位修复技术，是目前国内应用较广的一类土壤修复技术。污染土壤入窑前一般需暂存在贮存设施中，贮存场需要采取防渗措施。根据污染物的特性对贮存设施有不同的要求，污染土壤中含易挥发污染物的，贮存设施应采取封闭措施，并设立抽气装置，抽出的气体需处理达标后排放。水泥窑协同处置技术的预处理工艺及设施与污染土壤的特性和入窑位置相关。污染土壤在入窑前需分析其化学组成和物理特性，其组分不应对水泥生产过程和水泥产品质量产生不利影响。该技术在处理污染土壤过程中需对飞灰和烟道气体进行检测，防止二噁英等毒性更强物质的排放。水泥窑协同处置技术具有焚烧温度高、资源可综合利用、经济效益好等优点，但对处理污染土壤的理化性质、投加比例和投加点等需要深入分析。该技术的实施时间属于中短期技术。水泥窑协同处置技术对污染物的处理范围较广，大多数有机类污染物都可以采用该技术处理，但该技术不适用于处理含爆炸物、未经拆解的废电子产品、汞、铬等污染物的土壤。重金属的含量对水泥质量影响较大，因此处理前应对土壤中的重金属等成分进行检测，保证出产的水泥质量符合相关标准。在进入水泥窑前，污染土壤一般需要进行预处理；对污染土壤中的各组分和污染物等进行详细的检测，以保证水泥产品的质量；污染土壤在水泥生料中的配比通常较低；涉及污染土壤的挖掘或远距离运输，可能会产生二次污染。

5.3.3 化学氧化技术

化学氧化技术是指通过向土壤中投加化学氧化剂(如芬顿试剂、臭氧、过氧化氢和过硫酸盐等)，使其与污染物质发生化学反应来实现去除净化污染物的目的。化学氧化技术既可在异位进行也可在原位进行。

该技术所需的工程周期较短，一般在几天至几个月不等，具体由处理污染区域的面积、氧化剂的输送速率、修复目标值及地下含水层的特性等因素确定。可能限制本方法适用性和有效性的因素包括：由于化学反应速率过快，可能出现氧化剂消耗过快而污染物降解不完全；或产生具有毒性或为核心的氧化还原反应中间产物。处理时，应减少介质中的油和油脂，以优化处理效率。对大多数挥发性、半挥发性有机物、燃油类碳氢化合物，以及 PCBs、农药类、多环芳烃(PAH)等有较好的处理效果；但不适用于重金属污染的土壤修复，对于吸附性强、水溶性差的有机污染物应考虑必要的增溶、脱附方式；异位化学还原不适用于石油烃污染物的处理。由于需要大量的氧化剂，对于高浓度的污染物的修复经济效益则会大大降低。

化学氧化技术可用于多种污染地块的修复，处置成本适中，约 500～1 500 元/m^3，影响处置效果的主要因素是土壤性质、污染物成分。化学氧化处理后可能改变土壤有机质、铁离子、硫酸根离子含量等指标，对修复后土壤的利用可能会造成影响。化学氧化技术适用于本项目有机(异味)污染土壤的修复，且操作简便，修复时间短，原位、异位均可操作，施工灵活。

5.3.4 固化/稳定化技术

固化/稳定化技术是防止或降低污染土壤释放有害化学物质的修复技术，通常用于重金属和放射性物质污染土壤的无害化处理。固化/稳定化技术包含两个概念：① 固化：利用水泥一类的物质与土壤相混合将污染物包被起来，使之呈颗粒状或大块状存在，进而使污染物处于相对稳定的状态；② 稳定化：利用磷酸盐、硫化物和碳酸盐等作为污染物稳定化处理的反应剂，将污染物转化为不易溶解、迁移能力或毒性变小的状态和形式，即通过降低污染物的生物有效性，实现其无害化或降低其对生态系统危害性的风险。通常固化/稳定化技术对重金属污染土壤的处理效果明显，且不存在破坏性，被 As、Pb、Cr、Hg、Cd、Cu、Zn 污染的土壤均可采用该方法来处理。

重金属固化/稳定化的关键是选择合适的具有固化/稳定化作用的药剂，药剂的选择一般要满足以下几个方面的要求：① 药剂本身不含重金属或重金属含量很低，不存在二次污染的风险；② 药剂获得或制备成本较低；③ 药剂对重金属的固化/稳定化效果显著且持续性强。石灰、沸石、铁锰氧化物、硅酸盐、蒙脱石等可以有效地固化/稳定化土壤中的重金属，降低重金属的生物有效性。固化/稳定化技术的优点在于处理方法灵活方便，既可将污染土壤挖掘出来，在地面混合后投放到适当形状的模具中，或放置到空地进行稳定化处理，也可在污染土地原位稳定处理。现场原位稳定处理的方法比较经济，并可处理深达 30 m 处的污染物，缺点在于污染物仍留在原土壤中，随外界条件的改变，稳定化的污染物复合体有可能会解体，污染物可能更新活化，渗透到下层土壤和地下水中，因此还需长时间的土壤监测和更长时间的环境投入。

5.3.5 土壤淋洗技术

土壤淋洗技术是通过将能够促进土壤介质中污染物脱附、溶解及迁移的溶剂与污染土壤混合接触，使污染物从土壤表面脱离并进入淋洗液或地下水，再将包含污染物的淋洗液或地下水从土壤中抽提出来，以便进行后续处理的修复技术。根据实施位置不同，此技术分原位和异位土壤淋洗两种实施方式。原位土壤淋洗一般是指将淋洗液由注射井注入或渗透至土壤污染区域，对受污染土壤进行淋洗，随后在抽提井中通过泵抽取含有污染物质的淋洗液或地下水，并于地面上进行异位处理、去除污染物的过程。异位土壤淋洗技术需要首先将污染土壤挖掘出来、堆置于地块中，用水或淋洗液淋洗土壤、去除污染物，再对含有污染物的淋洗废水或废液进行处理，经过处理并达标的土壤可以回填或运到其他地点回用。土壤淋洗技术中使用的淋洗液可以是清水，也可以是包含冲洗剂的溶液。冲洗剂主要有无机冲洗剂、人工螯合剂、阳离子表面活性剂、天然有机酸、生物表面活性剂等。无机冲洗剂具有成本低、效果好、速度快等优点，但用酸冲洗污染土壤时，可能会破坏了土壤的理化性质，使大量土壤养分淋失，并破坏土壤微团聚体结构。低渗透性的土壤处理相对较为困难，表面活性剂可黏附于土壤中降低土壤孔隙度，冲洗液与土壤的反应可降低污染物的移动性。较高的土壤湿度、复杂的污染混合物以及较高的污染物浓度会使处理过程更加困难。冲洗废液如控制不当则易产生二次污染。异位土壤淋洗在实施过程中，一般需要先根据处理土壤的物理状况对土壤进行分类，再根据修复目标及由土壤再利用的用途所确定的最终处理需求进行分别处理。

该技术可用来处理重金属和有机污染物，对于大粒径级别、渗透性好的污染土壤的修复更为有效，例如砂砾、沙、细沙入以及类似土壤中的污染物更容易被淋洗出来，而颗粒较小、渗透率较低的土壤（如黏土等）中的污染物则较难被淋洗出来。一般来说，当土壤中黏土含量达到 25%～30%时，不考虑采用该技术。土壤淋洗技术对污染土壤的处置量大，适用于多种污染土壤，处置成本适中，约 600～3 000 元/m^3。影响处置成本的主要因素是土壤的物理性质，若土壤中的黏土含量超过 25%，则不建议采用此技术。此外，淋洗技术可能产生大量的洗土废水，必须配备相应的淋洗液处理及回用设备。

5.3.6 焚烧技术

焚烧是利用高温、热氧化作用通过燃烧来处理危险废物的一种技术，是一种剧烈的氧化反应，常伴有光与热的现象，是一项可以显著减少废物体积、降低废物毒性或危害的处理工艺。焚烧可以有效破坏废物的有害成分，达到减容减量的效果，还可以回收热量用于供热或发电。焚烧产生的气体是二氧化碳、水蒸气和灰分。

焚烧是处置有机氯物质最常用的成熟技术，美国超级基金在1982年至2005年间，处置被杀虫剂和除草剂污染土壤的项目共103个，采用焚烧技术修复的场地有36个（占35%），是使用次数最多的技术。焚烧技术处置速度快，效果好，但处置费用较高，约4 000～5 000元/吨，同时需要进行排放控制。

5.3.7 修复技术筛选结果

修复技术的筛选与污染物、地块特征情况、修复成本、修复过程对环境的影响、修复时间、技术可获得性等各种因素相关。在修复技术的筛选方面应主要考虑以下问题。

1. 地块内污染物特征。本污染地块涉及重金属：砷、铅、镍、铊、镉、铜、锌，有机物：苯并[a]蒽、苯并[b]荧蒽、苯并[a]芘、二苯并[a,h]蒽。

2. 修复技术成熟可靠。目前，国内外有多种污染地块清理技术，有些技术已经成熟，有些还在研究阶段。为了保证该地块清理工作顺利完成，本方案设计采用成熟可靠的地块修复技术，避免采用不成熟的地块修复技术。

3. 修复时间合理。本地块需尽快完成污染土壤修复工作，降低地块污染土壤修复过程中的潜在环境风险，在选择修复技术时，同等条件下，选择地块修复时间短的技术。

4. 费用经济合理。本方案将结合地块中的污染物特性，选择几种经济可行的地块清理技术，既满足修复要求，又尽量控制清理费用。

5. 减少对周边环境的影响。在修复施工过程中，控制二次污染，减少污染土壤的转移，减少废气、废水、扬尘、噪声等排放，对周边居民、环境的影响尽量减少。

6. 地块修复效果好。污染地块修复的最终目标是地块满足今后的土地规划标准，确保环境安全及居民健康。

对比技术筛选矩阵，热脱附技术虽然适用于本地块污染土壤，但是热脱附技术需要专门的设备（高能耗），还会增加环境中的碳排放，不满足环保经济型原则，而且本地块紧邻居民区，离市中心较近，公众对热脱附设备烟囱及其产生的废气的接受度较低，可能会影响施工。土壤淋洗技术与原地异位化学氧化技术配合使用虽然适用于本地块污染土壤，但因地块未来规划用途为居住用地，本地块土壤质地以黏土为主，黏性土壤对于淋洗和化学氧化效果影响较大，需要增加化学药剂的用量和使用时间，而且可能导致土壤性质变化，影响日后建设施工。固化/稳定化修复技术虽然需要资金较少，但需要对稳定化处置的土壤寻找合适的最终消纳场地并且需要长期的监管维护，若能明确最终的去向则可以作为备选方案。

综合对比各项土壤修复技术，通过修复技术筛选矩阵分析，结合本地块污染以重金属和有机复合污染为主、污染土壤多为粉质黏土的特点，且考虑地块所在区域开发进度亟需开展修复工作，后续污染土壤推荐用异地水泥窑协同处置技术来修复，异位热脱附＋固化/稳定化技术和土壤淋洗＋化学氧化技术可作为备用技术方案。

5.4 技术路线及工艺参数

5.4.1 水泥窑协同处置技术路线

选用水泥窑协同处置技术修复污染土壤时涉及污染土壤外运处置，根据《固体废物鉴别标准 通则》（GB34330—2017）中的“4 依据产生来源的固体废物鉴别”的有关规定：“在污染地块修复、处置过程中，采用下列任何一种方式处置或利用的污染土壤属于固体废物：1. 填埋；2. 焚烧；3. 水泥窑协同处置；4. 生产砖、瓦、筑路材料等其他建筑材料等”。因此，本项目中的污染土壤属于固体废物。

根据2021版《国家危险废物名录》中危险废物豁免管理清单第二十六条所述，实施土壤污染风险管控、修复活动中，属于危险废物的污染土壤，由修复施工单位制定转运计划，依法提前报所在地和接收地的设区市级以上生态环境部门，不按危险废物进行运输。应满足《水泥窑协同处置固体废物污染控制标准》

(GB30485)和《水泥窑处置固体废物环境保护技术规范》(HJ662)要求进入水泥窑协同处置,处置过程不按危险废物管理。

水泥窑协同处置工艺技术路线图如图 4.22 所示。

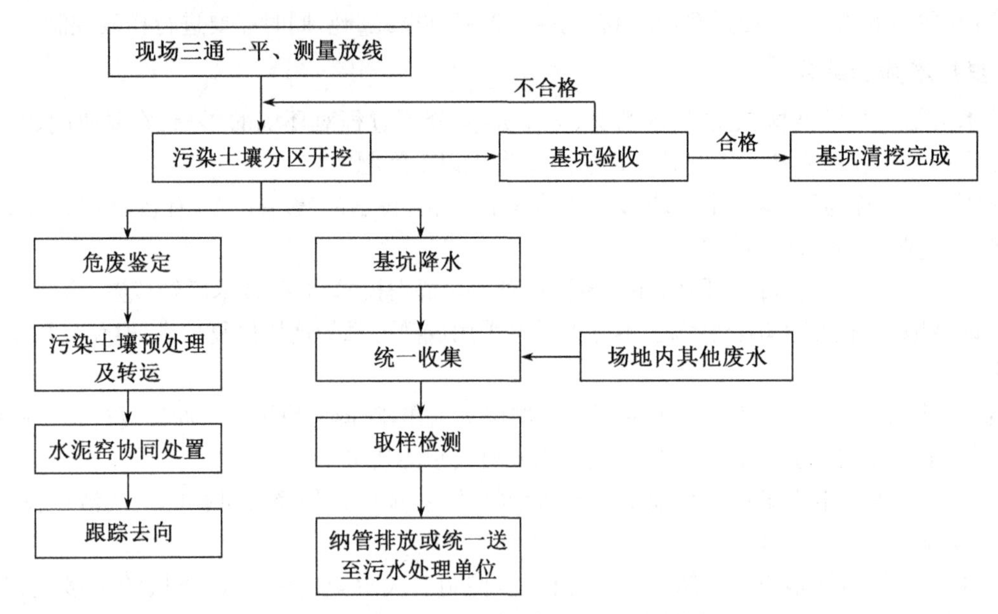

图 4.22　水泥窑协同处置工艺技术路线图

5.4.2　工艺参数要求

1. *工艺原理*

利用水泥回转窑内的高温、气体长时间停留、热容量大、热稳定性好、碱性环境、无废渣排放等特点,在生产水泥熟料的同时,焚烧固化处理污染土壤。有机物污染土壤从窑尾烟气室进入水泥回转窑,窑内气相温度最高可达 1800 ℃,物料温度约为 1450 ℃,在水泥窑的高温条件下,污染土壤中的有机污染物转化为无机化合物,高温气流与高细度、高浓度、高吸附性、高均匀性分布的碱性物料(CaO、$CaCO_3$ 等)充分接触,有效地抑制酸性物质的排放,重金属污染土壤从生料配料系统进入水泥窑,使重金属固定在水泥熟料中。

2. *系统构成和主要设备*

水泥窑协同处置包括污染土壤贮存、预处理、投加、焚烧和尾气处理等过程。在原有的水泥生产线基础上,需要对投料口进行改造,还需要必要的投料装置、预处理设施、符合要求的贮存设施和实验室分析能力。水泥窑协同处置主要由土壤预处理系统、上料系统、水泥回转窑及配套系统、监测系统组成。

土壤预处理系统在密闭环境内进行,主要包括密闭贮存设施(如充气大棚),筛分设施(筛分机),尾气处理系统(如活性炭吸附系统等)。预处理系统产生的尾气需经过尾气处理系统后才能达标排放。

上料系统主要包括存料斗、板式喂料机、皮带计量秤、提升机,整个上料过程处于密闭环境中,避免上料过程中污染物和粉尘散发到空气中,造成二次污染。

水泥回转窑及配套系统主要包括预热器、回转式水泥窑、窑尾高温风机、三次风管、回转窑燃烧器、篦式冷却机、窑头袋收尘器、螺旋输送机、槽式输送机。监测系统主要包括氧气、粉尘、氮氧化物、二氧化碳、水分、温度在线监测以及水泥窑尾气和水泥熟料的定期监测,保证污染土壤处理的效果和生产安全。

3. *工艺流程*

(1) 生料制备。水泥生产过程中,每生产 1 吨硅酸盐水泥至少要粉磨 1.6 吨物料(包括各种原料、燃料、熟料、混合料、石膏等)。

(2) 生料均化。新型干法水泥生产过程中,稳定入窑生料成分是稳定熟料烧成热加工的前提,生料均化系统起着稳定入窑生料成分的最后一道把关作用。经过生料磨的污染土壤和其他生料在此进行充分混合。

(3) 预热。混合均匀的含有污染土壤的生料进入五级旋风装置进行预热,代替回转窑部分功能,达到缩短回转窑长度,同时使窑内以堆积状态进行气料换热过程,移到预热器内在悬浮状态下进行,使生料能够同窑内排出的炽热气体充分混合,增大了气料接触面积,传热速度快,热交换效率高,达到提高窑系统生产效率、降低熟料烧成热耗的目的。

(4) 物料分散换热 80%在入口管道内进行的。投入预热器管道中的生料,在与高速上升气流的冲击下,物料折转向上随气流运动,同时被分散。

(5) 气固分离。当气流携带料粉进入旋风筒后被迫在旋风筒筒体与内筒(排气管)之间的环状空间内做旋转流动,并且一边旋转一边向下运动,由筒体到锥体,一直可以延伸到锥体的端部,然后转而向上旋转上升,由排气管排出。

(6) 预分解燃料。燃烧的放热过程与生料的碳酸盐分解的吸热过程,在分解炉内以悬浮态或流化态迅速进行,使入窑生料的分解率提高到 90%以上,并将原来在回转窑内进行的碳酸盐分解任务,移到分解炉内进行;燃料大部分从分解炉内加入,燃料少部分由窑头加入,减轻了窑内煅烧带的热负荷,延长了材料寿命。

(7) 水泥熟料的烧成。生料在旋风预热器中完成预热和预分解后,下一道工序是进入回转窑中进行熟料的烧成。

在回转窑中碳酸盐进一步迅速分解并发生一系列的固相反应,生成水泥熟料中的矿物。随着物料温度的升高,矿物会变成液相进行反应,生成大量熟料。由水泥熟料冷却机将回转窑卸出的高温熟料冷却到输送、贮存库和水泥磨所能承受的温度,同时回收高温熟料的放热,提高系统的热效率和熟料质量。此过程在高温条件下完成,水泥窑内气体和物料温度分别可以达到 1 050 ℃和 1 400 ℃,物料停留时间约 20 min,且烟气停留时间大于 13 s。

(8) 水泥粉磨。水泥粉磨是水泥制造的最后工序。其主要功能在于将水泥熟料(及胶凝剂、性能调节材料等)粉磨至适宜的粒度(以细度、比表面积等表示),形成一定的颗粒级配,增大其水化面积,加速水化速度,满足水泥浆体凝结、硬化要求。

(9) 尾气除尘。从窑尾出来的约 1 100 ℃的高温气体以约 20~30 m/s 的速度进入分解炉和预热器,并与从预热器顶部进入的常温下的水泥生料进行气固相换热,在极短的时间内(约 5~10 s)把生料加热到 800~900 ℃,而气体温度则降至 300 ℃。从预热器顶部出来的 300 ℃的气体进入雾化增湿塔,经过雾化冷水后,降低至 200 ℃,然后进入生料磨烘干生料。从生料磨出来的气体温度已降至常温,经过电除尘器除尘后,排入大气中。水泥循环系统排出的窑灰和旁路放风收集系统收集的颗粒物按一定比例掺入熟料生产水泥,并严格控制添加量确保协同处置质量满足《通用硅酸盐水泥》(GB175—2007)等标准的要求。

第六章 修复实施与环境监理

6.1 修复主体工程环境监理

6.1.1 基坑定点放线

根据施工组织方案设计,环境监理单位配合工程监理单位和审计单位对开挖放线过程进行跟踪确认,核实修复方案和施工方案的污染土壤开挖范围,并在开挖结束后对开挖区域进行复核确认,审核结果表明开挖达到施工要求。现场定点放线照片如图 4.23 所示。

图 4.23　现场定点放线

6.1.2　污染土壤清挖

根据总体技术要求，本场地污染土壤采用水泥窑协同处置技术进行处置，将污染土壤挖运至有资质的水泥窑厂进行协同处置。审核结果表明开挖范围满足修复方案和施工组织设计要求。

图 4.24　污染土壤清挖

6.1.3　污染土壤预处理及暂存

污染土壤在预处理大棚进行污染土壤的筛分和暂存，污染土壤即挖即运，筛出的建筑砖块送至冲洗区进行冲洗。根据水泥窑每天的处理能力进行筛分后的土壤转运工作，未及时转运的土壤临时暂存在预处理大棚和暂存场内，暂存场内的污染土加盖防雨布，防止污染土壤堆存过程中产生扬尘和异味等污染。

图 4.25　污染土壤预处理及暂存

6.1.4 污染土壤运输

在施工过程中，严格按照施工方案进行施工，派专人管理，每辆车密闭，冲洗干净后方可出场。具体实施顺序如下：

(1) 空车过磅称重；

(2) 运输车装土，覆盖毡布；

(3) 过磅称重，拍照记录，签发五联单(写明土壤类别、运输地点、过磅重量、发运人、承运人、接受人等)；

(4) 车辆冲洗干净后出场；

(5) 抽查跟车和查看运输车辆 GPS 定位；

(6) 水泥窑厂卸土，签收五联单；

(7) 空车回项目部过磅称重后继续转运工作。

图 4.26 土壤装车和过磅称重

图 4.27 监理抽查跟车

自 2022 年 9 月 29 日至 2023 年 3 月 9 日，根据项目部台账统计，场地共转运 1 712 车污染土，总吨数为 74 145.21 t。

6.1.5 水泥窑协同处置

根据水泥窑单位出具的消纳证明，确认本次 A1、A3、B、C 四个地块修复土壤量为 74 145.21 t。

图 4.28 环境监理跟车

6.2 环保措施落实情况

6.2.1 废气环保措施

施工过程中采取了以下措施有效防止扬尘及废气的二次污染。

(1) A1 地块污染土壤依托 B 地块场地内预处理大棚、暂存场、主干道等进行污染土壤的预处理、暂存及转运,该区域地面进行混凝土硬化,以减少扬尘。

图 4.29 地面硬化

(2) 裸露场地进行苫盖,控制裸露面积,减少扬尘。

图 4.30 裸露地面覆盖防尘网

(3) 未清洗建渣暂存采用防尘网覆盖,减少扬尘。

(4) 现场采用雾炮降尘,场地周边围挡使用喷淋头降尘。

图 4.31 雾炮及喷淋降尘

(5) B 地块现场出入口设置洗车台,专门负责运输车辆的清洗,以免车辆出入带泥,引起扬尘污染。所有的运输车辆在出入口内清洗干净后方可离开现场。

图 4.32　B 地块出入口洗车台

(6) 使用 PID 检测仪对开挖基坑周边挥发性有机物进行实时监测。

(7) 场内运输车辆密闭。

图 4.33　运输车辆密闭

(8) 土壤预处理(搅拌、筛分、添加预处理药剂)过程是产生扬尘和异味的重要环节,本项目土壤预处理在项目建设钢结构覆膜大棚中进行,处理过程中大棚密闭,统一收集废气和扬尘并送尾气处理装置处置。根据施工方和监理单位检测,排放尾气符合标准要求。

图 4.34　预处理大棚密闭及排放尾气监测

(9) 现场设备产生的机械废气

防止施工机械产生废气污染大气环境,本项目全部使用满足国家第三阶段排放标准(即《车用压燃式、气体燃料点燃式发动机与汽车排气污染物排放限值及测量方法(中国Ⅲ、Ⅳ、Ⅴ阶段)》(GB17691—2005)中的第三阶段排放控制要求)要求的施工机械,降低废气排放。

机械车辆在使用过程中,加强维修和保养,防止汽油、柴油、机油的泄漏,保证进气、排气系统畅通。运输车辆及施工机械严格遵守管理规定,使用 0＃柴油和无铅汽油等优质燃料,减少有毒、有害气体的排放。

6.2.2　废水环保措施

施工过程中采取了以下措施有效防止废水产生二次污染。

(1) 生活污水直接接管至市政污水管网排放。

(2) 建筑渣石依托暂存场进行清洗工作,暂存场设置围挡和排水沟,沟内铺设防渗膜。

图 4.35 暂存场

(3) 基坑废水、建渣冲洗废水等收集至支架水池经检测均达到钱桥综合污水处理厂接管要求和《污水排入城镇下水道水质标准》(GB/T 31962—2015)中的B等级标准,直接纳管排放,废水处理设施未运行。

图 4.36 废水收集处理

6.2.3 噪声污染防治措施

施工过程中为了减轻施工噪声对周围环境的影响,采取噪声污染防治措施。

(1) 合理安排施工作业时间,无夜间施工。

(2) 所选施工机械符合环保标准,操作人员经过环保教育。

(3) 工地修建围挡,并对有杂音的固定设备进行覆盖处理。

(4) 修复地块南侧、西侧设置了噪声在线监测系统,对施工场地进行全天候的噪声监测。

(5) 每天采用便携式声度计对场地噪声进行巡视自检。

图 4.37 噪声污染防治措施

6.2.4 固废环保措施

在施工期间,采取了以下措施有效避免固废的二次污染。

(1) 生活垃圾由项目集中收集后交由环卫部门统一处置。

图 4.38　生活垃圾收集

(2) 建筑渣石浸出液检测合格后,建筑渣石外运消纳处置。

图 4.39　建筑渣石暂存及外运

(3) 对废弃活性炭(废气处置过程产生的)收集暂存于危险废物储存区,设置安全防范措施并有醒目标志。

图 4.40　危险废物暂存

6.2.5 土壤二次污染防治措施

所有运输车辆等施工设备出场前均需清洗。在地面设置清洗池及沉淀池，设备停留在清洗平台上，冲洗的水流入清洗沉淀池内，池内的水进入支架水池处置。对洒落的污染土进行收集，防止造成二次污染。

图 4.41 洗车台工作及洒落污染土壤收集

6.3 监理成果小结

在项目施工过程中，环境监理对现场重要工作节点进行了巡视、旁站和转运跟车等相关工作。

环境监理审核前期收集的资料，施工工艺与方案基本一致，喷淋、雾炮、一体化水处理设备、废气处理设施(滤筒+活性炭)、防尘网覆盖以及防雨布等相关环保设施落实到位。旁站了所有区域的清挖和土壤预处理过程，根据材料审核和现场巡查，施工中二次污染环保设施运行正常。环境监理对土壤转运进行跟车，并对路线监控，结果表明，土壤全部转运至水泥窑且路线合规。环境监理旁站了场地基坑土壤采样监测、废水采样监测、建筑渣石冲洗和采样监测以及二次污染区域采样过程，并且审核的监测结果均合格。

在项目施工过程中，环境监理共召开了 30 次监理会议，下发环境问题相关通知单 8 次，工程联系单 3 次。针对 A1 地块的 23 个基坑清挖和自检采样过程旁站监督，针对土壤转运工作跟车 3 次，旁站场地环境质量采样监测 4 次，旁站建筑渣石采样监测 4 次，旁站废水监测 7 次，旁站了二次污染区域采样工作，共形成环境监理日志 112 份，环境监理旁站记录 44 份，环境监理月报 7 份。

表 4.34 环境监理资料清单

单位：份

序号	监理成果材料	数量
1	环境监理日志	112
2	环境监理月报	7
3	环境监理旁站记录	44
4	环境监理通知单	8
5	环境监理联系单	3
6	环境监理会议纪要	30
7	环境监理检测报告	10

第七章 修复验收

7.1 验收技术路线

依照《污染地块风险管控与土壤修复效果评估技术导则(试行)》(HJ 25.5—2018)要求，本次效果评估程序依次为更新地块概念模型、布点采样与实验室检测、修复效果评估、提出后期环境监管建议及编制效果评估报告五个阶段，具体流程如图 4.42 所示。

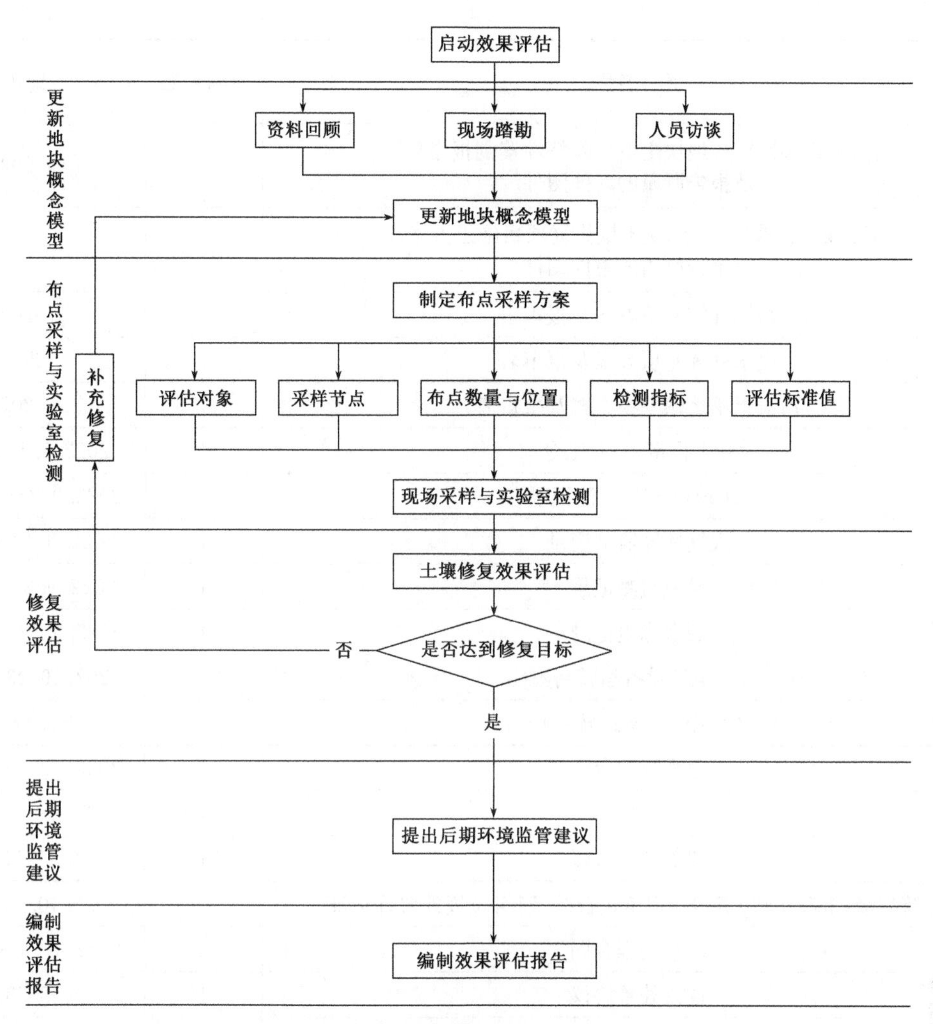

图 4.42　土壤修复效果评估工作流程

7.2　更新地块概念模型

7.2.1　资料回顾

1. 资料清单

土壤修复效果评估需对修复施工单位、工程监理单位、环境监理单位的相关修复技术文件、施工记录、工程联系文件、施工图纸及影像记录等资料进行查验复核。本次查验的主要资料清单如表 4.35 所示。

表 4.35　查验的资料清单

序号	资料名称	资料份数	跨度时间
1	《无锡某钢铁厂 A1 地块土壤污染状况调查报告》及报告所属的附件图件	1	2021.10
2	《无锡某钢铁厂 A1 地块土壤污染风险评估报告》及报告所属的附件图件	1	2022.5
3	《无锡某钢铁厂 A1 地块土壤污染修复技术方案》及报告所属的附件图件	1	2022.5

（续表）

序号	资料名称	资料份数	跨度时间
4	《无锡某钢铁厂地块土壤危险特性鉴别报告》及报告所属的附件图件	1	2022.6
5	《无锡某钢铁厂 A1 地块土壤修复项目施工方案》及报告所属的附件图件	1	2022.8
6	基坑开挖专项方案及报审表	1	2022.9
7	废水处理专项方案及报审表	1	2022.10
8	污染土壤运输专项方案及报审表	1	2022.9
9	开工报审表、开工令	1	2022.9.10、2022.9.17
10	A1 地块 PID 监测记录	1	2022.9.23～2022.10.11
11	大气环境监测记录	1	2022.9.17～2023.1.12
12	噪声监测记录	1	2022.9.24～2023.1.14
13	洒水降尘记录	1	2022.9.17～2022.12.15
14	1#尾气设备运转台账	1	2022.9.23～2023.1.5
15	2#尾气设备运转台账	1	2022.9.17～2023.1.13
16	危废管理台账	1	2022.10.8～2022.12.16
17	废水排放记录	1	2022.10.8～2023.2.16
18	建渣外运台账	1	2022.11.19～2023.2.3
19	建筑垃圾(混凝土块)清运工程承包合同、建筑垃圾处置许可证	1	2022.10.10 至项目结束
20	污水处理合同	1	2022.10.1～2023.10.31
21	危废处置协议	1	2023.2.20
22	自检报告及检测单位能力资质	27	—
23	《无锡某钢铁厂 A1 地块土壤修复项目竣工报告》及报告所属的附件图件	1	2023.4
24	施工过程照片，包括航拍照片	1	—
25	施工控制测量成果报验表、污染斑块基坑拐点坐标及高程复测成果表	23	2022.9.21～2022.10.21
26	A1 地块污染土开挖台账	1	2022.9.23～2023.3.5
27	1#预处理大棚筛分台账(A1 地块)	1	2022.9.24～2023.3.5
28	1#预处理大棚筛分台账(B 地块)	1	2022.10.16～2023.1.6
29	1#预处理大棚筛分台账(C 地块)	1	2022.11.1～2023.3.6
30	2#预处理大棚筛分台账(A3 地块)	1	2022.9.18～2023.1.5
31	2#预处理大棚筛分台账(C 地块)	1	2022.10.28～2022.11.26
32	工程质量报验表、基坑边线、高程复测验收记录表(首次开挖)	15	2022.10.25
33	工程质量报验表、基坑边线、高程复测验收记录表(第一次扩挖)	8	2023.1.3
34	工程质量报验表、基坑边线、高程复测验收记录表(第二次扩挖)	2	2023.3.5
35	工程测量控制点交桩记录表、控制点测量报告	1	2022.9.15
36	A1 地块基坑验收申请单(第一次挖)	1	2022.12.1

（续表）

序号	资料名称	资料份数	跨度时间
37	A1 地块基坑验收申请单(第二次挖)	1	2023.2.3
38	A1 地块基坑验收申请单(第三次挖)	1	2023.3.5
39	水泥厂营业执照、环评批复	2	—
40	两地环保局报备情况	2	2022.9.22、2022.10.30
41	一般固废水泥窑协同处置合作协议	1	2022.9.10～2023.5.31
42	一般固废水泥窑协同处置合作协议	1	2022.10.25～2022.12.31
43	一般工业固废转移台账	1390	2022.9.29～2023.3.9
44	一般工业固废转移台账	326	2022.11.2～2022.12.3
45	水泥窑外运台账	1	2022.9.29～2023.3.9
46	转运 GPS 记录	19	2022.10.20～2022.10.28
47	转运 GPS 记录	4	2022.11.20～2022.11.28
48	对本修复工程污染土壤消纳的证明	2	2022.9.30～2023.3.9
49	对本修复工程污染土壤消纳的证明	1	2022.11.2～2022.12.14
50	水泥窑处置期间废气检测报告	1	2023.1
51	水泥窑处置期间环境检测报告	1	2022.11
52	水泥产品检测报告	4	2022.10.16～2022.11.6
53	水泥熟料检测报告	1	2022.12.8
54	熟料检测报告	1	2022.12.8
55	《无锡某钢铁厂 A1 地块土壤污染修复环境监理方案》及报告所属的附件图件	1	2022.9
56	《无锡某钢铁厂 A1、A3、B、C 地块土壤修复环境监理细则》	1	2022.9
57	环境监理日志	112	—
58	环境监理月报	7	—
59	环境监理通知单、联系单	11	—
60	《无锡某钢铁厂 A1 地块土壤污染修复环境监理总结报告》及报告所属的附件图件	1	2023.4
61	监理过程照片	1	—
62	过程检测报告	10	—
63	监理例会会议记录	30	—
64	《无锡某钢铁厂地块修复项目监理工作总结》	1	2023.4
65	各参建方与建设单位签订的合同及招投标材料	4	—

2. 资料审核

项目组成员分工协作，通过修复方案、实施方案以及修复过程中的其他文件，了解修复范围、修复目标、修复工程设计、修复工程施工、修复起始时间、运输记录、运行监测数据等，了解修复工程实施的具体情况；通过对修复过程中二次污染防治相关数据、资料和报告的梳理，分析修复工程可能造成的土壤和地下水二次污染情况等。

(1) 合同完成情况

依据了解到的合同信息，本次修复治理合同属于固定总价合同，各项工程措施总体按照专家评审通过的实施方案执行。完成开挖的污染土壤总方量约 60 093.03 m^3，满足合同要求的修复方量 57 058.5 m^3。所有清挖土壤预处理及筛分后，得到污染土壤合计约 49 763.03 m^3，建渣约 10 330 m^3。其中污染土壤经陆运至江苏某水泥有限公司和江苏某环保科技有限公司，根据两家水泥窑处置单位出具接收和处置证明显示，本修复工程污染土壤共计 74 145.21 t 已全部处置完成；筛分产生的建渣经陆运至无锡市某建材有限公司，根据建筑渣石处置消纳证明，本修复工程产生的建渣共计 19 261 t 已全部消纳完成。

依据环境监理提供的资料，环境监理单位编制了环境监理工作方案，并通过专家评审。项目准备阶段，审核了实施方案；在项目施工过程中，对污染土壤清挖、预处理、暂存、转运、处置等进行了全过程的环境监管；项目竣工后提交了环境监理总结报告。施工期间各项环境保护措施落实到位，环境监理工作完成情况良好。

依据工程监理提供的资料，工程监理单位在项目实施过程中，对工程进度、工程质量、安全文明、工程投资等情况进行了严格把控，项目竣工后提交了总结报告。施工期间对本修复项目的工程量核算准确，基坑清挖到位，工程监理完成情况良好。

(2) 详细审核情况

根据各单位资料，对本修复工程各关键节点、重点关注内容完成情况进行审核。

表 4.36　资料审核评估情况汇总表

主要评估内容	信息来源	评估结果
修复介质、修复目标污染物、修复范围和修复目标	1. 调查报告、风险评估报告； 2. 修复方案； 3. 施工方案； 4. 竣工报告； 5. 工程招标文件等。	1. 修复介质：污染土壤，不涉及地下水修复治理。 2. 修复范围：招标 A1 地块修复面积约 5 007 m^2，修复方量约 7 060.5 m^3，最大修复深度至 4.5 m；A3 地块修复面积约 9 075 m^2，修复方量约 17 987 m^3，最大修复深度至 5.0 m；B 地块修复面积约 5 248 m^2，修复方量约 6 248 m^3，最大修复深度至 2.0 m；C 地块修复面积约 14 678 m^2，修复方量约 25 763 m^3，最大修复深度至 4.0 m。总修复面积约 34 008 m^2，修复方量合计约 57 058.5 m^3。 3. 修复目标污染物：砷、铅、镍、铊、铜、锌、镉、苯并[a]蒽、苯并[b]荧蒽、苯并[a]芘、二苯并[a,h]蒽、氟化物、石油烃(C_{10} - C_{40})。 4. 修复目标(土壤)： 砷 20 mg/kg、铅 400 mg/kg、镍 150 mg/kg、铊 0.5 mg/kg、铜 2 000 mg/kg、锌 10 000 mg/kg、镉 20 mg/kg、苯并[a]蒽 5.5 mg/kg、苯并[b]荧蒽 5.5 mg/kg、苯并[a]芘 0.55 mg/lg、二苯并[a,h]蒽 0.55 mg/kg、氟化物 1 920 mg/kg、石油烃(C_{10} - C_{40})826 mg/kg。 根据资料审核结果，修复介质、修复目标污染物、修复范围和修复目标相关内容在所有文件资料中均保持一致，与项目实际情况无偏差。
实际修复工程量，核实相关开挖、放坡工程措施落实情况	1. 测量放线相关材料； 2. 工程监理总结报告。	1. 根据施工单位提供的测量放线成果及记录，完成计划工作量。 2. 现场对挖方深度超过 2 m，且在 5 m 以内的基坑进行放坡，放坡系数 1∶0.5～1∶1.5；其余深度小于 2 m 的基坑开挖可不放坡，采取直立开挖不加支护。 3. 施工过程中未发生安全事故，各项工程措施落实情况良好。 根据资料审核结果，实际修复处理范围及处理量均满足修复方案设计要求。
污染土壤外运及消纳情况	1. 污染土壤转运相关材料； 2. 水泥窑消纳证明；	1. 外运采用陆路汽车运输的方式，运输路线避开交通敏感路段，减少对周边居民出行的干扰，按照向当地生态环境局报备后的路线进行运输转移。运输全程采用 GPS 行车轨迹监控，运输车从地块直接运输至水泥窑协同处置地块暂存仓库。

(续表)

主要评估内容	信息来源	评估结果
	3. 测量放线相关材料； 4. 环境监理总结报告； 5. 工程监理总结报告。	2. 根据环境监理总结报告及转运联单，本修复工程总计运输污染土壤74 145.21 t。整个运输过程均按照规定路线行驶，运输车辆均未出现遗撒、异味情况，均未出现交通事故。 3. 根据水泥公司污染土壤接收和消纳证明，截至2023年3月9日，对本修复工程的污染土壤已全部消纳完毕，总计接收并处置污染土壤59 289.43 t。 4. 清挖方量与外运方量对应性分析：《污染场地风险评估技术导则》(HJ25.3—2019)表G中土壤容重推荐值为1.5 g/cm^3，根据地勘报告，清挖范围土壤容重在1.37～1.59 g/cm^{3}之间。本项目污染土壤外运总方量为49 763.03 m^3，对应总重量为74 145.21 t，折算密度约1.49 g/cm^3，经核算与实际值及推荐值误差较小。 根据资料审核结果，污染土壤外运及消纳情况基本按照相关规范流程进行，过程中基本未产生二次污染情况，满足修复方案设计要求。
水泥窑协同处置过程合规性及环境措施落实情况	1. 竣工报告； 2. 危险特性鉴别报告； 3. 水泥厂处置能力证明材料； 4. 生态环境局转运报备材料。	1. 危险特征鉴别：根据《无锡某钢铁厂地块土壤危险特性鉴别报告》及专家意见，明确本修复工程污染土壤不属于危险废物。 2. 经建设单位同意，水泥窑协同处置由两家水泥厂承担。 3. 根据环境影响报告及批复，两家公司具有相应处置能力。 4. 本项目污染土壤外运处置前，修复施工单位制定了《污染土壤运输专项方案》，并将运输时间、方式、线路和污染土壤数量、去向、最终处置措施提前向运出地和接受地环保管理部门进行了报备。 根据资料审核结果，水泥窑协同处置单位满足本项目需求，并按照土壤法相关要求进行了提前报备，处置手续齐全。
	1. 水泥窑大气环境检测报告； 2. 水泥窑熟料检测报告。	1. 根据检测报告：水泥厂处置期间，① 窑尾气二噁英类、氟化物、砷、铅、镉、铜、镍、铊均满足《水泥窑协同处置固体废物污染控制标准》(GB30485—2013)表1要求，二噁英类检出值为0.005 9 ngTEQ/m^3；② 厂界无组织大气二氧化硫、总悬浮颗粒物、氟化物、氮氧化物满足《大气污染物综合排放标准》(DB32/4041—2021)表3中监控浓度限值要求。 2. 根据检测报告：处置期间，① 回转窑废气排放口，氨、氯化氢、氟化氢、铊、镉、铅、砷及其化合物、铍、铬、锡、锑、铜、钴、锰、镍、钒及其化合物浓度均满足《水泥窑协同处置固体废物污染控制标准》(GB30485—2013)表1要求；② 厂界无组织大气总悬浮颗粒物满足《大气污染物综合排放标准》(DB32/4041—2021)表3中监控浓度限值要求；③ 厂界噪声均满足《工业企业厂界环境噪声排放标准》(GB12348—2008)中的2类标准。 3. 根据水泥产品检测报告，处置污染土壤期间产出的水泥熟料中砷、铅、镉、铬、铜、镍、锌、锰、铊含量满足《水泥窑协同处置固体废物技术规范》(GB/T 30760—2014)表2中限值要求，水泥产品满足《通用硅酸盐水泥》(GB175—2007)质量要求。 4. 根据水泥产品检测报告，处置污染土壤期间产出的水泥熟料中砷、铅、镉、铬、铜、镍、锌、锰含量满足《水泥窑协同处置固体废物技术规范》(GB/T 30760—2014)表2中限值要求，浸出含量满足《水泥窑协同处置固体废物技术规范》(GB/T 30760—2014)表3中限值要求。 根据资料审核结果，水泥窑协同处置过程基本按照相关规范流程进行，过程中基本未产生二次污染情况，满足修复方案设计要求。
全过程环境管理情况	1. 工程招标文件等； 2. 修复单位施工方案； 3. 环境监理总结报告及监理记录；	1. 准备阶段：依据建设单位提供的资料，修复工程的审批手续和申报程序按规范流程进行，符合相应要求。依据施工单位提供的资料，施工方案通过专家评审，专家意见表明施工方案编制规范，内容较全面，修复施工路线基本合理，采用的修复技术可行，自检质控方案、二次污染防控措施及监控计划较全面，符合国家及江苏省相关技术导则和规范的要求，方案具有可操作性，经修改完善后可作为开展后续工作的依据。

（续表）

主要评估内容	信息来源	评估结果
	4. 施工日志及台账资料（含大气、噪声、废水）。	2. 施工阶段：根据环境监理总结报告，本项目施工方案中涉及的各项环境保护措施均得到了有效落实。施工过程中及施工结束后未对周边环境造成二次污染影响。 3. 效果评估阶段：根据环境监理总结报告，环境监理单位通过旁站的方式对效果评估采样过程进行了全程监理，审核了效果评估采样方案及现场采样全过程资料，采样过程符合相关规范，采样过程未产生二次污染情况。 根据资料审核结果，项目开展全过程基本符合相关规范流程，过程中基本未产生二次污染情况，满足修复技术方案及施工方案要求。
全过程环境管理情况	1. 竣工报告； 2. 修复单位检测报告； 3. 施工日志及台账资料（含大气、噪声、废水、固废）。	施工单位通过委托第三方检测单位，对施工现场大气、噪声、水环境及固废均进行了监测。 1. 施工过程大气监测：修复单位使用PID检测仪对开挖基坑周边VOCs进行了实时监测并对施工现场无组织废气进行了5次大气监测；对有组织废气进行了1次大气监测。无组织点位总悬浮颗粒物、氟化物、苯并[a]芘、铅、镉、镍、非甲烷总烃满足《大气污染物综合排放标准》(DB32/4041—2021)表3中监控浓度限值要求，PM_{10}、$PM_{2.5}$满足《环境空气质量标准》(GB 3095—2012)中的二级标准；有组织点位低浓度颗粒物、氟化物、苯并[a]芘、颗粒物中铅、颗粒物中镉、颗粒物中镍、非甲烷总烃满足《大气污染物综合排放标准》(DB32/4041—2021)表1中有组织排放限值要求。 2. 施工过程噪声监测：施工单位在地块南侧、西侧设置了噪声在线监测系统，对施工场地进行全天候的噪声监测，并每天采用便携式声度计对场地噪声进行巡视自检。施工单位在施工期间对噪声进行了5次监测，均满足《建筑施工场界环境噪声排放标准》(GB 12523—2011)要求。 3. 施工过程废水监测：施工单位对施工过程中产生的外排废水共进行了7次监测，采集了25个样品，pH、水温、重金属（砷、铅、镉、铊、铜、锰、镍、锌）、悬浮物、BOD_5、化学需氧量、氨氮、总氮、总磷、氟化物、色度、石油类、动植物油类、苯并[a]蒽、苯并[b]荧蒽、苯并[a]芘、二苯并[a,h]蒽、石油烃(C_{10}-C_{40})均满足污水处理有限公司接管标准及《污水排入城镇下水道水质标准》(GB/T 31962—2015)中的B级标准。 4. 施工过程固废检测：施工单位对施工过程中产生的建渣共进行了4次检测，采集了25个样品，砷、铅、镉、铜、锌、镍、铊、氟化物、苯并[a]芘、苯并[b]荧蒽浸出浓度均满足《地下水质量标准》(GB/T14848—2017)中的IV类标准，苯并[a]蒽、二苯并[a,h]蒽、石油烃(C_{10}-C_{40})浸出浓度满足《上海市建设用地地下水污染风险管控筛选值补充指标》第一类用地筛选值。 5. 施工过程水环境监测：施工单位对施工过程中地块内的地下水及周边地表水分别进行了3次和5次监测，地表水中pH、化学需氧量、氟化物、氨氮、砷、铅、镉、铜、锌均满足《地表水环境质量标准》(GB 3838—2002)中的IV类标准。地下水中部分点位常规指标pH、化学需氧量、氨氮超过《地下水质量标准》(GB/T14848—2017)中的IV类标准，氟化物、砷、铅、铊、镉、铜、锌、镍、苯并[a]芘、苯并[b]荧蒽均满足《地下水质量标准》(GB/T14848—2017)中的IV类标准；苯并[a]蒽、二苯并[a,h]蒽、石油烃(C_{10}-C_{40})满足《上海市建设用地地下水污染风险管控筛选值补充指标》第一类用地筛选值。 根据资料审核结果，施工过程中基本未产生二次污染情况，环境质量基本达到修复技术方案及施工方案相应评价标准的要求。
	1. 环境监理总结报告； 2. 环境监理检测报告。	环境监理单位通过委托第三方检测单位，对施工现场大气、噪声、水环境及固废均进行了监测。 1. 施工过程大气监测：环境监理对施工现场无组织废气进行了5次大气监测；对有组织废气进行了3次大气监测。厂界无组织点位总悬浮颗粒物、二氧化硫、氮氧化物、氟化物、苯并[a]芘、非甲烷总烃满足《大气污染物综合排放标准》(DB32/4041—2021)表3中监控浓度限值要求，环境敏感点总悬浮颗粒

（续表）

主要评估内容	信息来源	评估结果
全过程环境管理情况		物、二氧化硫、氮氧化物、氟化物、非甲烷总烃、苯并[a]芘满足《环境空气质量标准》(GB3095—2012)二级标准；有组织点位颗粒物、氟化物、非甲烷总烃、苯并[a]芘满足《大气污染物综合排放标准》(DB32/4041—2021)表1中有组织排放限值要求。 2. 施工过程噪声监测：环境监理对噪声进行了5次监测，场界噪声满足《建筑施工场界环境噪声排放标准》(GB 12523—2011)要求，环境敏感点噪声满足《声环境质量标准》(GB 3096—2008)1类声环境功能区标准要求。 3. 施工过程废水监测：环境监理对外排废水共进行了3次抽检，采集了3个样品，pH、色度、水温、重金属(砷、铅、镉、铜、镍、锌)、悬浮物、化学需氧量、氨氮、总氮、总磷、氟化物、石油类、苯并[a]芘均满足污水处理有限公司接管标准及《污水排入城镇下水道水质标准》(GB/T 31962—2015)中的B级标准。 4. 施工过程固废监测：环境监理对施工过程中产生的建渣共进行了2次抽检，采集了3个样品，砷、铅、镉、铜、锌、镍、铊、氟化物、苯并[a]芘、苯并[b]荧蒽浸出浓度均满足《地下水质量标准》(GB/T14848—2017)中的IV类标准，苯并[a]蒽、二苯并[a,h]蒽、石油烃(C_{10}-C_{40})浸出浓度满足《上海市建设用地地下水污染风险管控筛选值补充指标》第一类用地筛选值。 5. 施工过程水环境监测：环境监理对施工过程中周边地表水进行了5次监测，周边地表水中总氮超过了《地表水环境质量标准》(GB 3838—2002)中的IV类标准，pH、化学需氧量、氨氮、总磷、石油类、砷、铅、铜、锌、镉、氟化物均满足《地表水环境质量标准》(GB 3838—2002)中的IV类标准。 根据资料审核结果，施工过程中基本未产生二次污染情况，环境质量基本达到修复技术方案及施工方案相应评价标准的要求。

7.2.2 现场踏勘

在修复治理工程实施过程中及竣工后，我单位组织技术人员多次开展现场踏勘工作，实时了解污染地块修复治理情况、环境保护措施的落实情况，包括修复治理设施运行情况、修复治理工程施工进度、基坑清理情况、污染土暂存和外运情况、地块内临时道路使用情况、修复治理施工管理等情况。

1. *施工前现场踏勘*

在修复治理工程实施准备阶段，我单位组织技术人员进行了现场踏勘，了解到本项工程位于无锡市，地块周围以住宅区和商业区为主，地块西侧和南侧均紧邻河流，周边环境敏感目标较多，应重点关注对周边居民的影响。

施工前航拍照片(2022年4月)

图4.43 施工前踏勘影像

2. 施工过程中现场踏勘

在修复治理工程实施过程中的基坑开挖、污染土壤外运、废水排放等阶段，我单位均组织技术人员进行了现场踏勘，实时跟进修复治理工程进度。本修复工程进度开展顺利，同时做好了疫情防控管理。施工现场设置了污染地块标识牌，清挖后形成的基坑周围设置了围挡保护，裸露地面及暂存土壤进行了防尘网覆盖。施工期间各项二次污染防治措施落实情况总体良好。

施工现场标识牌

基坑支护

裸土区域暂存覆盖

施工现场远景拍摄情况

施工过程航拍照片(2022 年 9 月)

图 4.44　施工过程中的踏勘影像

3. 竣工后现场踏勘

在修复治理工程竣工后，我单位组织技术人员进行了现场踏勘。现场发现，清挖形成的基坑周围已全部设置围挡保护，裸露地面及暂存土壤进行了防尘网覆盖。

施工完成后航拍照片(2023年1月)

图4.45 施工结束后的踏勘影像

通过现场踏勘，我单位认为本修复工程施工组织设计编制合理，实际施工平面布置情况与设计基本一致；各参建单位提供的施工期过程资料与实际相吻合，各项二次污染防治措施落实到位；修复工程完成后，对基坑采取了安全及防尘措施。

7.2.3 人员访谈

1. 施工过程人员访谈

在修复实施过程中，为做好修复效果评估的工作方案编制，我单位每周参加工地例会，并重点对修复现场指挥部、施工单位进行了施工方案的访谈、施工现场踏勘，在此基础上编制了修复效果评估的工作方案，本项目施工期间共开展工作会议30次，并于2022年11月16日通过网络组织召开了效果评估工作方案专家评审。

2. 施工结束人员访谈

无锡某钢铁厂地块土壤污染修复工程基本实施结束后，效果评估单位与建设单位、工程监理、环境监理、施工单位等相关人员进行了访谈，各访谈对象均表示，场地施工期间未受到噪声、扬尘等二次污染影响，未发生环境污染投诉事件。

通过人员访谈，我单位认为施工过程中，各参建单位均按照各自工作方案开展工作，沟通交流较为密切；施工结束后对本修复工程提供的访谈材料内容基本一致，可信度较强。

7.2.4 地块概念模型更新

1. 污染因子和修复工艺

根据“调查报告”及“风险评估报告”，无锡某钢铁厂 A1 地块土壤超标污染物为砷、铅、镍、苯并[a]蒽、苯并[b]荧蒽、苯并[a]芘、二苯并[a,h]蒽、铊；地下水超标污染物为氟化物、石油烃(C_{10} - C_{40})。在第一类规划用地情景下，需针对污染物风险不可接受的区域内的土壤实施土壤修复工作。

在修复过程中，修复单位、环境监理及修复效果评估单位检测均涵盖了全部修复目标因子，且效果评估阶段选取的 20%样品检测因子涵盖《土壤环境质量建设用地土壤污染风险管控标准(试行)》(GB 36600—2018)表 1 的 45 项和地块特征因子。所有单位检测结果显示：未出现修复目标以外的特征污染物存在超标情况，修复过程中污染因子未发生变化。

根据“修复技术方案”，本地块污染土壤修复技术为清挖后进行水泥窑协同处置技术。实际施工过程中，截至 2023 年 4 月，地块清挖产生的所有污染土壤已全部运至水泥窑协同处置单位并处置完成，修复过程中修复工艺未发生变化。

2. 周边敏感目标

根据“调查报告”及“风险评估报告”，无锡某钢铁厂地块周边敏感目标主要为居民住宅区及学校，修复过程中未发生变化。

3. 地下水变化情况

(1) 水位及流向的变化

根据“风险评估报告”中 2021 年 7 月流场图，项目地块内潜水流向整体为自东北向西南流向。本项目修复结束后绘制了 2023 年 3 月潜水流场图，地块内现状潜水流向总体为自南向北，所有监测井稳定水位埋深为 0.24～3.45 m，标高为 1.96～4.57 m。与调查评估期间相比，地下水流场发生了明显变化，地块内不同监测井水位差异也较大。

本地块污染土壤修复技术为清挖后进行水泥窑协同处置技术，现场存在大量开挖后的基坑，整个项目区域内最大基坑深度达到 5 m，至修复项目结束未进行回填，可能对地块内区域地下水流场造成一定影响。

(2) 污染物浓度的变化

本项目修复过程中，修复单位在 A1、A3、B、C 地块各选取了 1 口调查阶段的潜水监测井，编号分别为 D4、D2、D1、D3，在 2022 年 9 月 27 日、2022 年 12 月 28 日、2023 年 2 月 3 日均进行了取样检测。

修复结束后，效果评估单位于 2023 年 3 月 29 日～3 月 31 日对 A1、A3、B、C 四个地块内周边共 18 口地下水监测井进行了取样检测。

检测结果显示，所有采样点位共检出 12 项污染物，包括氟化物、重金属(砷、铅、铜、锌、镉、镍、锰、银、锑、锡)、石油烃(C_{10} - C_{40})，其余检测项均未检出。经逐一比对，修复过程中部分点位 pH 超过《地下水质量标准》(GB/T14848—2017)中的 IV 类标准，其余检出污染物浓度均满足相应评估标准。

根据前期调查评估结论，本项目地块内地下水为 V 类，影响水质评价的指标包括 pH、氟化物和石油烃(C_{10} - C_{40})，氟化物和石油烃(C_{10} - C_{40})最大检出浓度分别为 2.550 mg/L 和 1.32 mg/L，无须开展修复工作。根据现状监测结果，地块内地下水检出污染物浓度均满足《地下水质量标准》(GB/T14848—2017)中的 IV 类标准，氟化物和石油烃(C_{10} - C_{40})浓度与调查阶段相比均有一定程度降低。说明修复施工过程未对地块内地下水造成污染影响，并且通过基坑降水的处理可能使得地块内地下水中污染物浓度发生了下降。

所有地下水样品检出结果如表 4.37 所示。

表 4.37　修复前后地下水数据比对结果

点位编号	所在地块	采样时间	pH	$C_{10}-C_{40}$	氟化物	砷	铅	铜	锌	镉	镍	锰	银	锑	锡
			无量纲	mg/L	mg/L	μg/L	μg/L	μg/L	μg/L	μg/L	μg/L	μg/L	μg/L	μg/L	μg/L
D1	B	2022.9.27	7.30	0.23	1.46	ND	ND	ND	ND	ND	ND	/	/	/	/
D2	A3		7.20	0.22	0.52	ND	ND	ND	ND	ND	ND	/	/	/	/
D3	C		12.10	0.24	1.39	ND	ND	ND	ND	ND	0.02	/	/	/	/
D4	A1		11.30	0.29	1.33	ND	ND	ND	ND	ND	ND	/	/	/	/
D1	B	2022.12.28	7.30	0.26	0.90	2.50	ND	ND	ND	ND	ND	/	/	/	/
D2	A3		7.40	0.28	0.52	1.60	ND	ND	ND	ND	ND	/	/	/	/
D3	C		11.60	0.28	1.09	4.40	ND	ND	ND	ND	ND	/	/	/	/
D4	A1		11.40	0.30	0.95	7.80	ND	ND	ND	ND	ND	/	/	/	/
D1	B	2023.2.3	7.60	0.25	0.68	45.60	ND	ND	ND	ND	ND	/	/	/	/
D2	A3		7.50	0.32	0.36	26.00	ND	ND	ND	ND	ND	/	/	/	/
D3	C		12.00	0.34	1.21	17.70	ND	ND	ND	ND	ND	/	/	/	/
D4	A1		11.80	0.32	0.94	17.70	ND	ND	ND	ND	ND	/	/	/	/
检出限			/	0.01	0.006	0.3	0.25	40	9	0.025	7	/	/	/	/
最大值			12.10	0.34	1.46	45.60	ND	ND	ND	ND	20	/	/	/	/
最小值			7.20	0.22	0.36	ND	ND	ND	ND	ND	ND	/	/	/	/
MW5	B	2023.3.29	8.2	0.23	1.64	1.1	0.22	3.69	25.2	0.06	1.73	/	/	/	/
MW14	B	2023.3.29	8	0.21	1.87	0.8	1.38	1.14	7.36	0.06	0.36	/	/	/	/
MW6	B	2023.3.29	8.2	0.15	0.391	1.5	ND	2.72	3.87	ND	1.98	/	/	/	/
MW1	A1	2023.3.31	8.3	0.21	0.542	1.5	0.16	3.11	19.7	0.07	7.08	1 120	0.14	0.68	0.5
MW2	A1	2023.3.31	8.9	0.34	0.861	7.3	0.16	1.76	11.2	ND	0.77	/	/	/	/
MW3	A1	2023.3.31	8.4	0.08	0.568	2.6	0.11	3.52	13.8	ND	0.42	/	/	/	/
MW4	C	2023.3.29	8.3	0.4	0.987	1.9	0.35	3.78	23.2	0.12	2.23	801	ND	0.71	ND
MW7	C	2023.3.31	8.1	0.25	0.706	2.1	0.11	1.82	16.5	ND	1.34	/	/	/	/
MW8	C	2023.3.31	8	0.1	0.826	1.1	ND	0.4	7.69	ND	ND	/	/	/	/
MW9	C	2023.3.31	8.2	0.29	1.13	4.7	0.14	2.14	18.5	ND	6.16	434	ND	1.95	7.52
MW10	C	2023.3.31	7.9	0.29	0.992	1.9	0.18	0.95	7.77	ND	0.59	/	/	/	/
MW15	C	2023.3.31	8.6	0.2	0.776	7.7	0.14	4.34	5.82	ND	0.62	/	/	/	/
MW16	C	2023.3.31	8.2	0.24	0.645	1	0.15	3.76	30	0.08	2.71	198	ND	1.75	0.32
MW17	C	2023.3.31	8	0.11	0.539	1	0.18	1.06	31.2	0.09	1.47	/	/	/	/
MW12	A3	2023.3.29	7.8	0.07	0.324	1.1	0.33	2.36	31.3	0.11	4.71	/	/	/	/
MW11	A3	2023.3.29	8.1	0.18	0.415	1.7	0.11	5.13	24.3	ND	0.64	/	/	/	/
MW18	A3	2023.3.29	8.1	0.3	0.694	1.1	ND	2.12	7.05	ND	5.3	/	/	/	/
MW13	A3	2023.3.29	8.2	0.16	0.457	1.8	0.26	3.32	39.1	ND	2.2	0.75	ND	0.9	0.09

（续表）

点位编号	所在地块	采样时间	pH	C_{10}－C_{40}	氟化物	砷	铅	铜	锌	镉	镍	锰	银	锑	锡
			无量纲	mg/L	mg/L	μg/L	μg/L	μg/L	μg/L	μg/L	μg/L	μg/L	μg/L	μg/L	μg/L
检出限			/	0.01	0.006	0.3	0.09	0.08	0.67	0.05	0.06	0.12	0.04	0.15	0.08
最大值			8.9	0.4	1.87	7.7	1.38	5.13	39.1	0.12	7.08	1 120	0.14	1.95	7.52
最小值			7.8	0.07	0.324	0.8	ND	0.4	3.87	ND	ND	0.75	ND	0.68	ND
评估标准值			5.5≤pH<6.5 8.5<pH≤9.0	0.6	2	50	100	1 500	5 000	10	100	1 500	100	10	8 580

备注：本表中仅罗列有检出的指标结果，"ND"表示低于实验室检出限，"/"表示未检测该指标；评估标准值依据《地下水质量标准》(GB/T14848—2017)中的Ⅳ类标准，地下水石油烃(C_{10}－C_{40})筛选值参考《上海市建设用地地下水污染风险管控筛选值补充指标》中的第一类用地筛选值。

4. 修复过程概念模型图

本项目采用水泥窑协同处置的方式进行修复。修复范围内清挖产生的污染土壤在现场经预处理及筛分后，污染土壤分批运送至江苏某水泥有限公司、江苏某环保科技有限公司进行处置，筛分出的建渣经冲洗和检测达标后，运至无锡市某建材有限公司进行消纳处置。

污染土壤清挖后的基坑按照《污染地块风险管控与土壤修复效果评估技术导则(试行)》(HJ 25.5—2018)进行采样检测，检测超标的基坑由施工单位进行二次开挖及自检，保证所有污染土壤清挖基坑经修复单位、环境监理、效果评估单位检测后全部达标，因此经过该修复技术处理后，地块内无污染土壤存在，通过清除污染源的方式，可实现消除人体健康风险的目的。

修复范围后期规划主要包括二类居住用地(R2)、商务用地(B2)和公园绿地(G1)。因后期开发需要，本项目污染土壤开挖后产生的基坑不进行回填，开挖过程产生的表层及放坡土经各单位检测合格后暂存于场地内，后续由建设单位进行管理，因此修复后地块概念模型未发生变化。

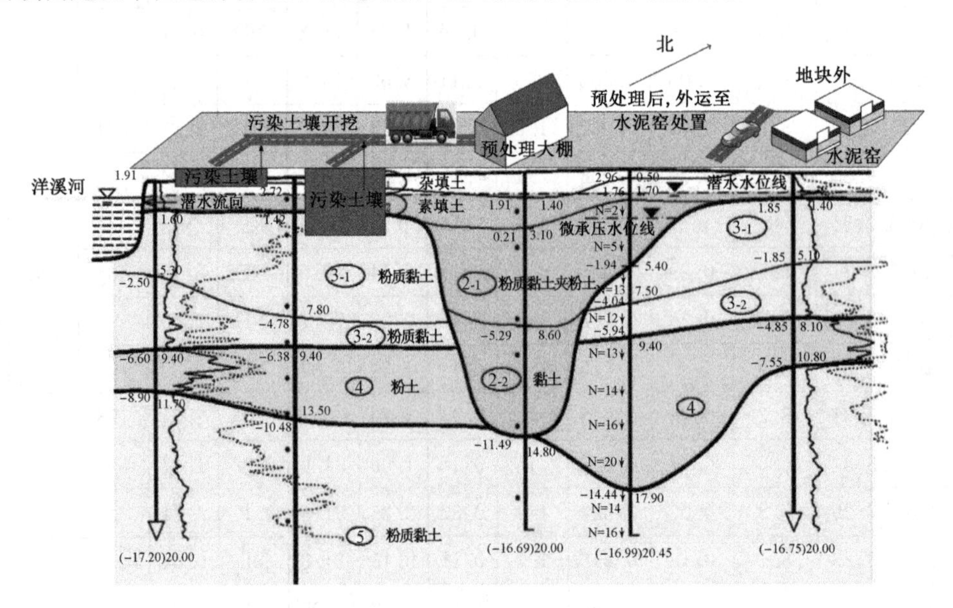

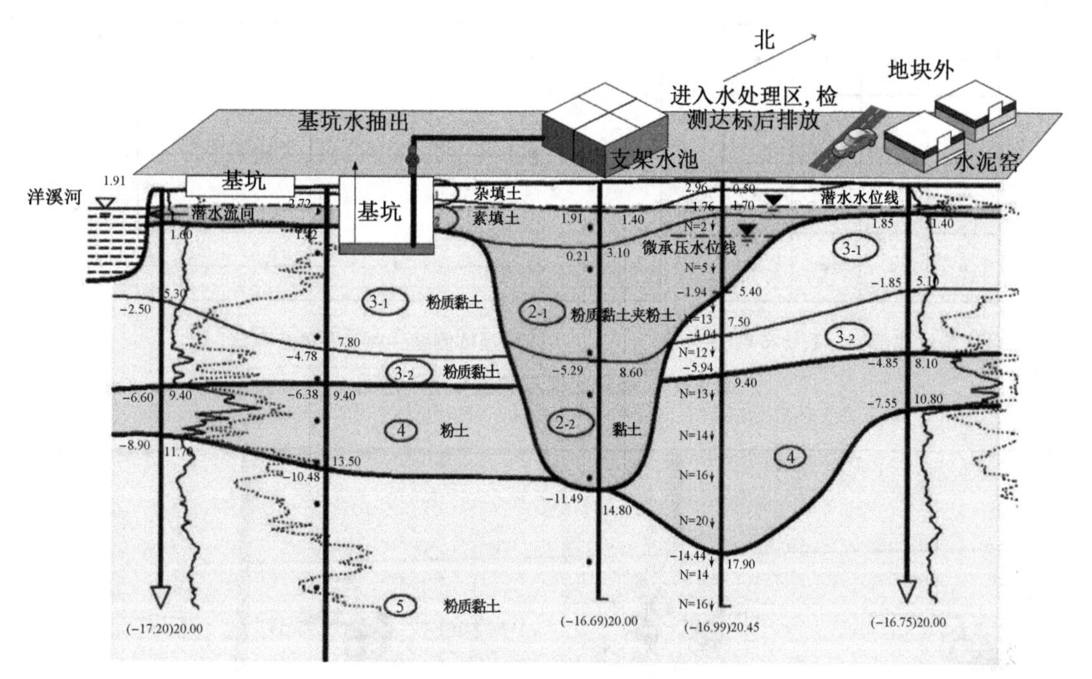

图 4.46　修复实施过程中场地概念模型图

7.3　效果评估布点方案

7.3.1　基坑布点数量与位置

基坑布点原则依据《污染地块风险管控与土壤修复效果评估技术导则(试行)》(HJ 25.5—2018)的相关内容,同时结合现场开挖的实际情况进行布点。

基坑底部和侧壁推荐最少采样点数量如表 4.38 所示,基坑底部采用系统布点法,基坑侧壁采用等距离布点法,布点示意图如图 4.47 所示。

基坑开挖会将与之交叉浅基坑坑底及侧壁部分挖掉,分区只考虑基坑有效的坑底及侧壁。坑底面积及侧壁长度计算原则:按开挖完成后,实际面积及侧壁长统计。

表 4.38　基坑底部和侧壁推荐最少采样点数量

基坑面积/m²	坑底采样点数量/个	侧壁采样点数量/个
$x<100$	2	4
$100\leqslant x<1\,000$	3	5
$1\,000\leqslant x<1\,500$	4	6
$1\,500\leqslant x<2\,500$	5	7
$2\,500\leqslant x<5\,000$	6	8
$5\,000\leqslant x<7\,500$	7	9
$7\,500\leqslant x<12\,500$	8	10
$x\geqslant 12\,500$	网格大小不超过 40 m×40 m	采样点间隔不超过 40 m

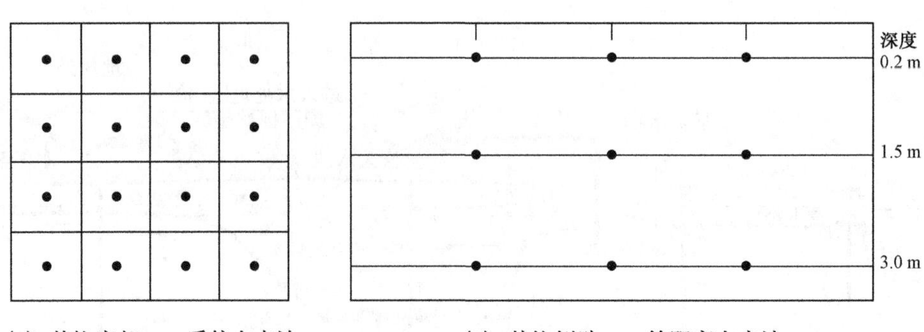

（1）基坑底部——系统布点法　　（2）基坑侧壁——等距离布点法

图 4.47　基坑底部与侧壁布点示意图

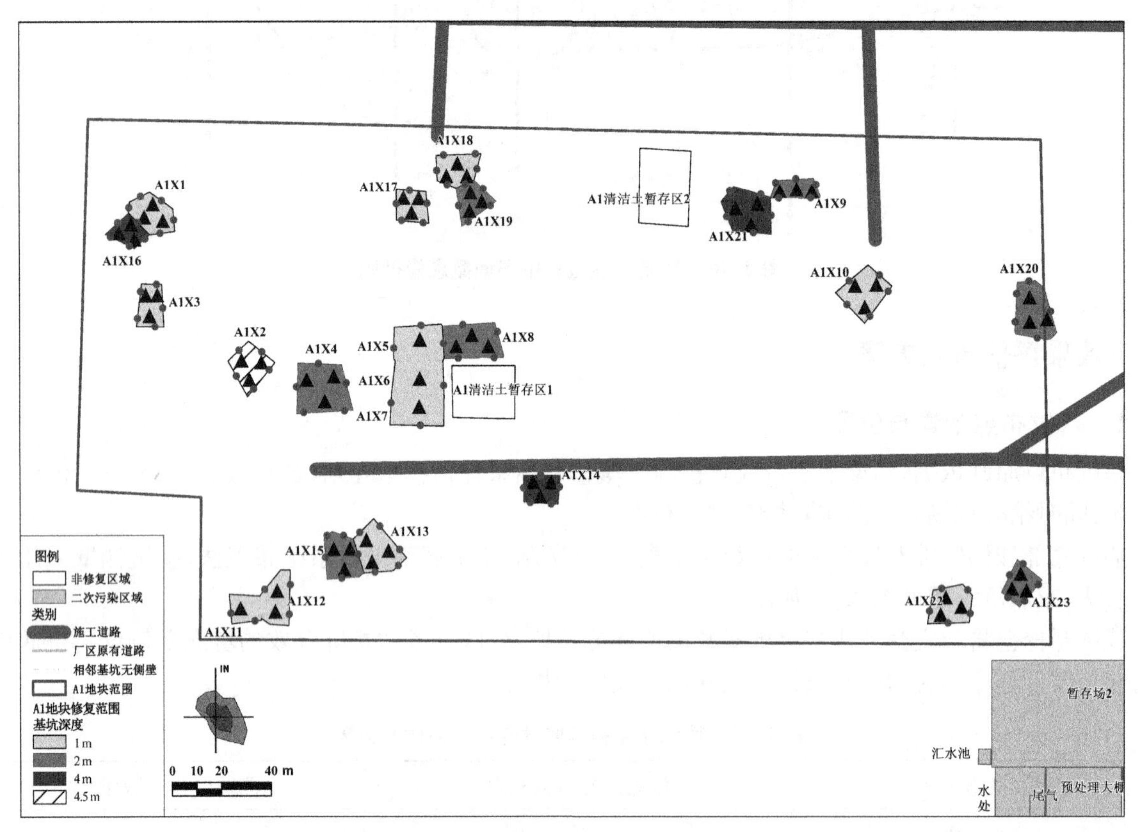

图 4.48　地块基坑底部与侧壁布点总体示意图(以 A1 地块为例)

7.3.2　潜在二次污染区域布点

潜在二次污染区域布点原则依据《污染地块风险管控与土壤修复效果评估技术导则(试行)》(HJ 25.5—2018)和《江苏省建设用地土壤污染状况调查和效果评估报告编制补充技术要点》(征求意见稿)的相关要求,同时结合现场实际情况进行布点。

潜在二次污染区域土壤原则上根据修复设施设置、潜在二次污染来源等资料判断布点,也可采用系统布点法设置采样点。潜在二次污染区域样品以去除杂质后的土壤表层样为主(0～0.2 m),不排除深层采样。

潜在二次污染区域采样,除采集表层样外,可按照 20 m×20 m 网格采集深层土壤样品,且每个潜在二次污染区域不少于 2 个采样点。

潜在二次污染区域效果评估,其中不少于 20%的点位采样深度宜达到修复深度。

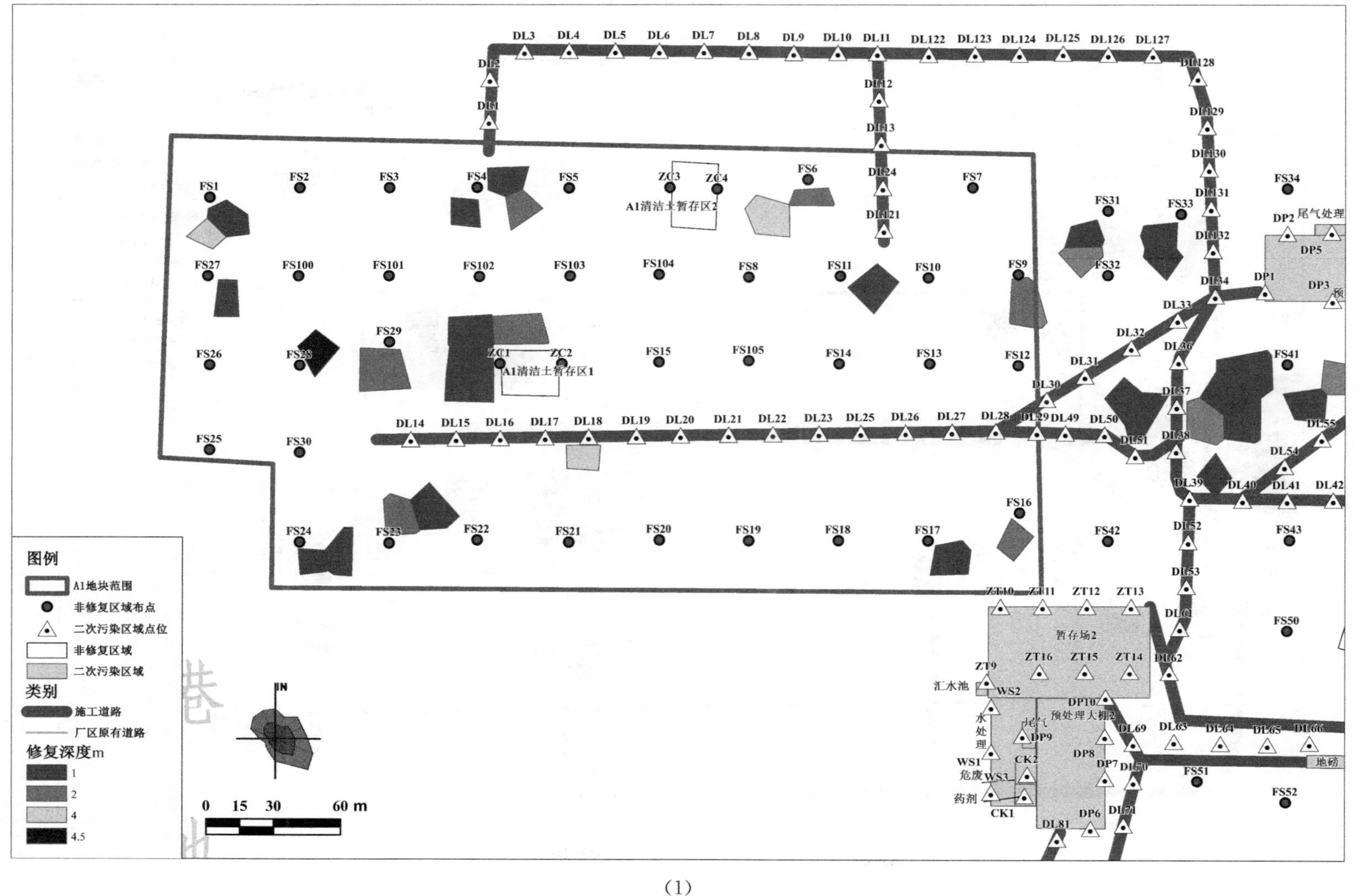
图例
A1地块范围
非修复区域布点
二次污染区域点位
非修复区域
二次污染区域
类别
施工道路
厂区原有道路
修复深度m
1
2
4
4.5
0 15 30 60 m
A1清洁土暂存区1
A1清洁土暂存区2
暂存场2
预处理大棚2
尾气处理
汇水池
水处理
危废
药剂
地磅

(1)

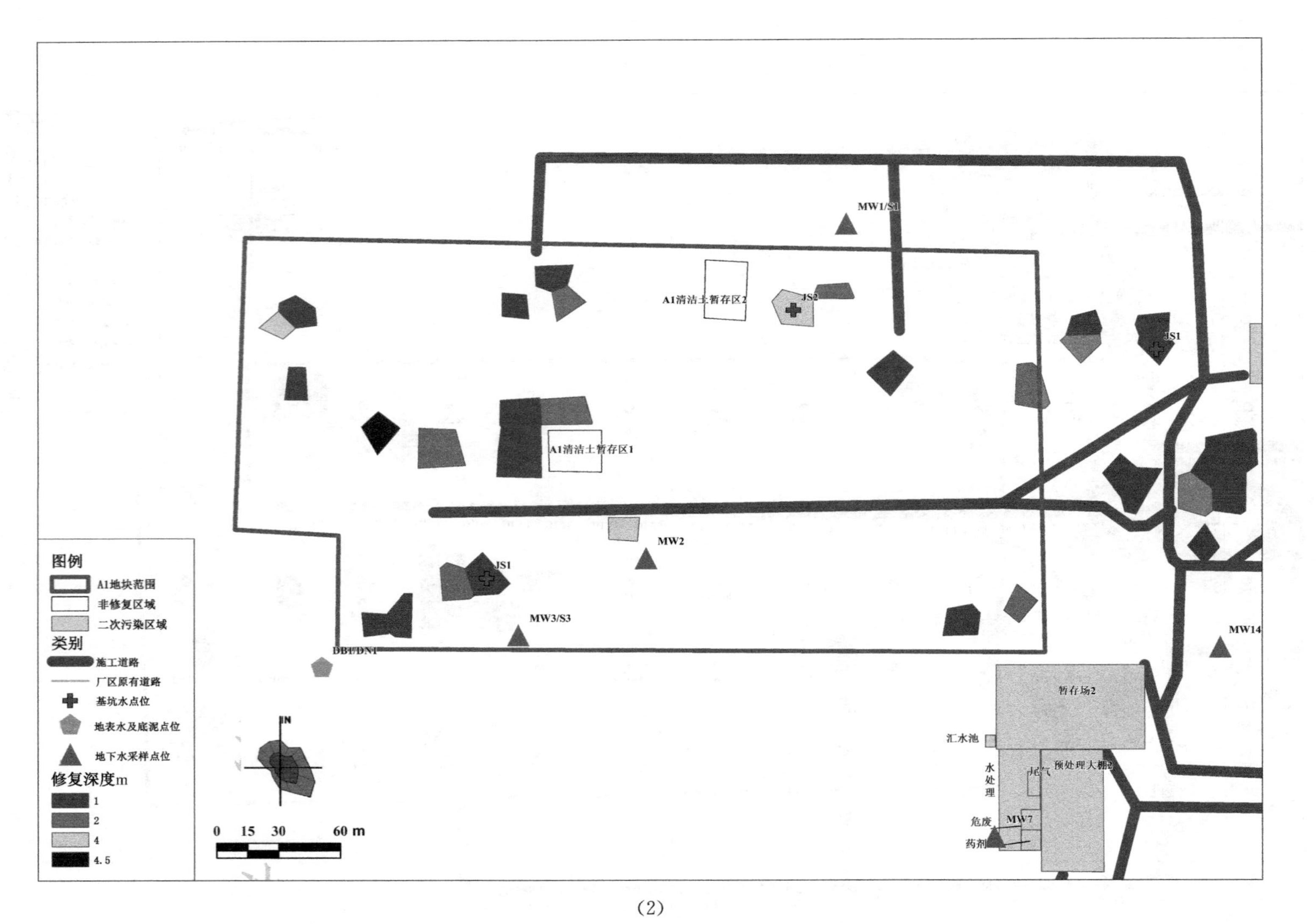

(2)

图 4.49　地块潜在二次污染区、非修复区域土壤及地下水布点示意图(以 A1 地块为例)

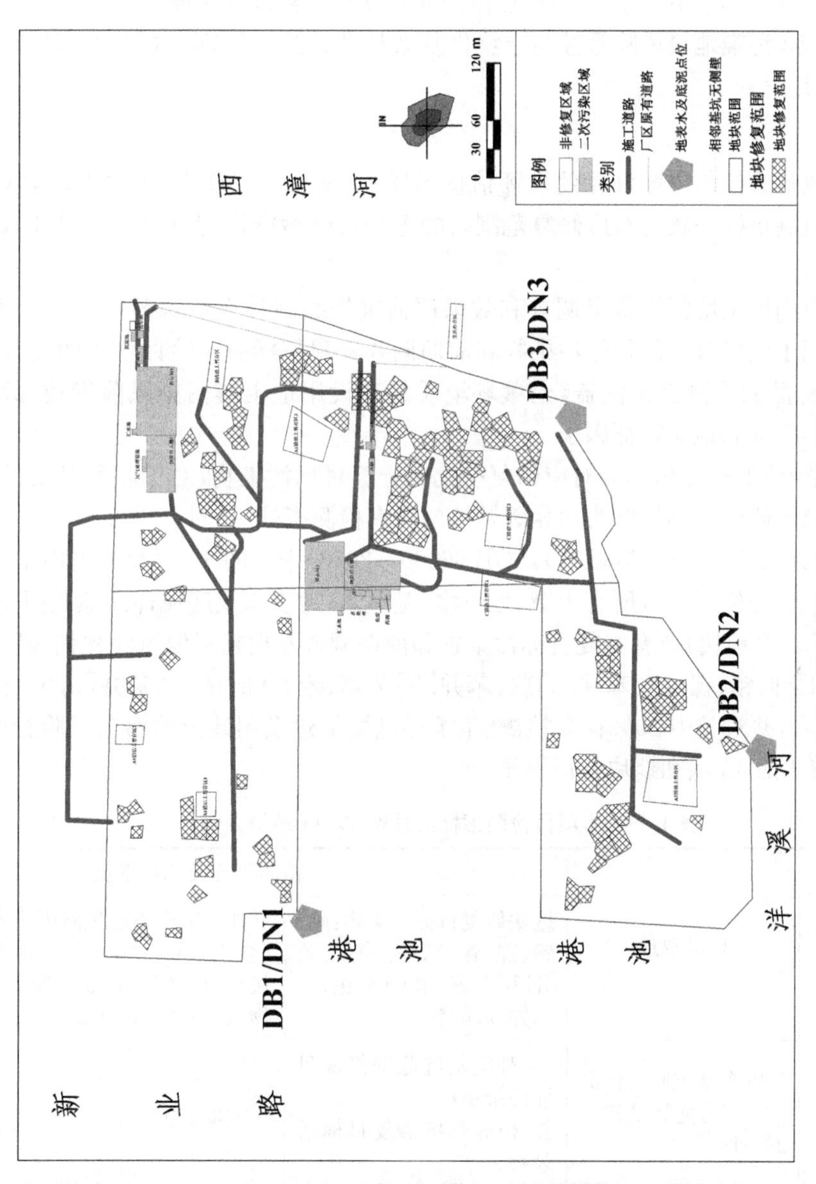

图 4.50 地表水及底泥布点示意图

7.3.3 非修复区域布点

非修复区域布点原则依据《江苏省建设用地土壤污染状况调查和效果评估报告编制补充技术要点》(征求意见稿)的相关内容,同时结合现场实际情况进行布点。

土壤与地下水修复效果评估范围应包括地块全部区域,其中非修复区域土壤采样可按照 40 m×40 m 网格布点,每个非修复区域的点位不宜少于 2 个,邻近修复区域位置应布设点位,非修复区域面积大于修复区域面积的点位可酌情减少。

非修复区域效果评估,其中不少于 20%的点位采样深度宜达到修复深度。

堆土布点原则依据《污染地块风险管控与土壤修复效果评估技术导则(试行)》(HJ 25.5—2018)表 3 的最少采样点位数量设置。

7.3.4 检测指标

根据《污染地块风险管控与土壤修复效果评估技术导则(试行)》(HJ 25.5—2018),基坑检测指标要求如下:基坑土壤的检测指标一般为对应修复范围内的土壤目标污染物,存在相邻基坑时,应考虑相邻基坑土壤的目标污染物。

根据《江苏省建设用地土壤污染状况调查和效果评估报告编制补充技术要点》(征求意见稿)相关要求:效果评估的检测因子应包含修复目标污染物和前期调查发现超标但风险评估表明无人体健康风险的污染物,且应有 20%样品的检测因子涵盖《土壤环境质量建设用地土壤污染风险管控标准(试行)》(GB 36600—2018)表 1 的 45 项和地块特征因子。

因此本项目基坑土壤的检测指标为对应修复基坑内土壤目标污染物,对于相邻基坑目标污染物不同的区域,基坑相邻底部和侧壁检测指标为两相邻基坑的所有检测指标,并对其中 20%样品检测《土壤环境质量建设用地土壤污染风险管控标准(试行)》(GB 36600—2018)表 1 的 45 项和地块特征因子。

其余二次污染区域、非修复区域所有土壤、地下水、基坑水、地表水及底泥样品监测因子均考虑修复地块(包含 A1、A3、B、C 四个地块)所有修复目标污染物和前期调查发现超标但风险评估表明无人体健康风险的污染物,包括 pH、砷、铅、镍、铊、苯并[a]蒽、苯并[b]荧蒽、苯并[a]芘、二苯并[a,h]蒽、铜、锌、镉、氟化物、石油烃(C_{10}-C_{40}),并对其中 20%样品检测《土壤环境质量建设用地土壤污染风险管控标准(试行)》(GB 36600—2018)表 1 的 45 项和地块特征因子。

表 4.39 本项目检测指标汇总表(以 A1 地块为例)

检测区域	检测介质	样品数量	检测指标及选择依据		
			地块修复目标污染物:砷、铅、镍、铊、苯并[a]蒽、苯并[b]荧蒽、苯并[a]芘、二苯并[a,h]蒽	其他超标但不超风险因子(包括 A1、A3、B、C 地块):pH、铜、锌、镉、氟化物、石油烃(C_{10}-C_{40})	45 项及地块特征因子
基坑	土壤	269(含基坑底部样品 60 个,基坑侧壁样品 209 个)	1. 对应基坑范围修复目标污染物; 2. 相邻基坑修复目标污染物。	仅考虑 pH	20%样品检测
	基坑水	2	√	√	20%样品检测
临时施工便道及主要运输道路	土壤	78	√	√	20%样品检测
废水排放相关区域	地下水	3	√	√	20%样品检测
	地表水	3	√	√	—
	底泥	3	√	√	—

（续表）

检测区域	检测介质	样品数量	检测指标及选择依据		
			地块修复目标污染物：砷、铅、镍、铊、苯并[a]蒽、苯并[b]荧蒽、苯并[a]芘、二苯并[a,h]蒽	其他超标但不超风险因子（包括A1、A3、B、C地块）：pH、铜、锌、镉、氟化物、石油烃(C_{10}-C_{40})	45项及地块特征因子
清洁土暂存区域	土壤	8	√	√	20%样品检测
其他非修复区域	土壤	59	√	√	20%样品检测
	表层及放坡土	17	√	√	20%样品检测

备注：1. 本表中统计样品数量未包含平行样，平行样检测因子与原样保持一致；2. 四个地块特征因子包括：pH、重金属（铅、镉、汞、砷、铜、镍、锰、六价铬、锌、铊、银、锡、锑）、氰化物、氟化物、VOCs27项、SVOCs34项（含PAHs、酚类）、石油烃(C_{10}-C_{40})。

7.4 现场采样

采样前，由采样单位根据采样方案进行放样，基坑底部点位由专门的测绘人员根据点位坐标进行放样，基坑侧壁点位通过皮尺拉距进行放样。现场放样均在施工单位和环境监理单位的监督下进行。采样完成后，对所有实际采样点位进行复测，复测人员和设备均与放样时一致。

图4.51　现场测量放点照片

基坑采样照片

基坑采样远景

基坑采样近景

土壤 VOC 采样

样品合照

柱状样采样照片

土壤钻探

岩心箱

PID 快筛

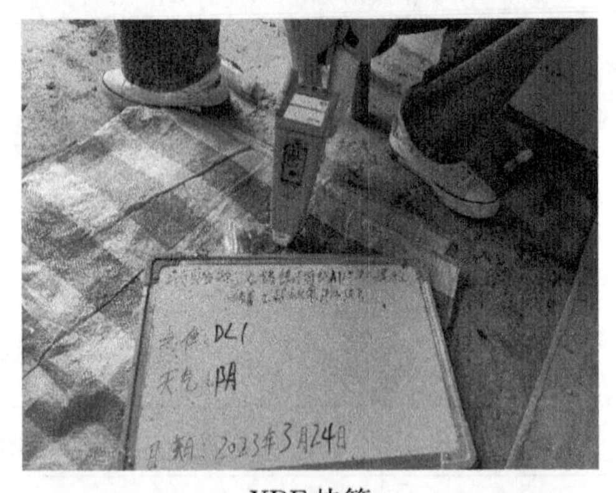

XRF 快筛

土壤分样

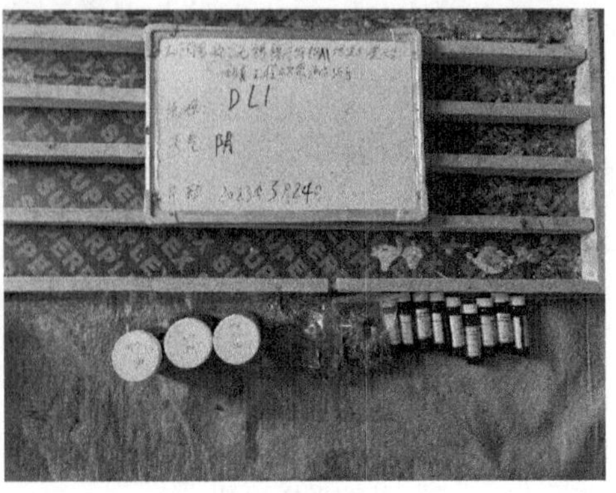

样品合照

手工钻采样照片

样品保存与运输照片

图 4.52　现场采集土壤样品过程照片

螺旋建井

下管

倒入石英砂

倒入膨润土

成井

图 4.53　现场采集地下水样品过程照片

7.5　评估结果

本修复工程的工程量，通过比对风险评估报告确定的工程量与审核工程监理记录的清挖工程量以及水泥窑最终协同处置的工程量，确定本修复工程是否清挖到位，并且转运的污染土全部得到有效的处置。

本修复工程的修复效果检测结果运用逐个比对法判断整个地块是否达到修复效果。当样本点检测值低于或等于修复目标值时，达到验收标准；当样品点检测值高于修复目标值时，未达到验收标准。只有所有样品的污染物检测值均达到验收标准，方可判定地块达到修复效果。

判定未达到修复目标的样品，该样品所代表的区域未达到修复目标要求，需要进行进一步修复和验收。针对地块基坑样品，则需进行二次清挖。

本次效果评估针对所有污染土壤清挖后形成的基坑底部、侧壁，土壤修复过程中的潜在二次污染区域，以及所有非修复区域，这些区域均进行了采样检测，采用逐一比对的方法，所有评估内容及结果汇总情况如下：

1. 本项目地块基坑底部和侧壁经检测，截至 2023 年 3 月 9 日，所有采样点修复目标污染物含量均低于修复目标值，其余检测因子均满足《土壤环境质量建设用地土壤污染风险管控标准(试行)》(GB36600—2018)中第一类用地筛选值或推导值，基坑清挖合格。

2. 本项目潜在二次污染区域、地块内基坑水样品、周边水体地表水样品、底泥样品，土壤及底泥检测因子均满足《土壤环境质量建设用地土壤污染风险管控标准(试行)》(GB36600—2018)第一类用地筛选值及相关标准，周边河流水体满足《地表水质量标准》(GB 3838—2002)中的 IV 类标准限值，基坑水除氟化物外均满足《地表水质量标准》(GB 3838—2002)中的 IV 类标准限值，修复过程未产生明显二次污染。

3. 本项目非修复区域、清洁堆土样品，各送检样品的检测因子均满足《土壤环境质量建设用地土壤污染风险管控标准(试行)》(GB36600—2018)第一类用地筛选值及相关标准。

4. 清挖的污染土分批运至江苏某水泥有限公司和江苏某环保科技有限公司进行水泥窑协同处置，处置过程满足《水泥窑协同处置固体废物环境保护技术规范》(HJ662—2013)要求，对本修复工程污染土壤处置期间，生产工序质量指标控制正常，出厂水泥质量合格。

◆专家讲评◆

水泥窑协同处置技术作为一种异地修复技术目前被广泛使用，主要是其具有可以彻底消除地块污染、地块内施工工序简单、处理速度快等优点。本项目综合对比各土壤修复技术，通过修复技术筛选矩阵分析，结合本地块污染以重金属和有机复合污染为主，污染土壤多为粉质黏土的特点，且考虑到地块所在区域开发进度急需开展修复工作，因此采用了异地水泥窑协同处置技术。项目施工过程中各参建方高度配合，高质量完成了修复工程，为同类型项目提供了很好的借鉴。